稻田重金属镉污染农艺修复治理理论与技术

主　编◎敖和军
副主编◎肖　欢　易镇邪　穰中文
编写人员（按姓氏拼音排序）◎

<table>
<tr><td>陈　博</td><td>罗　芬</td><td>聂凌利</td><td>田　伟</td><td>汪泽钱</td><td>吴勇俊</td></tr>
<tr><td>伍　湘</td><td>向炎簧</td><td>肖　峰</td><td>杨小粉</td><td>尹林芝</td><td>袁　洋</td></tr>
<tr><td>张　文</td><td>张小毅</td><td>张玉盛</td><td>郑海飘</td><td></td><td></td></tr>
</table>

U0348750

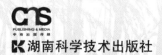

湖南科学技术出版社

图书在版编目（ＣＩＰ）数据

稻田重金属镉污染农艺修复治理理论与技术 / 敖和军主编. － 长沙 ： 湖南科学技术出版社，2022.1

ISBN 978-7-5710-0357-9

Ⅰ．①稻… Ⅱ．①敖… Ⅲ．①稻田－镉－土壤污染－重金属污染－修复－研究 Ⅳ．①X53

中国版本图书馆 CIP 数据核字 (2019) 第 248667 号

DAOTIAN ZHONGJINSHU GEWURAN NONGYIXIUFU ZHILI LILUN YU JISHU
稻田重金属镉污染农艺修复治理理论与技术

主　　编：敖和军
出 版 人：潘晓山
责任编辑：王　斌
出版发行：湖南科学技术出版社
社　　址：长沙市湘雅路 276 号
　　　　　http://www.hnstp.com
湖南科学技术出版社天猫旗舰店网址：
　　　　　http://hnkjcbs.tmall.com
印　　刷：湖南省众鑫印务有限公司
　　　　　（印装质量问题请直接与本厂联系）
厂　　址：湖南省长沙市长沙县榔梨街道保家村
邮　　编：410129
版　　次：2022 年 1 月第 1 版
印　　次：2022 年 1 月第 1 次印刷
开　　本：710mm*1000 mm　1/16
印　　张：27.75
字　　数：408 千字
书　　号：ISBN 978-7-5710-0357-9
定　　价：180.00 元

目 录

第一部分 降镉理论

第二部分　降镉技术

第一部分　降镉理论

第 1 章　湖南省稻田土壤与稻米镉污染现状

摘要：由于稻田土壤镉污染，严重影响了稻米质量安全。本文主要综述了稻田土壤镉污染的现状、原因及修复治理技术措施，以及稻米镉含量超标的现状、可能的原因机理及降镉技术体系。为镉污染稻田的修复治理提供参考。

关键词：稻田土壤，稻米镉含量，重金属镉，镉污染，农艺措施

镉（Cd），位于元素周期表中第五周期第ⅡB族，是一种具有金属光泽的非典型过渡性重金属。镉元素是一种生物蓄积性强、毒性持久、具有"三致"作用（致突变作用、致畸作用、致癌作用）的剧毒元素，摄入过量的镉对生物体的危害极其严重，会导致肾脏、肝脏、肺部、骨骼、生殖器官的损伤，对免疫系统、心血管系统等具有毒性效应，进而引发多种疾病。目前，水体、土壤、大气以及动物、植物、人体的调查数据均提示潜在镉暴露风险。人类食用的蔬菜、粮食、肉类、海鲜等也检测出镉。在以大米为主食的我国，据不完全统计，遭受不同程度镉污染的耕地面积已接近2000万公顷，约占耕地总面积的五分之一，稻田土壤中含镉 5 ~ 7 mg/kg，某些地区生产的糙米中镉含量超过 0.4 mg/kg。2002 年农业部稻米制品质量监督检验测试中心对全国稻米市场安全性抽检结果显示，我国有四分之一的稻米镉含量超标。如何消减作物可食用器官中的积累，现已成为保障农产品质量安全的一项首要科学任务。

1. 稻田土壤镉污染现状

1.1 污染程度

湖南省素有"有色金属之乡"和"鱼米之乡"的美称。根据这几年在全省范围内的稻田镉污染 VIP 控制技术的推广示范结果来分析，发现湖南省稻谷产地土壤重金属污染以镉为主，点位超标率为 2/3 左右。轻度污染（土壤镉含量 0.3 ~ 0.6 mg/kg）占 45%；中度污染（土壤镉含量 0.6 ~ 1 mg/kg）占 15%；重度污染（土壤镉含量 >1 mg/kg）占 10%。湖南省的稻田土壤镉污染主要为轻、中度污染。

1.2 污染分布

湖南省稻田的镉污染呈现出污染面积大、范围广的特点。污染物主要为镉、铅，呈"一线（京广铁路沿线）一片（湘西北片）"的区域分布特征，且多以镉–铅复合污染为主。其中衡阳和郴州的镉、铅排放量占全省的 76%，又以株洲市最为显著。截至 2013 年，株洲市镉污染超标 5 倍以上的土地面积超过 160 km^2，其中重度污染土地面积达 34.41 km^2。从污染程度的分布来看，以湘江流域（株洲、湘潭、娄底、衡阳和郴州等市）为最高，其次是资水（益阳市和邵阳市）、澧水（常德市、张家界市）和沅江流域（怀化市、湘西自治州），而洞庭湖尾闾（岳阳市）相对污染较轻。土壤重金属污染主要分布于工矿企业周边农区和污水灌区。

1.3 污染趋势

根据笔者从 2010 年开始在湖南省湘阴县农业科学研究所的试验结果来看，稻田镉污染程度加重的趋势比较明显。湖南省湘阴县农业科学研究所位于湘阴县白泥湖乡，距湘江 100 m 左右，共有 400 亩（1 亩≈666.67 平方米，下同）的试验稻田，2010 年的分析结果显示，其稻田土壤的全镉含量为 0.35 ~ 0.45 mg/kg，平均 0.388 mg/kg（n=73）。2019 年，其土壤镉含量为 0.67 ~ 0.82 mg/kg，平均 0.737 mg/kg（n=47），平均每年增加了 0.039 mg/kg。

2. 稻田土壤的主要镉污染来源

湖南省农产品产地土壤镉污染的可能来源主要是工矿废弃物排放与污水灌溉，其次是肥料等农用品投入。

2.1 工矿污染

湖南是全国有名的有色金属之乡，矿业发达，有株洲化工集团有限公司、湘潭钢铁集团有限公司等一大批有色金属冶炼企业。许多企业管理粗放且工艺落后，采冶过程中的废水、废气、废渣未经任何处理直接排放，造成了湘江流域周围水电、土壤、农作物受重金属污染严重。目前，湘江流域重金属污染已由汞转为镉和砷，污染重灾区是郴州、衡阳和株洲 3 个江段。数据显示，2011 年湖南省工业废水镉排放量居全国首位，占全国的工业废水镉总排放量的 70% 以上。雷鸣等对湖南省 9 个县市的矿区进行了水稻土样品重金属分析，结果显示，在衡阳常宁市水口山铅锌矿区、株洲清水塘冶炼区水稻土中重金属含量最高。2012 年，在工业园密布的湖南省衡东县新民村，由于工业排污，土壤镉含量超标，水稻种植浇灌水被污染，最后收割的稻谷品质差、结实率低，镉等重金属含量偏高。郭朝晖等从湖南湘江中下游衡阳至长沙段采集了 200 多个土壤和蔬菜样品，结果表明，农田土壤中的镉含量远大于标准含量，达到了 2.44 mg/kg，超标 7.97 倍。同样的情况还分别出现在湖南省长沙县常乐村、株洲市新霞湾村。

2.2 大气沉降

大气沉降是土壤重金属污染的主要因素之一，也是严重影响农田生态系统循环的重要因子。工业废气、车辆尾气、化石燃料燃烧后产生大量含镉的有害气体和粉尘，经过雨水的淋洗和自身重力的沉降而进入土壤。这些污染物主要以矿业烟囱、废弃物堆、公路为原点，逐步向四周及两侧扩散。研究表明，阿根廷科尔多瓦省小麦和农田地表土中主要重金属含量与当地工业、交通和空气中大气污染物的沉降关系密切。对泉州至塘头段 324 国道两侧土壤进行重金属监测分析，结果表明，铅、镉等主要来源于交通污染。

2.3 农业污染

农药、化肥、地膜等农业生产资料的不合理施用，也有可能导致农田重金属污染。个别农药成分中含有汞、镉等重金属，农户缺乏合理施药的科学理念，滥用农药，在造成残毒污染的同时，也带来了土壤的重金属污染。近年来，随着设施农业的大面积推广使用，大量的塑料地膜残片滞留地中，造成土壤的白色污染，同时由于地膜生产过程中加入了含有镉、铅的热稳定剂，也加重了土壤重金属污染。化肥主要包含氮、磷、钾元素，除此之外，还有钙、镁等其他中微量元素，施入土壤后不仅能增加农作物产量，还能影响土壤中重金属的形态和含量。一是化肥生产过程中，原料矿石的带入；二是提供营养，增强植株抗逆性，从而有效地减少植株对重金属的富集；三是化肥施入土壤后，通过改变土壤性质影响重金属在土壤中的形态。目前普遍认为，生产原料的带入是肥料对土壤镉等重金属污染报道最多的原因，其中又以磷肥报道最多。就湖南省现有磷肥生产企业来说，过磷酸钙、钙镁磷肥中镉含量分别为 1.55 mg/kg、0.67 mg/kg，处于较低水平，磷肥施用对土壤镉污染贡献率较小。但湖南省的酸性土壤环境对磷肥中的镉却有着迁移转化作用，存在潜在的安全风险。另外，以城市生活垃圾等为原料的低等有机肥或者养殖源有机肥大量施用和动物饲料中重金属成分的添加，成为湖南地区土壤重金属镉超标的另一个重要诱因。

2.4 农业污灌

农业污灌是指利用未经处理或者处理不达标的工业废水、城市生活污水以及受到污染的河水进行的农业灌溉活动。人口的增加和农业生产规模的扩大，导致了农业生产用水的紧缺，农业污水灌溉在满足农业生产用水的同时，也造成了污灌区的重金属超标；数据显示，几个世纪以来柏林、伦敦、米兰和巴黎都有使用污水农灌来处理废水的习惯；通过对沈阳市主要河流周边农田表层土中镉等主要重金属污染指标进行质量分数测定，发现均值都高于当地土壤背景值，大部分样点镉严重超出国家土壤环境质量二级标准值。

2.5 环境累积

环境重金属累积引起的历史污染是湖南省重金属镉污染现状的另一个主要原因。河泥是水域环境中重金属的最后沉积地，当水域环境发生变化，尤其是发生洪水时，河底沉积的重金属会重新溶解或悬浮进入水体，造成水体及周边灌溉区域的重金属污染，其中湘江流域最为明显。王晓丽分析了湘江流域沉积物中重金属铜、镉等的含量和赋存状态，发现沉积物中镉的污染等是重要环境污染问题；唐晓燕等曾对湘江干流河道表层沉积物中紫金山的富集特征和状态等进行分析，数据显示，湘江沉积物受到镉、铅、汞等重金属污染，其中镉污染较严重。唐义清等报道了湘江衡阳段底泥中重金属综合污染指数为重度污染，污染程度的顺序为铅＞镉＞砷＞锌＞汞＞铜＞铬。李军等采集湘江长株潭段 10 个断面的表层沉积物，并测定沉积物中镉元素的总量变化，发现其范围变化较大，在 3.28 ～ 423.26 mg/kg 之间，且有一定的季节规律性。

3. 稻田镉污染土壤的主要修复治理技术措施

虽然科技、工业、经济等在不断发展，但是镉污染情况却日益严峻，对镉污染土壤的防治迫在眉睫。如何对镉污染土地进行有效修复并快速恢复受污染土壤是当前重金属污染土壤修复治理中的重难点问题。目前，对镉污染土壤的修复措施主要分为三类：物理修复措施、化学修复措施、生物修复措施。

3.1 物理修复措施

镉污染土壤的物理修复措施是指利用物理方法对受污染的土壤进行修复，将土壤中的镉去除或分离，从而降低土壤中镉浓度。主要的措施有客土法、换土法、清洗法、深耕翻土法、电修复技术等。物理修复的优点在于效率高、见效快，能将污染土壤彻底修复；但物理修复有工程量较大、成本昂贵，易造成土体结构的破坏，影响土壤肥力等局限性。本文主要介绍客土法、换土法、清洗法、电修复技术以及介绍一些能改良土壤的矿物材料。

客土法又叫作排土客地法。是指将大量无污染土壤盖在污染土壤表层或与污染土壤混合，使土壤中的镉浓度降至临界危害浓度以下或减少植物根系与镉的接触，从而达到治理镉污染土地的目的。换土法是将干净土壤直接替换原有的污染土壤，该方法适用于小面积镉污染土壤，可以有效防止污染范围扩大。但客土、换土等方法工程量大，需要耗费大量的人力物力且可能造成二次污染，难以大规模推广。清洗法是指运用水或某些水溶液将土壤污染物冲至植物根部外层，然后利用特定试剂与重金属结合，形成较稳定的络合物或沉淀，降低土壤中重金属的毒性并防止污染范围扩大。但利用清洗法进行土壤修复时应慎重，例如蒋先军等研究发现，将EDTA加入镉污染土壤，一周后土壤中镉形态发生了改变，水溶态镉增加了数百倍，印度芥菜地上部和地下部的生长都受到了抑制，可能是因为添加EDTA反而增加了镉对植物的毒害作用。电修复技术是指在土壤外加上直流电场，土壤中的重金属会在电场作用下发生一系列变化，例如电渗、电解、扩散等，再通过收集系统将重金属收集并治理。

3.2 化学修复措施

化学修复措施是指向污染土壤施加化学试剂、改良剂，改变镉在土壤中的存在形态和土壤氧化还原电位、pH等，通过分离、吸附、转化、降解等作用降低镉的生物有效性，减少镉对其他生物的危害。目前，化学修复措施主要包括化学氧化/还原技术、溶剂浸提技术、化学淋洗技术、施入改良剂或抑制剂等（环境保护部自然生态保护司，2011）。化学修复镉污染土壤的常用物质有磷酸盐、石灰、硅酸盐等。化学修复具有原位修复、简单易操作等优点，但由于其仅改变土壤中镉的存在形态，在特定情况下镉可能会被再次活化，难以达到永久性修复的目的。因此，化学修复措施仅适用于镉污染程度较低的地区。

除上述方法外，还可以利用一些材料对镉污染的土壤进行改良，例如钠基膨润土、膨润土、沸石、硅藻土、海泡石等。其原理是使重金属在矿物材料的表面或内部孔道内赋存，通过矿物的表面吸附、孔道过滤、结构调整、离子交换等作用，不仅可以抑制植物对镉的吸收，降低镉的生物有效性，还可以对土壤进行改良。

3.3 生物修复措施

生物修复是利用某些特定的动、植物和微生物吸收或降解土壤中的污染物，从而降低土壤中污染物含量。其主要分为三类：植物修复、微生物修复和动物修复。生物修复是一种绿色环保的修复方法，具有操作简单、适用性广、成本低，不会造成二次污染，符合生态发展规律等优点。但由于生物的一些自身因素，例如植物根系生长范围有限，动物生长易受环境等因素影响，生物修复也有一定的局限性。

植物修复是指利用超富集植物来吸收、富集、分解污染土地的金属镉，属于原位修复方法。植物修复技术应用较广，除操作相对简单、成本低的优点外，还能与城市美化设计相结合，具有环境美学性。但是，植物修复也有其局限性，因为植物根系一般生长在土壤表层，对深层土壤污染的修复能力较差，且大多数超积累植物主要积累某种重金属，在复合污染的土壤中修复效果不佳。植物修复主要包括植物提取、植物挥发、植物稳定、根际圈生物降解和根系过滤。近年来，科研工作者们寻找到了许多能有效富集镉的超富集植物。

微生物修复是利用土壤中微生物（主要包括细菌、真菌、藻类微生物等）通过生物氧化 – 还原和生物吸附作用于土壤中重金属污染物。微生物通过生物氧化 – 还原作用改变镉的氧化 – 还原的状态，或通过对环境中镉进行生物吸附，降低重金属含量和毒性。微生物修复成本低，对环境危害小，操作简单并且易于管理，具有良好的研究价值和运用前景。例如，江春玉等研究发现一种具有良好铅镉抗性的细菌 WS34，在镉 100 mg/kg 的土壤中接种细菌后，种植的油菜地上部镉质量分数为 242.6 mg/kg，比对照组高 58.4%。盛下放等从土壤中分离得到细菌 RJ16，将其接种到镉 200 mg/kg 的土壤中并进行番茄盆栽试验，与对照组相比番茄镉质量分数分别增加 64.2%、46.3%、107.8%。

动物修复是指利用土壤中某些低等动物的代谢活动吸收、转化和分解土壤中重金属污染物，改善土壤理化性质，从而达到修复污染土壤的目的。例如，俞协治等通过模拟实验发现，蚯蚓活动可以显著提高镉污染土壤上黑麦草地上部的生物量从而间接影响植物对镉的修复效率。Ramseier 等研究发现在土壤镉含量为 3 mg/kg 时，蚯蚓可以富集镉 120 mg/kg，具有良好的镉富集能力。成杰民等研究发现，加入蚯蚓能使菌根的侵染率提高 9%，对镉污染土壤进行蚯蚓 – 菌根处理可以提高土壤中黑麦草的生物量及土壤中镉的生物有效性。

4. 稻米镉含量超标现状

湖南省是全国土壤镉污染最严重的省份之一，也是全国镉污染事件发生频率最高的省份之一，影响大、涉及广，尤其是稻米镉污染。2013 年，媒体曝光了抽检的 8 批次镉大米及品牌全部来自湖南；2013 年 5 月，湖南省株洲市攸县出口的大米在广东省抽检时发现重金属镉含量严重超标；有研究表明，湖南省稻米镉超标状况有上升趋势。以 2011 年湖南稻米重金属镉超标状况为例，湘西、湘北、湘南、湘中 4 个地区镉超标率均高于 2010 年，其中湘西地区增幅最大，增长 13.8%，达到 43.3%。2009 年，湖南省浏阳市长沙湘和化工厂随意排放工业废渣、废水等工业原料造成附近水域和土壤镉含量超标；2014 年，湖南省衡阳市衡东县大浦镇衡阳美仑颜料化工有限公司在环评时弄虚作假，铅尘排放点未配备净化装置，不仅造成了 300 多名儿童血铅超标，还使得该工业园周围稻谷、稻田土壤及地表水样本的重金属超标严重，超标最严重的稻米样本中的镉含量超过国家标准近 21 倍。

近年来，稻米镉超标事件在全国各地均有发生。2010 年，雷鸣等分析了湖南市场 112 份大米样品镉含量，平均为 0.28 mg/kg，超过国家标准。2011 年，杨菲等调查了 840 份广东省市售稻米样品，5.5% 的大米镉超标。2012 年，陈若虹等检测了广东省 108 份大米样品，14.8% 的大米超过镉限量标准。2012 年，高丽芳报道了宁夏自治区吴忠市 65 份大米样品中有

1 份镉超标，超标率为 1.5%。2007 年，潘根兴等对中国六个地区县级以上市场的 170 多个大米样品进行了随机的采购和科学调查，结果发现，有 10% 的市售大米存在着镉超标的问题。2002 年农业部稻米及制品质量监督检验测试中心对全国市场稻米进行安全性抽检，调查结果表明，我国南方湖南、广东等地均存在大米镉超标现象，超标率为 5% ~ 15%，而我国中部及北部地区稻米镉超标现象极少。

张荣将不同地区的稻谷进行比较分析，湖南省的稻谷镉含量最高，平均值为 0.3334 mg/kg，镉超标率高达 72.5%。其次是江西省，稻谷镉含量的平均值为 0.1470 mg/kg，镉超标率为 25.0%。贵州、广东、湖北、广西、重庆、福建、安徽、四川的镉超标率分别为 10.0%、8.3%、7.5%、7.5%、5.0%、5.0%、2.5%、2.5%，而云南、江苏、辽宁、吉林、黑龙江均未检出镉超标稻谷。吉林省稻谷镉含量最低，主要在 0.0030 ~ 0.0054 mg/kg 区间。

5. 稻米镉含量超标的主要原因

5.1 稻田土壤酸化严重

总体上，湖南省农产品产地土壤 pH 均值 5.83，呈微酸性；其中，极强酸性（pH<4.5）和强酸性（pH 4.5 ~ 5.5）点位占 50.6%，弱酸性（pH 5.5 ~ 6.5）点位占 27.5%（图 1–1）。阳离子交换量（CEC）均值 12.27 cmol/kg。土壤酸度高，农产品镉等重金属污染风险高。

另外，土壤 pH 值与 CEC 呈显著正相关关系（图 1–1）。因此，这些市州农产品产地土壤 pH 值较低，高土壤酸度将不仅会降低土壤对重金属的吸附容量和环境容量，还会增强土壤重金属的活性，进而增加农产品重金属污染风险。防治土壤酸化是目前降低农产品重金属污染的重要途径。

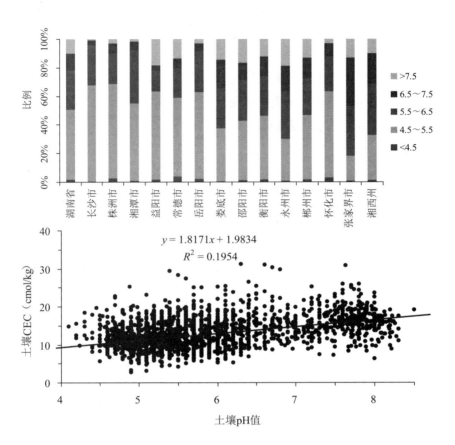

图 1–1　湖南省农产品产地土壤 pH 值分布及其与 CEC 的关系

5.2 土壤镉生物有效性较高

湖南省的稻田土壤酸化严重，有效态镉含量占全镉含量的比值较高，容易被水稻吸收积累。这也是很多地方的稻田土壤镉含量在 0.3 mg/kg 以下，而米镉含量超标的主要原因。

5.3 稻草移镉途径断裂

21 世纪以来，由于采用机械收割，含镉较高的稻草被收割机粉碎而还田，切断了通过稻草离田而减少稻田土壤镉含量的有效途径。

5.4 品种吸收能力强

超标稻米主要分布在南方稻田，可能是因为南方种植的水稻品种为籼稻，其根系比较发达，根系分泌的有机酸比较多，所以进一步活化了土壤中的重金属镉，促进了水稻植株的吸收。

5.5 环境因素

有研究发现，在南方种植的水稻中，双季稻的米镉含量明显高于一季稻，可能的原因是双季稻中，早稻在生长发育前期，晚稻在中后期，温度较低，促进了水稻植株对镉的吸收与积累。另外，降雨在不同季节的分布不均，在早稻和晚稻的抽穗－成熟阶段，其降雨量偏少，提高土壤中镉的生物有效性，从而促进了水稻植株对镉的吸收与积累。

6. 降低稻米镉含量的主要技术措施

现在所采用的降低水稻镉污染的方法有作用于稻田土壤，采用降低土壤环境中的有效镉进而减少水稻植株对镉的吸收积累，也有直接作用于水稻本身，筛选、培育低镉品种以及采用农艺措施改善水稻生长环境，降低水稻镉的吸收等方式，二者都是简单有效且便于推广的水稻降镉措施。

6.1 品种筛选以及基因工程

低镉积累品种筛选是在现有的水稻品种中，人为选择镉污染大田或创建镉胁迫，筛选符合条件的水稻品种。徐燕玲等研究表明，水稻的类型不是水稻低镉品种筛选的依据，而不同水稻品种在不同水分管理的条件下精米镉含量排名顺序一致，可知根据水稻品种进行筛选具有稳定性。滕振宁等指出，秩次分析法是筛选低镉水稻品种的实用、可行的数据处理方法；现有的研究结果为低镉水稻品种的筛选提供了大量依据，例如研究发现，富硫蛋白极其容易与重金属结合，使得蛋白质丰富的组织重金属积累量比蛋白质含量少的组织多，故而研发、培育低硫蛋白的水稻品种可提高粮食的安全性。现如今随着分子生物技术的快速发展，将筛选、培育出的镉耐性植物和微生物基因导入常规水稻品种中已成为现实。

6.2 农艺措施

通过农艺措施降低水稻镉含量的主要方式有控制水分来调节土壤pH值与氧化还原电位，减小镉离子进入水稻根系；还有通过对所栽培作物采取一系列栽培管理措施，降低主要作物镉含量或升高前作高镉植物对土壤中镉的吸收；采用不同类型肥料以及肥料与改良剂配合，来改变土壤中镉的有效性或改善土壤养分等，借以降低作物对重金属离子的吸收。

研究表明，水分管理对水稻生长及产量形成存在显著影响，且水稻各生育期需水量同样存在差异。水稻生育期内水分管理同样对水稻重金属吸收以及转运存在影响，吴佳等研究发现，淹水灌溉与湿润灌溉以及干旱灌溉相比显著降低了水稻成熟期各部位镉含量，淹水灌溉的稻米镉含量比湿润灌溉下降了 61.11% ~ 69.43%；缺水的稻米镉含量比常规湿润灌溉增加了 4.08 ~ 4.48 倍，而砷的积累情况则与之相反。陈光辉等研究表明，不同品种水稻精米中镉含量均以全生育期淹水最低，而此类结果已有前人的大量研究加以辅证。故而水分管理是现如今常用的水稻农艺降镉措施中较为重要的组成部分。

在重金属污染胁迫下，不同栽培方式对水稻镉吸收存在影响的理论已被证实。张静静等指出，在石灰岩土上，水稻间作与单独种植水稻的情况相比，水稻地上部、根部以及籽粒镉含量分别降低了 11.17%、34.95% 和 15.38%。丁玲玲等人在研究油菜－水稻轮作中发现，朱苍花籽盛花期收获后轮作水稻以及川油Ⅱ–93 成熟期收获后轮作水稻，糙米中镉含量均低于国家食品污染物限量指标（20 mg/kg）。有着相似研究结果的还有 Su 等人，其研究结果为，栽培油菜后能显著降低后作物（白菜）在自然土壤中种植时的镉含量。

施用肥料作为水稻生产中的关键农艺措施，具有增加水稻产量，改善稻米品质的作用，且也有研究发现，不同无机肥的施用对水稻等作物重金属吸收存在显著影响。

7. 建议

7.1 健全控制政策

努力健全镉污染控制政策、法规与标准体系，加快出台镉污染相关的法律法规和管理条例。明确镉污染土壤的法律责任，规范责任追究程序，建立镉污染事故责任追究层级体系，依法追究相关责任主体的法律责任，严厉打击以牺牲环境为代价而片面追求"高消耗、高污染、高增长"的行为。各地方政府加强跨界镉污染防治、监管和联合执法。建立污染土壤管制制度，划定土壤污染管制区，严格控制和管理污染源，切实履行政府的监管职责。完善镉污染土壤整治资金保障制度，加大专用资金投入，并对资金使用情况进行有效监管。

7.2 加快成果转化

加快推进镉污染防控科技成果的应用进程，充分利用科研院校的技术力量，重点扶持解决湖南省重金属镉污染突出问题的关键技术研究项目，强化镉污染行业清洁生产关键技术的研发与应用。开发矿业冶炼渣无害化、资源化处理技术，全面实现废渣的资源综合利用与"零堆放"。攻关镉污染源末端治理关键技术的研发与应用，一是要推进镉污染源废水治理关键技术研发进程，研究镉污染废水、污泥废弃物的资源化与安全处置方法；二是加大区域镉污染治理关键技术。围绕镉污染重点农田和矿区环境开展研究，了解典型区域土壤镉污染空间分布特征、向水体迁移规律等，有针对性地设计相应的物理、化学或者其他防控技术。加快镉污染控制管理技术的研发、创新和应用。大力发展水体、土壤镉污染检测技术研发，通过建立科学、高效的环境镉污染监控网络体系，形成科学合理的镉污染河流水质、土壤肥力目标管理技术体系，改进镉污染监测分析新技术，缩短分析时间，提高分析灵敏度和检测下限。

7.3 推动产业建设

推动相关产业结构的优化调整和企业管理的规范合理化进程，进一步完善落后产能退出机制。参照国家淘汰落后产能和退出的有关政策，制定和完善涉镉污染产能退出的经济激励和补偿机制，鼓励涉镉企业主动退出；推行 ISO 14001 环境管理体系认证，建立企业镉污染物日监测、月报告制度，建立环境信息档案和信息公开制度，定时定期向社会发布年度环境报告，保证企业管理的规范化、合理化。

8. 结语

湖南是传统的农业大省，农业生产以粮食作物为主，其中水稻种植又占主导地位。目前，湖南是全国土壤镉污染最严重的省份之一，被镉污染的耕地不但农作物产量降低，而且影响农产品质量，危害人类身体健康。因此，必须要从思想层面重视起来，各级政府和人民群众密切配合，多部门联动，强化监督，科学合理地解决镉污染问题，为经济、社会的可持续发展贡献力量。

参考文献

[1] 杜丽娜, 余若祯, 王海燕, 等. 重金属镉污染及其毒性研究进展 [J]. 环境与健康杂志, 2013(02): 167–174.

[2] QS, Li., ZF Wu, B Chu, et al. Heavy metals in coastal wetland sediments of the Pearl River Estuary[J]. China. Environmental Pollution, 2007, 149: 158–164.

[3] W Teayakasem, Muneko Nishijo, Ryumond Honda, et al. Monitoring of cadmium toxicity in a Thai population with high–level environmental exposure[J]. Toxicology Letters, 2007, 169: 185–195.

[4] SA. R. , B. Ke. Dietz R. Geographic distribution of selected elements in the livers of polar bears from Greenland, Canada and the United States[J]. Environment Pollution, 2008(153): 618–626.

[5] J Kim, T-H. Koo. Heavy metal concentrations in diet and livers of Black crowned night heron nycticorax nycticorax and grey heron ardea cinerea chicks from Pyeongtaek, Korea[J]. Ecotoxicology, 2007, 16: 411–416.

[6] J Liu, CL Yan, Macnair MR. Vertical distribution of acid–volatile sulfide and simultaneously extracted metals in mangrove sediments from the Jiulong River Estuary, Fujian, China[J]. Environmental Science and Pollution Research-International, 2007, 14:

345–349.

[7] LS, Levy, K. Jones, J. Cocker, et al. Background levels of key biomarkers of chemical exposure within the UK general population: pilot study[J]. International Journal of Hygiene & Environmental Health, 2007, 210: 387–391.

[8] S. Yan, Q. C. Ling, Z. Y. Bao. Metals contamination in soils and vegetables in metal smelter contaminated sites in Huangshi, China[J]. Bulletin of Environmental Contamination and Toxicology, 2007, 79: 361–366.

[9] L Jorhem, C Åstrand, B. Sundström et al. Elements in rice from the Swedish market: 1. cadmium, lead and arsenic (total and inorganic)[J]. Food Additives & Contaminants, 2008, 25: 284–292.

[10] 刘冬英, 王晓波, 陈海珍, 等. 广州市部分市售大米铅镉污染状况调查及健康风险评价 [J]. 华南预防医学, 2013(01): 86–88.

[11] D, Pagánrodríguez, M. O'Keefe, C. Deyrup, et al. Cadmium and lead residue control in a hazard analysis and critical control point (HACCP) environment[J]. Journal of Agricultural & Food Chemistry, 2007, 55: 1638–1642.

[12] V, Sirot, Samieri, Cecilia, et al. Cadmium dietary intake and biomarker data in French high seafood consumers[J]. J Expo Sci Environ Epidemiol, 2008, 18: 400–409.

[13] 唐秋香, 缪新. 土壤镉污染的现状及修复研究进展 [J]. 环境工程, 2013(S1): 747–750.

[14] 黄道友, 黄新, 刘守龙, 等. 湖南省镉铅等重金属污染现状与防治 [J]. 农业现代化研究, 2004, 11(25): 81–85.

[15] 文金花. 湖南省重金属镉污染农田状况及其防治措施 [J]. 农业科技与信息, 2016(20): 102.

[16] 李慧芳. 每年 148. 55 吨镉流入湘江, 水污染治理需 132. 67 亿 [EB/OL]. (2015–05–27)[2019–01–10]. http: //hn. rednet. cn/c/2006/09/12/981224. htm.

[17] 王秋衡, 王淑云, 刘美英. 湖南湘江流域污染的安全评价 [J]. 中国给水排水, 2004, 8(20): 104–106.

[18] 国际绿色和平组织. 有色米衡东工业园周围环境及稻谷重金属污染调查报告 [R/OL]. (2014–04–24)[2019–01–01]. http: //www. greenpeace. to/greenpeace/?p=1768.

[19] 雷鸣, 曾敏, 郑袁明, 等. 湖南采矿区和冶炼区水稻重金属污染及其潜在风险评价 [J]. 环境科学学报, 2008, 28(6): 1212–1220.

[20] 方琳娜, 方正, 钟豫. 土壤重金属镉污染状况及其防治措施——以湖南省为例 [J]. 现代农业科技, 2016(7): 212–213.

[21] 郭朝晖,肖细元,陈同斌,等.湘江中下游农田土壤和蔬菜的重金属污染 [J].地理学报 , 2008, 63(11): 3–11.

[22] BERMUDEZ M A, JASANC R , PLA R, et al. Heavy metals and trace elements in atmospheric fall –out: Their relationship with topsoil and wheat element composition[J]. Journal of Hazardous Materials, 2012, 30(213/214): 447–456.

[23] 赵阳,于瑞莲,胡恭任,等.泉州市 324 国道泉州至塘头段路旁土壤中重金属来源分析 [J].土壤通报 , 2011, 42(3): 742–746.

[24] NZIGUHEBA G, SMOLDERS E. Inputs of trace elements in agricultural soils via phosphate fertilizers in European countries[J]. Science of the Total Environment, 2008, 390(1): 53–57.

[25] CARBONELL G, DE IMPERIAL R M, TORRIJOS M, et al. Effects of municipal solid waste compost and mineral fertilizer amendments on soil properties and heavy metals distribution in maize plants(Zea maysL.)[J]. Chemosphere, 2011, 85(10): 1614–1623.

[26] LUO L, MA Y B, ZHANG S Z, et al. An inventory of trace element inputs to agricultural soils in China[J]. Journal of Environmental Management , 2009, 90(8): 2524–2530.

[27] 樊霆,叶文玲,陈海燕,等.农田土壤重金属污染状况及修复技术研究 [J].生态环境学报 , 2013, 22(10): 1727–1736.

[29] BELON E, BOISSON M, DEPORTES I Z. An inventory of trace elements inputs to French agricultural soils[J]. Science of the Total Environment, 2012, 439(15): 87–95.

[30] 王美,李书田.肥料重金属含量状况及施肥对土壤和作物重金属富集的影响 [J].植物营养与肥料学报 , 2014, 20(2): 466–480.

[31] 温明霞,高焕梅,石孝均.长期施肥对作物铜、铅、铬、镉含量的影响 [J].水土保持学报 , 2010, 24(4): 119–122.

[32] 陕红,刘荣乐,李书田.施用有机物料对土壤镉形态的影响 [J].植物营养与肥料学报 , 2010, 16(1): 136–144.

[33] 张青梅,向仁军,刘湛,等.湖南省磷肥中重金属含量及形态特性 [J].有色金属科学与工程 , 2016, 7(5): 125–130.

[34] HoLZEL C S, MuLLER C, HARMS K S, et al. Heavy metals in liquid pig manure in light of bacterial antimicrobial resistance [J]. Environmental Research, 2012, 113: 21–27.

[35] 陈苗,崔岩山.畜禽固废沼肥中重金属来源及其生物有效性研究进展 [J].土壤通报 , 2012, 43(1): 251–256.

[36] 段飞舟,高吉喜,何江,等.灌溉水质对污灌区土壤重金属含量的影响分析 [J].农

业环境科学学报 , 2005(3): 450–455.

[37] RADCLIFFE J C. Water recycling in Australia –during and after the drought [J]. Environ Sci: Water Res Technol, 2015, 1(5): 10 . 1039 . C5EW00048C.

[38] 吴学丽 , 杨永亮 , 徐清 , 等 . 沈阳地区河流灌渠沿岸农田表层土壤中重金属的污染现状评价 [J]. 农业环境科学学报 , 2011, 30(2): 282 –288.

[39] 王晓丽 . 河口沉积物采样代表性研究——以湘资沅澧为例 [D]. 北京 : 中国地质大学 , 2006.

[40] 唐晓燕 , 彭渤 , 余昌训 , 等 . 湘江沉积物重金属元素环境地球化学特征 [J]. 云南地理环境研究 , 2008, 20(3): 26–32.

[41] 唐文清 , 刘利 , 冯泳兰 , 等 . 河流底泥重金属污染现状分析及评价——以湘江衡阳段为例 [J]. 衡阳师范学院学报 , 2008, 29(6): 55–59.

[42] 李军 , 刘云国 , 许中坚 . 湘江长株潭段底泥重金属存在形态及生物有效性 [J]. 湖南科技大学学报 (自然科学版), 2009, 24(1): 116–121.

[43] 李婧 , 周艳文 , 陈森 , 等 . 我国土壤镉污染现状、危害及其治理方法综述 [J]. 安徽农学通报 , 2015, 21(24): 104–107.

[44] 曾咏梅 , 毛昆明 , 李永梅 . 土壤中镉污染的危害及其防治对策 [J]. 云南农业大学学报 , 2005(3): 360–365.

[45] 李永涛 , 吴启堂 . 土壤污染治理方法研究 [J]. 农业环境保护 , 1997(3): 118–122,144.

[46] 蒋先军 , 骆永明 , 赵其国 . 镉污染土壤的植物修复及其 EDTA 调控研究 Ⅱ . EDTA 对镉的形态及其生物毒性的影响 [J]. 土壤 , 2001(4): 202–204.

[47] 张兴梅 , 杨清伟 , 李扬 . 土壤镉污染现状及修复研究进展 [J]. 河北农业科学 , 2010, 14(3): 79–81.

[48] 律琳琳 , 金美玉 , 李博文 , 等 . 4 种矿物材料改良 Cd 污染土壤的研究 [J]. 河北农业大学学报 , 2009, 32(1): 1–5.

[49] 李明德 , 童潜明 , 汤海涛 , 等 . 海泡石对镉污染土壤改良效果的研究 [J]. 土壤肥料 , 2005(1): 42–44.

[50] 鲁安怀 . 环境矿物材料基本性能——无机界矿物天然自净化功能 [J]. 岩石矿物学杂志 , 2001(4): 371–381.

[51] 代允超 , 吕家珑 , 刁展 , 等 . 改良剂对不同性质镉污染土壤中有效镉和小白菜镉吸收的影响 [J]. 农业环境科学学报 , 2015, 34 (1): 80–86.

[52] CHANEY R L, MALIK M, LI Y M. Phytoremendiation of Soil Metals[J]. Current Opinion in Biotechnology, 1997, 8(3): 279–284.

[53] 李文一 , 徐卫红 , 李仰锐 . 土壤重金属污染的植物修复研究进展 [J]. 污染防治技术 ,

2006, 19(2): 18–22.

[54] 魏树和, 周启星, 王新, 等. 一种新发现的镉超积累植物龙葵 (Solanum nigrum L.)[J]. 科学通报, 2004(24): 2568–2573.

[55] 曹霞. 耐铅镉微生物的筛选及其对污染土壤铅镉化学形态的影响 [D]. 武汉 : 华中农业大学, 2009.

[56] 江春玉, 盛下放, 何琳燕, 等. 一株铅镉抗性菌株 WS34 的生物学特性及其对植物修复铅镉污染土壤的强化作用 [J]. 环境科学学报, 2008(10): 1961–1968.

[57] 盛下放, 白玉, 夏娟娟. 镉抗性菌株的筛选及对番茄吸收镉的影响 [J]. 中国环境科学, 2003(5): 20–22.

[58] Ramseier S, Martin M, Haerdi W, . Bioaccumulation of Cadmium by Lumbricus terrestris[J]. Toxicological &Environmental Chemistry, 1989, 22(1–4): 189–196.

[59] 成杰民, 俞协治, 黄铭洪. 蚯蚓 – 菌根在植物修复镉污染土壤中的作用 [J]. 生态学报, 2005(6): 1256–1263.

[60] 左建雄. 湖南稻米农药残留及重金属超标现状及控制对策研究 [D]. 长沙 : 湖南农业大学, 2012: 18–19.

[61] 雷鸣, 唐非, 唐贞, 等. 不同水稻品种对镉的积累及其动态分布 [J]. 农业环境科学学报, 2013(6): 1092–1098.

[62] 杨菲, 白卢皙, 春穗, 等. 2009 年广东省市售大米及其制品镉污染状况调查 [J]. 中国食品卫生杂志, 2011, 23(4): 358–362.

[63] 陈若虹, 张军, 凌东辉, 等. 2009 年广州市海珠区餐饮单位大米中铅镉砷污染现状及膳食暴露评估 [J]. 中国卫生检验杂志, 2012, 22(2): 318–319.

[64] 高丽芳, 齐欢宁, 杨兴林, 等. 吴忠市 2011 年粮食中铅、镉含量检测报告 [J]. 医学动物防制, 2012(11): 1287–1288.

[65] 金亮, 李恋卿, 潘根兴, 等. 苏北地区土壤 – 水稻系统重金属分布及其食物安全风险评价 [J]. 生态与农村环境学报, 2007, 23(1): 33–39.

[67] 张荣. 中国主要产粮区稻米镉污染调查及镉污染稻米的加工利用 [D]. 武汉 : 武汉轻工大学, 2017.

[68] 王孝民. 水稻生产机械化关键技术及存在问题分析 [J]. 农机使用与维修, 2019 (1): 33.

[69] 李澜. 关于水稻机收秸秆粉碎还田试验示范技术的探讨 [J]. 农机使用与维修, 2019 (6): 93.

[70] 聂凌利. 肥料运筹对水稻镉吸收与积累的影响 [D]. 长沙 : 湖南农业大学, 2017.

[71] 肖欢. 不同播期对水稻重金属吸收积累的影响研究 [D]. 长沙 : 湖南农业大学, 2018.

[72] 黄春艳. 低镉水稻资源的筛选与主栽水稻品种镉积累特性的比较 [D]. 长沙：湖南师范大学, 2014.

[73] 徐燕玲, 陈能场, 徐胜光, 等. 低镉累积水稻品种的筛选方法研究——品种与类型 [J]. 农业环境科学学报, 2009, 28(7): 1346–1352.

[74] 滕振宁, 张玉烛, 方宝华, 等. 秩次分析法在低镉水稻品种筛选中的应用 [J]. 中国稻米, 2017, 23(2): 21–26.

[75] 刘昭兵, 纪雄辉, 彭华, 等. 磷肥对土壤中镉的植物有效性影响及其机理 [J]. 应用生态学报, 2012, 23(6): 1585–1590.

[76] 赵晶, 冯文强, 秦鱼生, 等. 不同氮磷钾肥对土壤 pH 和镉有效性的影响 [J]. 土壤学报, 2010, 47(5): 953–961.

[77] 张翠翠, 常介田, 高素玲, 等. 硅处理对镉锌胁迫下水稻产量及植株生理特性的影响 [J]. 核农学报, 2012, 26(6): 936–941.

[78] 曲世勇, 郭丽娜. 水稻各生育期需水规律及水分管理技术 [J]. 吉林农业, 2012, 264(2): 100.

[79] 吴佳, 纪雄辉, 魏维, 等. 水分状况对水稻镉砷吸收转运的影响 [J]. 农业环境科学学报, 2018, 37(7): 1427–1434.

[80] 陈光辉, 周森林, 易亚科, 等. 不同生育期脱水对稻米镉含量的影响 [J]. 中国农学通报, 2018, 34(3): 1–5.

[81] 杨定清, 雷绍荣, 李霞, 等. 大田水分管理对控制稻米镉含量的技术研究 [J]. 中国农学通报, 2016, 32(18): 11–16.

[82] 纪雄辉, 梁永超, 鲁艳红, 等. 污染稻田水分管理对水稻吸收积累镉的影响及其作用机理 [J]. 生态学报, 2007, 27(9): 3930–3939.

[83] 田桃. 不同水分管理模式对镉在水稻植株体内迁移与累积的影响 [D]. 长沙：中南林业科技大学, 2017.

[84] 龚浩如. 降镉剂和水分管理对早稻产量及稻米镉污染的阻控效果 [J]. 湖南农业科学, 2017(8): 24–26.

[85] 李园星露, 叶长城, 刘玉玲, 等. 硅肥耦合水分管理对复合污染稻田土壤 As–Cd 生物有效性及稻米累积阻控 [J]. 环境科学, 2018, 39(2): 944–952.

[86] 王蜜安, 尹丽辉, 彭建祥, 等. 综合降镉 (VIP) 技术对降低糙米镉含量的影响研究 [J]. 中国稻米, 2016, 22(1): 43–47.

[87] 张静静, 黄河, 吴海霞, 等. 不同土壤类型中水稻间作红蛋对镉累积的影响 [J]. 西南农业学报, 2016, 29(12): 2871–2876.

[88] 于玲玲, 朱俊艳, 黄青青, 等. 油菜 – 水稻轮作对作物吸收累积镉的影响 [J]. 环境

科学与技术, 2014, 37(1): 1–6, 12.

[89] Su D, Jiao W, Zhou M, et al. Can Cadmium Uptake By Chinese Cabbage Be Reduced After Growing Cd–accumulating Rapeseed[J]. Pedosphere, 2010, 20(1): 90–95.

[90] 雷鸣, 秦普丰, 铁柏清. 湖南湘江流域重金属污染的现状与分析 [J]. 农业环境与发展, 2010, 27(2): 62–65.

第 2 章　外部条件对水稻镉吸收的影响研究进展

摘要：综述了土壤环境、土壤酸碱度和氧化还原电位、水稻根系分泌物、水分管理模式、温度对水稻镉吸收积累的影响，提出可以从农田镉生物修复技术的系统研究、降镉综合栽培技术研究、镉胁迫对水稻生长发育、生理生化及品质的影响机理等方面进行研究。

关键词：重金属；镉；水稻；镉含量

镉（Cadmium，Cd），植物的非必需元素，具很强的毒性和迁移性，主要通过工业采矿、污水灌溉、施用劣质磷肥、大气沉降等方式流入农田土壤。植物根系吸收土壤溶液中的镉，通过共质体途径和质外体途径转运至植株体内并随生育进程不断累积。高浓度镉对植物有毒害性，如抑制种子活力，破坏细胞结构，影响细胞膜通透性，导致生理代谢紊乱、光合作用降低、营养缺失、叶绿素合成受到抑制等。

水稻是我国重要的粮食作物，约有 65% 的人口以稻米为主食。水稻具有富集镉的习性，吸镉能力极强，很容易造成籽粒 Cd 含量超标。根据国家标准《食品中污染物限量》（GB2762—2012）规定，稻米中的镉含量不得超过 0.2 mg/kg。据调查，在我国各地均有稻米中镉含量超标的现象，特别是在湖南、福建、广东、浙江等南方省份，超标率达到 5% ~ 15%。镉通过食物链进入人体内，能在人体内长期存在，对人体的骨骼、肾脏、肝脏等产生毒害作用，20 世纪 50 年代至 70 年代，日本出现的"骨痛病"，其致病原因主要是长期食用"镉米"所致。因此，控制稻米镉污染亟待进行且意义重大。

土壤－植物系统是生态系统物质交换与能量循环的枢纽，也是水稻对镉吸收的主要源头。研究发现，稻米镉含量与土壤镉浓度呈显著正相关关系，土壤镉浓度影响水稻各器官对镉的富集与转运，但这种影响并非一定的，水稻根系吸收镉，除受土壤镉浓度影响外，还受诸多外部因素的影响，如土壤质地、pH 和 Eh 值、有机质含量、根系分泌物和根际微生物、温度等。

1. 土壤环境对水稻镉吸收的影响

1.1 土壤类型与镉浓度

土壤质地是土壤物理性质之一，是土壤中不同大小直径的矿物颗粒的组合状况。一般而言，土壤质地黏重较轻者具较高的腐殖质含量，物质淋溶程度较低，土壤胶体吸附性强，对重金属的持留量大。范中亮等研究表明，镉的生物有效性在不同类型土壤中差异显著，稻米镉含量与土壤镉浓度呈显著正相关关系；稻米镉含量在 3 种不同性质土壤中的大小顺序为红壤＞青紫土＞乌栅土。在一定镉浓度范围内，作物在砂土中的耐镉性比黏土强，在相同镉浓度下，酸性土壤中水稻镉的富集系数大于碱性土壤。水稻根系镉吸收速率与土壤镉浓度呈正相关关系，但根系向茎叶及籽粒的转运效率在一定范围内随镉浓度的增加呈下降趋势，水稻各器官镉富集和转运效率与土壤镉浓度有关，种植在重度镉污染土壤的水稻各器官镉富集效率显著高于中轻度镉污染土壤的富集效率。

1.2 土壤 pH 和 Eh 对水稻镉吸收的影响

土壤的 pH 和 Eh 是影响水稻镉吸收的重要环境因子，土壤中 Cd^{2+} 的活性受 pH 与 Eh 值的影响。土壤环境中的 Cd^{2+} 浓度随 pH 值变化而呈一个动态平衡，在酸性条件下，H^+ 与被胶体、黏土和有机质颗粒等表面吸附的交换态 Cd^{2+} 发生离子交换，Cd 的活性提高；在碱性条件下 Cd^{2+} 容易与 H^+、SO_4^{2-}、S^{2-}、HCO_3^-、$H_2PO_4^-$ 生成氢氧化物、硫化物、磷酸盐等沉淀。研究表明，土壤 pH 与水稻籽粒镉含量呈负相关关系。当土壤 pH 值由 7.0 下降到 4.55 时，土壤交换态 Cd 增加，土壤 Cd 活性提高；pH 小于 3.2 时，

Cd 的吸附率很低；pH 在 4.5 ~ 7.2 时，Cd 的吸附率与 pH 呈显著正相关；pH 大于 7.5 时，Cd 的吸附率接近 100%，主要以氧化物结合态及残渣态形式存在。易亚科等通过盆栽试验研究不同酸碱度土壤对水稻生长发育及稻米镉积累规律发现，品种、土壤 pH 及二者交互作用对水稻农艺性状、产量及籽粒镉含量的影响均达到显著水平，土壤 pH 值影响最大。

Eh 值反映土壤氧化还原程度。土壤 Eh > 125 mV 时，土壤以氧化状态为主，Eh < 125 mV 时，土壤以还原状态为主。土壤在还原环境下，水溶性 Fe^{2+}、Mn^{2+} 浓度增加，形成铁氧化物和铁锰氧化物，两者具有较大的比表面积和可变表面电荷，对 Cd^{2+} 有很大的吸附容量，降低土壤 Cd 活性，进而减少水稻对 Cd 的吸收。当土壤 pH 在 5 ~ 7，Eh > 200 mV 时，土壤中的 Fe^{2+}、Mn^{2+}、Zn^{2+} 和 Cu^{2+} 等都具有较高的活性，这些元素离子与 Cd^{2+} 之间存在竞争关系，同 Cd^{2+} 争夺结合位点，而使水稻秸秆中 Cd^{2+} 含量下降。

1.3 土壤有机质对水稻镉吸收的影响

土壤有机质是土壤质量和功能的核心，对镉具有抑制和激活的双重作用。有机质通过改变土壤负电量、pH 等理化性质提高土壤对镉的吸附，及有机质自身具有大量的功能团可吸附、螯合迁移性较强的可交换态 Cd，降低镉的生物有效性。随着有机质的分解，吸附的 Cd 会释放出来，并向交换态镉转化，提高镉的活性。此外，土壤有机质可以让土壤重金属镉的可交换态和水溶态向有机结合态、残留态和碳酸盐结合态转化。郭碧林等发现，红壤性水稻土中有机质含量随生物质炭添加量的增加而增大，而土壤有效态 Cd 的含量随生物质炭添加量的增加呈降低趋势，说明有机质含量的提高可以降低土壤有效态 Cd 含量。

重金属在土壤中的迁移转化行为与有机质组分有关。溶解性有机质（DOM）是指存在于土壤溶液中不同结构及分子量的有机物，如可溶性糖类、烃类、氨基酸、脂肪酸、腐殖质等；颗粒有机质（POM）是动植物残体向土壤腐殖质转化的活性中间产物，是土壤中粒径大于 0.053 mm 的轻组有机物质。DOM 是重金属的配位体和迁移载体，对土壤 Cd 的活性具有增大和降低的双重作用，有研究认为，DOM 可与 Cd 螯合形成有机 – 重金属离子配合物和水溶性络合物、Cd^{2+} 竞争土壤表面的吸附点位，提高 Cd 的活性和迁移能力，降低土壤对 Cd 的吸附。另有报道指出，DOM 的螯合作用可增大土壤表面对 Cd^{2+} 的吸附量，在较强酸性条件下，土壤对 DOM 的吸附致使自身的负电荷增加，可促进对土壤 Cd^{2+} 的吸附。DOM 对土壤 Cd^{2+} 活性的影响与 DOM 种类和土壤类型有关。而 POM 对重金属具有很强的富集能力，史琼彬等认为，在石灰性水稻土中 POM 与有效 Cd 含量呈显著负相关关系，在酸性水稻土中也有相同关系，但不显著；另外，土壤 POM 含量能抑制水稻根系对 Cd 的吸收，但促进了 Cd 向籽粒的转移。

综上所述，水稻镉积累与土壤活性密切相关，而土壤镉活性因土壤类型、镉浓度、酸碱度和氧化还原电位及有机质含量及其组分而异。

2. 根系分泌物对水稻吸收土壤镉的影响

植物根系分泌物是植物在生长过程中，根系向生长介质分泌质子和大量有机物质的总称，是根–土界面的润滑剂，微生物的能源物质，能改善根际环境，是植物适应胁迫的关键物质。根系分泌物多属小分子量有机化合物，常见种类主要有：有机酸、氨基酸、糖类、酚类、酶类等，对重金属具有酸化、活化、螯合、络合等作用，影响土壤镉的活性。根系分泌物中有机酸和氨基酸可改变根际环境的 pH，根际的酸化可促进植物对 Cd 的吸收。胡浩等认为低分子有机酸淋溶对供试土壤中 Pb、Cd、Cu 和 Zn 都具有解吸作用，并且解吸效果随着有机酸浓度的增加而增强。McBride 等认为柠檬酸、氨基酸等对氧化物和黏土矿物吸附 Cd^{2+} 有明显的抑制效应，导致 Cd 活性升高。根系分泌物中的某些有机酸、结合蛋白和黏胶物质可与根际环境中的 Cd^{2+} 络合形成稳定的螯合体，将其固定在土壤当中，抑制 Cd 的活性。

在重金属污染环境下，植物受到重金属胁迫对其根系分泌物的产生也有一定的影响，如影响分泌物的种类、组分和总量。Hui 等认为，在 Cd 胁迫下，水稻根系分泌的有机酸总量显著增加，氨基酸组分和数量发生很大改变，且水稻 Cd 含量与有机酸、氨基酸含量显著相关。黄冬芬认为，在

Cd 胁迫下，随时间的延长，水稻根系分泌的有机酸含量也随之增加。高蕾认为，水稻根部 2'–脱氧麦根酸分泌量显著增加，可降低植株对 Cd 的吸收。多年生草本长穗冰草（Agrogyron elongatum）在 Cd 的胁迫下，根系分泌的草酸、柠檬酸和苹果酸等有机酸量也同样呈增加趋势。草酸和柠檬酸是杨树根系分泌物抵抗铝毒害的主要有机酸成分。

根系分泌物对镉起间接作用是通过影响根系微生物数量和微生物活动来实现的。根系分泌物为微生物提供有效的碳源和氮源，根系分泌物 – 糖类和氨基酸等有机物能够被根系微生物利用，使根际土壤氧化还原能力低于非根际土，从而改变根际土壤中变价重金属，如 Cd、Cu 等。另有研究表明，酶类能改变根际土壤氧化还原状态，对植物镉毒害起到缓解作用；糖类会以碳源形式刺激微生物增殖，而酚类化合物会以化感作用方式抑制其繁殖，如酚酸会掩盖简单糖类物质对微生物的碳源刺激作用，从而引起微生物利用不同碳源能力的差异性，影响微生物在土壤中的作用能力。在 Cd 等重金属胁迫下，根际微生物可以通过分泌有机物来吸附、溶解或螯合 Cd 等重金属，如微生物在代谢过程产生柠檬酸、草酸的有机物与 Cd 形成较稳定螯合物和草酸盐沉淀，微生物的细胞壁及黏液层可直接参与 Cd 在土壤中发生的吸附、固定反应。此外，微生物的生理活动产生 H_2S，与 Cd 形成难溶的硫化物或改变根际土壤的团粒结构和理化性质等方式来吸收或固定 Cd，进而降低其生物学毒性。相反，微生物在代谢过程中能产生诸多种类的有机酸，对根际环境中的 Cd 具有一定的活化作用。

3. 水分管理模式对水稻镉积累的影响

水分管理是水稻生产中最重要的农艺措施之一。大量研究表明，不同水分管理模式对水稻籽粒镉含量有显著影响。淹水厌氧条件下，水稻根表自然形成铁膜，对土壤 Cd 具有吸附和吸收作用，进而影响水稻对 Cd 的吸收。Liu 等研究发现，根表铁膜的形成促进了水稻对 Cd 的吸收，而 Du 等的研究结果与其相反；刘侯俊等则认为铁膜的形成不影响水稻植株对镉的吸收。胡莹等认为，铁膜的作用方向取决于膜的形成量、老化程度及水稻品种对

Cd 的富集和转运能力，可通过不同生育期的管理调节水稻根表铁膜的形成，减少 Cd 向稻谷中转运。

崔晓荧等、Hu 等研究发现，不同水分管理模式对水稻生长及重金属 Pb、Cr、Cd 在土壤－水稻系统中的迁移作用影响显著，淹水灌溉较干湿交替灌溉降低了重金属 Pb、Cr、Cd 在土壤－水稻系统的迁移能力，降低了水稻对重金属的吸收。Tian 等研究了水稻全生育期湿润灌溉，灌浆前湿润灌溉、灌浆后淹水灌溉，灌浆前淹水灌溉、灌浆后湿润灌溉和全生育期淹水灌溉四种灌溉方式对水稻的影响发现，对比全生育期湿润灌溉，其余三种灌溉模式显著降低了水稻各部位的 Cd 含量，认为在水稻 Cd 积累关键时期（灌浆期）淹水灌溉有利于降低籽粒 Cd 含量。石立臣认为，抽穗期淹水和整个生育期淹水可以显著降低糙米中的 Cd 含量与积累量，其中又以整个生育期淹水降幅最大，更进一步表明采用淹水处理可以降低土壤 Cd 的生物有效性。李鹏通过田间小区试验发现，不同水分处理的糙米 Cd 含量顺序为：不灌水旱作＞间歇灌溉＞全生育期淹水灌溉。可见，淹水灌溉是降低水稻镉吸收积累的有效措施。淹水条件下，稻田土壤性质发生变化、水稻根系分泌物、微生物等交叉影响土壤 Cd 活性，进而影响水稻对镉的吸收，贺前锋等对淹水稻田中土壤性质的变化及其对土壤镉活性影响进行了评述，提出加快农田生态系统 Cd 污染的防控应将国内外先进仪器和分析手段应用于农田土壤中 Cd 污染快速、精确检测，开展不同水稻生长期淹水条件下土壤生物指标的监测、土壤性质变化对土壤 Cd 活性的影响研究，揭示污染稻田土壤－作物系统 Cd 的迁移转化机理。

4. 温度对水稻镉积累的影响

温度作为生物机能的一种动力，影响植物的蒸腾、水势、吸收、休眠、新陈代谢和生长发育，以及几乎所有的酶促反应等。温度同时也是影响水稻籽粒镉积累的重要因子，它是通过影响土壤固－液相表面反应、土壤理化性质、微生物过程等来改变土壤中重金属的形态与分布，从而影响重金属在土壤中的环境行为及其植物有效性。党秀丽等研究发现，土壤中外源镉添加量达到 10 mg/kg 时，10℃ ~ 30℃条件下土壤中的镉以交换态为主，–30℃条件下土壤中的镉以残渣态为主。王金贵等认为，温度升高会促进土壤对镉的吸附速率和吸附量。

温度对重金属的生物有效性会因不同物种或同种物种的不同生育期的生物学特征的不同，从而表现出不同结果。当早、晚稻土壤镉含量相同时，晚稻米镉含量高于早稻米。何洋等通过盆栽研究了温度对不同耐镉型水稻品种糙米镉含量的影响发现，早晚稻稳定型品种在不同温度下糙米镉含量的变化幅度均明显低于变异型品种；分蘖期和灌浆期是温度影响水稻对镉吸收的敏感时期，生育前期低温处理及生育后期高温处理将促进水稻籽粒对镉的积累。其原因可能为：水稻生育前期低温导致水稻营养生长期延长，使得水稻全生育期延长，从而使得水稻植株的镉总积累量增加，最后通过水稻的转运系统及分配增加了水稻籽粒中的镉含量。而水稻生育后期高温处理使水稻的蒸腾速率加快以及参与各项生理反应的酶及功能蛋白的活性增加，加快了水稻植株体内与镉吸收、转运及分配相关的生理生化反应，使得籽粒中的镉含量增加。另有报道表明，温度升高必然增加植物的蒸腾作用，从而促进植物对重金属的吸收，但是温度升高同样也会导致植物的生物量增大，从而稀释植物不同器官中的重金属含量。Li 等认为温度升高增加了叶片的蒸腾作用，促进了 Cd 从根向茎叶的转运，同时，促进了营养液向上层的木质部流动，进而增强了 Cd 的转运，显著提高水稻镉积累量。

5. 展望

不同土壤类型、土壤镉浓度均可影响水稻对镉的吸收，水稻种植在质地较轻的土壤中具有较高耐镉性，稻米镉含量与土壤镉浓度呈正相关关系。土壤有机质含量影响土壤镉的活性，一方面，DOM 的高活性及其与 Cd^{2+} 螯合都会导致 Cd 活性升高；另一方面，POM 对 Cd 具有很强的富集能力，降低 Cd 的生物有效性，降低水稻对 Cd 的吸收。在碱性环境或还原状态下，土壤 Cd 活性较低，被水稻吸收的 Cd 减少；水稻根系分泌物当中某些特殊有机酸和重金属结合蛋白对根际环境中的 Cd 影响，同时，根系分泌物可通过影响根际微生物的活动和生理反应来减轻 Cd 的毒害作用。淹水灌溉是降低水稻镉积累的有效途径。高温可使水稻的蒸腾速率加快以及参与各项生理反应的酶及功能蛋白的活性增加，加快了水稻植株体内与镉吸收、转运及分配相关的生理生化反应，使得籽粒中的镉含量增加。

土壤酸碱度、氧化还原电位、土壤有机质含量、根系分泌物、水分管理均通过影响土壤中镉的活性和生物有效性，进而影响水稻镉积累，其作用机理有待进一步的研究。

水稻作为我国大宗的粮食作物，随着我国经济社会的发展，人们对稻米的品质要求日益提高，卫生安全意识逐渐加强，水稻镉污染问题的研究解决对于农田的可持续利用、作物合理布局和稻米安全具有极其重要的意义，更是响应了国家发展粮食安全战略的重要目标。解决稻米镉污染问题应当稳妥、科学、可持续地进行，可以从以下方面进行研究：①开展农田镉生物修复技术的系统研究，筛选适用并能大面积推广的镉高富集植物，从绿色、生态角度修复土壤镉污染，实现对土壤镉修复和土壤资源可持续利用。②降镉综合栽培技术的基础理论研究应围绕控制镉积累的途径开展，加快农艺措施降镉机理，因地制宜地采用适当栽培措施，在保证水稻产量的同时，提高稻米的安全品质。③探明 Cd 胁迫对水稻生长发育、生理生化及品质的影响机理，加快耐镉、镉低积累稳定型品种选育。

参考文献

[1] Wu Haiyun, Liao Qilin, Chillrud Steven N, et al. Environmental exposure to cadmium:Health risk assessment and its associations with hypertension and impaired kidney function[J]. Scientific Reports, 2016, 6: 1–9.

[2] C. A. Grant, J. M. Clarke, S. Duguid, et al. Selection and breeding of plant cultivars to minimize cadmium accumulation[J]. Science of the Total Environment, 2007, 390(2): 301–310.

[3] 魏益民，魏帅，郭波莉，等 . 含镉稻米的分布及治理技术概述 [J]. 食品科学技术学报，2013, 31(2): 1–6.

[4] 范中亮，季辉，杨菲，等 . 不同土壤类型下 Cd 和 Pb 在水稻籽粒中累积特征及其环

境安全临界值 [J]. 生态环境学报 , 2010, 19(4): 792–797.

[5] 郑 陶 , 李廷轩 , 张锡洲 , 等 . 水稻镉高积累品种对镉的富集特性 [J]. 中国农业科学 , 2013, 46(7): 1492–1500.

[6] 邓波儿 , 刘同仇 , 郑文娟 . 黄棕壤性水稻土镉临界浓度的研究 [J]. 华中农业大学学报 , 1991(4): 374–377.

[7] 刘元东 , 刘明利 , 魏宏伟 , 等 . 安全小麦示范区土壤质地对土壤重金属含量的影响 [J]. 河南农业科学 , 2007(8): 70–73.

[8] 刘冠男 , 刘新会 . 土壤胶体对重金属运移行为的影响 [J]. 环境化学 , 2013, 32(7): 1308–1317.

[9] 黄德乾 , 汪鹏 , 王玉军 , 等 . 污染土壤上水稻生长及对 Pb、Cd 和 As 的吸收 [J]. 土壤 , 2008(4): 626–629.

[10] Le nidas Carrijo Azevedo Melo, Luís Reynaldo Ferracciú Alleoni, Giselle Carvalho, et al. Cadmium–and barium–toxicity effects on growth and antioxidant capacity of soybean (Glycine max L.) plants, grown in two soil types with different physicochemical properties [J]. Journal of Plant Nutrition and Soil Science, 2011, 174(5): 847–859.

[11] 孙 聪 , 陈世宝 , 宋文恩 , 等 . 不同品种水稻对土壤中镉的富集特征及敏感性分布 (SSD)[J]. 中国农业科学 , 2014, 47(12): 2384–2394.

[12] 周静 , 杨洋 , 孟桂元 , 等 . 不同镉污染土壤下水稻镉富集与转运效率[J]. 生态学杂志 , 2018, 37(1): 89–94.

[13] 朱智伟 , 陈铭学 , 牟仁祥 , 等 . 水稻镉代谢与控制研究进展 [J]. 中国农业科学 , 2014, 47(18): 3633–3640.

[14] 贺前锋 , 桂娟 , 刘代欢 , 等 . 淹水稻田中土壤性质的变化及其对土壤镉活性影响的研究进展 [J]. 农业环境科学学报 , 2016, 35(12): 2260–2268.

[15] Reddy C N, Patrick W H. Effect of redox potential and pH on the uptake of cadmium and lead by rice plants[J]. Journal of Environmental Quality, 1977, 6(3): 259–262.

[16] Danqing Liu, Chunhua Zhang, Xue Chen, et al. Effects of pH, Fe, and Cd on the uptake of Fe^{2+} and Cd^{2+} by rice[J]. Environmental Science and Pollution Research, 2013, 20(12): 8947–8954.

[17] Fanrong Zeng, Shafaqat Ali, Haitao Zhang, et al. The influence of pH and organic matter content in paddy soil on heavy meta availability and their uptake by rice plants. Environmental Pollution[J]. Environmental Pollution, 2011, 159(1): 84–91.

[18] 张振兴 , 纪雄辉 , 谢运河 , 等 . 水稻不同生育期施用生石灰对稻米镉含量的影响 [J]. 农业环境科学学报 , 2016, 35(10): 1867–1872.

[19] 高云华,周波,李欢欢,等.施用生石灰对不同品种水稻镉吸收能力的影响 [J].广东农业科学,2015,42(24):22–25.

[20] Xingfu Xian, Gholamhoss In Shokohifard. Effect of pH on chemical forms and plant availability of cadmium, zinc, and lead in polluted soils[J]. Water, Air, and Soil Pollution, 1989, 45(3–4): 265–273.

[21] 李程峰,刘云国,曾光明,等.pH 值影响 Cd 在红壤中吸附行为的实验研究 [J].农业环境科学学报,2005(1):84–88.

[22] 易亚科,周志波,陈光辉.土壤酸碱度对水稻生长及稻米镉含量的影响 [J].农业环境科学学报,2017,36(3):428–436.

[23] Muhammad T. Rafiq, Rukhsanda Aziz, Xiaoe Yang, et al. Cadmium phytoavailability to rice(*Oryza sativa* L.)grown in representative Chinese soils:A model to improve soil environmental quality guidelines for food safety[J]. Ecotoxicology and Environmental Safety, 2014, 103: 101–107.

[24] F. M. G. Tack, E. Van Ranst, C. Lievensc, et al. Soil solution Cd, Cu and Zn concentrations as affected by short–time drying or wetting:The role ofhydrous oxides of Fe and Mn[J]. Geoderma, 2006, 137(1/2): 83–89.

[25] Beate Fulda, Andreas Voegelin, Ruben Kretzschmar. Redox–controlled changes in cadmium solubility and solid–phase speciation in a paddy soil as affected by reducible sulfate and copper [J]. Environmental Science &Technology, 2013, 47(22): 12775–12783.

[26] Kashem M A, Singh B R. Transformations in solid phase species of metals as affected by flooding and organic matter[J]. Communicationsin Soil Science and Plant Analysis, 2004, 35(9/10): 1435–1456.

[27] 代允超,吕家珑,曹莹菲,等.石灰和有机质对不同性质镉污染土壤中镉有效性的影响 [J].农业环境科学学报,2014,33(3):514–519.

[28] Narwal RP, Singh BR. Effect of organic materials on partitioning, extractability and plant uptake of metals in an alum shale soil[J]. Water, Air, and Soil Pollution, 1998, 103 (1–4): 405–421.

[29] 宋波,曾炜铨.土壤有机质对镉污染土壤修复的影响 [J].土壤通报,2015,46 (4):1018–1024.

[30] 陈建斌.有机物料对土壤的外源铜和镉形态变化的不同影响 [J].农业环境保护,2002(05):450–452.

[31] 郭碧林,陈效民,景峰,等.生物质炭添加对重金属污染稻田土壤理化性状及微生

物量的影响 [J]. 水土保持学报 , 2018, 32(4): 279–284, 290.

[32] Tingqiang Li, Chengfeng Liang, Xuan Han, et al. Mobilization of cadmium by dissolved organic matter in the rhizosphere of hyperaccumulator Sedum alfredii[J]. Chemosphere, 2013, 91(7): 970–976.

[33] 肖瑞芳 . 有机物料对水稻土有机质组分及水稻吸收镉的影响 [D]. 重庆 : 西南大学 , 2017.

[34] Cornu J Y, Schneider A, Jezequel K, et al. Modelling the complexation of Cd in soil solution at different temperatures using the UV –absorbance of dissolved organic matter[J]. Geoderma, 2011, 162(1): 65–70.

[35] Tingqiang, Zhenzhen Di, Xiaoe Yang, et al. Effects of dissolved organic matter from therhizosphere of the hyperaccumulator Sedum alfredii on sorption of zinc and cadmium by different soils[J]. Journal of Hazardous Materia, 2011, 192(3): 1616–1622.

[36] 李妍 , 刘静 , 朱俊 , 等 . 水溶性有机质对 Cd 和 Zn 在土壤表面竞争吸附的影响 [J]. 广东农业科学 , 2012, 39(21): 79–81.

[37] 史琼彬 . 有机物料对紫色水稻土颗粒有机质及镉生物有效性的影响 [D]. 重庆 : 西南大学 , 2016.

[38] 刘丹青 . 根际化学性状对水稻铁、镉吸附和吸收的影响研究 [D]. 南京 : 南京农业大学 , 2013.

[39] Miguel A. Piñeros, Jurandir V. Magalhaes, Vera M. Carvalho Alves, et al. The physiology and biophysics of an aluminum tolerance mechanism based on root citrate exudation in maize[J]. Plant Physiol, 2002, 129(3): 1194–1206.

[40] 陈雪 . 土壤根际铁形态转化和低分子量有机酸对水稻镉吸收的影响 [D]. 南京 : 南京农业大学 , 2013.

[41] 黄亚男 , 傅志强 . 水稻根系分泌物对镉吸收、积累影响机理研究进展 [J]. 作物研究 , 2018, 32(3): 244–248, 264.

[42] 胡浩 , 潘杰 , 曾清如 , 等 . 低分子有机酸淋溶对土壤中重金属 Pb、Cd、Cu 和 Zn 的影响 [J]. 农业环境科学学报 , 2008(4): 1611–1616.

[43] McBride M B. Reaction controlling heavy metal solubility in soils[J]. Advance in Soil Science, 1989, 10: 1–56.

[44] Cunninngham SD. Phytoremediation of contaminated soil[J]. Trend Biotechnol, 1995, 13(9): 393 –397.

[45] Huijie Fu, Haiying Yu, Tingxuan Li, et al. Influence of cadmium stress on root exudates of high cadmium accumulating rice line(*Oryza sativa* L.)[J]. Ecotoxicology and

Environmental Safety, 2018, 150: 168.

[46] 黄冬芬. 水稻对土壤重金属镉的响应及其调控 [D]. 扬州 : 扬州大学 , 2008.

[47] 高蕾. 2'– 脱氧麦根酸 (DMA) 影响水稻镉吸收的作用及机制研究 [D]. 杭州 : 浙江理工大学 , 2018.

[48] Yang H, Wong J, Yang Z. Ability of Agorgyron elongatumto accumulate the single metal of cadmium, coppe, nickeland lead root exudation of organic acids[J]. Journal of Environmental Sciences, 2001, 13(3): 368–375.

[49] 钱莲文 , 李清彪 , 孙境蔚 , 等 . 铝胁迫下常绿杨根系有机酸和氨基酸的分泌 [J]. 厦门大学学报 (自然科学版), 2018, 57(2): 221–227.

[50] 罗明 , 陈新红 , 李兢 , 等 . 种保素对几种作物根际微生物效应的影响 [J]. 生态学杂志 , 2000(3): 69–72.

[51] 徐卫红 , 黄河 , 王爱华 , 等 . 根系分泌物对土壤重金属活化及其机理研究进展 [J]. 生态环境 , 2006(1):184–189.

[52] Jian Mao, Linzhang Yang, Yuming Shi, et al. Crude extract of a stragalus mongholicus root inhibits crop seed gemination and soil nitriying activity[J]. Soil Biology and Biochemistry, 2006, 38:201.

[53] 崔晓荧 , 秦俊豪 , 黎华寿 . 不同水分管理模式对水稻生长及重金属迁移特性的影响 [J]. 农业环境科学学报 , 2017, 36(11): 2177–2184.

[54] Pengjie Hu, Jiexue Huang, Younan Ouyang, et al. Water management affects arsenic and cadmium accumulation in different rice cultivars[J]. Environmental Geochemistry and Health, 2013, 35(6): 767–778.

[55] Tao Tian, Hang Zhou, Jiaofeng Gu, et al. Cadmium accumulation and bioavailability in paddy soil under different water regimes for different growth stages of rice (*Oryza sativa* L.)[J]. Plant Soil, 2019.

[56] Jianguo Liu, Changxun Cao, Minghung Wong, et al. Variations between rice cultivars iniron and manganese plaque on roots and the relation with plant cadmium uptake[J]. Journal of Environmental Sciences, 2010, 22(7): 1067–1072.

[57] Jingna Du, Chongling Yan, Zhaodeng Li. Formation of iron plaque on mangrove Kandalar. Obovata (S. L.) root surfaces and its role in cadmium uptake and translocation[J]. Marine Pollution Bulletin, 2013, 74(1): 105–109.

[58] 刘侯俊 , 胡向白 , 张俊伶 , 等 . 水稻根表铁膜吸附镉及植株吸收镉的动态 [J]. 应用生态学报 , 2007(2): 425–430.

[59] 胡莹 , 黄益宗 , 黄艳超 , 等 . 不同生育期水稻根表铁膜的形成及其对水稻吸收和转

运 Cd 的影响 [J]. 农业环境科学学报 , 2013, 32(3): 432–437.

[60] 石立臣 . 不同水分管理对水稻镉吸收和分配的影响 [D]. 广州 : 华南农业大学 , 2012.

[61] 李 鹏 . 水分管理对不同积累特性水稻镉吸收转运的影响研究 [D]. 南京 : 南京农业大学 , 2011.

[62] Sean T. Michaletz, Dongliang Cheng, Andrew J. Kerkhoff, et al. Convergence of terrestrial plant production across global climate gradients. [J]. Nature, 2014, 512(7512): 39–43.

[63] J. R. Mahan, B. L. McMichael, D. F. Wanjura. Methods for reducing the adverse effects of temperature stress on plants: A review[J]. Environmental and Experimental Botany, 1995, 35(3): 251–258.

[64] 何洋 , 刘洋 , 方宝华 , 等 . 温度对不同水稻品种糙米镉 (Cd) 含量的影响 [J]. 中国稻米 , 2016, 22(2): 31–35.

[65] 党秀丽 , 陈彬 , 虞娜 , 等 . 温度对外源性重金属镉在土 – 水界面间形态转化的影响 [J]. 生态环境 , 2007(03): 794–798.

[66] 王金贵 , 吕家珑 , 张瑞龙 , 等 . 不同温度下镉在典型农田土壤中的吸附动力学特征 [J]. 农业环境科学学报 , 2012, 31(06): 1118–1123.

[67] 杨小粉 , 刘钦云 , 袁向红 , 等 . 综合降镉技术在不同污染程度稻田土壤下的应用效果研究 [J]. 中国稻米 , 2018, 24(2): 37–41.

[68] 徐笠 , 陆安祥 , 王纪华 . 温度变化对重金属植物有效性影响的研究进展 [J]. 江苏农业科学 , 2016, 44(10): 26–30.

[69] Liqiang Ge, Long Cang, Jie Yang, et al. Effects of root morphology and leaf transpiration on Cd uptake and translocation in rice under different growth temperature[J]. Environmental Science and Pollution Research, 2016, 23(23): 24205–24214.

第3章 肥料运筹对水稻镉吸收积累的影响

摘要：农艺措施降低水稻镉污染具有操作简单、推广难度低等多种优点；本文综述了施用氮磷钾肥、硅肥、钙肥等其他微量元素肥料运筹对降低水稻镉的研究所得成果，旨为开展肥料运筹治理水稻镉污染提供一定的研究依据。

关键词：降镉措施；肥料；水稻；镉（Cd）

镉（Cd）、铅（Pb）、铬（Cr）、汞（Hg）等作为环境科学中经常关注的重金属元素，较铁、硒等植物所必需的微量元素不同，在农业生产上有着降低土壤肥力，使植物富集从而危害人畜健康的能力。而近年来随着我国工业的快速发展以及化石燃料的大量使用，导致环境问题日益严重，尤其是镉等重金属由于其较强的毒害性，以及在农作物中较高的积累量使得农产品降镉技术受到广泛关注。水稻作为我国主要的粮食作物之一，同样也是镉吸收、富集能力最强的大宗谷类作物，所以稻米生产的安全性直接影响到人们的生活以及饮食安全，而如何解决稻米中镉污染问题也是未来一段时间内各领域专家重点研究的课题。

1. 水稻镉污染途径

研究发现，土壤中的镉进入水稻植株体内其基本过程首先由根系对镉的吸收，再经木质部运输以及剑叶"再活化"后经节间韧皮部富集，进而进入水稻籽粒中，同时也受镉胁迫时间长短的影响，即胁迫时间越长，地上部分镉积累量越多。而镉进入水稻根系的途径主要分为两种：主动吸收，主要是通过离子浓度差使重金属离子进入细胞内，最终进入维管柱中，另外一条则是借用 Zn^{2+} 和 Fe^{2+} 的转运蛋白进入根系细胞，最终进入根系维管柱中。根据镉进入水稻途径，现如今镉污染治理途径以及措施较多，以下列举几种主要方法。

2. 镉污染治理技术措施

2.1 镉污染土壤治理技术措施

2.1.1 工程修复法

工程修复法又被称作物理修复，是较为原始，也是一种能从根本上治理镉污染土壤的措施，主要为客土法，即以未被污染的新土覆盖存在污染的土壤；换土法，即将已污染的土壤移去，换上未被污染的新土；翻土法，即将表层已被污染的土壤经处理深入翻耕至下层。研究发现，保持田间淹水的情况下其稻米中镉含量小于 0.4 mg/kg，且当客土深度超过 30cm 时，效果较浅度客土更佳。日本曾大量采用工程修复法治理农田土壤污染。但此种方式虽治理较为稳定、彻底，但存在耗费高、污染土壤难以解决以及不利于大面积操作等问题。

2.1.2 化学修复法

化学修复法就是向污染土壤人为投入土壤改良剂、抑制剂，通过改变土壤的 pH、氧化还原电位和电导率等理化性质，使土壤中的镉发生吸附、沉淀、氧化或还原反应等，以降低土壤中镉的生物有效性。高译丹等研究发现，添加生物炭、石灰和二者混合使用时，土壤中可交换态镉含量分别较不添加处理降低了 8.6%~13.7%、17.8%~21.7% 以及 18.4%~23.3%。另外林国林等研究结果表明，施用生物炭和还原性铁粉显著影响土壤中镉的形态，其中，施用生物炭显著减少了土壤中可交换态镉含量，同时生物炭还对残渣态镉、有机结合态镉以及碳酸盐结合态镉的形成存在影响，而施用还原性铁粉则对铁锰氧化结合态镉的形成存在显著影响。化学修复法的优点是效果较好且费用适中，但化学修复后土壤中的镉较容易出现再活化的情况。

2.1.3 电动修复法

电动修复法是一种新兴的绿色土壤修复技术，此技术通过在低渗透的黏土及淤泥性污染土壤两侧施加直流电压借以形成电场梯度，土壤中的污染物质在电场的作用下以电迁移、电渗流或电泳的方式，被富集在电极两端，从而得到去除。万玉山等研究结果指出，电场强度、电解液的种类以及添加膨润土均对镉的去除率产生影响，其中增加 0.5 V/cm 电场强度后其总镉的去除率增加了 1.87%；采用乙酸电解液时其总镉去除率较柠檬酸电解液增加 12.14%，较使用盐酸电解液情况下其总镉去除率增加了 18.04%，当采用乙酸为电解液时，阴阳两极电解液循环与不循环相比总镉去除率增加 25.48%；分别在靠近阴极、中部及靠近阳极土壤中添加膨润土使得其总镉去除率分别上升 20.89%、18.22%、10.67%。此方法高效稳定，但还是存在不利于大面积使用以及易引起水稻等农作物关键养分的流失。

2.1.4 生物修复法

生物修复法根据其修复所用生物不同主要分为植物、动物以及微生物修复。其中植物修复是采用高镉吸收类植物借以吸收土壤环境中的镉，并多轮种植吸收，以达到降低土壤环境中镉含量的目的。迄今为止，已有多种镉高富集植物被关注且用于修复土壤的镉污染。刘沙沙以及马婵华等研究证实，三叶鬼针草、印度芥菜和黑麦均有着较好的镉耐性，且镉富集性较高，而马婵华的研究进一步发现，套种模式同样影响重金属高富集植物对重金属的吸收效果。植物修复技术成本较低、容易推广，但每种植一次重金属高富集植物就是对土壤肥力的一次消耗，长此以往不利于土壤结构以及肥力的保持。

动物修复即使用土壤动物来富集重金属或转化其形态，不但不会降低土壤肥力，还会随着土壤动物的上下翻动以及与土壤中的物质互换来增加土壤养分含量。在动物修复中最常使用的动物是蚯蚓，相关研究表明，蚯蚓对重金属存在富集以及活化作用，但由于采用能动性较强的动物作为技术主导，动物修复法难免存在一定的不确定性。

微生物修复则是利用土壤中现有的或者人为筛选、添加对重金属具有较强耐受性的微生物群落，借以吸收、沉淀以及和土壤中重金属元素进行氧化还原反应。各微生物种类对重金属的耐受性依次为真菌＞细菌＞放射菌。相较于其余两种生物修复法，微生物修复法有着较高的技术要求，难以大范围推广。

2.2 降低稻米镉含量的技术措施

现在所采用的降低水稻镉污染的方法除作用于稻田土壤，采用降低土壤环境中的有效镉进而减少水稻植株对镉的吸收积累以外，直接作用于水稻本身，筛选、培育低镉品种以及采用农艺措施改善水稻生长环境，降低水稻镉的吸收等方式同样是一类简单有效且便于推广的水稻降镉措施。

2.2.1 品种筛选以及基因工程

低镉积累品种筛选是在现有的水稻品种中，人为选择镉污染大田或创建镉胁迫，筛选符合条件的水稻品种。徐燕玲研究表明，水稻的类型不是水稻低镉品种筛选的依据之一，而不同水稻品种在不同水分管理的条件下精米镉含量排名顺序一致，可知根据水稻品种进行筛选具有稳定性。滕振宁等指出，秩次分析法是筛选低镉水稻品种实用、可行的数据处理方法；现有的研究结果为低镉水稻品种的筛选提供了大量依据，例如研究发现，富 S 蛋白极其容易与重金属结合，使得蛋白质丰富的组织重金属积累量比蛋白质含量少的组织多，故而研发、培育低 S 蛋白的水稻品种可提高粮食的安全性。现如今随着分子生物技术的快速发展，将筛选、培育出的镉耐性植物和微生物基因导入常规水稻品种中已成为现实。

2.2.2 农艺措施

农艺措施降低水稻镉含量的主要方式为：控制水分，调节土壤 pH 值与氧化还原电位，减小镉离子进入水稻根系；通过对所栽培作物采取一系列栽培管理措施，降低主要作物镉含量或升高前作高镉植物对土壤中镉的吸收；采用不同类型肥料以及肥料与改良剂配合，通过改变土壤中镉的有效性或改善土壤养分等，借以降低作物对重金属离子的吸收。

研究表明，水分管理对水稻生长及产量形成存在显著影响，且水稻各生育期需水量同样存在差异。水稻生育期内水分管理同样对水稻重金属吸收以及转运存在影响，吴佳等研究发现，淹水灌溉与湿润灌溉以及干旱灌溉相比显著降低了水稻成熟期各部位镉含量，淹水灌溉的稻米镉含量比湿润灌溉下降了 61.11%~69.43%；缺水的稻米镉含量比常规湿润灌溉增加了4.08~4.48 倍，而砷的积累情况则与之相反。陈光辉等研究结果表明，不同品种水稻精米中镉含量均以全生育期淹水最低，而此类结果已有前人的大量研究加以辅证，故而水分管理是现如今常用的水稻农艺降镉措施中较为重要的组成部分。

在重金属污染胁迫下，不同栽培方式对水稻镉吸收存在影响的理论已被证实。张静静等指出，在石灰岩土上，水稻与红蛋间作较单独种植水稻的情况相比，水稻地上部、根部以及籽粒镉含量分别降低了 11.17%、34.95% 和 15.38%。丁玲玲等在研究油菜－水稻轮作中发现，朱苍花籽盛花期收获后轮作水稻以及川油Ⅱ－93 成熟期收获后轮作水稻，糙米中镉含量均低于国家食品污染物限量指标（0.2 mg/kg）。有着相似研究结果的还有 Su 等，其研究结果为，栽培油菜后能显著降低后作物（白菜）在自然土壤中种植时的镉含量。

施用肥料作为水稻生产中的关键农艺措施，具有增加水稻产量，改善稻米品质的作用，有研究发现，不同无机肥的施用同样对水稻等作物重金属吸收存在显著影响。

2.3 肥料运筹对降低水稻镉污染的影响

2.3.1 氮肥对水稻镉积累的影响

氮是水稻植株体内的重要营养元素。氮在植株体内以多种形态存在，各种形态氮素的含量随水稻品种和栽培措施的改变而变化。氮肥作为农业施肥的主要项目，对土壤中镉的有效性有重要影响，不同氮肥对水稻镉积累的影响效果不一。施入土壤的氮肥能与土壤胶体发生一系列的化学反应，或者形态发生转化，从而影响水稻等植物对镉的吸收。楼玉兰等分析表明，铵态氮肥能降低根际土壤的 pH 值，提高根际土壤中的重金属活性，促进玉米对重金属的吸收；而硝态氮的作用刚好相反。孙磊等通过盆栽试验发现，在污染土壤中加入尿素能有效降低作物体内重金属的含量，并且在酸性土壤中应尽量避免硫酸铵氮肥的使用。但有研究显示，作物对镉的吸收与施氮量呈正相关关系，并强调要控制氮肥的用量（120 kg/hm^2），在保证产量的同时，减少重金属的潜在危害。

2.3.2 磷肥对水稻镉积累的影响

磷是作物生长所必需的元素之一，适量的磷肥对保障作物的生长发育和产量有不可替代的作用，但过量磷肥却有可能增大土壤重金属的污染。Lambert 等研究表明，磷酸铵能降低土壤的 pH 值，增加土壤中镉的生物有效性，从而增加作物对镉的吸收和积累。由于磷肥对土壤 pH 值产生影响，当加入钙镁磷、磷酸氢钙和磷酸二氢钾等碱性磷肥时，pH 值升高，镉的生物有效性降低，所以，在施用磷肥时，应考虑不同磷肥的化学性质及土壤性质的差异。

2.3.3 钾肥对水稻镉积累的影响

钾肥对土壤中镉有效性的影响，同样表现在通过与土壤的化学反应，影响土壤 pH 值和理化性质，而在受镉污染的水稻土壤中，采用含硫钾肥较为适宜。

综上所述，不同氮磷钾肥对土壤镉有效性影响的差异主要表现为：①不同化合态氮磷钾肥本身的酸、碱性；②氮磷钾肥在土壤中发生化学反应使其产生的酸、碱物质及酸碱性；③氮磷钾肥不同阳离子组分与土壤胶体上镉的置换、络合作用。

2.3.4 硅肥对水稻镉积累的影响

硅可以提高作物对重金属胁迫的耐性和抗性，在生产中应用较为广泛。当水稻受到重金属毒害时，硅能够增加水稻体内蛋白质和叶绿素的含量，提高根系的活力以及抗氧化酶 POD、SOD 的活性，还能够通过降低叶片的质膜通透性，来缓解镉对水稻的毒害作用。黄秋婵等研究发现，硅能够显著减少水稻中交换态镉的比例，从而减少水稻可食用部分对镉的积累。硅也能被水稻体内特定的硅结合蛋白诱导，沉积在水稻根的内皮层及纤维层细胞附近，阻塞了细胞壁孔隙度，影响镉的质外体运输，抑制了镉的转移，进而减轻镉的毒害。陈喆等研究结果表明，无论硅肥用作基肥施或喷施叶面还是 2 种方式配施，都能显著降低水稻籽粒中镉的含量，又不会明显影响水稻产量且 2 种硅肥配施的降镉效果最佳。

2.3.5 硒肥与其他肥料对水稻镉积累的影响

硒是人体必需的微量元素之一，具有防癌抗癌、保护心脏肝脏、增强免疫力、延缓衰老等功效。在一定的浓度下，大米硒含量随着硒肥浓度的增加而提高，大米镉含量随着硒肥浓度的增加而降低。硒对镉等重金属具有拮抗作用，在一定程度上能够缓解重金属对植物的危害。一些研究结果表明，水稻对硒具有生物富集作用，通过施硒肥提高植物硒含量已有许多报道，生产中也有应用。通过叶面喷施硒肥，利用水稻的生物富集和转化作用，把非生物活性及毒性高的无机硒转化为安全且毒性低、生物有效性高的活性有机硒，是改善和满足食物链中硒水平不足的低成本且可行的方法。庞晓辰等研究表明，硒与金属的结合力很强，还能拮抗和减弱机体内砷、汞、铬、镉等重金属元素的毒性。硒（Se）能够增加水稻地下部分非蛋白巯基（NPT）的含量，促进镉的络合；Se 还能改变镉在根亚细胞的分布，增强镉在根细胞壁上的吸附，从而降低水稻对镉的吸收。

2.3.6 钙肥与其他肥料对水稻镉积累的影响

钙肥（主要为石灰）能提高土壤的 pH 值，促进镉形成氢氧化物、碳酸盐等沉淀，减少土壤中镉的有效态含量，从而抑制水稻等作物对镉的吸收，并且在酸性土壤中效果更加显著。刘昭兵等指出，石灰氮与石灰一样可降低污染土壤镉的生物有效性及水稻镉积累，而在等量条件下（600 kg/hm²），石灰氮对土壤的改良修复效果优于石灰。陈喆等研究还发现，在水稻孕穗末期添加石灰，能减少镉向水稻可食用部分的转移，并且能作为钙肥和杀虫剂促使水稻增产。钙、镁、硫、铁、锰、硼等是作物必需的微量营养元素，对水稻镉积累也有不同程度的影响。胡坤等采用盆栽试验发现，在 Ca、Mg、S 三种微量元素中，Ca 增加了水稻籽粒中的镉浓度和吸收量，Mg 和 S 则能通过抑制镉从秸秆向水稻籽粒的转移来降低籽粒的镉浓度和吸收量；在微量元素中，Zn 相比于 Cu 等元素对水稻镉的吸收抑制作用更为显著，此外，$FeSO_4$、$CuCl_2$、$MnCl_2$、H_3BO_3 和 $Na_2B_4O_7$ 等处理都能有效地抑制镉从茎秆向籽粒的转移，从而减少水稻籽粒的镉含量。

3. 展望

以往的农田土壤降镉和水稻降镉措施的研究多集中于采用一种或多种修复治理手段，以消除镉污染所带来的食品安全问题。作用于土壤的镉治理手段，虽见效快，但存在工程量大、耗资高且易破坏土壤结构以及产生二次污染的问题。作用于水稻本身的农艺降镉措施中，氮肥的施用对水稻生育期内镉吸收与转运存在显著影响，但目前的研究多集中于氮肥施用量、氮肥形态及种类对水稻镉吸收的影响，聂凌利研究发现，施氮量相同的情况下不同基追肥配比对水稻镉的吸收和积累差异显著，但并未深入研究氮肥在各生育期对水稻镉吸收的影响。因此，通过氮肥运筹降低水稻镉污染应结合水稻不同生育期镉的吸收、转运特性，制订合理的施肥方案，并加快水稻镉胁迫下氮肥解毒机制研究。

参考文献

[1]　顾继光, 林秋奇, 胡韧, 等. 土壤 – 植物系统中重金属污染的治理途径及其研究展望 [J]. 土壤通报, 2005, 36(1): 128–133.

[2]　易江, 甘平洋, 陈渠玲, 等. 稻米镉污染及其消减技术研究进展 [J]. 湖南农业科学, 2018, 29(3): 110–113.

[3]　Gomez María R, Cerutti Soledad, Sombra Lorena L, et al. Determination of Heavy Metals for the Quality Control in Argentinian Herbal Medicines By Etaas and Icp–oes[J]. Food and Chemical Toxicology, 2006, 45(6): 1060–1064.

[4]　周静, 杨洋, 孟桂元, 等. 不同镉污染土壤下水稻镉富集与转运效率[J]. 生态学杂志, 2018, 37(1): 89–94.

[5]　朱智伟, 陈铭学, 牟仁祥, 等. 水稻镉代谢与控制研究进展 [J]. 中国农业科学, 2014, 47(18): 3633–3640.

[6]　黄秋婵, 韦友欢, 黎晓峰. 镉对人体健康的危害效应及其机理研究进展 [J]. 安徽农业科学, 2007, 35(9): 2528–2531.

[7]　王倩, 杨丽阎, 牛韧, 等. 从环境公害解决方案到重金属污染对策制度建立——日

本 "痛痛病" 事件启示 [J]. 环境保护 , 2013, 41(21): 71–72.

[8] Tadakatsu Yoneyama, Tadashi Gosho, Mariyo Kato, et al. Xylem and Phloem Transport of Cd, Zn and Fe Into the Grains of Rice Plants (*Oryza Sativa* L.) Grown in Continuously Flooded Cd–contaminated Soil[J]. Soil Science and Plant Nutrition, 2010, 56(3): 445–453.

[9] Cosio C, Martinoia E, Keller C. Hyperaccumulation of Cadmium and Zinc in Thlaspi Caerulescens and Arabidopsis Halleri at the Leaf Cellular Level[J]. Plant Physiology, 2004, 134: 716–725.

[10] 邵国胜 , 陈铭学 , 王丹英 , 等 . 稻米镉积累的铁肥调控 [J]. 中国科学 (C 辑 : 生命科学), 2008, 38(2): 180–187.

[11] 郑喜珅 , 鲁安怀 , 高翔 , 等 . 土壤中重金属污染现状与防治方法 [J]. 土壤与环境 , 2002, 11(1): 79–84.

[12] 田敏昭 , 张向荣 , 缪苏 . 土壤污染现状与今后的课题 [J]. 农业环境与发展 , 1992, 31(1): 19–22.

[13] 刘维涛 , 周启星 . 不同土壤改良剂及其组合对降低大白菜镉和铅含量的作用 [J]. 环境科学学报 , 2010, 30(9): 1846–1853.

[14] 李素霞 , 张建英 , 杨钢 , 等 . 土壤改良剂对氮镉交互作用下番茄品质的影响 [J]. 北方园艺 , 2010 (23): 12–14.

[15] 胡雪芳 , 田志清 , 梁亮 , 等 . 不同改良剂对铅镉污染农田水稻重金属积累和产量影响的比较分析 [J]. 环境科学 , 2018, 39(7): 3409–3417.

[16] 廉梅花 , 孙丽娜 , 胡筱敏 , 等 . 土壤 pH 对东南景天修复镉污染土壤的影响研究 [J]. 环境保护与循环经济 , 2014, 34(10): 47–50.

[17] 李青苗 , 李彬 , 郭俊霞 , 等 . 生石灰、硫对土壤 pH、川芎生长发育及药材中镉含量的影响 [J]. 中药材 , 2016, 39(1): 16–20.

[18] 安梦洁 , 王开勇 , 王海江 , 等 . 改良剂对滴灌棉田镉分布及迁移特征的影响 [J]. 水土保持学报 , 2018, 32(4): 291–296.

[19] 毛凌晨 , 叶华 . 氧化还原电位对土壤中重金属环境行为的影响研究进展 [J]. 环境科学研究 , 2018, 31(10): 1669–1676.

[20] 高译丹 , 梁成华 , 裴中健 , 等 . 施用生物炭和石灰对土壤镉形态转化的影响 [J]. 水土保持学报 , 2014, 28(2): 258–261.

[21] 林国林 , 杜胜南 , 金兰淑 , 等 . 施用生物炭和零价铁粉对土壤中镉形态变化的影响 [J]. 水土保持学报 , 2013, 27(4): 157–160, 165.

[22] 范筱林 , 王中正 . 土壤原位修复技术研究进展 [J]. 农业与技术 , 2015, 35(18): 29–30,

63.

[23] 丁玲, 吕文英, 姚琨, 等. 电动增强技术修复镉污染土壤及其修复机理 [J]. 环境工程学报, 2017, 11(4): 2554–2559.

[24] 张涛, 陈明功, 刘宗亮. 土壤电动修复技术及其研究进展 [J]. 现代农业科技, 2016 (22): 164–165.

[25] 万玉山, 沈梦, 陈艳秋, 等. Cd 污染土壤的电动修复及其强化 [J]. 环境工程学报, 2018, 12(7): 2075–2083.

[26] 刘周莉, 何兴元, 陈玮. 忍冬—— 一种新发现的镉超富集植物 [J]. 生态环境学报, 2013, 22(4): 666–670.

[27] 张云霞, 宋波, 宾娟, 等. 超富集植物藿香蓟 (*Ageratum conyzoides* L.) 对镉污染农田的修复潜力 [J]. 环境科学, 2019 (5): 1–13.

[28] Guangxu Zhu, Huayun Xiao, Qingjun Guo, et al. Effects of Cadmium Stress on Growth and Amino Acid Metabolism in Two Compositae Plants[J]. Ecotoxicology and Environmental Safety, 2018, 15: 300–308.

[29] 刘沙沙, 李兵, 冯翔, 等. 3 种植物对镉污染土壤修复的试验研究 [J]. 中国农学通报, 2018, 34(22): 103–108.

[30] 马婵华. 黑麦草植物对农田重金属镉污染土壤的修复效果研究 [J]. 现代农业科技, 2019 (3): 148, 152.

[31] 刘军, 刘春生, 纪洋, 等. 土壤动物修复技术作用的机理及展望 [J]. 山东农业大学学报 (自然科学版), 2009, 40(2): 313–316.

[32] 唐浩, 朱江, 黄沈发, 等. 蚯蚓在土壤重金属污染及其修复中的应用研究进展 [J]. 土壤, 2013, 45(1): 17–25.

[33] 许钦坤, 赵翠燕. 耐镉菌株的筛选及生物学特性 [J]. 江苏农业科学, 2015, 43(2): 317–318.

[34] 周赓, 杨辉, 潘虎, 等. 一株耐镉链霉菌的筛选、鉴定与基本特性分析 [J]. 环境科学学报, 2017, 37(6): 2076–2084.

[35] 刘爱民, 黄为一. 耐镉菌株的分离及其对 Cd^{2+} 的吸附富集 [J]. 中国环境科学, 2006, 26(1): 91–95.

[36] Silvena Boteva, Galina Radeva, Ivan Traykov, et al. Effects of Long–term Radionuclide and Heavy Metal Contamination on the Activity of Microbial Communities, Inhabiting Uranium Mining Impacted Soils[J]. Environmental Science and Pollution Research, 2016, 23(6): 5644–5653.

[37] 黄春艳. 低镉水稻资源的筛选与主栽水稻品种镉积累特性的比较 [D]. 长沙: 湖南

师范大学 , 2014.

[38] 徐燕玲 , 陈能场 , 徐胜光 , 等 . 低镉累积水稻品种的筛选方法研究——品种与类型 [J]. 农业环境科学学报 , 2009, 28(7): 1346–1352.

[39] 滕振宁 , 张玉烛 , 方宝华 , 等 . 秩次分析法在低镉水稻品种筛选中的应用 [J]. 中国稻米 , 2017, 23(2): 21–26.

[40] 曲世勇 , 郭丽娜 . 水稻各生育期需水规律及水分管理技术 [J]. 吉林农业 , 2012, 264(2): 100.

[41] 吴佳 , 纪雄辉 , 魏维 , 等 . 水分状况对水稻镉砷吸收转运的影响 [J]. 农业环境科学学报 , 2018, 37(7): 1427–1434.

[42] 陈光辉 , 周森林 , 易亚科 , 等 . 不同生育期脱水对稻米镉含量的影响 [J]. 中国农学通报 , 2018, 34(3): 1–5.

[43] 杨定清 , 雷绍荣 , 李霞 , 等 . 大田水分管理对控制稻米镉含量的技术研究 [J]. 中国农学通报 , 2016, 32(18): 11–16.

[44] 纪雄辉 , 梁永超 , 鲁艳红 , 等 . 污染稻田水分管理对水稻吸收积累镉的影响及其作用机理 [J]. 生态学报 , 2007, 27(9): 3930–3939.

[45] 田桃 . 不同水分管理模式对镉在水稻植株体内迁移与累积的影响 [D]. 长沙 : 中南林业科技大学 , 2017.

[46] 龚浩如 . 降镉剂和水分管理对早稻产量及稻米镉污染的阻控效果 [J]. 湖南农业科学 , 2017 (8): 24–26.

[47] 李园星露 , 叶长城 , 刘玉玲 , 等 . 硅肥耦合水分管理对复合污染稻田土壤 As–Cd 生物有效性及稻米累积阻控 [J]. 环境科学 , 2018, 39(2): 944–952.

[48] 王蜜安 , 尹丽辉 , 彭建祥 , 等 . 综合降镉 (VIP) 技术对降低糙米镉含量的影响研究 [J]. 中国稻米 , 2016, 22(1): 43–47.

[49] 张静静 , 黄河 , 吴海霞 , 等 . 不同土壤类型中水稻间作红蛋对镉累积的影响 [J]. 西南农业学报 , 2016, 29(12): 2871–2876.

[50] 于玲玲 , 朱俊艳 , 黄青青 , 等 . 油菜 – 水稻轮作对作物吸收累积镉的影响 [J]. 环境科学与技术 , 2014, 37(1): 1–6, 12.

[51] De–Chun SU, Wei–Ping JIAO, Man ZHOU, et al. Can Cadmium Uptake By Chinese Cabbage Be Reduced After Growing Cd–accumulating Rapeseed[J]. Pedosphere, 2010, 20(1): 90–95.

[52] 甲卡拉铁 , 喻华 , 冯文强 , 等 . 淹水条件下不同氮磷钾肥对土壤 pH 和镉有效性的影响研究 [J]. 环境科学 , 2009, 30(11): 3414–3421.

[53] 楼玉兰 , 章永松 , 林咸永 . 氮肥形态对污泥农用土壤中重金属活性及玉米对其吸收

的影响 [J]. 浙江大学学报 (农业与生命科学版), 2005, 31(4): 392–398.

[54] 孙磊 , 郝秀珍 , 周东美 , 等 . 不同氮肥对污染土壤玉米生长和重金属 Cu、Cd 吸收的影响 [J]. 玉米科学 , 2014, 22(3): 137–141, 147.

[55] Xianglan Li, Noura Ziadi, Gilles Bélanger, et al. Cadmium accumulation in wheat grain as affected by mineral N fertilizer and soil characteristics[J]. Canadian Journal of Soil Science, 2011, 94(4): 521–531.

[56] 陈宝玉 , 王洪君 , 曹铁华 , 等 . 不同磷肥浓度下土壤 – 水稻系统重金属的时空累积特征 [J]. 农业环境科学学报 , 2010, 29(12): 2274–2280.

[57] Lambert R, Grant C, Sauve S. Cadmium and zinc in soil solution extracts following the application of phosphate fertilizers[J]. Science of the Total Environment, 2007, 378(3): 293–305.

[58] Grant C A. Influence of phosphate fertilizer on cadmium in agricultural soils and crops[J]. Pedologist, 2011, 54(3): 143–155.

[59] Cynthia Grant, Don Flaten, Mario Tenuta, et al. The effect of rate and Cd concentration of repeated phosphate fertilizer applications on seed Cd concentration varies with crop type and environment[J]. Plant and soil, 2013, 372(1–2): 221–233.

[60] 刘昭兵 , 纪雄辉 , 彭华 , 等 . 磷肥对土壤中镉的植物有效性影响及其机理 [J]. 应用生态学报 , 2012, 23(6): 1585–1590.

[61] 赵晶 , 冯文强 , 秦鱼生 , 等 . 不同氮磷钾肥对土壤 pH 和镉有效性的影响 [J]. 土壤学报 , 2010, 47(5): 953–961.

[62] 张翠翠 , 常介田 , 高素玲 , 等 . 硅处理对镉锌胁迫下水稻产量及植株生理特性的影响 [J]. 核农学报 , 2012, 26(6): 936–941.

[63] 张丽娜 , 宗良纲 , 任偲 , 等 . 硅对低镉污染水平下水稻幼苗生长及吸收镉的影响 [J]. 农业环境科学学报 , 2007, 26(2): 494–499.

[64] 黄秋婵 , 黎晓峰 , 沈方科 , 等 . 硅对水稻幼苗镉的解毒作用及其机制研究 [J]. 农业环境科学学报 , 2007, 26(4): 1307–1311.

[65] 史新慧 , 王贺 , 张福锁 . 硅提高水稻抗镉毒害机制的研究 [J]. 农业环境科学学报 , 2006, 25(5): 1112–1116.

[66] 陈喆 , 铁柏清 , 雷鸣 , 等 . 施硅方式对稻米镉阻隔潜力研究 [J]. 环境科学 , 2014, 35(7): 2762–2770.

[67] 庞晓辰 , 王辉 , 吴泽嬴 , 等 . 硒对水稻镉毒性的影响及其机制的研究 [J]. 农业环境科学学报 , 2014, 33(9): 1679–1685.

[68] 代允超 , 吕家珑 , 曹莹菲 , 等 . 石灰和有机质对不同性质镉污染土壤中镉有效性的

影响 [J]. 农业环境科学学报 , 2014, 33(3): 514–519.

[69] 刘昭兵 , 纪雄辉 , 田发祥 , 等 . 石灰氮对镉污染土壤中镉生物有效性的影响 [J]. 生态环境学报 , 2011, 20(10): 1513–1517.

[70] 陈喆 , 铁柏清 , 刘孝利 , 等 . 改良 – 农艺综合措施对水稻吸收积累镉的影响 [J]. 农业环境科学学报 , 2013, 32(7): 1302–1308.

[71] 胡坤 , 喻华 , 冯文强 , 等 . 中微量元素和有益元素对水稻生长和吸收镉的影响 [J]. 生态学报 , 2011, 31(8): 2341–2348.

[72] 聂凌利 . 肥料运筹对水稻镉吸收与积累的影响 [D]. 长沙 : 湖南农业大学 , 2017.

第 4 章 水分管理对水稻重金属镉吸收的影响研究进展

摘要：随着社会经济和现代化工农业生产的高速发展，工农业废弃物的大量排放及不合理管理，使得土壤污染问题愈发严重，已经成为一个全球化的环境问题。土壤重金属的超标，导致部分作物的安全问题受到严重影响，其中以水稻最为严重。长期食用重金属超标稻米会对人体产生一定的危害。因此对于降低水稻重金属的研究引起了广泛关注。

关键词：水分管理；水稻；镉

1. 稻田重金属污染现状

水稻（*Oryza sativa* L.）是我国重要的粮食作物之一。随着工业"三废"排放量及污水灌溉等的增加，稻田镉污染现象愈发严重。调查显示，我国农用田地的重金属污染面积在逐年扩大，这一定程度影上响了水稻的质量安全。根据国家 GB15618—2017《土壤环境质量标准》（二、三级标准）和 GB2762—2017《食品安全 国家标准食品中污染物限量》规定，糙米中重金属含量 ≤ 0.2 mg/kg。据 2003 年报道，中国受镉、砷等重金属污染的农田面积将近 $2.0 \times 10^7 \, hm^2$，约占耕地总面积的 1/5，每年由于重金属污染而导致减产粮食达到了 100 亿千克，超标的污染粮食约为 120 亿千克，总共的经济损失超过了 200 亿元。2014 年由环保部门和国土资源部门联合发布的一项调查公告显示，从污染物超标的角度分析，镉污染物点位超标率达到 7.0%，并且还有明显上升的趋势，这将使粮食食品安全受到严重的影响，因此重金属污染治理已成为当前国内外研究的热点课题。

2. 农田重金属污染来源

土壤中重金属来源较为复杂，成土母质及人类活动是影响其来源的主要因素。成土母质影响土壤重金属含量为不可控因素，但是随着人类经济社会的发展，人类活动已经成为影响土壤重金属含量的最主要因素。

2.1 工业生产排放及矿产资源开发

工业"三废"的大量排放导致农用水源、农田土壤和农区大气受到影响，从而导致土壤重金属污染。统计数据显示，2011 年底，我国工业燃煤锅炉为 46 万台，消耗 7 亿吨燃煤，煤燃烧产生的大量重金属进入大气，进而进入农田，污染土壤；刘永伟等通过对深圳市工业污染源进行调查得到深圳市的重金属绝对排放量呈现增大趋势，而单位产值的重金属排放量呈下降趋势。目前我国年产生工业废渣量为 2700 多万吨，工业废渣中的重金属通过淋溶作用进入土壤，污染土壤环境。同时，随着矿产资源的开发，矿山开采及相关周边产业开发带入环境的重金属已造成矿区及其周边农产品产地土壤重金属的污染。例如广西刁江沿岸农田受到严重的 Cd、As、Pb、Zn 复合污染，已不适合农田利用。

2.2 污水灌溉

我国是一个水资源匮乏的国家，农业用水缺口为每年 300 亿立方米，所以利用污水灌溉在很多地方极为普遍。20 世纪 80 年代初期，由于污水灌溉导致的农田污染面积达到 62.9 万公顷。不同地区由于污灌水源不同，重金属污染类型也各不相同，天津市污灌区土壤主要污染元素为 Cd、Hg；北京凤港减河、北运河、潮白河污灌区土壤主要污染元素为 Cr、Cu、Zn；北京市凉凤灌区土壤主要污染元素为 Hg、Pb、Cu、Cr、As 等，其中 Hg 的污染最为严重；沈阳张士灌区为 Cd 污染；太原污灌区土壤重金属元素均不同程度出现超过本底值的现象。

污水农灌指的是利用城市中受污染的地下水、工业废水以及一些污染物超标的地表水进行农作物的灌溉。在国外，污水农灌具有很久远的历史。

德国、波兰等国都曾长期采用污水进行农灌，农田土壤测试结果表明，其土壤中 Zn、Cd、Cu、As 的含量较多，土壤中的盐分堆积也较多。而长期使用污水灌溉，会导致农作物中的重金属含量严重超标。

随着经济的发展，我国居民的用水量也不断增多，为了解决灌溉问题，我国很多农民会选择用污水进行灌溉。但是，污水中的重金属也会随之渗入农田中，污染土壤，进而使得农作物的重金属含量超标。如果长期食用在这种环境中生长的农作物，人体内的重金属含量可能会超出自身负荷。例如，保定、西安、郑州、兰州、北京等地曾长期使用污水进行灌溉，农田土壤和农作物的重金属含量较高，如果长期食用，会影响人体健康。所以要摒弃使用污水进行农田灌溉。

2.3 农药化肥等的使用

不同化肥中重金属的类别和数量差异较大，过磷酸钙中 Cd、Pb 等含量高于氮肥，有机 – 无机复混肥中 Pb 含量仅次于过磷酸钙。此外，有机肥料中也含有一定数量的重金属。许多学者研究结果表明，经施肥后的土壤中 Cd、Hg 的含量存在不同程度的提高，表层土壤 Cd 含量的升高与大量施用过磷酸钙存在显著性关系。除了长期不当施用化肥、有机肥造成土壤中重金属的累积外，污泥、农药的使用也给土壤带来不同程度的重金属污染。

我国粮食产量的不断增长，一方面依靠我国不断进步的科技力量和基础建设的投入；另一方面则依赖于农业生产资料的不断投入，但是化肥、农药等均含有不同程度的重金属元素。一般来说，过磷酸盐与磷肥相比，其含有较多的重金属，如 Hg、Cd、As、Pb 等；氮肥和钾肥中此类重金属含量相对较低，但氮肥中铅含量相对较高。通过对中国科学院南京土壤研究所河南封丘长期肥料试验土壤研究，随着施肥年限的增长，土壤中 As、Hg、Cd、Pb 的含量都有所增加。仁顺荣等对土壤肥料研究所试验地的潮土进行研究，研究发现在长期施用 NP、NPK 的土壤 Zn 的含量增加了6.2%；NPK 处理的土壤 Cd 含量由 0.089 mg/kg 增加到 0.12 mg/kg，NP 处理的土壤镉含量增加了 0.021 mg/kg；在 NPK 处理的土壤中 Cr 含量超过了土壤环境质量标准的自然背景值。在阿根廷，在传统磷肥的施入情况下，土壤重金属 Cd、Cr、Pb、Zn、Cu 等含量均有不同程度的增加。农药的施入也是农田重金属污染的另一重要原因，例如，波尔多液因其含有重金属元素 Cu，长期使用会导致土壤 Cu 的大量积累。

2.4 大气沉降

大气沉降是指大气中的污染物通过一定的途径被沉降至地面或水体的过程，是土壤污染的重要来源之一。大气颗粒物可携带多种重金属元素，比如 Cd、Pb、Hg、Cr、As 等，这些重金属通过大气颗粒物长期沉降，从而导致土壤遭受重金属污染。程珂等研究认为，天津郊区蔬菜地大气沉降和土壤扬尘对蔬菜中的 Cd 贡献率达 33.7%；As 的贡献率达到 83.7%；Pb 的贡献率达到 72.8%；Cr 的贡献率为 71%。章明奎等的研究表明，铅锌矿区大气沉降对农田大白菜中重金属含量累积具有直接作用。

一般来说，大气中的重金属镉主要来自汽车尾气的排放，汽车轮胎磨损产生的大量有毒气体和粉尘一级工业生产等，并分布在公路、铁路的两侧和工矿企业的周围。进入大气中的重金属镉，主要通过自然沉降和降雨的形式进入土壤中，对土壤中各种元素含量具有明显的影响，并且大气沉降导致的重金属镉污染范围会比较大。徐磊等研究发现，大气沉降会导致土壤污染等级提高，植物体内的重金属含量也会随着大气沉降年限的增加而显著增加。

3. 重金属镉的危害

3.1 作物镉的毒害症状

镉作为毒性最强的重金属元素之一，极容易被作物吸收、转运，当作物体内的镉积累达到一定含量时会产生一定的毒害作用，严重时将会直接导致作物减产甚至颗粒无收。镉的毒害首先是对作物种子的影响，低浓度镉对种子的萌发有一定促进作用，而浓度较高则会抑制种子的萌发；同时，镉胁迫对小麦种子的发芽指数、发芽势、活力指数和根的生长等因素都有显著的影响。但不同种类、品种的作物对于 Cd^{2+} 浓度的反应不相同，镉胁迫下黄瓜苗有丝分裂速率会明显减慢，细胞数量减少，受镉胁迫时根尖细胞受损害严重，根的生物量也受到抑制。镉也可抑制细胞壁的扩展，根部细胞有丝分裂受到抑制时会阻碍细胞的伸长生长，会使作物根部又粗又短，而且根系活力会有显著下降现象。过氧化物酶、超氧化物歧化酶和过氧化氢酶是植物体内的主要抗氧化酶，它在保护细胞免遭重金属胁迫伤害方面有明显的清除作用；根据部分研究结果可见，在低浓度 Cd^{2+} 胁迫下三种酶的活性以及含量均呈现上升趋势，但随着 Cd^{2+} 浓度的升高，酶活性受到抑制；汪洪等研究认为，随着镉浓度增加，胁迫时间的延长，活性氧化酶清除系统的各种酶活性均明显增加，高浓度镉胁迫出现该现象会比低浓度更早。Cd^{2+} 还可以通过干扰叶绿素的合成，使叶绿素的合成受到抑制，最终导致植株的光合能力下降。镉胁迫通过影响作物对水分和营养的吸收而使光合速率、叶绿素酶活性和光合产物的输送等受到抑制，气孔导度下降，最终会导致植株体矮小、叶片失绿卷曲、根茎叶各部位生长迟缓、总体生物量下降等，水稻全生育期均处于镉胁迫环境时，会导致分蘖期推迟、植株贪青、穗短粒小等现象。镉通过影响作物营养物质，如氨基酸、蛋白质、淀粉等的含量，使农产品的质量和作物的经济价值大大降低。

3.2 镉对人体的危害

镉对人体的危害是多方面、多层次的，人体内累积的镉主要是通过食物链进入的。镉是一种容易被人体吸收与积累的元素，而且毒性极强，当食用过量时会对人体的健康产生一定的危害作用。可溶性的镉化合物属于中等毒类，能够使人体多种巯基酶系统受到抑制，对组织代谢产生一定的障碍，同时也能损伤部分组织细胞，引发炎症和水肿等现象。当镉被人体吸收进入血液后，绝大多数的 Cd^{2+} 与血红蛋白相结合而存在于红细胞之中，之后慢慢进入到肝、肾等组织细胞中，与组织中金属蛋白相结合。镉在人体的肾脏、骨骼组织中的蓄积现象最为严重，可引发肾衰竭、易碎性骨折等多种疾病，威胁到人体的健康，同时还会影响钴、铜、锌等微量元素的摄入及代谢，使血红蛋白的合成受到阻碍。当镉进入到呼吸道时，会引起肺气肿、肺炎等一系列的肺部疾病；进入消化系统会导致肠胃不适等多种并发炎症。镉在人体中还会损伤血管，导致组织缺血，引起多系统的损伤。镉中毒者常有贫血症状的发生，人体骨骼中镉过量会导致骨骼软化、变形、骨折甚至萎缩，镉中毒严重时还会引发癌症。

4. 重金属镉污染的治理措施

目前，国内外关于镉污染治理的修复技术主要有物理、化学、生物修复及农业生态修复等。

物理、化学修复技术是基于重金属的特性以及土壤的理化性质，通过物理、化学的方法将土壤中的重金属分离或者固定于土壤之中，从而达到降低土壤重金属含量和清洁土壤的效果。物理、化学修复技术主要包括客土法、换土法、翻土法和土壤淋洗法等。将部分甚至全部的污染土壤更换为无污染的土壤称之为换土法；翻土法是通过翻动土壤上下土层，将砂质或者轻质土壤进行翻新；添加一部分新土于污染土壤中或是将污染与非污染的土壤进行混合，最终使得土壤中重金属的浓度降低至安全范围之内称为客土法；使用淋洗剂除去污染土壤中重金属的过程即为土壤淋洗法，淋洗的关键在于淋洗剂的选择、土壤的污染程度、淋洗的浓度以及土壤的性质等，该措施主要用于大面积、重度污染的土壤。但是此类修复法成本过高，需要消耗大量的人力、财力以及物力，修复过程较长，且不能达到彻底清除的效果。

生物修复技术主要是利用生物削减污染土壤中的重金属含量，主要包括植物修复技术和微生物修复技术。植物修复重金属污染土壤主要是通过植物吸收土壤环境中的有毒有害物质，然后通过植物挥发、固定等作用来将土壤中有毒有害的污染物转移或清除，最终达到降低污染物含量或者直接去除的效果。其中，利用植物根系的特殊分泌物或微生物使土壤重金属元素转化为挥发态并进一步去除称之为植物挥发修复技术；植物提取修复是利用超积累植物吸收污染土壤中的重金属转移至地上部积累，然后收割地上部分达到去除重金属污染物的效果；植物通过根系的作用来固定土壤中的重金属，阻碍它向空气或者地下水迁移称为植物固定。但植物对于重金属污染的胁迫有一定的耐受性，超过一定限度将会直接导致植株死亡，这就限制了该措施仅适宜于中轻度污染土壤，并且植物生长过程缓慢，很难快速达到预期的效果，这一弊端无法避免。微生物修复是细菌、真菌以及藻类微生物通过沉淀、吸附及氧化还原作用来降低土壤中的重金属含量，但同样过程缓慢。

农业生态修复技术是通过因地制宜调整农作物耕作制度；在重金属污染土壤上种植不进入食物链的植物；选择重金属含量少的肥料等来改变土壤重金属活性，从而降低重金属含量或减少重金属向作物迁移，最终达到去除污染的效果，主要的方法有耕作制度的调整、控制土壤水分以及合理施肥等。种植制度的调整是通过改变土壤农作物的种类或转变耕作制度来降低重金属污染风险，在重度污染区多次连续种植 – 收割超富集植物的地上部分来实现重金属的移除，种植重金属耐性植物来有效降低轻度污染区植株的重金属积累量，保障作物的安全。化肥、农药的不恰当施用会加剧土壤重金属含量，导致重金属污染超标，因此在作物耕作中通过合理施肥用药可以降低土壤重金属污染。通过土壤水分的合理控制来影响土壤的氧化还原状态，有效控制土壤重金属污染，降低土壤重金属的危害，由于水分调控无二次污染、可操作性强、无附加经济投入、有效性高且不影响水稻正常收获而在多种治理调控措施中备受关注。为镉污染稻田水分管理提供技术指导，为控制当前农田环境的重金属污染提供参考，为生产实践中降低糙米重金属镉含量的合理灌溉提供理论依据。

5. 水稻对重金属镉的吸收、积累与转运

重金属进入水稻植株主要途径为根系的吸收，另外还有叶片吸收和表皮渗透两种途径。根系吸收主要是通过被动运输的质外体和主动运输的共质体两条途径进入到根系维管柱，再依次向上转运分配到各组织器官之中。

根部 Cd^{2+} 首先进入由细胞间隙、细胞壁微孔以及细胞壁到质膜之间的空隙等构成的"自由空间"，然后通过被动或主动吸收的方式跨膜进入胞质，经过胞间连丝进行共质体运输，或由质外体运输从自由空间到达内皮层凯

氏带处，再跨膜转运到细胞质中进行共质体运输。

共质体途径是水稻根部对镉元素吸收、积累的一种主要的方式，吸收的快慢主要是根据根部镉离子浓度以及不同品种的遗传来决定。当根系周围土壤中的 Cd^{2+} 浓度 < 1 μmol/L 时，水稻对镉的吸收速率是随着 Cd^{2+} 浓度的增大而增加的，并且积累性极强的水稻品种明显比积累性弱的品种吸收速度快；当 Cd^{2+} 浓度 > 2 μmol/L，吸收速率与浓度之间、品种之间均无明显的关系。

水稻根系吸收 Cd^{2+} 后，部分积累于根系细胞壁和液泡中，部分经根细胞跨膜运输进入木质部，再经茎秆运输到叶片、颖壳及籽粒等不同部位。根系镉的积累量远远高于地上部分，因品种、土壤理化性质及污染状况等不同因素的变化而变化。根和叶中的 Cd^{2+} 大部分积累在细胞壁，Cd^{2+} 在水稻根茎间的分配比例是由区域化、螯合作用、吸收利用以及转运共同决定；同时也受镉胁迫时间长短的影响，即胁迫时间越长，地上部分镉积累量越多。除此之外，与一般营养元素的分配相同，植株内镉的分配还需受个体代谢中心的调控。水稻开花前植株主要为营养生长，因此镉转运主要积累在营养器官茎叶之中，开花之后代谢中心便为籽粒的生长，因此根系吸收及茎叶中储存的部分镉都将转移并沉积至籽粒。与此同时，为了保护种子拥有完整的繁殖能力，在种子不同器官如维管组织、胚、胚乳等中还存在许多调控基因，这类调控基因的表达能在一定程度上对籽粒中重金属的积累有显著的抑制作用。因此，稻谷中镉主要分配在胚乳，占到 60%~75%，糙米中不同部位 Cd^{2+} 浓度依次为胚>糊粉层>果皮>近糊粉层处胚乳>颖果中心，这主要是因为富 S 蛋白易与重金属结合，使得蛋白质丰富的组织中重金属积累量比蛋白质含量少的组织多。

相对根系对镉的活化吸收过程，水稻根部、茎鞘以及籽粒中镉的积累量决定因素为木质部装载和运输，而韧皮部的输入则对糙米中镉含量起到支配作用。水稻对镉吸收、转运和积累的特殊生理模式，决定了镉含量在水稻各部位中的分配以根系中最多，茎叶次之，籽粒中镉含量最少。

6. 水分管理对作物镉分布的影响

6.1 水分对作物植株镉吸收与积累的影响

水稻不同生育期需水量不同，不同的水分管理方式对水稻产量、植株重金属含量的影响也不同；这是由于土壤含水量不同导致土壤氧化还原状态发生变化，土壤的 pH 值、Eh 等不同，进而使土壤胶体中各成分的化学形态发生改变，最终影响了土壤中不同元素的存在形态和迁移的能力。淹水状态时土壤呈现还原状态，Fe^{3+} 和 Mn^{4+} 被还原成 Fe^{2+} 和 Mn^{2+}，进而与土壤中 OH^- 形成了羟基化合物，为重金属离子提供了更多的吸附点，减少了水溶性的重金属离子含量，而且随着淹水时间的延长，土壤胶体吸附的重金属含量逐渐增大。淹水条件下，S 从 SO_4^{2-} 转化为 S^{2-}，并与 Cd^{2+} 形成了 CdS 沉淀，而 Fe^{2+} 与 OH^- 形成羟基化合物，增加了土壤胶体对 Cd^{2+} 的吸附能力，从而减少了水稻对 Cd 的吸收，并且有研究表明有效 S 对土壤中 Cd 的生物有效性程度大于 Fe。由此可见土壤淹水对镉毒害有一定的缓解作用，可有效降低水稻对镉的吸收积累。盆栽试验也证实重金属污染土壤中全生育期淹水灌溉处理水稻根、茎、叶和糙米中重金属含量显著低于其他水分管理方式（如分蘖、成熟期晒田、不同湿润灌溉、前期淹水 + 抽穗期后晒田、灌浆期前淹水、灌浆期后晒田等）。

总体来说，水分管理调控主要是通过土壤 pH、氧化还原电位（Eh）、土壤的理化性质、土壤铁锰硫的形态及含量来影响土壤镉（Cd）活性。大量试验表明，土壤较强的还原条件以及较高的土壤 pH 均可增加铁锰氧化物活性，厌氧环境下形成 CdS 沉淀等均可使得土壤镉的活性降低，减少水稻对镉的吸收积累；在不同的土壤 Eh 和 pH 条件下以及阴阳离子等配位离子的影响下，土壤水溶性有机碳对土壤镉的吸附具有增大和减小双面影响。由此可见，不同水分条件对土壤中镉活性的影响有较大的不确定性，但整体上表现为淹水灌溉处理降低了土壤镉的活性，干旱条件下与之相反。

6.2 作物亚细胞对镉的滞留作用

随着水稻镉污染问题的加重，人们对镉在水稻各器官及细胞的研究也不断地深入。研究表明，水稻植株根、茎、叶不同部位亚细胞镉含量随外源添加的镉浓度的升高而增加，在植株体内，吸收积累的大部分镉存在于细胞壁及可溶部分，细胞器含量极少；细胞壁是镉进入植物细胞内部的第一道屏障，同时也是镉在植物体亚细胞中的重要结合位点，可有效地阻止过多的镉进入植物细胞的内部，与细胞原生质溶合。黄凯丰等对茭白体内镉亚细胞分布的研究表明，细胞壁可吸附亚细胞镉总含量的 60%~80%，由此可见植物细胞壁对细胞具有良好的保护阻挡作用，使得镉较难进入细胞原生质体中；由彭鸣等研究可知，玉米根部吸收积累的铅绝大多数固定在细胞壁上，而没有进入细胞的内部；刘俊等的研究结果表明，在生长 12 天之后的大豆叶片及根系中，大约有三分之一的镉分布于细胞壁或细胞器中，其余均分布于细胞质中；彭克俭等由龙须眼子菜的试验也得到了相似结论，研究发现龙须眼子菜细胞壁和液泡可吸收固定镉吸收总量的 71% 左右；同样有研究表明，镉在小麦根部亚细胞中的分布比例由大到小依次为细胞液 > 细胞残渣 > 细胞器 > 微粒体；镉在小白菜亚细胞中的分配比例为细胞液中含量最高，细胞壁次之，细胞器中含量最少；砷在蜈蚣草亚细胞中的分布比例与之相同，说明植物体解毒过程中细胞液起着重要的作用。因此探究镉在水稻体内的亚细胞分布对于了解水稻镉耐性和解毒机制具有重要意义。

重金属进入植物体后在植株的不同部位均有分布，细胞壁对重金属的固定及液泡的区隔化作用是缓解重金属毒性的主要方法。细胞壁对重金属离子的解毒机制主要分为两种：一种是重金属离子在进入细胞前先吸附在细胞壁上，当细胞壁的吸附位点达到饱和时才会进入细胞膜，称为细胞壁的"区隔机制"；另一种是在浓度高的重金属离子胁迫之下，植物通过改变细胞壁不同化学成分的含量来改变细胞壁对不同离子的结合含量，最终达到解毒的目的，这被称为细胞壁"适应机制"。

植物对重金属的耐性，主要表现在植物遭受重金属胁迫时，不同部位细胞器所产生的差异性反应以及细胞壁的结合作用、液泡区隔化作用等。其中，细胞壁对重金属的络合以及螯合作用能够显著降低重金属的毒性，并且能够增强植物对重金属的耐性。细胞壁的主要成分有纤维素、半纤维素、黏胶等蛋白质大分子和多糖分子，它们能够与进入植株体内的重金属离子相结合，可有效地阻碍重金属离子进一步向细胞膜以内的部分转移，从而降低了细胞内部的重金属离子浓度，使作物的生理生化反应正常进行，不受影响。但当植物体内的重金属离子浓度过高的时候，重金属在细胞壁上的固定及积累能力达到了饱和，重金属离子会通过细胞壁进入细胞内部，进而会阻碍植物生长发育的正常进行，并对此产生一定的威胁。液泡中也因为具有较多的蛋白质以及各种有机质等物质，因此对重金属同样有一定的吸附固定作用，当重金属离子进入细胞内部，液泡会吸附且固定较多的重金属离子，从而达到降低其活性的作用，实现重金属离子在细胞内的区隔化，进一步减轻植物的毒害效应。

7 水稻根表铁膜形成及对重金属镉吸收的影响

水稻根系是植物吸收水分和营养物质的重要器官，其形态结构不仅对植物水分养分吸收有重要影响，同时也对毒害性元素的吸收、运输具有重要的影响。水稻长期生活在渍水的条件下，为了适应其生长环境，它的地上部分和根部均具有发达的通气组织，因此水稻可通过叶片的通气组织将光合作用制造的氧气及从外部环境中摄入的氧气一块输送到根系中，再由根系将输送过来的氧气和其他的氧化性物质释放到根际去，以供处于厌氧条件下的根系进行呼吸，从而使得根际的氧化还原条件发生了改变，使得存在于渍水土壤中的大量还原性物质 Fe^{2+}、Mn^{2+} 等氧化形成了铁锰氧化物，胶膜状态的铁锰氧化物包裹在根系的表面，最终形成了根表铁膜。

研究表明，水稻根表铁锰氧化膜对介质中重金属的吸收及其在水稻体内的转移起重要作用。它可以促进或者抑制水稻根系对 Cd、Cu、Zn、Ni 等的吸收，其作用程度取决于水稻根表铁膜的厚度；由于淹水处理能促进铁膜的形成，显著增加根表铁膜厚度，因此可增加铁膜对 Cd 的吸附，使得水稻受到的 Cd 胁迫降低。另一方面，植物根区的供养状况使根系的形态和结构发生改变，包括根长、数量、比表面积、直径等，不仅对污染物吸收有直接的影响，而且很有可能通过根系泌氧方式的改变影响根表铁膜的形成并进一步影响水稻对镉的吸收。

Wang 等的研究表明，根际环境包括 CO_2、pH、锰等均对铁膜的形成有一定程度的影响，CO_2 可以促进根表铁膜的形成，水培条件下 CO_2 过量时，水稻根部容易形成针铁矿，没有 CO_2 或者 CO_2 浓度较低时，Fe^{2+} 快速地氧化和水解，形成了纤铁矿。一定范围的 pH (3~6) 内，水培植物的铁膜数量与培养液 pH 成正相关，即铁膜在植株生长 pH 较高（6.0）的条件时较厚，pH 较低（3.5）时铁膜相对很薄。锰氧化物虽然在铁膜中所占的比例不大，但锰膜比铁膜有更加强大的表面活性和催化能力，对重金属的吸附也更强。水稻的根表铁膜一般是出现在距离根尖部分 1.0 cm 的地方，主要是出现在根毛区、根的伸长区以及根上相对较靠后面的部位。根表铁膜对水稻根系 Cd、Zn 等元素的吸收既可以促进，也可以抑制，这取决于根表铁膜的厚度和性质。适量的铁膜可以促进水生植物对磷、锌等养分元素的吸收，但铁膜过多时就会抑制根系对养分以及污染物的吸收。有关根表铁膜对水稻吸收积累镉的影响方面的研究项目种类繁多，不同的研究者有不同的结论，一种结论是：根表铁胶膜对土壤中的镉有富集作用，影响着水稻根系对镉的吸收，影响的方面及程度与根表铁胶膜厚度、根际土壤 pH、铁营养状况、植物种类、土壤中镉的含量等有关。刘文菊等的研究是水稻在营养液培养的基础上进行不同镉处理，根表铁膜富集生长介质中的镉，并在一定程度上促进了水稻对镉的吸收；Zhang 等认为水稻根表铁膜对介质中镉的吸收及其在水稻体内的转运起重要作用，它既可以促进也可以抑制水稻根系对镉的吸收，其影响方面取决于水稻根表铁膜的氧化程度或厚度，当根表铁膜较薄时，随根表铁膜数量的增加，促进水稻对镉的吸收；铁胶膜数量超过一定的值时，反而抑制水稻根系对镉的吸收。另一种结论是：与根系相比，根表铁胶膜对水稻吸收镉的影响微乎其微，影响镉吸收的因素可能是植株中铁的营养状况。Liu 等研究结果表明根系中镉约占总吸收镉的 65%，DCB 和地上部镉的比例分别少于 9% 和 40%，根系中镉远比 DCB 和地上部分多，因此根吸收大量的镉，根组织是镉吸收转运的主要屏障。

而有研究者则认为根表铁胶膜不是镉吸收及水稻体内转运的屏障，镉的吸收与转运似乎与植株中铁的营养状况有关。水稻根际是污染物进入植物体内的重要门户，深入地研究根表铁膜的作用机理以及它形成的调控机制具有重要的意义，为评价污染物迁移、转化的行为提供合理依据。

参考文献

[1]　易镇邪, 袁珍贵, 陈平平, 等. 土壤 pH 值与镉含量对水稻产量和不同器官镉累积的影响 [J]. 核农学报, 2019(5): 988–998.

[2]　梁淑敏, 许艳萍, 陈裕, 等. 工业大麻对重金属污染土壤的治理研究进展 [J]. 生态学报, 2013, 33(5): 1347–1356.

[3]　白爱梅, 李跃, 范中学. As 对人体健康的危害 [J]. 微量元素与健康研究, 2007(1): 61–62.

[4]　牟仁祥, 陈铭学, 朱智伟, 等. 水稻重金属污染研究进展 [J]. 生态研究, 2004, 13(3): 417–419.

[5]　陈怀满. 土壤 – 植物系统中的重金属污染 [M]. 北京 : 科学出版社, 1996.

[6]　Lv Jianshu, Liu Yang, Zhang Zulu, et al. Factorial kriging and stepwise regression approach to identify environmental factors influencing spatial multiscale variability of heavy metals in soils[J]. Journal of hazardous materials, 2013, 261(13): 387–397.

[7]　于洋, 高宏超, 马俊花, 等. 密云县境内潮河流域土壤重金属分析评价[J]. 环境科学, 2013, 34(9): 3572–3577.

[8]　刘春早, 黄益宗, 雷鸣, 等. 湘江流域土壤重金属污染及其生态环境风险评价 [J]. 环境科学, 2012, 33 (1) : 260–265.

[9]　师荣光, 郑向群, 龚琼, 等. 农产品产地土壤重金属外源污染来源解析及防控策略研究 [J]. 环境监测管理与技术, 2017, 29(4): 4–13.

[10]　张胜寒, 程立国, 叶秋生, 等. 燃煤电站重金属污染与控制技术 [J]. 能源环境保护, 2007, 21(3): 1–4.

[11]　谢华林, 张萍, 贺惠, 等. 大气颗粒物中重金属元素在不同粒径上的形态分布 [J]. 环境工程, 2002, 20 (6) : 55–57.

[12]　刘永伟, 毛小苓, 孙莉英, 等. 深圳市工业污染源重金属排放特征分析 [J]. 北京大学学报网络版 (预印本), 2010, 46(2): 279–285.

[13]　赵永康. 环境污染防治的重要途径 : 综合利用工业废渣生微肥 [J]. 微量元素与健康研究, 1984 (1): 51.

[14] 雷梅，陈同斌，郑袁明，等.中国重金属污染：来源与成因分析技术需求 [C]// 重庆市环境科学学会.污染场地修复产业国际论坛暨重庆市环境科学学会第九届学术年会论文集.重庆：重庆市环境科学学会，2011：245–253.

[15] 邵学新，吴明，蒋科毅.土壤重金属污染来源及其解析研究进展 [J].广东微量元素科学，2007，14（4）：1–6.

[16] 宋书巧，梁利芳，周永章，等.广西刁江沿岸农田受矿山重金属污染现状与治理对策 [J].矿物岩石地球化学通报，2003，22（2）：152–155.

[17] 周彤.污水回用决策与技术 [M].北京：化学工业出版社，2002.

[18] 李玉浸，刘凤枝，高尚宾.限制污水灌溉恢复良好的农田生态环境：第二次全国污水灌溉普查结论之二 [J].中国人口·资源与环境，2003，13（专刊）：65–69.

[19] 王祖伟，张辉.天津污灌区土壤重金属污染环境质量与环境效应 [J].生态环境，2005，14(2)：211–213.

[20] 孙雷，赵烨，李强，等.北京东郊污水与清水灌区土壤中重金属含量的比较研究 [J].安全与环境学报，2008，8（3）：29–33.

[21] 杨军，郑袁明，陈同斌，等.北京市凉凤灌区土壤重金属的积累及其变化趋势 [J].环境科学学报，2005，25(9)：1175–1181.

[22] 周启星，高拯民.沈阳张士污灌区镉循环的分室模型及污染防治对策研究 [J].环境科学学报，1995，15(3)：273–280.

[23] 张勇.沈阳郊区土壤及农产品重金属污染的现状评价 [J].土壤通报，2001，32（4)：182–186.

[24] 解文艳，樊贵盛，周怀平，等.太原市污灌区土壤重金属污染现状评价 [J].农业环境科学学报，2011，30(8)：1553–1560.

[25] 胡鹏杰，李柱，吴龙华.我国农田土壤重金属污染修复技术、问题及对策刍议 [J].农业现代化研究，2018，227(4)：3–10.

[26] 王苗苗，孙红文，耿以工，等.农田土壤重金属污染及修复技术研究进展 [J].天津农林科技，2018，264（4)：42–45

[27] 王岩，王楠，王云侯，等.基于农田土壤重金属污染修复的土地整理工程设计研究 [J].四川农业大学学报，2016，34(2)：210–214.

[28] 王美，李书田.肥料重金属含量状况及施肥对土壤和作物重金属富集的影响 [J].植物营养与肥料学报，2014 (2)：466–480.

[29] 樊文华，刘晋峰，王志伟，等.施用沼肥对温室土壤养分和重金属含量的影响 [J].山西农业大学学报（自然科学版)，2011，31(1)：1–4.

[30] 黄鸿翔，李书田，李向林，等.我国有机肥的现状与发展前景分析 [J].中国土壤与

肥料 , 2006 (1): 3–8.

[31] 彭来真 , 刘琳琳 , 张寿强 , 等 . 福建省规模化养殖场畜禽粪便中的重金属含量 [J].
福建农林大学学报 (自然科学版), 2010, 39(5): 523–527.

[32] 任顺荣 , 邵玉翠 , 王正祥 . 利用畜禽废弃物生产的商品有机肥重金属含量分析 [J].
农业环境科学学报 , 2005, 24(S1): 216–218.

[33] 马耀华 , 刘树应 . 环境土壤学 [M]. 西安 : 陕西科学技术出版社 , 1998: 198–201.

[34] WILLIANS C H, DAVID D J. The accumulation in soil of cadmium residue from
phosphate fertilizers and their effect on the cadmium content of plants[J]. Soil Sci, 1976,
121: 86–93.

[35] MOOL ENAAR S W, BELTRAMI P. Heavy metal blances of an Italian soil as affected
by sewage sludge and Bordeaux mixture applications[J]. Environ Qual, 1998, 27(4):
828 835.

[36] MULLA D J, PAGE A L, GANJE T J. Cadmium accumulation and bioavailbility in soils
from long term phosphorus fertilization[J]. Journal of enviromental quality, 1980, 9(3):
408–412.

[37] 任顺荣 , 邵玉翠 , 高宝岩 , 等 . 长期定位施肥对土壤重金属含量的影响 [J]. 水土保
持学报 , 2005, 19(4): 96–99.

[38] 王娜 . 基于农田土壤重金属污染来源的研究分析 [J]. 中国金属通报 , 2019(01):
289–290.

[39] 赵彦锋 , 郭恒亮 , 孙志英 , 等 . 基于土壤学知识的主成分分析判断土壤重金属来源
[J]. 地理科学 , 2008, 28(1): 45–50.

[40] 王文全 , 孙龙仁 , 吐尔逊·吐尔洪 , 等 . 乌鲁木齐市大气 PM2. 5 中重金属元素含量
和富集特征 [J]. 环境监测管理与技术 , 2012, 24(5): 23–27.

[41] 程珂 , 杨新萍 , 赵方杰 . 大气沉降及土壤扬尘对天津城郊蔬菜重金属含量的影响 [J].
农业环境科学学报 , 2015, 34(10): 1837–1845.

[42] 章明奎 , 刘兆云 , 周翠 . 铅锌矿区附近大气沉降对蔬菜中重金属积累的影响 [J]. 浙
江大学学报 (农业与生命科学版), 2010, 36(2): 221–229.

[43] 赵纪新 , 尹鹏程 , 岳荣 , 等 . 我国农田土壤重金属污染现状·来源及修复技术研究
综述 [J]. 安徽农业科学 , 2018, 46(04): 19–21, 26.

[44] 徐磊 , 周静 , 崔红标 , 等 . 重金属污染土壤的修复与修复效果评价研究进展 [J]. 中
国农学通报 , 2014, 30(20): 161–167.

[45] 周俊华 , 何仁春 , 廖玉英 , 等 . 畜禽肉重金属污染来源及监控措施 [J]. 现代农业科技 ,
2015(1): 295–296.

[46] 胡恭任, 于瑞莲, 胡起超, 等. 铅同位素示踪在大气降尘重金属污染来源解析中的应用 [J]. 吉林大学学报 (地), 2016, 46(5): 1520–1526.

[47] 刘明久, 刘艳霞. 不同浓度的镉离子 (Cd^{2+}) 对小麦种子萌发的影响 [J]. 种子, 2007(9): 31–32.

[48] 姜虎生. Cd^{2+} 对小麦种子萌发及生理指标的影响 [J]. 陕西农业科学, 2006(5): 25–27.

[49] 何俊瑜, 任艳芳, 任明见, 等. 镉对小麦种子萌发、幼苗生长及抗氧化酶活性的影响 [J]. 华北农学报, 2009, 24(5): 135–139.

[50] 陈志德, 仲维功, 王军, 等. 镉胁迫对水稻种子萌发和幼苗生长的影响 [J]. 江苏农业学报, 2009, 25(1): 19–23.

[51] 陈桂珠. 重金属对黄瓜籽苗发育影响的研究 [J]. 植物学通报, 1990(1): 34–39.

[52] 曹莹, 黄瑞冬, 曹志强. 铅胁迫对玉米生理生化特性的影响 [J]. 玉米科学, 2005(3): 63–66.

[53] Krzeslowska M. The cell wall in plant cell response to trace metals: polysaccharide remodeling and its role in defense strategy[J]. Acta Physiologiae Plantarum, 2011, 33(1): 35–51.

[54] 郑绍建. 细胞壁在植物抗营养逆境中的作用及其分子生理机制 [J]. 中国科学 : 生命科学, 2014, 44 (4): 334–341.

[55] Ye Y, Li Z, Xing D. Nitric oxide promotes MPK6–mediated caspase–3–like activation in cadmium–induced Arabidopsis thaliana programmed cell death[J]. Plant, Cell & Environment, 2013, 36(1): 1–15.

[56] Zhang Liping, Pei Yanxi, Wang Hongjiao, et al. Hydrogen sulfide alleviates cadmium–induced cell death through restraining ROS accumulation in roots of *Brassica rapa* L. ssp. *pekinensis*. Oxidative Medicine and Cellular Longevity, 2015(1): 1–11.

[57] 郑世英, 张秀玲, 王丽燕, 等. Pb^{2+}, Cd^{2+} 胁迫对棉花保护酶及丙二醛含量的影响 [J]. 河南农业科学, 2007(8): 43–45, 63.

[58] 陈悦, 李玲, 何秋伶, 等. 镉胁迫对三个棉花品种 (系) 产量、纤维品质和生理特性的影响 [J]. 棉花学报, 2014, 26(6): 521–530.

[59] 汪洪, 赵士诚, 夏文建, 等. 不同浓度镉胁迫对玉米幼苗光合作用、脂质过氧化和抗氧化酶活性的影响 [J]. 植物营养与肥料学报, 2008(1): 36–42.

[60] Van Assche F, Cligsters H. Effect of heavy metal on enzyme activity in plants[J]. Plant Cell Environ, 1990, 13(2): 195–206.

[61] 陈平, 张伟锋, 余土元, 等. 镉对水稻幼苗生长及部分生理特性的影响 [J]. 仲恺农

业技术学院学报 , 2001, 14 (4): 18–21.

[62] 王凯荣 , 张玉烛 , 胡荣桂 . 不同土壤改良剂对降低重金属污染土壤上水稻糙米铅镉含量的作用 [J]. 农业环境科学学报 , 2007(2): 476–481.

[63] 关昕昕 , 严重玲 , 刘景春 , 等 . 钙对镉胁迫下小白菜生理特性的影响 [J]. 厦门大学学报 (自然科学版), 2011, 50(1): 132–137.

[64] 陈维新 . 农业环境保护 [M]. 北京 : 农业出版社 , 1993.

[65] 邓晓霞 , 黎其万 , 李茂萱 , 等 . 土壤调控剂与硅肥配施对镉污染土壤的改良效果及水稻吸收镉的影响 [J]. 西南农业学报 , 2018, 31(6): 1221–1226.

[66] 张世浩 . 施硅量和施硅时期对镉污染土壤中水稻植株镉积累与转运的调控 [D]. 广州 : 华南农业大学 , 2016.

[67] 郭健 , 姚云 , 赵小旭 , 等 . 粮食中重金属铅离子、镉离子的污染现状及对人体的危害 [J]. 粮食科技与经济 , 2018, 43(3): 33–35, 85.

[68] Schnoor J L, Licht L A, Mc Cutcheon S C. Phytoremediation of organic and nutrient contaminants [J]. Environmental Science Technology, 1995, 29: 318–323.

[69] 滕应 , 骆永明 , 李振高 . 污染土壤的微生物修复原理与技术进展 [J]. 土壤 , 2007(4): 497–502.

[70] 黄占斌 , 焦海华 . 土壤重金属污染及其修复技术 [J]. 自然杂志 , 2012, 34(6): 350–354.

[71] 陆志家 , 耿秀华 . 土壤重金属污染修复技术及应用分析 [J]. 中国资源综合利用 , 2018, 36(11): 110–112.

[72] 吴燕玉 , 陈涛 , 张学询 . 沈阳张士灌区镉污染生态的研究 [J]. 生态学报 , 1989 (1): 21–26.

[73] 余志 , 黄代宽 . 重金属污染土壤修复治理技术概述 [J]. 环保科技 , 2013, 19(4): 46–48.

[74] 陈玉娟 , 符海文 , 温琰茂 . 淋洗法去除土壤重金属研究 [J]. 中山大学学报 (自然科学版), 2001(S2): 111–113.

[75] 崔斌 , 王凌 , 张国印 , 等 . 土壤重金属污染现状与危害及修复技术研究进展 [J]. 安徽农业科学 , 2012, 40(1): 373–375, 447.

[76] 张聪 , 张弦 . 土壤重金属污染修复技术研究进展 [J]. 环境与发展 , 2018, 30(2): 87, 89.

[77] 张军 , 蔺亚青 , 胡方洁 , 等 . 土壤重金属污染联合修复技术研究进展 [J]. 应用化工 , 2018, 47(5): 1038–1042, 1047.

[78] 刘周莉 , 何兴元 , 陈玮 . 忍冬—— 一种新发现的镉超富集植物 [J]. 生态环境学报 ,

2013, 22(4): 666–670.

[79] 马铁铮，马友华，徐露露，等．农田土壤重金属污染的农业生态修复技术 [J]. 农业资源与环境学报，2013, 30(5): 39–43.

[80] 陈承利，廖敏．重金属污染土壤修复技术研究进展 [J]. 广东微量元素科学，2004(10): 1–8.

[81] 董霁红，卞正富，王贺封，等．徐州矿区充填复垦场地作物重金属含量研究 [J]. 水土保持学报，2007(5): 180–182.

[82] 汪雅各，卢善玲，盛沛麟，等．蔬菜重金属低富集轮作 [J]. 上海农业学报，1990(3): 41–49.

[83] Elza Kovács, William E. Dubbin, János Tamás. Influence of hydrology on heavy metal speciation and mobility in a Pb–Zn mine tailing[J]. Environmental Pollution, 2006, 141(2): 310–320.

[84] 徐加宽，严贞，袁玲花，等．稻米重金属污染的农艺治理途径及其研究进展 [J]. 江苏农业科学，2007(5): 220–226.

[85] 周峥嵘，傅志强．不同水分管理方式对水稻生长及产量的影响 [J]. 作物研究，2012, 26(S1): 5–8.

[86] 张慎凤．干湿交替灌溉对水稻生长发育、产量与品质的影响 [D]. 扬州：扬州大学，2009.

[87] 周焱．加强肥料规范化管理控制蔬菜重金属污染 [J]. 环境污染与防治，2003 (5): 281–282, 285.

[88] 楼玉兰，章永松，林咸永．氮肥形态对污泥农用土壤中重金属活性及玉米对其吸收的影响 [J]. 浙江大学学报 (农业与生命科学版), 2005(4): 392–398.

[89] 杨云高，王树林，刘国，等．生物有机肥对烤烟产质量及土壤改良的影响 [J]. 中国烟草科学，2012, 33(4): 70–74.

[90] 袁庆虹，何作顺．重金属迁移及其对农作物影响的研究进展 [J]. 职业与健康，2009, 25(24): 2808–2810.

[91] 朱智伟，陈铭学，牟仁祥，等．水稻镉代谢与控制研究进展 [J]. 中国农业科学，2014, 47(18): 3633–3640.

[92] 何李生．镉对水稻生长和养分吸收的影响及质外体在水稻耐受镉毒害中的作用 [D]. 杭州：浙江大学，2007.

[93] 刘仲齐．水稻体内镉转运机理的研究进展 [A]. 农业部环境保护科研监测所、中国农业生态环境保护协会．农业环境与生态安全——第五届全国农业环境科学学术研讨会论文集 [C]. 农业部环境保护科研监测所、中国农业生态环境保护协会：中

国农业生态环境保护协会 , 2013: 6.

[94] 于辉 , 杨中艺 , 杨知建 , 等 . 不同类型镉积累水稻细胞镉化学形态及亚细胞和分子分布 [J]. 应用生态学报 , 2008(10): 2221–2226.

[95] 叶新新 , 周艳丽 , 孙波 . 适于轻度 Cd、As 污染土壤种植的水稻品种筛选 [J]. 农业环境科学学报 , 2012, 31(6): 1082–1088.

[96] 刘侯俊 , 梁吉哲 , 韩晓日 , 等 . 东北地区不同水稻品种对 Cd 的累积特性研究 [J]. 农业环境科学学报 , 2011, 30(2): 220–227.

[97] Nocito Fabio Francesco, Lancilli Clarissa, Dendena Bianca, et al. Cadmium retention in rice roots is influenced by cadmium availability, chelation and translocation[J]. Plant Cell and Environment, 2011, 34: 994–1008.

[98] 查燕 , 杨居荣 , 刘虹 , 等 . 污染谷物中重金属的分布及加工过程的影响 [J]. 环境科学 , 2000, 21(3): 52–55.

[99] 杨居容 , 查燕 , 刘虹 . 污染稻麦籽实中 Cd、Cu、Pb 的分布及其存在形态初探 [J]. 中国环境科学 , 1999, 19: 500–504.

[100]王亚军 , 潘传荣 , 钟国才 , 等 . 稻谷中镉元素残留分布特征分析 [J]. 粮食与饲料工业 , 2010, 10: 56–59.

[101]Uraguchi Shimpei, Mori Shinsuke, Kuramata Masato, et al. Root–to–shoot Cd translocation via the xylem is the major process determining shoot and grain cadmium accumulation in rice[J]. Journal of Experim–ental Botany, 2009, 60(9): 2677–2688.

[102]Uraguchi S, Fujiwara T. Rice breaks ground for cadmium–free cereals[J]. Current Opinion in Plant Biology, 2013, 16(3): 328–334.

[103]Uraguchi S, Fujiwara T. Cadmium transport and tolerance in rice: Perspectives for reducing grain cadmium accumulation[J]. Rice, 2012, 5(1): 1–8.

[104]赵步洪 , 张洪熙 , 奚岭林 , 等 . 杂交水稻不同器官镉浓度与累积量 [J]. 中国水稻科学 , 2006, 20(3): 306–312.

[106]刘昭兵 , 纪雄辉 , 彭华 , 等 . 水分管理模式对水稻吸收累积镉的影响及其作用机理 [J]. 应用生态学报 , 2010, 21(4): 908–914.

[107]齐雁冰 , 黄标 , Darilek J L, 等 . 氧化与还原条件下水稻土重金属形态特征的对比 [J]. 生态环境 , 2008, 17(6): 2228–2233.

[108]纪雄辉 , 梁永超 , 鲁艳红 , 等 . 污染稻田水分管理对水稻吸收积累镉的影响及其作用机理 [J]. 生态学报 , 2007(9): 3930–3939.

[109]Kashem M A, Singh B R. Meatal availability in contaminated soils: effects of flooding and organic matter on changes in Eh, pH and solubility of Cd, Ni and Zn[J]. Nutrient

Cycling in Agroecosystems, 2001, 61(3): 247–255.

[110]张基茂, 黄运湘. 硫对水稻镉吸收的影响机理 [J]. 作物研究, 2017, 31(1): 82–87.

[111]李金娟. 硫的化学行为对水稻 Cd 积累及土壤酶活的影响机制 [D]. 长沙: 中南林业科技大学, 2014.

[112]张雪霞, 张晓霞, 郑煜基, 等. 水分管理对硫铁镉在水稻根区变化规律及其在水稻中积累的影响 [J]. 环境科学, 2013, 34(7): 2837–2846.

[113]史磊, 郭朝晖, 梁芳, 等. 水分管理和施用石灰对水稻镉吸收与运移的影响 [J]. 农业工程学报, 2017, 33(24): 111–117.

[114]崔晓荧, 秦俊豪, 黎华寿. 不同水分管理模式对水稻生长及重金属迁移特性的影响 [J]. 农业环境科学学报, 2017, 36(11): 2177–2184.

[115]Comu J Y, Denaix L, Schneider A, et al. Temporal evolution of redox processes and free Cd dynamics in a metal–contaminated soil after rewetting[J]. Chemosphere, 2007, 70(2): 306–314.

[116]Maes A, Vanthuyne M, Cauwenberg P. Metal partitioning in a sulfidie canal sediment: Metal solubility as a function of pH combined with EDTA extraction in anoxic conditions[J]. Science of the Total Environment, 2003, 312 (1/2/3): 181–193.

[117]李义纯, 葛滢. 淹水土壤中镉活性变化及其制约机理 [J]. 土壤学报, 2011, 48 (4): 840–846.

[118]彭鸣, 王焕校, 吴玉树. 镉、铅在玉米幼苗中的积累和迁移——X 射线显微分析 [J]. 环境科学学报, 1989(1): 61–67.

[119]黄凯丰, 江解增. 复合胁迫下茭白体内镉、铅的亚细胞分布和植物络合素的合成 [J]. 植物科学学报, 2011, 29(4): 502–506.

[120]刘俊, 廖柏寒, 曾敏, 等. 镉在大豆幼苗叶中的亚细胞分配、定位及其对幼苗生长的影响 (英文)[J]. Agricultural Science & Technology, 2014, 15(5): 790–794.

[121]彭克俭, 刘益贵, 沈振国, 等. 镉、铅在沉水植物龙须眼子菜叶片中的分布 [J]. 中国环境科学, 2010, 30(S1): 69–74.

[122]李丹丹, 周东美, 汪鹏, 等. 小麦根对镉离子的吸收机制及镉的亚细胞分布 [J]. 生态毒理学报, 2010, 5(6): 857–861.

[123]宋阿琳, 李萍, 李兆君, 等. 硅对镉胁迫下白菜光合作用及相关生理特性的影响 [J]. 园艺学报, 2011, 38(9): 1675–1684.

[124]宋阿琳, 李萍, 李兆君, 等. 镉胁迫下两种不同小白菜的生长、镉吸收及其亚细胞分布特征 [J]. 环境化学, 2011, 30(6): 1075–1080.

[125]陈同斌, 阎秀兰, 廖晓勇, 等. 蜈蚣草中砷的亚细胞分布与区隔化作用[J]. 科学通报,

2005(24): 2739–2744.

[126]何孟常, 杨居荣, 查燕, 等. 污染作物籽实中 As 的分布及其结合形态初探 [J]. 应用生态学报, 2000(4): 625–628.

[127]陈爱葵, 王茂意, 刘晓海, 等. 水稻对重金属镉的吸收及耐性机理研究进展 [J]. 生态科学, 2013, 32(4): 514–522.

[128]高子煦. 细胞壁在植物重金属耐性中的作用 [J]. 科技风, 2017(26): 197.

[129]公维丽, 王禄山, 张怀强. 植物细胞壁多糖合成酶系及真菌降解酶系 [J]. 生物技术通报, 2015, 31(4): 149–165.

[130]路倩倩, 梁晨霄. 植物细胞壁的组成 [J]. 生物技术世界, 2016(2): 302.

[131]刘清泉, 陈亚华, 沈振国, 等. 细胞壁在植物重金属耐性中的作用[J]. 植物生理学报, 2014, 50(5): 605–611.

[132]江行玉, 赵可夫. 铅污染下芦苇体内铅的分布和铅胁迫相关蛋白 [J]. 植物生理与分子生物学学报, 2002(3): 169–174.

[133]张保才, 周奕华. 植物细胞壁形成机制的新进展 [J]. 中国科学：生命科学, 2015, 45(6): 544–556.

[134]曾凡荣. 水稻铬毒害和耐性的生理与分子机理研究 [D]. 杭州：浙江大学, 2010.

[135]黄亚男, 傅志强. 水稻根系分泌物对镉吸收、积累影响机理研究进展 [J]. 作物研究, 2018, 32(3): 244–248, 264.

[136]周晚来, 易永健, 屠乃美, 等. 根际增氧对水稻根系形态和生理影响的研究进展 [J]. 中国生态农业学报, 2018, 26(3): 367–376.

[137]张艳超. 水分管理对水稻根表铁膜形成及水稻镉积累的影响 [D]. 贵阳：贵州大学, 2016.

[138]傅友强, 沈宏, 杨旭健. 适度干湿交替促进水稻根表红棕色铁膜形成的根层诱导机制 [J]. 植物生理学报, 2017, 53(12): 2167–2180.

[139]傅友强. 干湿交替诱导水稻根表红棕色铁膜形成的生理与分子机理 [D]. 广州：华南农业大学, 2016.

[140]Wang T G, Pever ly J H. Iron oxidation states on root surfaces of a wetland plant (Phragmites australis)[J]. Soil Science Society of America Journal, 1999, 63(1): 247–252.

[141]St Cyr L, Crowder A A. Iron oxide deposits on the roots of Phragmites australis related to the iron bound to carbonates in the soil[J]. Journal of Plant Nutrition, 1988, 11(6/7/8/9/10/11): 1253–1261.

[142]Taylor G J, Crowder A A, Rodden. Formation and morphology of an iron plaque on the

roots of *Typha latifolia* L. grown in solution culture[J]. American Journal of Botany, 1984, 71(5): 666–675.

[143]L. C. Batty, A. J. M. Baker, B. D. Wheeler, et al. The effect of pH and plaque on the uptake of Cu and Mn in *Phragmites australis*(Cav.) Trin ex. Steudel[J]. Annals of Botany, 2000, 86(3): 647–653.

[144]St Cyr L, Crowder A A. Manganese and copper in the root plaque of *Phragmites australis* (Cav.) Trin. ex Steudel[J]. Soil Science, 1990, 149(4): 191–198.

[145]Ye Z H, Cheung K C, Wong M H. Copper uptake in Typha latifolia as affected by iron and manganese plaque on the root surface[J]. Canadian Jouanal of Botany, 2001, 79(3): 314–320.

[146]傅友强 , 于智卫 , 蔡昆争 , 等 . 水稻根表铁膜形成机制及其生态环境效应 [J]. 植物营养与肥料学报 , 2010, 16(6): 1527–1534.

[147]Defu Xu, Jianming Xu, Yan He, et al. Effect of iron plaque formation on phosphorus accumulation and availability in the rhizosphere of wetland plants[J]. Water, Air, and Soil Pollution, 2009, 200(1): 79–87.

[148]Zhang X, Zhang F, Mao D. Effect of Fe plaque outside roots on nutrient uptake by rice(*Oryza sativa* L.) : phosphorus uptake[J]. Plant soiL, 1999, 209: 187–192.

[149]Zhang X, ZhangF, Mao D. Effeet of Fe Plaque outside roots on nutrient uptake by rice (*Oryza sativa* L.): zinc uptake [J]: Plant soil, 1998, 202: 33–39.

[150]董明芳 , 郭军康 , 冯人伟 , 等 . Fe²⁺ 和 Mn²⁺ 对水稻根表铁膜及镉吸收转运的影响 [J]. 环境污染与防治 , 2017, 39(3): 249–253.

[151]方皓 . 水分管理对水稻根表铁膜及 POD 酶活的影响 [J]. 广东化工 , 2018, 45(15): 121–123.

[152]邢承华 , 黄文方 , 蒋红英 . 缺磷对水稻根表铁膜形成的影响 [J]. 江西农业学报 , 2017, 29(9): 66–68, 74.

第5章　叶面控制对水稻镉吸收的影响研究

摘要： 近年来稻田镉污染成为限制我国稻米安全的重要因素，叶片是水稻最重要的根外营养器官，叶面控制对水稻体内的镉含量有抑制作用。本文对叶面控制这一经济高效、前景广阔的新方法进行了总结分析和展望。综合当前的研究成果，可大致将现有的叶面控制剂分为三大类：非金属元素型叶面控制剂、金属元素型叶面控制剂和有机型叶面控制剂。不过它们对作物重金属吸收的调控主要表现在以下几个方面：调节作物生理代谢，增强耐重金属能力和在植物体内与重金属发生反应，阻止重金属向细胞质和籽粒等关键部位转移，以降低危害。

关键词： 叶面控制；水稻；镉

近年来，由于工业"三废"的排放增加，农用产品的大量使用以及污水灌溉等，使得耕地重金属污染愈发严重，并成为制约我国农业发展的重要因素，在一定程度上影响了我国农业生产可持续性、农产品质量安全和国家生态环境安全，成为我国社会经济发展的主要障碍。据环境保护部和国土资源部联合发布的《全国土壤污染状况调查公报》显示，我国土壤中Cd点位超标率为7%。镉是水稻非必需的重金属元素，毒性强且易迁移，水稻根系吸收镉后通过质外体途径和共质体途径转运至各器官内，并在植物体内累积。人长期食用Cd超标的稻米后会出现"痛痛病"，并会损害人体肝、肾等。

叶片是水稻最重要的根外营养器官，可以吸收外源物质，并将吸收的营养物质转运到各部位,叶面吸收的养分利用效果与根部施肥基本一致,且打破了传统的土壤根部施肥方式,现已成为农业生产中一项重要的施肥技术。叶面施肥控制是近十几年内初兴的一种调控作物重金属吸收或增强作物耐重金属性的新方法,20世纪70年代就已经发现叶面营养元素与重金属之间有交互作用且其能提高作物的抗逆性。到目前为止,这方面的研究也取得了一定的进展。综合当前的研究成果,可将现有的叶面控制剂分为三大类:非金属元素型叶面控制剂、金属元素型叶面控制剂和有机型叶面控制剂。

1. 非金属元素型叶面控制剂

目前研究较多的非金属元素型叶面控制剂主要有硅(Si)、硒(Se)、磷(P)等,这类物质能够调节植物生理过程,增强植物抗氧化系统功能及对重金属的耐受能力;提高作物叶片中叶绿素含量,促进光合作用;促进作物对N、P、K、Ca、Si、Zn等营养元素的吸收;降低细胞膜透性,维护膜系统的完整,从而增加了作物对重金属的抵抗能力。

1.1 硅元素型叶面控制剂

硅是水稻不可或缺的元素,与氮、磷、钾并称水稻必需的"四大元素"。硅对水稻生长发育具有良好的作用,可以增加叶面积和叶绿素含量,提高光合能力和根系活力,降低细胞膜透性,抑制镉在水稻体内的吸收和转运,增加自由空间中交换态镉的比重,从而减轻了镉对水稻的毒害。研究发现,施用硅肥后,Si在水稻地上部沉淀,阻止了Cd向上迁移,从而减少了地上部Cd的积累,降低了糙米中Cd的含量。在水稻不同生育时期施用硅肥发现,在灌浆期和抽穗期施硅肥的降镉效果显著高于幼苗期施硅肥的降镉效果。

在20世纪30年代,叶面施肥就被作为土壤施肥补充的方式。叶面喷施硅肥因为可以增加水稻产量和缓解重金属毒害而被广泛用于农业生产上,而且叶面施肥具有肥效好、养分利用率高、针对性强、施用方便和经济高效等特点。王世华等发现水稻喷施硅肥后,不仅显著增加了水稻单株有效穗数、百粒质量和单株穗质量，还能降低籽粒中 Cd 含量，可能是因为硅主要是在硅结合蛋白的诱导下，在作物根的内皮层及纤维层细胞附近沉积，进而阻塞细胞壁孔隙度，根系和茎叶细胞壁中的 Si^{2-} 可以与 Cd^{2+} 形成 Si–Cd 的复合物，增加了根系对镉的吸附和固定，从而减少了水稻根系向茎叶、茎叶向穗部转移的 Cd 含量，降低了糙米中 Cd 含量。喷施硅肥还能提高保护酶的活性和维持保护膜的完整性，降低自由基对细胞膜的损害，抑制镉进入根部细胞。同时叶面喷施硅肥能提高植株的含水量，减弱蒸腾速率，从而抑制镉的转运速率。

在水稻叶面喷施纳米硅制剂后发现，显著降低了根到第一节和第一节到穗轴的 Cd 转运系数，从而显著降低了籽粒中 Cd、Pb、Cu 和 Zn 的含量。当土壤中 Cd 为 10.0 mg/kg 时，叶面喷施有机硅肥和无机硅肥后糙米 Cd 含量降低了 44%、53%。黄崇玲等人发现叶面喷施 0.2% 无机硅溶胶和 0.2% 有机硅溶胶均能显著减少稻米 Cd 的含量，显著降低了土壤 Cd 迁移能力，提高了水稻产量。喷施的两种硅胶之间对糙米中 Cd 含量及产量影响差异不显著，对 Cd 的抑制效果以喷施 0.2% 有机硅溶胶最好，从综合经济效益和食品安全考虑，无机硅胶更适应实际农业生产。

1.2 硒元素型叶面控制剂

硒是人类和动物的必需微量元素，可以减轻镉、砷、汞等多种重金属的毒性，并且是抗氧化酶（谷胱甘肽过氧化物酶和硫氧还蛋白还原酶）的活性中心，可通过改变抗氧化酶的活性和对营养元素的吸收来提高植物的抗性，已有研究表明，植物体内硒与重金属元素之间存在拮抗作用。目前的研究认为：1）外源硒主要通过抑制植物根系对重金属的吸收或降低重金属从根系向地上部的转运等方面影响植物对重金属的吸收累积；2）硒在水稻体内对 GSH（谷胱甘肽）系统有增强作用，且能促进 PCs（植物螯合肽）的合成，增加镉与 PCs 的络合，减少植物对镉的吸收和转运，降低水稻体内有害镉形态的含量，缓解镉对水稻的毒害，增强水稻对镉的耐受性；3）硒参与水稻能量代谢、蛋白质代谢，以及与其他元素的相互作用，来缓解镉对水稻的毒害；4）硒可从植物代谢活跃的细胞点位上移除重金属，还可通过改变植物细胞膜的通透性而影响重金属在植物体内的转运。

研究表明，喷施叶面硒肥能显著降低水稻对镉的吸收，在中低度镉污染稻田，喷施硒肥不仅能提高稻米中的硒含量和整精米率，还能降低垩白度及稻米中的镉含量。黄青青等在水稻不同生育期喷施叶面硒肥，降低了早晚稻秸秆、颖壳和糙米的镉含量及富集系数，并发现喷施叶面硒肥与海泡石钝化处理能有效降低水稻镉污染。黄太庆等试验发现，在水稻破口期15~30 天喷施叶面硒肥，能显著降低精米中的镉含量。不过对于硒来说，需要一定的浓度才能发挥对重金属的正面调控作用，如果浓度太高，其自身也会引起作物中毒。Hu 等发现，施用 0.5 mg/kg 的亚硒酸钠，降低了镉在土壤－根表铁膜的转移系数。张璐等试验结果显示，当喷施的亚硒酸钠浓度高于 5 mg/L 时，会增加孕穗期和成熟期茎叶和籽粒中的镉含量。方勇研等研究发现喷施 75 g/hm² 和 100 g/hm² 硒肥，能显著降低稻米中的镉含量。此外，硒还能增加稻米中铁和锰的含量，能有效地抑制水稻对铜、汞和镉的吸收积累。

1.3 磷元素型叶面控制剂

磷是植物生长必需的营养元素之一，通过多种途径参与植物代谢过程。有研究发现，磷主要是通过与重金属形成磷酸盐在植物根部细胞壁与液泡中沉积来阻止重金属向地上部分迁移，其中镉的醋酸提取态，主要是通过二代磷酸盐与镉结合形成螯合物，以减少镉在植株内的移动性，从而降低镉对植株的毒害作用。此外，磷可以增加细胞壁的厚度从而固持更多的镉。研究发现，在孕穗期叶面喷施 0.3% 的 KH_2PO_4 溶液可提高水稻的产量，降低 Pb、Cd、Zn 等重金属在稻米中的吸收积累。

此外，硫对水稻重金属也有抑制作用，研究发现施硫后，硫能促进水稻根表铁膜的形成，在淹水条件下，SO_4^{2-} 被还原成 S^{2-} 离子，与镉形成 CdS 共同沉淀，抑制了水稻根系对 Cd 的吸收，进而减少了 Cd 在水稻体内的转运。

2. 金属元素型叶面控制剂

利用竞争性阳离子与 Cd^{2+} 的拮抗效应来抑制 Cd 吸收或转移到作物可食用部位的农艺调控方法，已逐渐成为 Cd 污染治理研究的焦点。众多研究表明，适宜浓度的锌、镧、铈、钕等金属元素控制剂能够促进作物叶绿素和重金属复合物谷胱甘肽、金属硫蛋白等的合成，诱导 POD、CAT 活性的提高，降低膜脂的破坏程度，增强植物的抗重金属性。

2.1 锌元素型叶面控制剂

锌（Zn）是植物生长必需的微量元素，由于 Zn 和 Cd 两种元素的相似性，Zn 与 Cd 之间存在拮抗作用，从而抑制根系对 Cd 的吸收以及 Cd 从根部到地上部的转运来降低作物 Cd 含量。一方面，Zn 与 Cd 竞争水稻细胞膜表面的吸收位点，Zn 吸收量增加，Cd 吸收量减少；另一方面，Zn 与 Cd 在植物体运输中可以利用相同的转运蛋白，如转运蛋白 OsZNT1 和金属 $ATPase_2$（$OsHMA_2$）转运蛋白，当植物体内 Zn 含量增加时就会与 Cd 竞争这些转运蛋白上的重金属结合位点，最终导致植物体内的 Cd 含量减少。还有研究发现施用锌肥能增加水稻产量，同时还可以缓解镉对水稻的毒害，减少根系对镉的吸收，从而降低水稻籽粒中镉的含量。稻米中镉含量与锌含量存在负相关。研究发现水稻叶面喷施 $ZnSO_4 \cdot 7H_2O$ 显著降低了土壤中有效态镉的含量，一定程度上能减少水稻籽粒镉的积累，这可能与淹水栽培下锌肥中 SO_4^{2-} 被氧化还原为 S^{2-}，进而与 Cd^{2+} 形成 CdS 沉淀有关。吕光辉等人发现叶面喷施 3~5mg/LZnSO₄ 是叶面调控稻米 Cd 积累的适宜用量，因其降低了根、旗叶第一节和穗轴向糙米转运的 Cd 含量，从而显著降低了糙米 Cd 含量，同时也显著提高稻米 Zn 含量。陈林华报道叶面喷施 CAI（Cadmium Accumulation Inhibitor）可使糙米 Cd、Pb 含量分别降低到 0.10 mg/kg（＜国标 0.2 mg/kg）和 0.36 mg/kg（＞0.2 mg/kg）。另外，Zn 还是生物体内很多酶的组成成分且与 Cd 等重金属具有拮抗作用，植物体内 Zn 含量增加后，更多的 Zn 仍然能够与 Zn 酶结合，而使 Zn 酶保持原有活性，使其免遭镉毒害，从而增强了植物对重金属的耐受能力。赵海香等和贺超兴等报道的叶面肥中也包含有 Zn、P、稀有金属等有效成分。并且还有研究表明，一定条件下 Zn 与 Cd 等重金属之间也会发生协同作用，这可能与作物种类、环境因素以及 Zn 的浓度有关，具体因素还需进一步研究。

2.2 铁元素型叶面控制剂

铁是植物必需的微量元素，会影响叶绿体的形成、重金属的吸收转运及生理功能。研究显示，水稻体内缺 Fe 会诱导 OsNramp1、IRT1 和 IRT2 转运蛋白表达，这些蛋白在转运 Fe 的同时也可以转运 Cd，叶面喷施 $FeSO_4 \cdot 7H_2O$ 能显著增加水稻体内 Fe^{2+}，减少了转运蛋白的表达，从而降低水稻体内的 Cd 含量。不过，也有报道叶面喷施 $FeSO_4$ 和 $EDTA–Na_2Fe$ 均显著增加了水稻根系、地上部分以及稻米中的镉含量。此外，Fe^{2+} 在调控根际环境中 Cd 的活性有重要作用，一方面，铁硫化物形成降低 DCB–Cd 的含量，另一方面，铁硫化物形成并与 Cd 共同沉淀，能降低水稻分蘖期至灌浆期根际土壤中 Cd 的活性，进而减少水稻对镉的吸收，而在水稻生育后期排水晒田，致使铁硫化物氧化释放 Cd，提高了成熟期根际土壤中 Cd 的活性。

2.3 锰元素型叶面控制剂

锰与镉都是以二价的形式被植物根系吸收，二者有相同吸收转运途径，Mn 通过与根系形成根表铁锰膜影响与 Cd 的拮抗关系，进而能降低水稻根系对 Cd 的吸收。尹晓辉等试验表明，锰肥不同施用方式均能降低稻米中的 Cd 含量，以锰肥土施与叶面喷施相结合效果最好，糙米和颖壳 Cd 含量降幅达 31.48%~41.2%。

另外还包含了 Cu、B、Mo、防落剂、生根剂、增效剂等，这些成分是否对作物吸收重金属也起到一定的调控作用，还需进一步的研究。然而，对于这类金属型控制剂的使用，也受到一定浓度的限制，因为浓度过高也会引起作物中毒，加深对作物的危害。

3. 有机型叶面控制剂

据报道，叶面喷施农残降解剂能够使植物体内的有害重金属结构发生变化，同时大幅度地减少了植物茎部、果实的有害重金属含量，这可能是因为农残降解剂由中草药、氨基酸等几十种物质组成，具有氨基酸叶面肥的功效，能够锁住水分，且能够人为地控制植物体内进行一系列的生化反应。因此农残降解剂具有降低农作物体内重金属含量的功能，这可能有几个原因：1）有效成分氨基酸等有机酸进入叶片后能够与重金属发生络合反应，使之钝化而沉淀下来，降低了重金属在植物体内的迁移性，从而降低了危害；或氨基酸促进了植物体内蛋白质的合成，也对重金属起到了钝化沉淀的作用；2）喷施叶面肥后，锁住了叶面的水分，降低了叶面水分的蒸发，从而减弱了植物的蒸腾作用，这样使得重金属在作物木质部、韧皮部内的运输动力减弱，转移到地上部分的重金属也就大大减少；3）叶面肥内有效成分增强了重金属胁迫下作物的代谢能力，从而提高了抗性。

宋安军发现，水稻叶面喷施水杨酸、谷氨酸和氯化镁后，能够降低水稻根系中的镉向地上部位富集。此外，叶片喷施丁胱亚磺酰胺（BSO）可增强水稻对镉的耐受性及降低体内的镉浓度。邹朝晖等人发现，水稻在不同生育期叶面喷施植物营养剂、熟石灰和商陆根粉能显著降低水稻植株 Cd 含量，尤其是糙米 Cd 含量（$P<0.05$）；其中以分蘖期喷施降镉效果最佳，水稻体内镉含量降低了 19.6%~35.1%，同时也抑制了根系对 Cd 的吸收以及 Cd 在植株体内的迁移。

有机型控制剂降低作物体内重金属含量的机理可能为：有机物进入植物体后与重金属发生钝化反应，使重金属的移动性减弱，并且一些有机质能够对作物的生理功能起到一定的调节作用，增强了作物对重金属的耐性。

总而言之，叶面控制剂对作物重金属吸收的调控主要表现在两方面：调节作物生理代谢，增强耐重金属能力并在植物体内与重金属发生反应，阻止重金属向细胞质和籽粒等关键部位转移，以降低危害。

4.叶面控制措施的展望

重金属与必需营养元素之间相互影响，补充营养元素后可适当地减轻重金属对水稻的毒害。氮、磷、钾、硅、硒等是水稻有益的元素，叶面控制法相对于目前其他的调控方法来说不仅具有经济高效、操作简单、不违农时等优点，而且还能增加产量、改善稻米品质等效果，这也使它具有了广阔的发展前景。在未来的发展中，笔者认为此方法应该有如下几个发展方向：

（1）将已经发现的可通过叶面喷施达到调控作物重金属吸收目的的元素或药剂在其他作物上进行试验，筛选出一批具有普遍适用性的元素或药剂用于实际生产。

（2）从其他方面更广泛地发现有效元素或药剂。如根据植物在抵抗重金属胁迫时细胞内的游离脯氨酸、谷氨酸、半胱氨酸等增加，可以研究向叶面喷施这几种氨基酸是否有利于阻止重金属进入作物供食用部位或有利于增强作物耐重金属性。还可以对作物耐性的基因水平进行探索，如人工喷施某种试剂以促进植物体内抗重金属机制的强化表达。

（3）在单一试剂的基础上进行混合配伍，研制出一些具有多重功能的药剂，如既具有阻止重金属进入作物或产品，又具有增强作物抗重金属功能的混合药剂；或既能够促进作物对重金属吸收，又可以阻止重金属进入收获部位的混合药剂，这样在保证农产品质量安全的同时，又可以对土壤进行植物修复。

（4）在此基础上尽快开发出相关的商品，以造福社会。

参考文献：

[1] BOLAN N S, MAKINO T, KUHIKRISHNAN A, et al. Cadmium Contamination and Its Risk Management in Rice Ecosystems[J]. Advances in Agronomy, 2013: 119.

[2] GRANT C A, CLARKE J M, DUGUID S, et al. Selection and breeding of plant cultivars to minimize cadmium accumulation[J]. Science of the Total Environment, 2007, 390(2):

301–310.

[3] 唐永康，曹一平. 喷施不同形态硅对水稻生长与抗逆性的影响 [J]. 土壤肥料，2003(2): 16–21.

[4] 陈铭，刘更另. 高等植物的硒营养及在食物链中的作用 (二)[J]. 土壤通报，1996 (4): 185–188.

[5] 陈平，吴秀峰，张伟锋，等. 硒对镉胁迫下水稻幼苗叶片元素含量的影响 [J]. 中国生态农业学报，2006(03): 114–117.

[6] 许佳莹，朱练峰，禹盛苗，等. 硅肥对水稻产量及生理特性影响的研究进展 [J]. 中国稻米，2012, 18(06): 18–22.

[7] GALVEZ L, CLARK R B, GOURLEY L M, et al. Silicon interaction with manganese and aluminum toxicity in sorghum[J]. Journal of Plant Nutrition, 1987, 10: 1139–1147.

[8] 赵颖，李军. 硅对水稻吸收镉的影响 [J]. 东北农业大学学报，2010, 41(03): 59–64.

[9] 黄秋婵，黎晓峰，沈方科，等. 硅对水稻幼苗镉的解毒作用及其机制研究 [J]. 农业环境科学学报，2007(04): 1307–1311.

[10] 邓晓霞，黎其万，李茂萱，等. 土壤调控剂与硅肥配施对镉污染土壤的改良效果及水稻吸收镉的影响 [J]. 西南农业学报，2018, 31(06): 1221–1226.

[11] 王美娥，彭驰，陈卫平. 水稻品种及典型土壤改良措施对稻米吸收镉的影响 [J]. 环境科学，2015, 36(11): 4283–4290.

[12] 李燕婷，李秀英，肖艳，等. 叶面肥的营养机理及应用研究进展 [J]. 中国农业科学，2009, 42(01): 162–172.

[13] MA J F, TAKAHASHI E. Soil, fertilizer, and plant silicon research in Japan [M]. Amsterdam: Elsevier Scienc, 2002.

[14] 王世华，罗群胜，刘传平，等. 叶面施硅对水稻籽实重金属积累的抑制效应 [J]. 生态环境，2007(03): 875–878.

[15] 陈喆，铁柏清，雷鸣，等. 施硅方式对稻米镉阻隔潜力研究 [J]. 环境科学，2014, 35(07): 2762–2770.

[16] 史新慧，王贺，张福锁. 硅提高水稻抗镉毒害机制的研究 [J]. 农业环境科学学报，2006, 25(5): 1112–1116.

[17] LIU C P, LI F B, LUO C L, et al. Foliar application of two silica sols reduced cadmium accumulation in rice grains[J]. Journal of Hazardous Materials, 2009, 161(2/3) : 1466–1472.

[18] Neumann D, ZurNieden U. Silicon and heavy metal tolerance of higher plants [J]. Phytochemistry, 2001, 56: 685–692.

[19][40] 崔晓峰 , 李淑仪 , 丁效东 , 等 . 喷施硅铈溶胶缓解镉铅对小白菜毒害的研究 [J]. 土壤学报 , 2013, 50(01): 171–177.

[20] HUANG G X, DING C F, GUO F Y, et al. The role of node restriction on cadmium accumulation in the brown rice of 12 Chinese rice(*Oryza sativa* L.) cultivars[J]. Journal of Agricultural and Food Chemistry, 2017, 65: 10157–10164.

[21] 黄崇玲 , 雷静 , 顾明华 , 等 . 土施和喷施硅肥对镉污染农田水稻不同部位镉含量及富集的影响 [J]. 西南农业学报 , 2013, 26(04): 1532–1535.

[22] ZHANG H, FENG X B, ZHU J M, et al. Selenium in soil inhibits mercury uptake and translocation in rice (*Oryza sativa* L.)[J]. Environmental Science and Technology, 2012, 46(18): 10040–10046.

[23] LI M Q, HASAN M K, LI C X, et al. Melatonin mediates selenium–induced tolerance to cadmium stress in tomato plants[J]. Journal of Pineal Research, 2016, 61(3): 291–302.

[24] SCHIITZENDUBEL A, SCHWANZ P, TEICHMANN T, et al. Cadmium–induced changes in antioxidative systems, hydrogen peroxide content, and differentiation in Scots pine roots[J]. Plant Physiology, 2001 (127): 887–898.

[25] YATHAVAKILLA S, CARUSO J. A study of Se–Hg antagonism in Glycine max (soybean) roots by size exclusion and reversed phase HPLC–ICPMS[J]. Analytical and Bioanalytical Chemistry, 2007, 389 (3): 715–723.

[26] EBBS S, LEONARD W. Alteration of selenium transport and volatilization in barley (*Hordeum vulgare*)by arsenic[J]. Journal of Plant Physiology, 2001, 158 (9): 1231–1233.

[27] FENG R W, WEI C Y, TU S X, et al. A dual role of Se on Cdtoxicity: evidences from the uptake of Cd and some essential elements and the growth responses in paddy rice[J]. Bio–logical Trace Element Research, 2013, 151(1): 113–121.

[28] MALIK J A, GOEL S, KAUR N, et al. Selenium antagonises the toxic effects of arsenic on mung bean (*Phaseolus aureus* Roxb.) plants by restricting its uptake and enhancing the antioxidative and detoxification mechanisms[J]. Environmental and Experimental Botany, 2012, 77: 242–248.

[29] WAN Y N, YU Y, WANG Q, et al. Cadmium uptake dynamics and translocation in rice seedling: influence of different forms of selenium[J]. Ecotoxicology and Environmental Safety, 2016, 133: 127–134.

[30] WU Z L, YIN X B, BAÑUELOS G S, et al. Indications of selenium protection against cadmium and lead toxicity in oilseed rape (*Brassica napus* L.)[J]. Frontiers in Plant Science, 2016, 7: 1–7.

78

[31] SAIDI I. Selenium alleviates cadmium toxicity by preventing oxidative stress in sunflower (*Helianthus annuus*) seedlings[J]. Journal of Plant Physiology, 2014, 171(5): 85–91.

[32] LIN L, ZHOU W H, DAI H X, et al. Selenium reduces cadmium uptake and mitigates cadmium toxicity in rice[J]. Journal of Hazardous Materials, 2012, 235: 343–351.

[33] HE P P, LV X Z, WANG G Y. Effects of Se and Zn supplementation on the antagonism against Pb and Cd in vegetables[J]. Environment International, 2004, 30: 167–172.

[34] 刘春梅, 罗盛国, 刘元英. 硒对镉胁迫下寒地水稻镉含量与分配的影响 [J]. 植物营养与肥料学报, 2015, 21(01): 190–199.

[35] FILEK M, KESKINEN R, HARTIKAINEN H, et al. The protective role of selenium in rape seedlings subjected to cadmium stress[J]. Journal of Plant Physiology, 2008, 165(8): 833–844.

[36] OLIVER D P, WILHELM N S, TILLER K G, et al. Effect of soil and foliar applications of zinc on cadmium concentration in wheat grain[J]. Australian Journal of Experimental Agriculture, 1997, 37(6): 677–681.

[37] 贺前锋, 李鹏祥, 易凤姣, 等. 叶面喷施硒肥对水稻植株中镉、硒含量分布的影响 [J]. 湖南农业科学, 2016(01): 37–39, 42.

[38] 黄太庆, 江泽普, 黄雁飞, 等. 不同配方含硒叶面肥对水稻富硒降镉的影响 [J]. 南方农业学报, 2017, 48(07): 1185–1189.

[39] 邹朝晖, 李先, 彭选明, 等. 叶面喷施植物营养剂、熟石灰、商陆根粉对水稻的降镉效果 [J]. 湖南农业科学, 2018(02): 10–14.

[40] 张璐, 周鑫斌, 苏婷婷. 叶面施硒对水稻各生育期镉汞吸收的影响 [J]. 西南大学学报 (自然科学版), 2017, 39(07): 50–56.

[41] 段门俊, 田玉聪, 吴芸紫, 等. 叶面喷施亚硒酸钠对再生稻产量及品质的影响 [J]. 中国水稻科学, 2018, 32(01): 96–102.

[42] 方勇, 陈曦, 陈悦, 等. 外源硒对水稻籽粒营养品质和重金属含量的影响 [J]. 江苏农业学报, 2013, 29(04): 760–765.

[43] 徐琴, 王孟, 谢义梅, 等. 施硒对水稻外观品质及籽粒硒、镉和砷含量的影响 [J]. 中国农业科技导报, 2019, 21(05): 135–140.

[44] 黄青青, 刘艺芸, 徐应明, 等. 叶面硒肥与海泡石钝化对水稻镉硒累积的影响 [J]. 环境科学与技术, 2018, 41(04): 116–121, 159.

[45] 黄太庆, 江泽普, 廖青, 等. 含硒叶面肥的施用方法对水稻精米硒、镉富集的影响 [J]. 西南农业学报, 2017, 30(06): 1376–1381.

[46] HU Y, NORTON G J, DUAN G L, et al. Effect of Selenium Fertilization on the Accumulation of Cadmium and Lead in Rice Plants[J]. Plant and Soil, 2014, 384(1): 131–140.

[47] 高敏, 周俊, 刘海龙, 等. 叶面喷施硅硒联合水分管理对水稻镉吸收转运特征的影响 [J]. 农业环境科学学报, 2018, 37(02): 215–222.

[48] 王艳丽, 王京, 刘国顺, 等. 磷胁迫对烤烟高亲和磷转运蛋白基因表达及磷素吸收利用的影响 [J]. 西北植物学报, 2015, 35(07): 1403–1408.

[49] 陈世宝, 朱永官, 杨俊诚. 土壤 – 植物系统中磷对重金属生物有效性的影响机制 [J]. 环境污染治理技术与设备, 2003, 4(8): 1–7.

[50] 杨志敏, 郑绍健, 胡霭堂. 不同磷水平下植物体内镉的积累、化学形态及生理特性 (英文)[J]. 应用与环境生物学报, 2000(02): 121–126.

[51] 李桃, 李军, 韩颖, 等. 磷对水稻镉的亚细胞分布及化学形态的影响 [J]. 农业环境科学学报, 2017, 36(09): 1712–1718.

[52] 黄益宗, 朱永官, 黄凤堂, 等. 镉和铁及其交互作用对植物生长的影响[J]. 生态环境, 2004(03): 406–409.

[53] 王丹, 李鑫, 王代长, 等. 硫素对水稻根系铁锰胶膜形成及吸收镉的影响 [J]. 环境科学, 2015, 36(05): 1877–1887.

[54] ROBINSON B, KIM N, MARCHETTI M, et al. Arsenic hyperaccumulation by aquatic macrophytes in the Taupo Volcanic Zone, New Zealand[J]. Environmental and Experimental Botany, 2006, 58(1–3): 206–215.

[55] HINSINGER P, PLASSARD C, JAILLARD B. Rhizosphere: A new frontier for soil biogeochemistry[J]. Journal of Geochemical Exploration, 2006, 88(1–3): 210–213.

[56] 陈贵青, 张晓璟, 徐卫红, 等. 不同 Zn 水平下辣椒体内 Cd 的积累、化学形态及生理特性 [J]. 环境科学, 2010, 31(07): 1657–1662.

[57] 刘俊, 周坤, 徐卫红, 等. 外源铁对不同番茄品种生理特性、镉积累及化学形态的影响 [J]. 环境科学, 2013, 34(10): 4126–4131.

[58][68] 董如茵, 徐应明, 王林, 等. 土施和喷施锌肥对镉低积累油菜吸收镉的影响 [J]. 环境科学学报, 2015, 35(08): 2589–2596.

[59] 杨芸, 周坤, 徐卫红, 等. 外源铁对不同品种番茄光合特性、品质及镉积累的影响[J]. 植物营养与肥料学报, 2015, 21(04): 1006–1015.

[60] SARWAR N, ISHAQ W, FARID G, et al. Zinc–cadmium interactions: Impact on wheat physiology and mineral acquisition[J]. Ecotoxicology and Environmental Safety, 2015, 122(528): 528–536.

[61] QASWAR M, HUSSAIN S, RENGEL Z. Zinc fertilization increases grain zinc and reduces grain lead and cadmium concentrations more in zinc–biofortied than standard wheat cultivar[J]. Science of the Total Environment, 2017, 605/606: 454–460.

[62] RIZWAN M, ALI S, HUSSAIN A, et al. Effect of zinc–lysine on growth, yield and cadmium uptake in wheat(*Triticum aestivum* L.) and health risk assessment[J]. Chemosphere, 2017, 187: 35–42.

[63] 王学, 施国新, 徐勤松, 等. 镧、铈及重金属元素铬、锌对竹叶眼子菜的毒害作用[J]. 中国稀土学报, 2004(05): 682–686.

[64] 艾伦弘, 汪模辉, 李鉴伦, 等. 镉及镉锌交互作用的植物效应[J]. 广东微量元素科学, 2005(12): 6–11.

[65] 周青, 黄晓华, 彭方晴, 等. 镧–甘氨酸配合物对镉伤害小白菜的影响[J]. 环境科学, 1999(01): 92–95.

[66] 周青, 张辉, 黄晓华, 等. 镧对镉胁迫下菜豆幼苗生长的影响[J]. 环境科学, 2003, 24(4): 48–53.

[67] 周坤, 刘俊, 徐卫红, 等. 外源锌对不同番茄品种抗氧化酶活性、镉积累及化学形态的影响[J]. 环境科学学报, 2014, 34(06): 1592–1599.

[68] FAHAD S, HUSSAIN S, KHAN F, et al. Effects of tire rubber ash and zinc sulfate on crop productivity and cadmium accumulation in five rice cultivars under field conditions[J]. Environmental Science and Pollution Research, 2015, 22(16): 12424–12434.

[69] HART J J, WELCH R M, NORVELL W A, et al . Transport interactions between cadmium and zinc in roots of bread and durum wheat seedlings[J]. Physiologia Plantarum, 2002, 116(1): 73–78.

[70] SAIFULLAH, JAVED H, NAEEM A, et al. Timing of foliar Zn application plays a vital role in minimizing Cd accumulation in wheat[J]. Environmental Science and Pollution Research, 2016, 23(16): 16432–16439.

[71] RAMESH S A, SHIN R, EIDE D J. et al. Differential metal selectivity and gene expression of two zinc transporters from rice[J]. Plant Physiology, 2003, 133(1): 126–134.

[72] SATOH–NAGASAWA N, MORI M, NAKAZAWA N, et al. Mutations in rice(*Oryza sativa*) heavy metal ATPase 2(OsHMA2) restrict the translocation of zinc and cadmium[J]. Plant and Cell Physiology, 2012, 53(1): 213–224.

[73] TAKAHASHI R, ISHIMARU Y, SHIMO H, et al. The OsHMA2 transporter is involved

in root–to–shoot translocation of Zn and Cd in rice[J]. Plant Cell and Environment, 2012, 35(11): 1948–1957.

[74] 李明举，严正炼，王文华. 水稻施用锌肥对镉吸收的抑制效果初探 [J]. 现代农业，2014(8): 39–42.

[75] 张磊，宋凤斌. 土壤施锌对不同镉浓度下玉米吸收积累镉的影响 [J]. 农业环境科学学报，2005, 24(6) : 1054–1058.

[76] 朱永官. 锌肥对不同基因型大麦吸收积累镉的影响 [J]. 应用生态学报，2003, 14(11): 1985–1988.

[77] WU F B, ZHANG G P. Genotypic differences in effect of Cd on growth and mineral concentrations in barley seedlings[J]. Bulletin of Environment Contamination and Toxicology, 2002, 69: 219–227.

[78] HART J J, WELCH R M, NORVELL W A, et al. Zinc effects on cadmium accumulation and partitioning in near–isogenic lines of durum wheat that differ in grain cadmium concentration[J]. New Phytologist, 2005, 167: 391–401.

[79] SARWAR N, SAIFULLAH, MALHI S S, et al. Role of mineral nutrition in minimizing cadmium accumulation by plants [J]. Journal of the Science of Food and Agriculture, 2010, 90(6): 925–937.

[80] 张建辉，王芳斌，汪霞丽，等. 湖南稻米镉和土壤镉锌的关系分析 [J]. 食品科学，2015, 36(22): 156–160.

[81] 张良运，李恋卿，潘根兴，等. 磷、锌肥处理对降低污染稻田水稻籽粒 Cd 含量的影响 [J]. 生态环境学报，2009, 18(03): 909–913.

[82] 吕光辉，许超，王辉，等. 叶面喷施不同浓度锌对水稻锌镉积累的影响 [J]. 农业环境科学学报，2018, 37(07): 1521–1528.

[83] 陈林华. 水稻和青菜吸收积累重金属的阻控技术研究 [D]. 杭州：浙江大学，2008.

[84] 赵海香，袁丁，贾艳霞，等. 不同施肥方式对蔬菜富集铅特性的影响 [J]. 北方园艺，2011(11): 8–11.

[85] 贺超兴，王怀松. 稀土植宝叶面肥对萝卜营养品质及农药残留的影响 [J]. 园艺学进展 (第五辑)，2002(2): 474–477.

[86] KRUPA Z, SIEDLECK A , MATHIS P. Cd/Fe interaction and its effects on photosynthetic capacity of primay bean leaves[C]. Photosynthesis: from light to biosphere. Dordrecht: Kluwer Academic Pubilshers, 1995: 621–624.

[87] 李磊明，张旭，李劲，等. 矿区农田施用木炭和硫酸亚铁对水稻吸收累积镉砷的影响 [J]. 环境科学与技术，2019, 42(04): 161–167.

[88] ERIN L C, JANETTE P F, MARY L G. Expression of the IRT1 metal transporter is controlled by metals at the levels of transcript and protein accumulation[J]. Plant Cell, 2002, 14(6): 1347–1357.

[89] COHEN C K, FOX T C, DAVID F G, et al. The role of iron–deficiency stress responses in stimulating heavy metal transport in plants[J]. Plant Physiology, 1998, 116(3): 1063–1072.

[90] VERT G, GROTZ N, DEDALDECHAMP F, et al. IRT1, an Arabidopsis transporter essential for iron uptake from the soil and for plant growth[J]. Plant Cell, 2002, 14(6): 1223–1233.

[91] SHAO G S, CHEN M X, WANG W X, et al. Iron nutrition affects cadmium accumulation and toxicity in rice plants[J]. Plant Growth Regulation, 2007, 53(1): 33–42.

[92] SHARMA S S, KAUL S, METWALLY A, et al. Cadmium toxicity to barley (*Hordeum vulgare*) as affected by varying Fe nutritional status[J]. Plant Science, 2004, 166(55): 1287–1295.

[93] RYUICHI T, YASUHIRO I, HUGO S, et al. From laboratory to field: OsNRAMP5–knockdown rice is a promising candidate for Cd phytoremediation in paddy fields[J]. PloS One, 2014, 9(6): e98816.

[94] NAKANISHI H, OGAWA I, ISHIMARU Y, et al. Iron deficiency enhances cadmium uptake and translocation mediated by the Fe^{2+} transporters OsIRT1 and OsIRT2 in rice[J]. Soil Science and Plant Nutrition, 2006, 52(4): 464–469.

[95] 邵国胜 , 陈铭学 , 王丹英 , 等 . 稻米镉积累的铁肥调控 [J]. 中国科学 (C 辑：生命科学), 2008(02): 180–187.

[96] 李义纯 , 王艳红 , 唐明灯 , 等 . 改良剂对根际土壤 – 水稻系统中镉运移的影响 [J/OL]. 环境科学 , 2019(07): 1–12, 2019–06–21.

[97] 覃都 , 陈铭学 , 周蓉 , 等 . 锰 – 镉互作对水稻生长和植株镉、锰含量的影响 [J]. 中国水稻科学 , 2010, 24(02): 189–195.

[98] 尹晓辉 , 邹慧玲 , 方雅瑜 , 等 . 施锰方式对水稻吸收积累镉的影响研究 [J]. 环境科学与技术 , 2017, 40(08): 8–12, 42.

[99] 耿学维 . 农残降解剂在果树上的应用 [J]. 中国农村科技 , 2005(12): 28–29.

[100]冯稚进 , 抗旱型战氏生物农残降解剂到达云南旱区 [OL]. 云南农业信息中心：http: //www. ynagri. gov. cn/news15/20100415/353967. shtml, 2010. 4. 15.

[101]宋安军 . 镉污染条件下叶面喷施水杨酸、镁、谷氨酸对水稻镉等元素积累的影响 [D].

成都 : 四川农业大学 , 2015.

[102]戴力 . 叶面喷施 BSO 对水稻耐镉积镉特性的影响 [D]. 长沙 : 湖南农业大学 , 2017.

第 6 章　温度变化对水稻生长发育及重金属植物有效性的研究进展

　　摘要： 水稻作为中国主要粮食作物，全国近 2/3 人口以大米为主食，因而，水稻稳产高产对确保我国粮食安全具有特殊的重要意义。近年来，由于土地流转加快，种植大户因气候变化、品种等原因，很难把握双季稻适宜的播种期，给水稻生产带来了一定影响。温度变化对水稻生长发育及产量的影响，已严重威胁我国水稻生产及可持续发展，并对粮食安全构成危害。而温度变化一方面通过改变植物的生长发育、细胞膜的流动性、细胞膜上重金属运输载体的数量和种类来影响重金属的植物有效性，另一方面通过改变环境介质中重金属的赋存形态和分布规律，进而影响重金属的植物有效性。本研究综述了温度变化对水稻生长发育、产量及重金属植物有效性的研究进展，并展望了今后的研究方向。

　　关键词： 温度；水稻；发育；重金属；植物有效性

　　中国是世界最大水稻生产国，稻谷总产居世界首位。水稻生长发育需要适宜的气候条件，温度过高或过低都不利于稻株生长，尤其在生长期，气温超过 35℃ 会严重影响结实率。最近 60 年来我国气温上升尤其明显，平均每 10 年升高约 0.23℃，几乎是全球升高速率的 2 倍。除此之外，生态环境破坏导致异常气候、设施农业建设导致农田生态系统气候发生变化时有出现，这些因素均可造成自然界小区域或者大范围的温度发生显著变化。温度变化已成为影响中国水稻稳产、高产的主要限制因子之一。植物在应对上述种种因素带来的温度变化的同时，还会受到各种有害重金属的胁迫，针对这一严峻问题，国内外学者就温度变化对水稻生长发育及产量的影响、重金属的植物有效性等方面进行了大量研究。显然，开展温度变化对水稻的影响研究对于促进水稻持续稳产、高产和进一步确保我国粮食安全具有十分重要的意义。

1. 温度变化对水稻生长发育及产量的影响

1.1 不同播种期对水稻生育进程的影响

水稻的生长发育状况，除了受遗传因子决定外，还受外部生态环境因子的影响，在分期播种试验中，不同播期所处的温度、光照等条件存在着一定的差异，导致相应的生育进程的变化。水稻适宜的播期对水稻的生长是非常重要的。在水稻适宜的播种时间范围内，随着播种期的后移，生育期缩短。所以，适宜的播种期对水稻的生长发育是尤为重要的。不同播种期条件下，环境因素的差异主要体现在温度上。在水稻生育期内，高温和低温都会对水稻的生长发育造成影响，而且在生育期的不同阶段对温度、光照的敏感性不同，这最终会对水稻干物质积累、产量造成不同程度的影响。相对来说，粳稻的感光性比籼稻强，粳稻耐低温不耐高温，籼稻耐高温不耐低温。由于籼稻和粳稻的感光性、感温性不一致，播种期二者的影响也大不相同。孙建军等选取常规和杂交迟熟中粳、常规早熟晚粳和迟熟中籼四个品种类型进行分期播种试验，结果表明随着播期的推迟，不同品种类型水稻的拔节期、抽穗期和成熟期相应推迟，全生育期均呈极显著缩短，并且生育期的缩短主要表现在播种 – 拔节期的营养生长阶段。由于粳稻感光性较强，不同播期下的生育期变幅很大。马巍等利用中早熟品种长白 25 和中晚熟品种吉粳 88 进行播期试验，两品种生育期缩短幅度表现为：播期每推迟 7 d，长白 25 平均生育期缩短 5~6 d，吉粳 88 平均生育期缩短 6~7 d。粳稻的不同类型在播期处理下生育期的长短主要体现在不同生育阶段天数的改变。汪伟等在不同播种期下，利用三种软米粳稻类型进行试验，结果表明：不同粳稻类型之间差异显著，随着播期的推迟，各类型水稻品种的主要生育阶段、全生育期明显缩短，三种类型品种在拔节期、抽穗期、成熟期分别推迟 2~12 d、1~5 d、1~4 d，全生育期缩短 4~20 d。进一步分析其主要生育阶段可知，全生育期的缩短主要表现为播种到拔节阶段天数的减少，而拔节至抽穗期与抽穗至成熟期的生育天数相对稳定，减少较少。周建霞等对超优千号、甬优 12 两个品种进行试验表明，随着播期推迟，超优千号叶龄、播齐历期变化较小，但齐穗至成熟期变长，而甬优 12 叶龄、播齐历期随着播期推迟变少、变短。籼稻类型与粳稻类型在播期不同所呈现的规律基本一致。孙建军等以在实际生产上广泛应用的杂交籼稻 Y 两优 1 号、扬两优 6 号和 Y 两优 2 号为试验材料进行试验探究，结果表明，不同品种机插稻的拔节期、抽穗期和成熟期会随着播期的推迟而相对延迟，生育进程缩短，全生育期显著缩短；即播期每推迟 5 d，全生育期缩短 2.8 d。且同一品种在不同播种期下，生育期变化差异显著。晶两优华占的播种时间越早，水稻生长发育的全生育期越长；播期越晚，生育进程延迟，生育期有所缩短。播期每向后推迟 10 d，迟熟中籼、中熟中粳、迟熟中粳、早熟晚粳、中熟晚粳的生育期平均分别缩短 5~6 d、6 d、6~7 d、7 d 和 8~9 d。水稻作为高温短日照作物，随着播期的推迟，温度的升高，致使播种至抽穗阶段的生育进程加快，所需积温较早播减少，导致生育天数缩短；日照时长逐渐缩短亦可使播种至抽穗阶段的生育进程加快，所需累积日照时数减少，导致生育天数缩短。孙雄彪等对甬优 538 进行 6 个播栽期的研究发现，延迟播栽期时，甬优 538 播种到齐穗的时间延长，总生育期延长，但是大田时间即移栽到成熟的时间会明显减少。蔡小盈在 3 月中旬至 4 月初，对中 39 与中嘉早 17 两个早稻品种进行分期播期机插试验，研究表明：早稻提早播种及早插能降低移栽对秧苗的损伤，栽后缓苗生长加快，低节位分蘖增加，分蘖能力增强，使得稻苗大田营养生长期延长。适宜早稻机插播种期为 3 月下旬。敖芹等以"宜香优 1108"水稻品种为材料，于 4 月 7 日至 5 月 20 日之间，设置四个水稻播种移栽期进行田间试验，分析了不同播栽期的温度对水稻生长动态和产量特征的影响。结果得出：随播栽期的延后，全生育期明显缩短；所需 ≥ 10℃积温值减少；除 Ⅲ、Ⅳ 播期抽穗开花期和灌浆成熟期气温适宜度较低外，其他生育阶段温度适宜度均较好。李秀芬等选取杂交稻品种辽优 3225、直立穗型品种沈农 8801、半直立穗型品种辽粳 454 和弯曲穗型品种沈农 8718 四个水稻品种，于 4 月 15 日至 5 月 5 日进行了分期播栽试验。研究表明：各品种的表现趋势基本一致，即随播期延迟，各生育期也相应顺延，但生育进程明显加快。拔节期、抽穗期、成熟期都相应推迟了。就全生育期而言，第 II 和第 III 播期比第 I 播期分别缩短了约 5d 和 9d。同时，各品种均有孕穗期缩短而灌浆期延长的现象。姚日升等研究认为孕穗灌浆期是水稻产量形成的关键期，该时期水稻生长状况对温度等环境因子最为敏感。灌浆期温度越高，速度就越快，持续时间就越短。随着播期的延迟，两优 6326 和南粳 44 这两个水稻品种都出现孕穗期缩短的趋势，这表明其营养生长阶段需用的时间缩短了。原因主要是早播水稻前期日平均气温较晚播水稻低，导致早播水稻前期生长发育较缓慢，随播期的推迟，温度逐渐升高，促使水稻品种的生长发育期、孕穗期也逐渐缩短。朱练峰等选用 2 个常规早籼稻和 2 个杂交晚籼稻品种分别于 5 月初至 6 月中旬进行分期播种移栽，研究得出随着播期推迟，各品种发育阶段均有相应推迟，全生育期明显缩短。水稻灌浆期日平均温度基本是逐渐降低，灌浆持续时间明显延长。李健等以 5 个中熟迟熟中粳稻、早熟中熟晚粳稻品种为材料，在 5 月 10 日至 7 月 19 日之间进行 8 个分期直播。研究表明随着播期的延迟，各品种的表现趋势基本一致，各抽穗期生育期相应顺延，生育进程加快，全生育期明显缩短。鲁昕等选用中熟中粳徐稻 3 号、迟熟中粳 9538、扬幅粳 8 号 3 个品种，于 5~6 月进行分期播种试验，研究得出播期的选择要因品种而异，在充分发挥品种生产潜力的同时，早播应该选择生育期较长的品种，迟播则可以适当选择生育期较短的品种。水稻是短日照喜温作物，其各生育时期对温度的要求有一定的规律。当水稻的生长发育处于其生物学最适温度时，则生育状况正常；当温度上升，超过各生育期的生物学最高温度时，则阻碍其生育或停止作用，甚而产生"热害"；当温度降低到各生育期的生物学最低温度以下时，同样也阻碍其正常的生长发育而发生"冷害"。这便是水稻的感温性。水稻生长的最适宜环境温度为

28~32℃，生物学下限温度指标为 12℃，上限温度指标为 44℃。水稻在开花期及灌浆期，最适宜的日平均温度为 25~28℃，日最高温度低于 34℃。当日平均温度为 30~32℃，日最高温度 35℃以上时，会对水稻产量造成众多不良影响。

朱红霞等指出水稻生长期间所处的气候条件，尤其是抽穗灌浆期光照和温度是影响水稻生长发育、产量和品质形成的关键因子，通过不同的播期处理，使得水稻生育期气候条件不同，从而影响水稻生长。水稻主要物候期（分蘖期、开花期、抽穗期及成熟期等生育期）均需要特定的温度，这些温度变化均受播期的影响。有研究表明，水稻开花期持续数小时高温极易导致颖花败育，造成空壳率大幅升高，因此该阶段是高温敏感期；此外，灌浆期的高温也对产量形成不利，35℃以上的天气条件加快籽粒灌浆，引起秕粒和早衰，缩短灌浆期，同时对水稻的千粒重产生负面影响。于文颖等以中熟常规稻"辽星 1"和晚熟杂交稻"辽优 5218"为试验材料，在 4月 20 日、30 日以及 5 月 10 日和 20 日进行分期播种，从高产、有效利用积温方面考虑，研究得出第 1 个播期更适合晚熟品种在当地的生长发育和产量形成，即 ≥ 10℃积温 3000℃左右，平均温度为 24℃；第 2 个播期更适合中熟品种，即 ≥ 10℃积温 2700~2800℃，平均温度为 24℃。Sipaseuth等基于分期播种试验探讨了播期与品种对低温的相应，认为水稻的播种期平均最低气温需高于 12℃，低于此值将会影响作物的生长及产量。王春萍等发现当温度低于 15℃，水稻的各生育生长（种子萌芽、幼苗生长、幼穗分化、开花受精及灌浆结实期）进程均会受到影响，并最终影响水稻产量。张倩等研究表明，高温现象主要影响早稻和水稻的孕穗开花和灌浆，减产率均高达 30% 以上。

1.2 不同播种期对水稻产量以及产量结构的影响

播种期影响水稻的生长发育速度，改变各生育阶段的长短和所处的季节时段，进而决定了群体光合物质积累和产量的形成。且水稻产量的形成存在最适宜生育季节，而前人关于播种期对水稻产量影响的研究，由于试验环境条件等因素的差异，研究结果也存在一定的差异。杨稚愚等研究认为，水稻播种期的早播和晚播均不利于形成高产稳产。李秀芬等研究认为，播期推迟对产量各构成因素均为负面影响，造成籽粒充实度差，空秕粒数增加，千粒重和结实率均下降，从而造成产量降低。张在金等研究认为，感光性较强的品种，播种推迟缩短了水稻营养生长期，水稻干物质生长量变小，有效穗数减少，穗型变小，但因其能在正常生长季节抽穗，灌浆结实期气候条件差异不大，使得其结实率和千粒重变化均较小。鲁昕等研究认为，不同品种类型的水稻由于感温性与感光性不同，适宜的播种期有一定差别。温度与光照是影响水稻产量的重要限制因素。播种期不同，水稻品种类型对温光资源利用存在极显著差异。随着播期的推迟，各品种类型水稻品种生育期积温和光照时数均表现出明显下降的趋势，且各品种类型水稻又有自身的生育特征。随着播期的推迟，各品种类型水稻的千粒重和有效穗数表现相对稳定，下降幅度较小，结实率和每穗颖花数则下降幅度较大，导致产量表现出随播期的推迟而显著降低。从影响的程度来看，产量及其构成因素均表现为中熟晚粳、迟熟中籼、早熟晚粳、迟熟中粳、中熟中粳依次降低。在正常抽穗成熟条件下，水稻品种产量水平一般随着生育期的缩短呈下降趋势，故产量随播期的推迟而下降。迟熟中籼生育期天数虽介于中熟中粳与迟熟中粳之间，但其产量水平低且在播种期作用下产量变幅较大，原因可能是里下河地区稻季温光资源紧张，不适宜迟熟中籼生长。中熟晚粳水稻产量水平较低是由于生育期过长，导致水稻抽穗期偏迟，开花授精及灌浆结实时温度偏低，致使其不能正常成熟或虽能成熟但结实率和千粒重明显下降，严重制约水稻品种产量潜力的发挥。李秀芬等选用4种不同类型的品种于4月15日至5月5日进行了分期播种试验。试验结果表明推迟播栽期，致使抽穗期后延，灌浆期的日平均温度和有效积温降低，前期营养物质积累减少，从而影响了灌浆速度和时间，造成籽粒充实度差，空秕粒数增加，很多不能成粒，千粒重下降。整体来说，温度降低，灌浆速度较慢，导致成熟度差而减产。其次是随着播栽期推迟，引起减产的主要原因是每穗成粒数减少，以及千粒重和有效穗数的降低。李建国等以沈农265、丰优2000为供试材料，于4月中旬至5月初进行分期播种，随着播期推迟，水稻营养生长期缩短，群体生长量变小，对产量各构成因素均呈负面影响。同时，孕穗期缩短影响了颖花的形成，减少了籽粒形成的基数，进而产量下降。孙建军等以常规中熟中粳、常规和杂交迟熟中粳、常规早熟晚粳和迟熟中籼5个类型品种为材料，在5月11日至6月5日期间分期播种，研究认为播期的推迟，营养生长阶段随之逐渐缩短，温光资源积累量降低，分蘖生长期变短，分蘖生长过快，单茎干物质量分配明显减少，群体单茎个体过小，分蘖成穗率的下降和穗型的减小，最终造成减产。不同类型品种在各个播期中每穗颖花数是取得高产的关键，即在"穗大粒多"的基础上来提高结实率而促产。杨稚愚等以两优培九、培两优559和培两优93为供试材料，于4月20日至6月9日之间，设置6个播种期进行试验。试验结果表明不同播种期处理对杂交稻的生育期、干物质重、叶面积指数和产量性状均有明显影响。早播和晚播均不利于形成高产。孙克存等选用水稻品种连20-417，在5月20日至6月25期间分期播种，研究表明随着播期的推迟，单位面积穗数、每穗粒数、千粒重、结实率的变化均呈现先增大后减小的趋势。播期差异对水稻的产量影响比较大。过早可能使水稻灌浆期遇高温，从而缩短灌浆时间，降低结实率和千粒重，降低水稻产量；太晚易使水稻灌浆期遇到低温，不能正常成熟，穗数、结实率及千粒重均较大幅度减少，造成产量的大幅度下降。姚义等选用3种不同熟期类型的6个粳稻品种，在5月底至7月初进行分期播种，研究表明在江苏省里下河地区设置的直播期范围内，随着播期的推迟，全生育期显著缩短，产量均显著下降，但变化程度不一，穗数和千粒重变化不大。导致减产的原因是每穗颖花数和结实率显著下降。赵庆勇等以南粳44直播稻为供试材料，于5月底至7月初进行分期播种，结果表明，南粳44作直播稻栽培，随着播期的推迟，产量显著下降，主要原因是每穗粒数和结实率均表现为显著下降，而千粒重呈下降趋势。全生育期逐渐缩短，适宜播种期在5月下旬到6月上旬为宜，其安全成熟的最迟直播期为6月17日，过迟播种易受到低温的影响，甚至不能确保安全齐穗，则不能正常成熟。陈可伟等选用早熟晚粳"南粳44"

在 6 月做 3 次分期播种试验，随着播期推迟，水稻生育进程加快，影响了水稻的营养生长期即播种—抽穗阶段；水稻的营养生长期变短，使得个体干物质量明显变少，前期积累不多，抽穗后到成熟期这段时间地上部分积累量减少，导致产量下降。其对产量构成也造成很大影响，具体表现为穗型逐渐变小、穗粒数和结实率均减少，千粒重变化幅度不太大。邢志鹏等将三系籼粳杂交稻"甬优 2640"及超级稻"武运粳 24"两个品种，于 5 月 26 日至 6 月 20 日进行分期播种机插试验。研究指出随播期推迟，产量显著下降，产量构成因素中每穗颖花数和结实率变化较大，穗数和千粒重影响较小，干物质积累和叶面积指数在拔节期略有升高，在抽穗期和成熟期相对降低，收获指数下降。杜斌等设置 6 月 3 日至 7 月 1 日 6 个播期试验，研究表明，水稻生育期缩短或播期推迟，结实率及千粒重影响变化最大，其次是每穗粒数，而穗数受影响是最小的。张在金等 2008 年以供试材料中粳稻扬 20238，于 5 月 8 日至 6 月 12 日设置 6 个播期进行试验。结果表明随着播期的推迟，有效穗数减少，穗型变小，产量降低。对于感光性较强的水稻品种而言，推迟播种实质上是缩短营养生长期，致使水稻产量降低，有效穗数减少，穗型变小，但因其能在正常生长季节抽穗，灌浆结实期气候条件差异不大，使得结实率和千粒重两个因素的变化均不大。

播期过早或过迟，生育期将会随之发生相应的变化。对水稻的产量及产量构成造成影响。播期选择不当，不能保证水稻的安全孕穗和齐穗，从而影响成熟。朱红霞等指出适宜播期的确定受光温资源、生产条件、品种特性和前后茬口等诸多因子的综合影响。在气候方面，温度、降水、光照等均是水稻产量和品质形成的重要影响因子，因此，结合我国气候资源的空间分布，在不同的地域，合理利用现有的水稻品种，确定水稻种植的最适播种期和移栽期，对于充分利用当地的气候资源，确保水稻的稳产高产具有指导作用。

1.3 影响水稻重金属吸收积累的因素

随着我国经济的不断发展，因城市生活垃圾堆放、工业"三废"排放、农用化学品的大量使用及大气沉降等引起的土壤重金属污染问题得到了全社会的广泛关注。有前人研究表明，土壤－农作物系统的重金属累积并非简单的线性关系。水稻对重金属的吸收积累作用的强弱，不仅与水稻的基因型、生育期和组织部位有关，还与土壤因素及环境要素密切相关。在大量研究中，人们通过改变水稻生长的环境条件及改良栽培农艺措施等方法来探究水稻对重金属的吸收积累规律。比如通过土壤类型、土壤改良剂、灌溉模式、氮肥施用、硅肥及硒肥等肥料施用、栽培方式、VIP+n 综合技术等方式，探讨镉在水稻体内的转运与分配、镉耐性及其分子机制、水稻镉胁迫条件下的水稻生理性状及农艺学性状和耐性机理等方面，从而探索降低水稻镉污染的方法，并取得了一定的研究结果，研究表明栽培方式、水分管理、土壤 pH 值等因素对稻米镉含量均有影响。范中亮等研究表明不同土壤类型下，重金属的生物有效性差异明显，水稻土栽培下水稻各器官的 Cd 与 Pb 含量显著高于潮土。黄庆等用由生物炭和石灰以 10∶1 的质量比配制而成的生物炭＋石灰混合改良剂（BL）用于试验中，研究得出石灰处理和生物炭＋石灰混合改良处理剂均能使土壤 pH 值升高，随之土壤有效 Cd 下降，减少了水稻籽粒对重金属 Cd 的累积，水稻糙米 Cd 含量与土壤有效态 Cd 含量存在显著正相关。刘昭兵等研究指出不同水分管理模式降低污染土壤中 Cd 的活性，从而控制其在土壤－植物系统中的迁移。彭世璋等指出控制灌溉增强了 Cd、Cr 向水稻植株的迁移能力，以及 Cd、Cr 向地上部分迁移，增加水稻植株中的 Cd 含量。甲卡拉铁等试验得出以尿素用量 0.2 g（N）·kg^{-1} 处理水稻籽粒 Cd 含量为最低，但随尿素用量的增加水稻籽粒中 Cd 含量随之增加。NH$_4$C 处理促进 Cd 从水稻秸秆向籽粒的转移，而适量尿素处理却显示出轻微抑制作用。贺前锋等喷施叶面富硒肥能显著降低水稻根系、秸秆和稻米中重金属 Cd 含量，有助于缓解镉对水稻的毒性效应，同时能降低水稻镉的转移系数，降低镉向土壤地上部转移。方至萍等通过研究海泡石的施用量对铅、镉复合污染土壤中有效态 Pb、Cd 的含量以及水稻植株对 Pb、Cd 的吸收和分配关系的影响，得出土壤中有效态 Pb、Cd 的含量与添加的海泡石量呈显著负相关，均达到显著水平（$P<0.01$）。随着海泡石添加量的增加，水稻根、茎叶和糙米中 Pb、Cd 的含量有不同程度的下降，水稻地上部分及地下部分对 Pb、Cd 的富集系数显著下降，同时糙米对茎叶中重金属 Pb、Cd 以及茎叶对根系吸收的重金属 Pb、Cd 的转运系数均显著下降。崔晓荧认为干湿交替处理也能显著提高水稻的生物量及产量，增强了 Pb、Cr、Cd 在土壤 – 水稻系统中的迁移能力，并显著促进水稻根系对 Cd 的富集，提高米粒中 Cr 的含量。研究结果还表明，水分管理对 Cr 在水稻体内的迁移特性的影响明显不同于 Pb 和 Cd。同时，还可通过碱性肥料的施用，在降低当季水稻糙米 Cd 含量的同时缓慢改良土壤酸碱度，使土壤逐渐从酸性变成中性，从而解决土壤 Cd 污染和水稻 Cd 富集问题。虽然土壤改良剂可以通过各种化学反应过程降低土壤重金属的生物有效性，但有些改良剂本身含有一定量的重金属，还有些改良剂可能会在各种反应过程中产生一些有毒有害的次生代谢产物，大量使用会影响土壤的理化性质，带来二次污染的风险；同时，施用改良剂并没有将重金属带离土壤，而是使有效态的重金属转化成沉淀物、钝化物等。而在一定条件下，钝化的重金属还可能再次转化为活性形态，因此在生产实际中，应该慎重使用土壤改良剂。多种农艺措施的相互结合使用对水稻镉吸收积累的效果明显。杨小粉等通过综合降镉 VIP 技术在不同污染程度土壤下均有降低糙米中镉含量的作用，可使轻微、轻度土壤污染条件下稻米镉含量达到国家食品安全标准。

同时，从一些研究结果中发现晚稻稻米中的镉含量明显高于早稻稻米中的镉含量的现象，其原因尚未有研究报道。陈东哲等在采用以"VIP技术"修复治理降镉研究中，发现早稻稻米 Cd 含量明显低于晚稻稻米中的 Cd 含量。稻米 Cd 含量可能与水稻灌浆成熟期光温条件及昼夜温差有关。张森利用矿物硅肥、钙镁钾肥、叶面硅肥及微生物菌剂等土壤改良剂，对两季水稻（早稻和晚稻）吸收和累积重金属 Cd 含量的影响研究中发现早稻稻米 Cd 含量明显低于晚稻稻米中的 Cd 含量。

2. 温度变化对重金属植物有效性的影响

温度作为生物功能的一种动力，影响植物的蒸腾、水势、吸收、新陈代谢，以及几乎所有的酶促反应、休眠和生长发育。Hashimoto 等研究了冷胁迫下水稻的蛋白质表达变化，结果表明，水稻叶片中与能量代谢有关的蛋白质含量上调，与防御有关的蛋白质含量下调。生长于自然界的植物在应对上述种种因素带来的温度变化的同时，还会受到各种污染物如重金属的胁迫。近年来，由于人口的快速增长和工业的迅速发展，大量的重金属通过各种途径进入环境中。而植物有效性是个动态过程，可分三步来进行描述，即污染物在环境介质中的有效性（即环境有效性）、污染物被植物吸收（即环境植物有效性）、污染物在植物体内的积累和效应（即毒理植物有效性）。

2.1 温度影响重金属的环境有效性

温度作为一个重要的环境因子，可以通过影响土壤固 – 液相表面反应、土壤理化性质、微生物过程等来改变土壤中重金属的形态与分布，从而影响重金属在土壤中的环境行为及其植物有效性。吸附反应是重金属进入土壤后发生的重要过程，其直接影响着重金属的生物有效性。Mehadi 研究了不同温度条件下土壤对 Ni^+ 的吸附速率和吸附总量，发现温度升高会增加土壤对 Ni^+ 的吸收总量，35℃时 Ni^+ 的吸收总量是 15℃时的 2 倍。王金贵等研究了不同温度下镉在典型农田土壤中的吸附动力学特征，结果表明温度升高会促进土壤对镉的吸附速率和吸附量。Li 等发现，当温度从 25℃增加到 40℃时，镉在棕壤和黑土 2 种土壤上的解吸作用降低。党秀丽等研究表明，当镉的外源添加量为 10 mg/kg 时，10℃、30℃条件下土壤中的镉以交换态为主，–30℃条件下土壤中的镉以残渣态为主。翁南燕报道，温度处理能明显改变 Cu 污染土壤的基本理化性质（有机质含量、土壤溶液 pH 值、总氮含量、主要阳离子含量等），同时造成土壤主要功能酶（蔗糖酶、脲酶、磷酸酶）活性发生变化，最终使得土壤固相 Cu 的结合形态以及土壤溶液中 Cu 的形态与分布产生显著变化。温度变化也可以通过改变水环境中重金属的含量和形态变化,从而影响其植物有效性。Devesa 等把砷标准溶液在 80℃ ~ 180℃加热 15 ~ 44 min,发现砷标准溶液中砷的形态变化规律:温度为 80℃ ~ 120℃时砷标准溶液、砷甜菜碱(AsB)、四甲基砷离子(TMA$^+$)、甲基砷酸(MMA)、二甲基砷酸(DMA)、砷胆碱(AsC)、三甲基砷氧化物(TMAO)含量没有发生任何形态变化;温度达 150℃以上时,AsB 部分分解为 TMAO,在 160℃以上时,AsB 部分分解 TMA$^+$;150 ~ 180℃时,AsC 有极少部分分解为 TMAO(1.1%)、DMA(0.1% ~ 0.2%);在所有温度条件下,都没有发现 DMA 分解为 MMA 的情况,也未发现 MMA 分解为无机砷的现象。杨震等研究了 4 种温度(15℃、20℃、25℃、30℃)条件下沉积物 – 水系统中 Cu、Cd 的含量变化情况,结果表明当水温为 30℃时,水中 Cu、Cd 的含量最高。上述研究结果表明,温度变化首先可以直接影响土壤吸附速率和吸附总量,其次通过改变土壤有机质含量、土壤溶液 pH 值、主要阳离子含量等土壤理化性质和土壤微生物过程间接影响土壤中重金属的赋存形态,进而影响重金属的植物可利用性。

2.2 温度影响重金属的环境植物有效性

温度变化可以改变植物的生长发育、细胞膜的流动性、细胞膜上重金属运输载体的数量和种类,从而影响重金属的环境植物有效性。部分研究结果表明,温度升高会促进植物对重金属的吸收。Li 等研究结果表明,温度升高会增加马铃薯叶中 Cu、Zn、Fe 的含量。温度升高促进植物对重金属的吸收的一个重要原因就是温度升高促使植物的蒸腾作用加强。高茜蕾等的研究表明,几种不同品种的油菜地上部镉的含量及镉的吸收总量与蒸腾速率存在明显的正相关关系,即蒸腾作用越强,镉的吸收越多。张永志等研究了不同蒸腾作用下番茄幼苗对 Cd 的吸收富集规律,结果表明,高蒸腾作用下番茄幼苗 Cd 含量比低蒸腾作用下增加了 1.47 ~ 1.73 倍。然而另有一些研究则发现,温度升高并不会增加植物中重金属的含量。Li 等研究了温度变化对马铃薯中重金属积累的影响,结果表明温度升高 3℃,马铃薯块茎中的 Cd、Pb、Fe、Zn、Cu 含量分别下降 27%、55%、41%、

29%、23%。李丹丹等研究了温度预暴露对小麦吸收镉的影响，结果表明，经过 37℃ 高温预暴露 4h 后，小麦根部和地上部分的镉含量减少了约 40%，说明高温预暴露能减少小麦对 Cd 的吸收。总体而言，温度升高促进植物吸收重金属的研究结果占据主导地位。温度升高必然增加植物的蒸腾作用，从而促进植物对重金属的吸收，但是温度升高同样也会导致植物的生物量增大，从而稀释植物不同器官中的重金属含量。因此，温度升高到底是增加还是降低植物器官中的重金属含量，取决于"促进"和"稀释"哪个过程占据着主导作用。温度升高对重金属的环境植物有效性会因不同物种以及不同基因型物种的生物学特征的不同，从而表现出不同的结果。

2.3 温度影响重金属的毒理植物有效性

温度变化会影响植物的生长发育、新陈代谢速率、蛋白质等物质的合成以及重金属在植物体内的亚细胞分布，从而影响重金属毒理植物的有效性。一些学者研究了温度变化对 Cd 胁迫下植物毒理效应的影响。Oncel 等发现，随着温度升高，重金属对小麦的毒性作用增加，会导致植物体内叶绿素含量降低以及自由脯氨酸大量累积。Baghour 等研究了 16℃、20℃、23℃、27℃、30℃ 处理下，Cd、Pb 胁迫对马铃薯生理效应的影响，结果表明当处理温度为 27℃ 时，马铃薯中过氧化物酶、过氧化氢酶的活性最高；当处理温度为 20℃ 时，马铃薯中色素含量最低。Li 等研究了温度变化对 Cd 胁迫下小麦幼苗根的生态毒理效应，结果表明，Cd 污染对小麦根伸长抑制的 EC50 值随温度升高而降低；温度改变了 Cd 在小麦根中亚细胞分布的比例，温度越高，Cd 在热稳定蛋白部分的比例越高；不同温度条件下，随 Cd 浓度升高，CAT 酶活性的变化规律显著不同。翁南燕研究结果表明，在 Cu/Cd 复合胁迫下，温度升高促进了小麦根对铁的吸收，抑制了根对锰和锌的吸收；而小麦叶片中铁、锰和锌的含量随温度变化而变化不是很明显。综上所述，目前关于温度影响重金属的毒理植物有效性的研究主要集中于重金属 Cd，研究其他金属毒害作用的较少。对于植物来说，在植物的耐受范围内，温度本身不会对植物产生任何毒害效应，而是通过改变植物的重金属吸收量以及重金属在植物体内的分布、代谢方式来影响重金属对植物的毒害效应。如果超过了植物的耐受范围，温度本身不仅会对植物产生危害，而且会与重金属的毒害产生耦合反应，但是其反应是联合、协同还是拮抗？目前尚无结论，需要进一步研究。

3. 展望

近几十年来，随着全球气候逐步变暖，温度变化对作物生产造成较大影响，尤其对粮食安全带来了严重隐患。中国水稻温度变化影响的研究起步较晚，且多集中在高温时间演变规律和空间分布特征、高温对水稻生长发育、产量、品质、生理特性等影响方面，在温度变化下水稻品种比较、细胞学及生化方面的研究较少。为此，本人认为今后应从以下几个方面加强研究：开展大田温度变化下水稻花药和花粉发育的细胞学、生物化学等方面研究，完善耐热、耐寒品种鉴定方法、品种比较研究；利用分子育种技术定位，克隆耐热、耐寒基因，对水稻耐热性进行遗传研究；加强对水稻耐热、耐寒性种质资源的筛选和培育研究；进一步开展高温、低温胁迫对水稻伤害的调控措施研究；建立高温热害、低温冷害发生预测预报及风险评估技术等研究。

温度变化可以影响重金属的植物有效性，但是仅限于目前的研究还不够，本人认为可以在以下几个方面进一步加强研究：1）从分子机理层面上加强研究。已有的研究大都从植物生理生态等方面开展，然而生物体内真正执行生理功能的是蛋白质，且执行功能时的蛋白质表达是多样的、动态的，因此要想全面和深入地认识温度变化对重金属植物有效性的影响，必然要从蛋白质表达层面上进行研究。2）加强其他气候因素与温度变化耦合作用对重金属植物有效性的影响研究。植物生长于一个多因素的复杂环境，要考虑其他气候因素，比如干旱、二氧化碳浓度升高等对植物的影响。3）加强温度变化对其他重金属（砷、汞、铅等）生物有效性影响方面的研究。4）加强新技术和新方法在重金属生物有效性方面的应用，比如同步辐射技术、磁共振技术等。

参考文献

[1]　秦大河, 周波涛, 效存德. 冰冻圈变化及其对中国气候的影响 [J]. 气象学报, 2014, 72(5): 869–879.

[2]　RAJKUMAR M, PRASAD M N V, SWAMINATHAN S, et al. Climate change driven plant–metal–microbe interactions[J]. Environment International, 2013, 53(2): 74-86.

[3]　YANY L Q, HUANG B, HU W Y, et al. The impact of greenhouse vegetable farming duration and soil types on phytoavailability of heavy metals and their health risk in eastern China[J]. Chemosphere, 2014, 103: 121–130.

[4]　孙建军, 张洪程, 尹海庆, 等. 不同生态区播期对机插水稻产量、生育期及温光利用的影响 [J]. 农业工程学报, 2015, 31(06): 113–121.

[5]　马巍, 侯立刚, 齐春艳, 等. 播期对不同生育类型水稻生长发育进程及产量的影响 [J]. 东北农业科学, 2016, 41(06): 5–10.

[6]　汪伟. 播期对软米水稻产量、生育期及温光资源与氮素吸收的影响 [D]. 扬州: 扬州大学, 2017.

[7]　周建霞, 陈晓阳, 蒋梅巧, 等. 播期对超高产杂交水稻超优千号生育期和产量性状的影响 [J]. 杂交水稻, 2018, 33(04): 45–48.

[8]　孙建军, 尹海庆, 陈献功, 等. 播期对豫南机插籼稻生育进程及产量的影响 [J]. 河南农业科学, 2015, 44(12): 15–19, 25.

[9]　李启富. 不同播期及移栽密度对水稻新品种晶两优华占生育期及产量的影响 [J]. 安徽农学通报, 2018, 24(11): 23, 45.

[10]　许轲, 孙圳, 霍中洋, 等. 播期、品种类型对水稻产量、生育期及温光利用的影响 [J]. 中国农业科学, 2013, 46(20): 4222–4233.

[11]　苗晓杰, 黎银忠, 兰良福, 等. 不同播种期对 3 种水稻产量的影响研究 [J]. 安徽农学通报, 2014, 20(11): 34–37.

[12]　孙雄彪, 陈卫东, 陈晓阳, 等. 播栽期对连作晚稻甬优 538 生育期和产量的影响 [J]. 浙江农业科学, 2018, 59(09): 1656–1657.

[13]　蔡小盈. 播期对机插早稻中早 39、中嘉早 17 秧苗素质和产量的影响 [J]. 浙江农业科学, 2016(5): 632–634.

[14]　敖芹, 谷晓平, 姚熠, 等. 不同播栽期的温度对水稻 "宜香优 1108" 生长及产量的影响 [J]. 中国农学通报, 2016(36): 11–15.

[15]　李秀芬, 贾燕, 黄元才, 等. 播栽期对水稻产量和产量构成因素及生育期的影响 [J]. 生态学杂志, 2004(5): 98–100.

[16] 姚日升, 韩湘云, 景元书, 等. 播期对不同水稻品种生长特性的影响 [J]. 中国农学通报, 2013(21): 27–30.

[17] 朱练峰, 禹盛苗, 欧阳由男, 等. 播栽期对水稻生长和产量及产量构成因素的影响 [J]. 中国稻米, 2009(3): 13–17.

[18] 李健, 秦德荣, 方兆伟, 等. 播期对江苏不同类型粳稻品种成熟期及其群体质量的影响 [J]. 耕作与栽培, 2012(4): 3–4, 10.

[19] [42]   鲁昕, 郝思军. 直播稻适宜品种与播期的初步探讨 [J]. 现代农业科技, 2008(2): 125, 129.

[20] 张旭, 陈友订. 水稻光温生态与品种选育利用 [M]. 北京 : 中国农业出版社, 2000: 33–36.

[21] YOISHIDA S, SATAKE T, MACKILL D S. Hligh temperature stress in rice[M]. Manila, Plilippines: IRRI, 1981.

[22] 吕川根, 宗寿余, 赵凌, 等. 两系法杂交稻两优培九结实率稳定性及其与温度的关系 [J]. 中国水稻科学, 2003(4): 50–53.

[23] 朱红霞, 杨沈斌, 吴鹏飞, 等. 播期对不同类型水稻生长及产量构成因素的影响 [J]. 南京信息工程大学学报 (自然科学版), 2014(3): 240–243.

[24] KAMRUUN N, MIRZA H, RATNA R M. Effect of low temperature stress intransplanted aman rice varieties mediated by different transplanting dates [J]. 2009, 2(3): 132–138.

[25] LIU Y K, XIA S P, LUO X F, et al. Effect of high temperature on seed setting rate and yield and its defense techinque in single–cropping late rice[J].Chinese Agriculture Bulletin, 2005, 21(3): 155–158.

[26] ZHANG Y Z, ZHANG G H, ZHU G Q, et al. Effects of overcast and raining on flowering, fertilizing and seed setting of early rice[J].Chinese Journal of rice Science, 1995, 9(3): 173–178.

[27] ATSUI T, OMASA K, HORIE T. High temperature–induced spikelet sterility of Japonica rice at flowering in relation to air temperature, humidity and wind velocity conditions[J]. Japanese Journal of Crop Science, 1997(66): 449–455.

[28] IMAI K, OKAMOTO–SATO M. Effect of temperature on CO_2 dependence of gas exchanges in C3 and C4 crop plants[J].Japanese Journal of Crop Science, 1991(60): 139–145.

[29] TAI H J, YAO K M, LIU W Z. Introduction of China Agrimeteorology Information[M]. Beijing: China Meteorology Press, 1994: 146.

[30] KIM H Y, HORIE T, NAKAGAWA H, et al. Effects of elevated CO2 concentration

and high temperature on growth and yield of rice. Ⅰ. The effect on development, dry matter production and some growth characteristics[J]. Japanese Journal of Crop Science, 1996(65): 634–643.

[31] QIN T, TIAN Q Z, WANG G F, et al. Lower Temperature 1 Enhances Aba Responses And Plant Drought Tolerance By Modulating The Stability And Localization Of C2– Domain Aba–Related Proteins In Arabidopsis [J]. Molecular plant, 2019(12): 1243– 1258.

[32] ZHANG L L, ZHAO T T, SUN X M, et al. Overexpression of VaWRKY12, a transcription factor from Vitis amurensis with increased nuclear localization under low temperature, enhances cold tolerance of plants.[J]. Plant molecular biology, 2019, 100(95–110).

[33] 于文颖, 纪瑞鹏, 冯锐, 等. 基于分期播种的水稻生长动态及产量对热量条件的响应 [J]. 中国农学通报, 2015(24): 6–13.

[34] SIPASEUTH, BASNAYAKE J, FUKAI S, et al. Opportunities to increasing dry season rice productivity in low temperature affected areas [J]. Field crops research, 2007(102): 87–97.

[35] 王春萍, 雷开荣, 李正国, 等. 低温胁迫对水稻幼苗不同叶龄叶片叶绿素荧光特性的影响 [J]. 植物资源与环境学报, 2012(3): 38–43.

[36] 张倩, 赵艳霞, 王春乙. 长江中下游地区高温热害对水稻的影响 [J]. 灾害学, 2011(4): 57–62.

[37] 王丽娟. 播种插秧期对水稻产量的影响 [J]. 新农业, 2016(19): 18–19.

[38] MOHAMMED A R, TARPLEY L. High nighttime temperatures affect rice productivity through altered pollen germination and spikelet fertility[J].Agricultural and Forest Meteorology, 2009, 149(6): 999–1008.

[39] KEISUKE K, SHUHEI M, ISKANDAR L, et al. The high yield of irrigated rice in Yunnan, China[J]. Field Crops Research, 2008, 107(1): 1–11.

[40] 杨稚愚, 汪汉林, 邹应斌. 播种期对杂交水稻生育期和产量的影响 [J]. 耕作与栽培, 2004(3): 18–19.

[41] 张在金, 马玉银, 周炳庆, 等. 不同播期对迟熟中粳稻扬 20238 产量的影响 [J]. 安徽农业科学, 2008, 36(28): 12132–12133.

[43] 张文香, 王成瑗, 赵磊, 等. 适期播种、延期插秧对水稻产量及品质的影响 [J]. 耕作与栽培, 2009(5): 15–16.

[44] 王华, 陈新光, 胡飞, 等. 气候变化背景下广东晚稻播期的适应性调整 [J]. 生态学报,

2011, 31(15): 4261–4269.

[45] 陈新光, 王华, 邹永春, 等. 气候变化背景下广东早稻播期的适应性调整 [C].2010 中国作物学会学术年会论文摘要集 .2010: 4748–4755.

[46] 扶定, 王青林, 祁玉良, 等. 同异分析法评价气象因子与水稻产量关系的初步研究 [J]. 中国农学通报 , 2009, 25(18): 140–145.

[47] 沈陈华. 气象因子对江苏省水稻单产的影响 [J]. 生态学报 , 2015, 35(12): 4155–4167.

[48] 陈林, 王芬, 费永成, 等. 播期对水稻产量及构成因素的影响分析 [J]. 安徽农业科学 , 2011, 39(30): 18448–18450.

[49] 李建国, 韩勇, 解文孝, 等. 播期及环境因子对水稻产量和品质的影响 [J]. 安徽农业科学 , 2008(8): 3160–3162.

[50] 孙建军, 张洪程, 王生轩, 等. 播期对不同品种类型机插稻生长特性的影响 [J]. 农业工程学报 , 2015(21): 76–86.

[51] 杨稚愚, 汪汉林, 邹应斌. 播种期对杂交水稻生育期和产量的影响 [J]. 耕作与栽培 , 2004(3): 18–19, 24.

[52] 孙克存, 冒布厂, 陈长红, 等. 播期对直播稻产量的影响 [J]. 现代农业科技 , 2007(20): 106.

[53] 姚义, 霍中洋, 张洪程, 等. 播期对麦茬直播粳稻产量及品质的影响 [J]. 中国农业科学 , 2011(15): 3098–3107.

[54] 赵庆勇, 朱镇, 张亚东, 等. 播期、密度和施氮量对南粳 44 产量及其构成因素的影响 [J]. 西南农业学报 , 2012(6): 1982–1987.

[55] 陈可伟, 陈俊义, 解平, 等. 播期对直播稻的影响 [J]. 上海农业科技 , 2010(4): 31, 42.

[56] 邢志鹏, 曹伟伟, 钱海军, 等. 播期对不同类型机插稻产量及光合物质生产特性的影响 [J]. 核农学报 , 2015(3): 528–537.

[57] 杜斌, 陈留根, 赵田芬, 等. 直播播期对不同类型水稻品种生育期及产量形成的影响 [J]. 湖南农业科学 , 2012(15): 18–21.

[58] 陈卫平, 杨阳, 谢天, 等. 中国农田土壤重金属污染防治挑战与对策 [J]. 土壤学报 , 2018, 55 (2) : 261–272.

[59] 范中亮, 季辉, 杨菲, 等. 不同土壤类型下杂交籼稻地上部器官对重金属镉和铅的富集特征 [J]. 中国水稻科学 , 2010(2): 183–188.

[60] 黄庆, 刘忠珍, 黄玉芬, 等. 生物炭 + 石灰混合改良剂对稻田土壤 pH、有效镉和糙米镉的影响 [J]. 广东农业科学 , 2017(9): 63–68.

[61] 张淼 . 改良剂对镉污染土壤中水稻、油菜吸收积累镉的影响 [D]. 长沙 : 湖南农业大学 , 2016.

[62] 刘昭兵 , 纪雄辉 , 彭华 , 等 . 水分管理模式对水稻吸收累积镉的影响及其作用机理 [J]. 应用生态学报 , 2010(4): 908–914.

[63] 彭世彰 , 乔振芳 , 徐俊增 . 控制灌溉模式对稻田土壤 – 植物系统镉和铬累积的影响 [J]. 农业工程学报 , 2012(6): 94–99.

[64] 孙永健 , 孙园园 , 刘树金 , 等 . 水分管理和氮肥运筹对水稻养分吸收、转运及分配的影响 [J]. 作物学报 , 2011(12): 2221–2232.

[65] 甲卡拉铁 , 喻华 , 冯文强 , 等 . 氮肥品种和用量对水稻产量和镉吸收的影响研究 [J]. 中国生态农业学报 , 2010(2): 281–285.

[66] 贺前锋 , 李鹏祥 , 易凤姣 , 等 . 叶面喷施硒肥对水稻植株中镉、硒含量分布的影响 [J]. 湖南农业科学 , 2016(1): 37–39, 42.

[67] 郑文杰 , 卢剑 , 刘模发 . 施用液体硅肥降低稻米中镉含量效果研究 [J]. 现代化农业 , 2016(7): 30–31.

[68] 刘洋 , 张玉烛 , 方宝华 , 等 . 栽培模式对水稻镉积累差异及其与光合生理关系的研究 [J]. 农业资源与环境学报 , 2014(5): 450–455.

[69] 谢敏 , 黎良平 , 戴典 . VIP+n 技术对重金属污染土壤和稻谷降镉效果研究 [J]. 吉林农业 , 2017(8): 75–77.

[70] 王蜜安 , 尹丽辉 , 彭建祥 , 等 . 综合降镉 (VIP) 技术对降低糙米镉含量的影响研究 [J]. 中国稻米 , 2016(1): 43–47.

[71] 方至萍 , 廖敏 , 张楠 , 等 . 施用海泡石对铅、镉在土壤 – 水稻系统中迁移与再分配的影响 [J]. 环境科学 , 2017, 38(07), 3028–3035.

[72] 崔晓荧 , 秦俊豪 , 黎华寿 . 不同水分管理模式对水稻生长及重金属迁移特性的影响 [J]. 农业环境科学学报 , 2017, 36(11), 2177–2184.

[73] 田发祥 , 纪雄辉 , 谢运河 , 等 . 碱性缓释肥对水稻吸收积累 Cd 的影响 [J]. 农业环境科学学报 , 2016, 35(11), 2116–2122.

[74] MAMINDY–PAJANY Y, GERET F, HUREL C, et al. Batch and column studies of the stabilization of toxic heavy metals in dredged marine sediments by hematite after bioremediation[J].Environmental Science and Pollution Research, 2013, 20 (8) : 5212–5219.

[75] 冯英 , 马璐瑶 , 王琼 , 等 . 我国土壤 – 蔬菜作物系统重金属污染及其安全生产综合农艺调控技术 [J]. 农业环境科学学报 , 2018, 37(11), 2359–2370.

[76] 杨小粉 , 刘钦云 , 袁向红 , 等 . 综合降镉技术在不同污染程度稻田土壤下的应用效

果研究 [J]. 中国稻米 , 2018, 24(02), 37–41.

[77] 陈东哲 , 苏美兰 , 李艳 , 等 . 镉污染 "VIP 技术" 修复治理措施示范研究 [J]. 湖南农业科学 , 2016(9): 33–35.

[78] 何洋 , 刘洋 , 方宝华 , 等 . 温度对不同水稻品种糙米镉 (Cd) 含量的影响 [J]. 中国稻米 , 2016(2): 31–35.

[79] MICHALETZ S T, CHENG D L, KERKHOFF A J, et al. Convergence of terrestrial plant production across global climate gradients [J]. Nature, 2014, 512(7512): 39–43.

[80] MAHAN J R, MCMICHAEL B L, WANJURA D F. Methods for reducing the adverse effects of temperature stress on plants: a review [J].Environmental and Experimental Botany, 1995, 35(3): 251–258.

[81] HASHIMOTO M, KOMATSU S. Proteomic analysis of rice seedlings during cold stress[J]. Proteomics, 2007, 7(8): 1293–1302.

[82] MCLAUGHLIN M J, SINGH B R. Cadmium in soils and plants[M].Netherlands: Springer Netherlands, 1999.

[83] 罗小三 . 土壤 (溶液) 中重金属的化学形态和植物有效性及毒性研究 [D]. 南京 : 中国科学院南京土壤研究所 , 2008.

[84] PEIJNENBURG W J G M, ZABLOTSKAJA M, VIJVER M G. Monitoring metals in terrestrial environments within a bioavailability framework and a focus on soil extraction [J]. Ecotoxicology and Environmental Safety, 2007, 67(2): 163–179.

[85] LUTHY R G.Bioavailability of contaminants in soils and sediments: processes, tools and applications [M]. Washington D C: The National Academies Press, 2003.

[86] MEHADI. Reaction of Nickel with soils and goethite: equilibrium and kinetic studies[D]. New Hampshire: University of New Hampshire, 1993.

[87] 王金贵 , 吕家珑 , 张瑞龙 , 等 . 不同温度下镉在典型农田土壤中的吸附动力学特征 [J]. 农业环境科学学报 , 2012, 31 (6): 1118–1123.

[88] LI X H, ZHOU Q X, WEI S H, et al. Adsorption and desorption of carbendazim and cadmium in typical soils in northeastern China as affected by temperature[J]. Geoderma, 2011, 160(3/4): 347–354.

[89] 党秀丽 , 陈彬 , 虞娜 , 等 . 温度对外源性重金属镉在土 – 水界面间形态转化的影响 [J]. 生态环境 , 2007, 16(3): 794–798.

[90] 翁南燕 . 温度对 Cu/Cd 胁迫下小麦生理毒性响应及 Cu 污染土壤环境行为的影响 [D]. 北京 : 中国科学院研究生院 , 2011.

[91] DEVESA V, MARTÍNEZ A, SÚNER M A, et al. Kinetic study of transformations of

arsenic species during heat treatment [J]. Journal of Agricultural and Food Chemistry, 2001, 49(5): 2267–2271.

[92] 杨震 , 孔莉 . 温度变化时沉积物中铜、镉形态对水生生物的可给性 [J]. 中国环境科学 , 1997(2): 65–67.

[93] MARSCHNER B, BREDOW A. Temperature effects on release and ecologically relevant properties of dissolved organic carbon in sterilised and biologically active soil samples[J]. Soil Biology and Biochemistry, 2002, 34(4): 459–466.

[94] LYNCH D V, STEPONKUS P L. Plasma–membrane lipid alterations associated with cold–acclimation of winter rye seedlings[J]. Plant Physiology, 1987, 83(4): 761–767.

[95] LI Y, ZHANG Q, WANG R Y, et al. Temperature changes the dynamics of trace element accumulation in solanum tuberosum L.[J]. Climatic Change, 2012, 112(3 /4): 655–672.

[96] 高茜蕾 , 郑瑞伦 , 李花粉 . 蒸腾作用及根系特征对不同品种油菜吸收镉的影响 [J]. 生态学杂志 , 2010, 29(9): 1794–1798.

[97] 张永志 , 赵首萍 , 徐明飞 , 等 . 不同蒸腾作用对番茄幼苗吸收 Pb、Cd 的影响 [J]. 生态环境学报 , 2009, 18(2): 515–518.

[98] 李丹丹 , 周东美 , 汪鹏 , 等 . 镉和温度预暴露对小麦吸收镉的影响 [J]. 生态毒理学报 , 2010, 5(3) : 439 –445.

[99] EKVALL L, GREGER M. Effects of environmental biomass–producing factors on Cd uptake in two Swedish ecotypes of Pinus sylvestris[J].Environmental Pollution, 2003, 121(3): 401–411.

[100]ONCEL I, KELES Y, USTÜN A S. Interactive effects of temperature and heavy metal stress on the growth and some biochemical compounds in wheat seedlings[J]. Environmental Pollution, 2000, 107(3): 315 –320.

[101]BAGHOUR M A, VÍLLORA G, HERNÁNDEZ J, et al. Phytoextraction of Cd and Pb and physiological effects in potato plants(*Solanum tuberosum* var. spunta): importance of root temperature[J]. Journal of Agricultural and Food Chemistry, 2001, 49(11): 5356–5363.

[102]LI D D, ZHOU D M, WANG P, et al. Temperature affects cadmium–induced phytotoxicity involved in subcellular cadmium distribution and oxidative stress in wheat roots [J]. Ecotoxicology and Environmental Safety, 2011, 74(7): 2029–2035.

第7章 稻田种植制度研究现状与展望

摘要: 从国内外种植制度的研究现状对种植制度的改革和发展作了分析,对我国南方稻田现有的种植制度按照种植模式进行了介绍,并对稻田不同熟制种植模式的特点进行了阐述,调查分析了南方稻田多熟种植的现状、存在的问题,并提出了对策。通过实地考察、典型案例剖析、文献资料查阅,阐述当前稻田多熟种植的地位、研究进展和生产状况。南方稻田多熟种植制度快速发展中存在着复种指数下降、长期复种连作、熟制缩减、面积下降、模式单一、效益降低、地力衰退和耕地撂荒的问题,对策主要是优化种植结构,组建高效发展的复种模式,实行多元化、高效化、集约化、轻型化、绿色化和生态化的多熟种植模式。在对南方稻田种植制度发展现状进行总结和分析的基础上,提出了新世纪、新阶段南方稻田耕作制度新的发展方向。

关键词: 稻田;种植制度;多熟种植;发展

种植制度亦称"栽培制度"。指在当地自然条件、经济条件和生产条件下,根据作物生态适应性确定一年或几年内所采用的作物种植体系,它是耕作制度的中心。在农村经济发展中种植制度改革起到不可替代的作用,稻田种植模式有效地组配了稻田生态系统的时空结构,是稻田有效生态系统组织形式。不同的稻田生态系统有不同的种植模式以及其带来的经济效益和生态效率。选择适合当地稻田生态系统模式,能在有限的土地资源上产生尽可能大的效益并不断提高土壤肥力,从而使农业生产在高水平上得以持续发展。我国南方稻田面积广阔,开展稻田种植模式的研究,对改善种植业结构和促进农业结构性调整、发挥各地稻田资源优势、在一定程度上提高农民收入和繁荣农村经济，对全面推进小康社会、促进稻田生态系统良性循环等方面都起着重要作用。

种植制度的制定，要结合国家下达的种植计划，根据现实的自然、经济条件，充分合理地利用农业资源，正确处理好作物与作物间、作物与土壤间的关系，尽量采用先进技术，实行科学种田，用地养地紧密结合，保持良好的农业生态环境，达到丰产、稳产的目的。

1. 稻田高产高效种植模式的研究进展

1.1 国外稻田高产高效种植模式研究概况

国外种植模式的系统研究始于 20 世纪中期。早期主要是进行种植模式的分类和比较研究，通过对世界各地的自然条件和社会经济条件的调查，后来逐步发展成为对作物种植模式的系统研究。相对于发达国家，发展中国家解决温饱问题是首要问题。亚洲一些湿润热带地区较早形成了多熟种植，通过间作和套作，一年在同一块土地上收获作物次数多达 5 次，从而带动了多熟种植的研究和发展。从 20 世纪 60 年代开始，种植模式的研究在亚洲越来越受到重视。国际水稻研究所（IRRI）自 1964 年开始对东南亚湿润灌区集约化种植模式进行研究。IRRI 的专家们认识到必须改变以水稻为基础的传统种植方式，进行多熟种植以提高水稻为主体的种植模式的生产力。

1975 年 IRRI 组织召开了首届种植模式年会，从而逐步确定了种植模式研究的方法和目标。英国的农业是世界上最典型的现代化农业，自 19 世纪农业商品化以来，根据其自然条件和其他资源条件及比较优势的原则，在作物布局上逐渐形成一年一熟的专业化作物种植，而且一直以高效率闻名于世。与发展中国家不同的是，发达国家农业建立在完善的市场经济体制下，是以农业企业的形式进行的，而且一般具有相对丰富的资源和较高的生产力，所以对整个农作系统的评价都是从严格经济角度出发。进入 20 世纪 80 年代以后，由于资源及环境问题，以美国为首的西方国家提出了农业可持续发展计划，随之开启了长期的种植模式的研究。

21世纪初，由于受可持续农业思潮和全球经济一体化的影响，许多研究者从经济效益出发，把低投入的种植模式和常规种植模式进行比较，由追求产量增长向持续性和高效化方向转变。稻田高效种植模式稳步发展。

1.2 国内稻田高产高效种植模式研究概况

国内种植模式研究中，以稻田种植模式研究最为深入。20世纪50—70年代以扩大复种、提高土地利用率为主，提高粮食总产，并逐步发展形成了一年两熟和一年三熟的种植体系。20世纪80年代，各地根据其自然条件和农业生产条件，推广多种形式的立体种植和种养，并开展了多熟种植和立体种植的研究和探讨。以提高单产、提高土地利用率，并逐步向高功能、高效益的种植体系发展。20世纪90年代，我国由计划经济向社会主义市场经济体系转变，这不仅给我国种植制度带来了良好的机遇，同时也提出了新的要求，农业由单纯追求高产向高产、优质、高效"三高"并重方向发展，"双千田""万元田""高效农田"等高产高效典型分布在南方各省，对广大农民实现增产增收、脱贫致富起到了巨大的作用。

20世纪90年代从高产高效种植实践与理论探讨，逐步走向种植业的调整和优化；从单纯追求产量，逐步转向重视质量与效益。21世纪初在全国11个省开展吨粮田定位建档追踪研究技术，其主要的技术体系是：优化管理技术措施，力争季季平衡增产；优化种植模式，提高光、温资源有效利用率；优化施肥技术，提高肥料产出率；优化品种结构，实现全年多熟高产多收。

21世纪初，种植模式产生的效益较低，农民进行稻田改制的积极性有一定程度的降低，针对这一情况，各地实行以产业为龙头，以科技进步为手段，提高农民认识水平，增加政府投入，在稻田种植区域建立间套作研究和生产基地，实现样板示范推广，对农民进行培训和引导，提高稻田多熟种植效益和农民的积极性。

2. 南方稻田主要种植制度

2.1 南方稻田种植制度发展概况

我国南方一般指长江中下游区的浙江、江苏、安徽、江西、湖南、湖北、上海，西南区的云南、贵州、四川、重庆，华南区的广东、广西、福建、海南，共 15 省、市、区。南方稻田耕作制度在我国农业可持续发展战略中占有极其重要地位，且南方是我国农业生产的重要区域，对全国粮食生产起着举足轻重的作用。在南方稻区，发展多熟种植可充分利用土地和光热资源，缓解季节性作物争地矛盾。研究表明，发展多熟种植能够培肥地力，提高粮食产量，维护我国粮食安全；改善稻田生态环境，提高综合效益，提高农民收入，同时缓解劳动力矛盾，对推动农业农村现代化，使农业生产得以持续高效的发展起到了巨大的积极作用。

1949 年后，我国南方稻田多熟种植主要扩大冬季作物，发展两熟制；20 世纪 50—70 年代，主要以提高土地等资源利用率、提高粮食产量为主，发展一年两熟和一年三熟的种植体系；20 世纪 80 年代，以提高单产并追求多功能、高效益的模式发展，推广立体种养模式；20 世纪 90 年代，逐步向种植业结构调整和作物高产优质发展，研究高投入、高产出、优质化的高效集约可持续发展理论。稻田多熟制种植成为我国南方地区提高粮食产量、维护粮食安全、发展多种经营的有效途径，对推动农村现代化具有重要意义。南方稻田多熟种植快速发展中也存在着熟制缩减、面积减少、模式单一、效益降低、地力衰退和耕地撂荒等问题，对策主要是实行多元化、高效化、集约化、轻型化、绿色化和生态化的多熟种植模式。

进入 21 世纪以后，我国多熟种植模式得到进一步的发展，通过实地考察、典型案例剖析和文献资料查阅，了解当前稻田多熟种植的地位、研究进展和生产状况，众多研究理论与实际应用紧密结合，为我国粮食安全、农业可持续发展奠定了良好的基础。南方是我国发展稻田多熟种植的重点区域，目前，由于我国稻田多熟种植面临复种指数下降等问题，大多实行复种连作。南方稻田多熟耕作制度也进行了"改水稻单一种植结构为多种作物复合种植"的制度改革，这种复种模式解决了大量自然资源的浪费、土壤肥力降低等问题，为稻田的再循环利用做出了较大贡献，推动了农村经济的可持续发展。

2.2 南方种植制度的分类

近10年来随着商品经济的不断发展和市场经济的确立，南方稻田种植制度发生很大变化，农业生产开始由增产农业向增效农业转变，以高产优质高效为目标，以市场为导向，涌现出多种多样的高效能、高效益的新型种植制度和多熟种植模式。归纳起来主要有以下几种类型。

2.2.1 稻田复种

复种，或称复种多熟，是我国传统农业的精华。它是指在同一田块上，一年内连续种（收）两季或两季以上的作物种植方式。我国大部分稻区光、热、水资源充足，适宜发展稻田复种多熟。中国南方稻田主要复种模式见表7–1。

表7–1　　　　　　　　　　中国南方稻田主要复种模式

复种	模式类型
一年一熟	一季早稻，一季中稻，一季晚稻，单季超级稻等。
一年多熟	二熟：冬闲–早稻–晚稻，冬闲–早稻–甘薯，冬闲–大豆–甘薯（或绿肥）–稻，油菜–稻，麦–稻，马铃薯–稻，油菜–中稻，玉米–单晚，西瓜–晚稻，烤烟–晚稻，香芋–稻，冬瓜–单晚，辣椒–晚稻，烤烟+大豆–晚稻，稻–凉薯，晚稻–平菇，黄瓜–单晚，花生–晚稻，生姜–稻，冬闲–早稻–晚稻等。
	三熟：绿肥–早稻–晚稻，油菜–早稻–晚稻，大麦（或小麦）–早稻–晚稻，蚕豆（或豌豆）–早稻–晚稻，马铃薯–早稻–晚稻（或绿肥、菜）–春玉米–杂交晚稻，花椰菜–双季稻，马铃薯/玉米–晚稻，绿肥–豆–杂交晚稻，小麦–西瓜–杂交稻，麦/瓜+玉米–晚稻，烟–稻–菜，菜–稻–菜，烟–制种–菜，百合+萝卜–西瓜–晚稻，药材–晚秧–晚稻，花生–晚稻–冬菜，菜–制种–菜，绿肥（或冬作）–早稻–秋玉米，大蒜（或马铃薯）–早辣椒–晚稻，马铃薯–玉米–晚稻，青花菜–双季稻，小白菜–双季稻，西芹菜–双季稻，大蒜–西瓜–晚稻，马铃薯–"五瓜"（西瓜，瓜子瓜，犁瓜，菜瓜，冬瓜等）–晚稻等。
	四熟：水稻–再生稻–秋大豆–冬马铃薯；冬菜–春玉米–夏豆角–秋杂交稻等。
立体种植型	稻–鱼，稻–鸭，稻–鱼–萍，稻–蛙，稻–饲型，稻–菜型，稻–瓜型，稻–烟型，稻–菌型，稻–药型，稻–鳝鱼–泥鳅，稻–鱼–蛙–鳝鱼–泥鳅等。

2.2.2 稻田轮作

轮作，亦叫换茬，或将二者合称为轮作换茬，指在同一块田地上有顺序地轮换种植不同作物或轮换采用不同复种方式的种植方式。在我国古代《吕氏春秋》《齐民要术》等诸多农书中均有详尽记载。轮作换茬是我国农业协调地力、精耕细作的宝贵经验，为世界各国广泛采用。中国南方稻田主要种植制度见表 7–2。

表 7–2 　　　　　　　　　　　中国南方稻田主要种植制度

种植制度	模式类型
轮作	稻棉轮作、稻蔗轮作、稻薯轮作、稻瓜轮作、稻菜轮作、稻烟轮作、稻菌轮作、稻药轮作、稻草轮作、稻鱼轮作、稻鸭轮作、稻苗（木）轮作、稻花（卉）轮作、稻果（树）轮作等。

3. 不同种植模式的特点

3.1 复种

3.1.1 双三制

双三制即双季稻三熟制，是我国南方稻田常见的传统复种类型，主要由以下几种复种方式构成：

（1）绿肥–早稻–晚稻。这是整个南方双季稻区稻田的主要复种方式，在 20 世纪中叶，其种植面积占稻田总播种面积的 2/3 以上。进入 21 世纪，由于种植冬季绿肥紫云英没有直接的经济效益，加上改革开放后工业化、城市化和城镇化进程不断加快，大量农村劳动力向城市转移，导致绿肥种植面积连年下降。为确保双季稻的高产、稳产，"肥–稻–稻"能够最大限度提高土壤肥力、改善土壤理化和生物学性状。为实现农业经济效益、社会效益和生态效应的"三效"同步增长，将紫云英过腹还田，对发展畜牧业、实行农牧结合具有重要作用。恢复和发展绿肥–早稻–晚稻这一复种方式，对农业可持续发展具有深刻意义。

（2）油菜–早稻–晚稻。由油菜和双季稻组成的"油–稻–稻"复种三熟制，广泛适宜于我国南方双季稻区，是一种用地与养地相结合、粮油双丰收、经济效益与生态效应俱佳且深受广大农民欢迎的传统复种方式。

"油 – 稻 – 稻"复种方式有三大优点：一是增产，与肥 – 稻 – 稻复种方式相比，其全年作物总产量明显高于"肥 – 稻 – 稻"复种方式；二是增收，由于油菜的直接经济价值远高于紫云英，因此，"油 – 稻 – 稻"比"肥 – 稻 – 稻"具有更高的经济效益；三是改土，由于油菜整体归还率高，有利于改善土壤结构、增加土壤养分，对维护农田土壤持续高产高效的生产能力十分有利。

（3）大麦 – 早稻 – 晚稻。"麦 – 稻 – 稻"复种方式具有以下几个特点：一是经济效益高，大麦既是粮食作物，也是啤酒工业、饲料工业的原料作物，对发展食品工业、提高农产品附加值十分有利。二是粮食产量高，一年三季都是粮食作物，对确保粮食安全具有重要意义；小麦加工成多种方便食品、保健食品等，能提高农业综合效益。三是地力消耗大，三季作物大麦或小麦、早稻、晚稻都是禾本科耗地型的"用地作物"，要及时增施肥料补充营养元素，注意用地与养地相结合的方式。

（4）蚕豆 – 早稻 – 晚稻。蚕豆和豌豆既是冬种粮食作物、饲料作物，又可作为蔬菜食用。在医学上蚕豆、豌豆具有重要的药用价值和保健作用。这种复种方式的特点是：一是蚕豆、豌豆生育期略比油菜成熟晚一些。二是能用蚕豆、豌豆秸秆作饲料，对发展畜牧业有利。三是将蚕豆、豌豆秸秆翻沤肥田，能够有效提高地力、促进水稻增产。

（5）马铃薯 – 早稻 – 晚稻。近年来在我国南方长江中下游区各省发展较快，至今已在全省各地广泛推广。由于马铃薯用途广泛，既是粮食作物，又可用作蔬菜，因而深受消费者欢迎。该复种方式具有以下 4 个特点：一是本小利大，不误农时；二是用养结合，水稻增产；三是容量栽培，产量稳定；四是综合利用，全身是宝。

3.1.2 两熟制

南方稻区常见的稻田两熟制有以下几种复种方式：

（1）冬季休闲型。这类复种方式，在冬季休闲，浪费了冬季生长宝贵的光、热、水、气、土、劳动力资源，不符合当前构建"资源节约型"社会的要求，今后应通过"冬季农业的开发"，充分利用冬季资源，使得农作物在冬季也能得到蓬勃发展。

（2）秋季休闲型。这类复种方式对提高地力，发展"高产、优质、高效、生态、安全"农业极为不利，浪费了丰富的秋季农业资源。为提高稻田资源利用率和社会经济效益，应有计划地发展秋季玉米、大豆、甘薯等高产饲料作物，使稻田资源利用率得到高效发展。

3.1.3 一熟制

在湖南及南方稻区还有少部分稻田一年只种植一季水稻，这是对稻田资源的严重浪费，必须采取合理的措施加以限制，否则将对稻区农业及农村经济的可持续发展构成不利影响。

3.2 轮作

轮作具有以下几个特点：一是增产增效。稻田实行轮作，既使作物增产，又明显提高经济效益，增加了农民经济收入。二是改土。轮作有利于改善土壤理化性状和生物学性状，对培养、恢复和提高土壤肥力效果明显。三是减灾。轮作不仅可减少农田杂草危害和病虫害，还能净化农田生态环境，对实行农田清洁生产、生产绿色食品和无公害食品十分有利。四是改善农产品品质，丰富农产品种类和数量。实行水旱轮作，可提高稻米蛋白质含量，改善农田生态环境，减少了病、虫、杂草危害，避免了大量化肥、农药、除草剂的使用，在一定程度上提高了农产品的"健康性"和"安全性"。农产品的种类和数量增多，尤其是将间作、混作和轮作结合起来，可极大地丰富农产品的种类和数量，对改善人民生活、丰富市场供给和活跃市场经济十分有利。五是有利于维护生态平衡，促进农业可持续发展。我国南方各地稻田轮作主要有以下各种类型和模式。

（1）稻棉轮作。在长期种植水稻的田块，改种棉花，实行稻棉复种轮作，有利于改善稻田土壤结构，减轻棉铃虫为害，促进粮、棉双丰收，有效促进农田资源利用。

（2）稻蔗轮作。江西赣南是传统的甘蔗种植区，长年在同一田块中栽种甘蔗，不仅产量提高慢，而且品质还有下降趋势。为实现稻、蔗双增产、双增效，可将"蔗田"变为"稻田"，"稻田"改为"蔗田"。

（3）稻薯轮作。南方红壤丘陵地区，常因"伏秋干旱"致使稻田栽种的晚稻产量得不到"保障"，往往出现晚稻"三年两不收"。在灌溉条件得不到根本改善的前提下，为避开季节性干旱的危害，增加了粮（饲）作物甘薯的产量，可将晚稻改为甘薯，形成"肥－稻－薯"复种方式，实行年内和年间的"稻薯轮作"，对维护稻田高产、稳产具有重要作用。

（4）稻瓜轮作。20世纪末期，由于实行家庭联产承包责任制，广大农民自主经营"稻田"，在长年种植水稻的田块发展瓜类生产，种植不同季节、不同品种的西瓜、甜瓜、秋籽瓜等，在极大改善农田生态环境的同时，大大提高了稻田的经济效益，使农民现金收入大幅增加，加快了农民致富奔小康的步伐。

（5）稻菜轮作。城郊农民为实现增收，往往在城市郊区和乡镇周围的稻田，腾出一定的面积用于发展蔬菜生产，实行水稻与蔬菜轮作。采取合理的措施：一是"蔬菜进稻田"，实行稻菜复种轮作，可以达到粮（稻）菜兼顾、粮菜双丰收的目的，合理利用了稻田资源；二是"水稻入菜地"，根据具体情况种植水稻，以及大豆、玉米、甘薯等，在确保蔬菜生产的前提下，增加了粮食产量，对改善人民生活、缓解劳力紧张和促进作物增产均有明显效果。

（6）稻烟轮作。发展稻烟复种轮作模式，大幅度提高了稻田经济效益，"稻烟轮作田"收益显著，广大农民真正尝到了稻烟轮作的"甜头"，农民生产积极性得到提高。

（7）稻鱼轮作。南方稻田养鱼面积逐年增大。稻田养鱼多采用稻鱼轮作的形式进行，将养殖鳝鱼和泥鳅与种稻、养鱼、养蛙结合起来，形成稻鱼复合轮作系统，有效地提高了稻田生态效应与经济效益。

（8）稻鸭轮作。自20世纪以来，我国南方稻田养鸭技术得到较快发展，稻鸭共栖、稻鸭轮作面积逐年扩大。稻鸭轮作具有以下几个特点：一是利用食物链，可有效控制稻田有害生物的危害；二是促使稻田生态效应和经济效益共同发展；三是可减少化肥农药的使用，避免稻田有害生物产生抗药性，减少农田农药污染，保证良好农田生态环境；四是维护农业生态平衡，保护稻田生物多样性；五是促进畜牧业的可持续发展；六是稻鸭轮作能够保证稻、鸭产品同时安全、优质，有利于人们健康，保证消费者安全。

（9）立体种植

立体种植是生态系统模式的重要组成部分，稻田立体种植是近年内发展起来的一种新型并具有强大活力的立体种养模式。传统耕作制度下单纯依靠人工提高产量，不仅使得成本提高，还会造成环境污染等。立体种植农业主要是在稻田沟渠中饲养鱼、蟹、虾等，实施种养结合的方式，不仅带来经济效益，而且符合生态经济发展的理念，是一种良性循环的生态种养结合的农业模式新类型。

黄毅斌等人在对稻 – 萍 – 鱼体系的研究中得出该模式具有以下特点：红萍固 N 和富 K 的能力强且减少了化肥的投入，减少了对稻田的污染；稻 – 萍 – 鱼体系的土壤肥力在减少化肥投入的情况下，土壤供肥能力平稳提高，能满足水稻生长需要；由于稻 – 萍 – 鱼体系的化肥施用量仅为常规稻的 30%，从而使得稻田 CH_4 排放量低于常规稻田；稻 – 萍 – 鱼体系综合技术不但不会影响水稻的产量，而且可以提高经济效益，增加稻田鱼类产出与动物蛋白来源，有效改变食物结构，并能提高农民的生产积极性。

另外，常见的稻 – 鱼 – 鸭与稻 – 鸭种养模式都有着很好的生态效应。研究表明，稻 + 鸭 + 鱼模式具有以下优点：一是稻田土层温度升高，土壤昼夜温差增大，有效提高了土壤有机质、全氮、磷、钾，速效 N、P_2O_5、K_2O 养分含量；二是鸭子在田间活动可有效增强水稻通风透光的能力，减少无效分蘖；三是水稻植株虫害减少，病害轻，生态环境质量较好，属良性循环。同时滕建军也指出了稻 – 鸭种养模式中的鸭群对水稻生长的不利影响与稻田环境不适合鸭群生长的因素之间的矛盾问题，还需要继续研究与改善。

4. 稻田多熟种植存在的突出问题

南方稻田多熟种植制度在我国农业可持续发展战略中占有极其重要

地位，不仅对全国粮食生产具有举足轻重的作用，而且对实现全国农业、南方稻田耕作制度的可持续发展问题，维护国家粮食安全，具有重要的理论与实践意义。根据近年来的国内外有关资料及调查研究，从可持续发展角度出发，当前我国稻田种植制度存在以下几个方面的问题，亟待研究解决。

4.1 复种指数下降

新中国成立以来，南方稻田耕作制度先后经历了一年一熟制向一年两熟制、三熟制的发展过程，总体上呈现稻田熟制不断提高、复种指数不断上升的趋势。但不容否定的是，南方各地近年来出现了稻田复种指数下降的现象。主要有以下几点原因：一是有的地方为了"调整农业结构、提高经济效益"，片面地"调减"水稻种植面积，这就使得南方有相当多的地方出现了水稻种植面积下降、熟制降低、稻田复种指数下降的现象；二是自改革开放后，人们生产生活水平不断提高，对优质安全稻米的需求越来越高，为提高稻米品质，提高农业生产的经济效益，各地在扩种优质稻的同时，相应地缩减了水稻总的播种面积，这就导致了稻田复种指数较大幅度下降；三是由于种稻的整体经济效益低，很多农民"弃农经商""弃稻进城""弃稻打工"，导致大量稻田撂荒、农田荒芜，稻田复种指数势必下降。

4.2 长期复种连作

我国南方种植水稻的历史悠久。在长期的水稻生产过程中，南方形成的水稻种植制度多以"绿肥－双季稻"复种连作为主，一方面，"双三制"对南方乃至全国粮食生产的稳定和持续发展起着积极作用，贡献巨大；另一方面，"双三制"的长期复种连作，也带来不容忽视的负作用。长期"双三制"复种连作，至少带来以下几方面的不利影响：一是由于长年"两水一板"，土壤物理性状变劣，造成土壤次生潜育化，土壤物理性状愈变愈劣；二是土壤"缺素"，作物片面吸收和消耗土壤中某种或某几种营养元素，某些养分元素供应不足，影响水稻产量，主要是因为土壤养分片面消耗，长年单一种植水稻，造成作物需肥特性单一，施肥种类和结构单一；三是土壤有毒物质积累，由于任何作物在生长过程中均会产生大量"分泌物"，即新陈代谢产物，而这种"分泌物"对作物自身是有毒害的。因此单一作物长年复种连作，必然会导致土壤中大量有毒、有害物质积累，并最终对作物生物发育和农产品的产量与质量产生不利影响；四是造成农田病、虫、草害加重。长期"双三制"复种连作，农田生态环境"稳定"，适宜某些病、虫、杂草的繁殖和蔓延，从而必然造成农田病、虫、杂草危害逐年加重，对实现农业的可持续发展有百害而无一利。

4.3 熟制缩减

熟制缩减的一个表现是耕地复种指数降低。闫慧敏等研究表明，我国在 20 世纪 90 年代末，全国复种指数总体升高，但每个区域同时存在复种指数下降的趋势。进入 21 世纪以后，我国南方稻田多熟复种指数堪忧，这与多方面因素有关。首先是粮食面积比重下降，经济作物比重上升，种植业结构趋于优化；其次是复种指数徘徊上升，复种类型增加，吨粮田面积扩大，轮作面积减少，连作面积增加；然后是养地方式从有机养地转为化肥养地为主，绿肥面积下降，化肥用量增加。另一个表现是南方一些地区大量闲置土地，使稻田多熟种植的三熟制变为两熟制，如"油菜－早稻－晚稻"模式变成了"早稻－晚稻"模式或"油菜－一季稻"模式，使原本适合两熟制的地区不再种植其他作物，只种一季稻。

4.4 面积下降

我国城市化进程加快，经济快速发展和人口不断增加。有效耕地面积逐年减少，同时土地用来进行种植的面积也在减少，主要是各项城市道路和建筑建设占用大量稻田以及生态退耕与环境保护滞后等原因。赵晓丽等研究改革开放 30 年来我国耕地变化时空特征及其主要原因，由于土地地形利用困难，农业设施陈旧，不利于灌溉，农业效益低下，使农民的播种积极性降低，进而导致种植面积不断减少。再次，我国多熟种植制度的复种指数降低，也就意味着实际播种面积的减少，南方稻区主要表现在单季稻、双季稻耕种的面积减少以及双季稻改成单季稻耕种。最后，由于农民种地积极性不高，导致大量冬闲田的出现，从而使实际种植面积骤减。

4.5 模式单一

在长期的水稻生产过程中，南方形成的水稻种植制度多为"绿肥－早稻－晚稻"或者"油菜－中稻"等复种连作模式，而农民越来越不愿意改变土地种植结构，长期在同一块土地连作种植相同的多熟模式，这样既不利于农产品增产增效，也不利于土地、光热等资源的高效利用，使土壤理化性状变差，土壤养分片面消耗，土壤有毒物质积累，稻田生态环境单一，造成病、虫、草害的肆虐。

4.6 效益降低

研究认为，多熟种植模式有利于提高农民经济效益。但当前很多农民认为"种田不赚钱""种稻不合算""弃稻进城"。一方面农民种植农作物越来越懒散，连作种植模式较多，在没有良好的肥料和病虫草害管理的情况下，作物产量低且收益甚微，而且作物种类较多，管理方式不一，没有组织专门的多熟种植培训，农民们栽培技术一般；另外，多熟种植的风险大，自然灾害风险多有发生，紧急避险机制应用不广泛，导致水稻及其他间套作物的产量低，经济效益明显降低。以上这些都是农民不愿意种地而"弃稻打工"的主要原因。效益降低的主要原因表现在：优质品种的种植面积尚不大，稻田中高效经济作物还不多，而粮食比价低，种粮经济效益差。针对这些原因，政府应采取措施，充分调动农民在稻田种植多熟制的积极性。

4.7 地力衰退

在生产过程当中农户只注重用地，片面经济利益化，养地意识薄弱，使土地贫瘠，加上部分政府对土地实行流转政策等，未能积极养地，更加影响作物的产量和质量。主要表现在养地的环节和次数减少，养地的手段和措施缩减，农田基础设施"带病"运转，使南方稻田多熟种植制度的养地强度明显减弱，还会造成土壤理化性状变劣、肥力下降等。此外，农田生态系统遭到破坏及地下水污染，主要原因是每年大量的化肥、农药直接施入农田，很容易造成一些有害化学元素在土壤中的积累，重金属污染问题愈演愈烈。

4.8 耕地撂荒

农村稻田耕地撂荒，是现代南方稻区推进多熟种植模式的新问题。冬闲田面积大，根据近些年的调查和估算显示，南方现有稻田面积中，只有约1/3在利用，其余均为撂荒、休闲。具体表现在：种植户全年外出打工或因自然灾害等，导致南方稻田耕地出现全年撂荒问题；耕地自然条件差，基础设施灌溉条件也难以满足，这都导致了这一问题的出现。鲁德银调查显示，耕地撂荒的原因主要来自于三个方面：贫困户多数是种田户，稻田经济效益低，农民积极性低，而务工经商能获得高额的收益，这也是农民"弃稻打工"的主要原因。另外，大多数纯农业户认为"负担重或过重"；农户认为粮食定购价和保护价与其他相比涨幅太低；政府对土地实行流转政策，导致土地产权残缺、流转机制不健全，更加阻碍了稻田规模效益的提高。

5. 对策

5.1 优化种植结构，提高稻田效益

20世纪90年代，随着商品经济的发展和市场经济的建立，农业由单纯追求高产向高产、优质、高效"三高"并重的方向发展，不仅要保持高产量，而且更加重视高质量和高效益。开展了以"优化种植结构，提高稻田效益"为中心的稻田种植模式改革。具体表现在发展多种作物复合种植，开展多种冬作综合开发模式，改常规品种为优质品种等。从而出现了不少高效农田。

5.2 组建可持续发展的稻田复种模式

以农业的生产持续性、经济持续性与生态持续性三大持续性原则为指导。实行养地制度，增加稻田耕作中的"犁田""耙田""耖田"等环节，增加田间管理工作；养地手段和措施增加，如稻田绿肥养地，稻田生物养地；农田基础设施建设，保证农田基础设施正常运转，以此促进南方稻田种植制度的可持续发展。

5.3 树立对南方稻田多熟种植的科学认知

从各级政府入手，结合各地实际不断提高认识，树立对南方稻田多熟种植的科学认识，不断提高自我认识，培养主人翁精神。熟制缩减必须增加耕地复种指数，扩大间套作复种面积；开展分配制度创新，减轻农民负担，吸引农民进行多熟种植，提高农民生产积极性；重视多熟种植的技术推广工作，推动其快速发展。最后，多熟种植产业应与经济结构和现代化农业产业化、农产品优质化工程共同发展，制订南方稻田多熟种植发展规划，使粮食生产量达到基本自给自足。

5.4 走"三高"的发展之路

"三高"即高投入、高产出、高效益，我国人多地少的国情决定我国必须实行多熟种植制度，才能适应现代化农业的发展需要。不仅要增加物资投入，还要加大教育培训、科学技术、政策指导和劳动力等投入。研究认为，农田高产高效，还应改善生产条件，政府要多措并举，扩大融资，完善农田基础建设措施，建立高标准的多熟种植农田。加大教育科研事业的投入，培养高水平的技术人才，在政策上给予引导，开展多项鼓励政策，并将成熟的种植技术和经验通过培训传授给农民，增加农民对于稻田多熟种植的耐心和积极性。

5.5 加强研究，强化技术研究和科研力度

针对当前稻田多熟种植存在的技术不配套、熟制缩减、面积减少、模式单一、推广不利、效益降低、地力衰退和耕地撂荒等问题，只有加强研究，强化技术研究和科研力度，才能进一步提高稻田多熟种植的推广力度。具体从 5 个方面开展工作：第一，开展多熟种植农作物品种选育和种质创新攻关，争取育成适合南方各生态区域大面积种植的高产优质品种；第二，研究与之相匹配的高产优质高效配套栽培技术，加强稻田多熟种植模式的研究，尽快形成适宜南方不同地区的技术模式，实现规范化、标准化；第三，开展农机农艺配套技术研究，提高劳动生产率；第四，推进标准化生产，开展技术培训和示范推广；第五，发展新兴农产品的加工，开展间套作技术及产业化研究，就地生产就地转化的道路。

5.6 加大扶持，调动农民积极性

省、市、自治区应进一步加大惠农政策补助力度，调动农民积极性。增加有效的耕地面积，用以稻田多熟制的种植，提升土地利用率和产出率，改善农民的生产生活条件。政府部门出台一定的优惠政策，吸引技术人员积极进行指导，鼓励农业类院校的大学毕业生积极参与到农业技术推广工作中来，提高科技队伍水平，对现有技术人员进行培训，政府出资提供学习深造的机会等。

5.7 建立样板，实现样板示范推广

在南方稻田生产基地，实现样板示范推广。在此基础上，建立南方稻田多熟种植技术中心，专门开展良种繁育、栽培技术、植物保护以及新技术开发、高新技术推广应用和与农作物相关的经贸营销工作，保证南方稻田多熟种植生产持续稳步发展。积极发展资源保护型技术、资源节约型技术、资源循环利用型技术以及环境保护型技术等。

5.8 分类指导

对不同区域、不同熟制、不同品种、不同模式分门别类地进行科学合理的规划，科研院所加大研究，对农民进行培训和引导，提高稻田多熟种植效益和农民的积极性。要求南方各省市区的相关领导和科研院所积极参与南方稻田多熟种植的工作，促进农业更加现代化，不断更新传统先进精华技术，另一方面有目的有选择地吸收利用现代科学技术，加大创新力度，全方位提高我国种植制度的现代化水平。

6. 稻田耕作制度发展趋势

进入新的历史发展时期，对做好"三农"工作提出了许多新思想、新理念、新论断。这些重要论述着眼于我国经济社会发展大局，深刻阐明"三农"工作的战略地位、发展规律、形势任务、方法举措，为新时期农业农村改革发展提供了重要依据。围绕推进农业供给侧结构性改革这条主线部署了农业农村改革发展的重点任务，着力巩固发展农业农村好形势。南方稻田耕作制度的发展也必须适应新情况、新形势。随着社会主义市场经济

的发展和高产优质高效农业的目标的确立，种植制度的改革与发展面临着良好的机遇，新时期农业农村改革发展更是给我国种植制度的改革和发展以有益的启迪。合理地调整和改革种植制度，不断适应社会经济发展的需要和农业持续发展的要求。

6.1 多样化

根据近年的广泛调查分析，我国南方稻田种植制度正在朝着多样化的方向发展，具体表现在以下几个方面。

6.1.1 种类多样化

南方稻田种植制度的作物组成，由单一种植水稻向种植多种作物转变或实行多样化的种养结合。

6.1.2 品种多样化

就水稻品种而言，目前南方大面积推广的品种有 30~50 个，甚至更多。随着市场竞争加剧和市场变化的"不可预见性"，南方稻田种植作物品种的种类和数量将会增加，更新速度将会加快，多样化趋势将更加明显。

6.1.3 熟制多样化

改革开放后，南方稻田耕作制度存在明显的"熟制多样化"趋势。一是在少熟制地区，生产条件得到改善，设施农业逐渐兴起，已经有较多的多熟制存在；二是在多熟制地区工业化、城市化进程加快，农业效益相对下降，导致进城"打工"农民增多，稻田熟制下降明显；三是同一地区，即使自然条件和生产水平相近，但因其他方面的原因，稻田熟制也存在多样化现象。

6.1.4 模式多样化

由于作物种类和品种的多样化，不同作物和品种组成的间、混、套、复、轮（连）种植模式也呈多样化趋势发展。

6.1.5 养地途径多样化

南方稻田耕作制度有多种养地途径，包括物理学养地途径、化学养地途径、生物学养地途径、化学－生物学养地途径，以及综合养地途径等。

6.2 规模化

国内外农业发展的经验告诉我们"有规模，才有效益"。因此今后南方稻田耕作制度的发展必然走"规模化"的道路。随着我国改革开放的不断深入和社会经济的不断发展，从事农业生产的劳动力的数量逐步减少，大量农村劳动力脱离农业生产而转入二三产业，这就必然使得每一个实际从事农业生产的劳动力所应耕种的耕地面积将不断增加。这也要求规模化生产方能满足需求。农民要想增收，也必然要促使相当部分农民脱离"农村""农田"去开拓新产业、新世界。而农村要用少数劳动力去经营现有耕地，只有"规模化"生产，才能促进农业及农村经济得到快速发展。稻田是我国南方农业耕地面积的主要组成部分，稻田的规模化经营和稻田耕作制度的规模化发展，将极大地提高稻田生产力和劳动率，稻田耕作制度的规模化发展，有利于稻农增收，提高稻田生产力和稻区劳动生产率，有利于促进农业与农村现代化发展。

6.3 机械化

农业的根本出路在于机械化，2001年我国加入WTO之后，广大农村的机械化速度日益加快。现在我们正面临建设社会主义新农村的伟大机遇，这为农业机械化的发展带来了新的机遇、新的动力。南方稻田耕作制度的机械化，已由以往的一家一户、单一小型的机械，向新世纪新阶段多家多户的集体化、大型化高效机械方向发展。根据调查，目前农村有2/3的人口外出打工，只有极少数的劳动力在家务农，人少田多，为提高种田效率和农业劳动生产率，大多数选择购买农用机械。这也从一个侧面反映了南方稻区机械化发展的趋势。

6.4 轻型化

以科学发展观为指导，建设资源节约型和环境友好型社会，是新世纪、新阶段我国社会主义建设面临的重大任务。为适应新的发展需要，南方稻田耕作制度的轻型化将发展成必然趋势。轻型化的稻田耕作制度，大大简化节省了能量、资源、资金和工时，提高了资源利用率和生产效率；其次，轻型化的稻田耕作制度，减少了化肥农药的使用，保护了生态环境，更提高了产品质量，增加了农产品的安全性。因此，轻型化的稻田耕作制度受到我国稻农的青睐和欢迎。

6.5 高效化

高效化是南方稻田耕作制度发展的必然趋势。近年来，南方稻田耕作制度在向高效化方向发展过程中，逐渐表现为以下特点：一是生产成本降低，主要是采用了轻型化栽培技术体系；二是现代高新技术的生产推广和广泛应用，极大地提高了农业生产力，有效地增加了农作物单位面积的物质产出；三是全球经济一体化，不断开拓和占领国际市场，农产品销售量和销售渠道、销售途径不断增加；四是大力开发生物农药，推广生态减灾技术，既节约了资源，又保护了环境。因此，可以说，高效化是检验南方稻田耕作制度是否具有强大生命力的重要标志。

6.6 绿色、生态化

21 世纪是绿色、生态化的世纪，有机食品、绿色食品和无公害食品已成为 21 世纪各国主导的食品。南方稻田种植制度的发展，已经逐步在绿色化、生态化方面有一定基础，无公害大米、绿色大米和有机大米成为人们喜闻乐见的主流产品。可以预见今后南方稻田种植制度将在绿色化、生态化方面有更大的发展。

7. 土壤重金属来源、危害及不同种植方式对作物吸收重金属的影响

7.1 土壤重金属污染的来源及危害

土壤重金属污染是指由于人类活动，金属元素在土壤中的含量超过背景值，过量沉积而引起的含量过高，统称为土壤重金属污染。重金属是指比重大于 5.0 的金属元素。重金属元素进入土壤后，若含量高于安全标准从而使生态环境恶化的现象就是土壤重金属污染。改革开放以来，我国农业、工业化水平发展迅猛，随之而来的土壤重金属污染也越来越严重。随着人们生产生活水平不断提高，对土壤重金属污染的认识和关注也越来越多。镉米危机的出现，再次敲响土壤污染的警钟。当前农田土壤主要污染元素有 Cd、Cr、Pb、Ar、Fe、Cu 等。重金属在自然界主要是以化合物的

形式存在，重金属超标会导致植株叶片失绿，严重的话会导致植株死亡。对人体来说，重金属主要是通过养分循环和食物链进入人体，严重危害人体健康，甚至造成无法挽回的后果。

土壤中重金属元素主要有自然来源和人为干扰输入两种途径。在自然因素中，成土母质和成土过程对土壤重金属含量的影响很大。在各种人为因素中，工业、农业和交通等来源引起的土壤重金属污染所占比重较高。大气对土壤中各种元素的含量具有明显的影响。大气沉降的污染源有电厂、黑色冶金、石油开采和加工、运输、有色冶金以及建筑材料开采和生产等，进入大气的重金属通过干、湿沉降输入土壤和水体。污水灌溉是指经过处理并达到灌溉水质标准要求的污水为水源所进行的农田灌溉，但生产实践中大部分污水未经处理就被直接利用。主要表现在北方地区，由于北方比较干旱，缺水严重，而许多大城市都是重工业城市，耗水量大，所以农业用水更加紧张，污灌在这些地区比较普遍，均存在较为严重的因污灌引起的农田土壤和农作物的重金属累积或污染问题。在中国，每年约有 $1.25 \times 10^6 kg$ 稻谷不能食用，造成了粮食严重浪费，污水灌溉地区镉在人体器官中有明显的积累，由于污灌区用作饲料的米糠、稻谷中含有较高的 Cd，灌区家畜脏器中的积累也非常明显。肥料中重金属的含量及其对土壤环境质量影响的可能性越来越被重视。对南方地区市售常用肥料样品中重金属含量的调查结果表明，有机肥中 Cd、Cu 和 Zn 含量最高，过磷酸钙 Pb 含量最高。对大型养殖场畜禽饲料、畜禽粪和商用有机肥的调查亦表明，其中的铜、铅、锌和镉的含量都较高，长期施用将有可能造成严重的土壤和作物重金属累积或污染问题。重金属污染问题也成为稻田高产高效种植模式的主要障碍。

南方地区矿产资源丰富，湖南省更是素有"有色金属之乡"的美誉，近年来对金属需求的不断增加和对矿产资源的盲目开发，造成土壤重金属污染，生态环境遭到严重破坏。通过对工矿地区土壤重金属的废水、废渣及降尘的调查，湖南重金属污染非常严重，家畜和人的身体健康都受到不同程度的严重伤害。

7.2 不同种植方式对作物吸收土壤中重金属的影响

间作可提高土地利用率，由间作形成的作物复合群体可增加对阳光的截取与吸收，减少光能的浪费；同时，两种作物间作还可产生互补作用，如宽窄行间作或带状间作中的高秆作物有一定的边行优势、豆科与禾本科间作有利于补充土壤氮元素的消耗等。由于不同作物根系的相互作用，对作物吸收土壤中重金属有一定影响，所以间作方式可降低作物地上部分重金属含量。吴华杰等进行盆栽试验表明，水稻、小麦一起种植时均能降低水稻、小麦地上部对镉的吸收，但对镉在籽粒中的累积影响不同。李廷轩、马国瑞等采用大容积土培盆栽方法发现，间作较单作显著提高了烟草的根系活力。李惠英等在土培条件下，模拟不同程度铬污染的土壤，结果表明旱作玉米 – 大麦铬含量远远高于水稻 – 玉米铬含量。反映了同一作物在不同的耕作制度下水稻土对铬的蓄积能力明显地低于旱作土。因此水旱轮作，可调整土壤 pH、Eh 值，能够有效降低铬的有效性。

参考文献

[1] 高志强 . 农业生态与环境保护 [M]. 北京 : 中国农业出版社 , 2001.

[2] 邹冬生 . 农业生态学 [M]. 长沙 : 湖南教育出版社 , 2002.

[3] 武兰芳 , 陈阜 , 欧阳竹 . 种植模式演变与研究进展 [J]. 耕作与栽培 , 2002 (3): 1–5.

[4] 陶建平 , 李翠霞 . 两湖平原种植制度调整与农业避洪减灾策略 [J]. 农业现代化研究 , 2002, 23 (1): 26–29.

[5] 王德仁 , 陈苇 . 长江中下游及分洪区种植结构调整与减灾避灾种植制度研究 [J]. 中国农学通报 , 2000, 16 (4): 1–3.

[6] 骆世明 . 农业生态学 [M]. 长沙 : 湖南科学技术出版社 , 1987.

[7] 卞新民 , 冯金侠 . 多元多熟种植制度复种指数计算方法探讨 [J]. 南京农业大学学报 , 1999(01): 14–18.

[8] 王德仁 , 卢婉芳 , 陈苇 , 等 . 红黄壤区 "豌豆 – 稻 – 稻" 高产高效种植制度研究 [J]. 中国水稻科学 , 2001(02): 72–75.

[9] 牛若峰 . 农业经济技术手册 [M]. 北京 : 中国农业出版社 , 1983.

[10] 黄国勤 . 中国南方稻田耕作制度的演变与发展 [J]. 古今农业 , 1998(04): 66–72, 45.

[11] 牟正国 . 持续高产高效种植模式的理论与实践 [M]. 北京 : 中国农业出版社 , 1995.

[12] 陆建飞. 太湖地区种植制度的演变及其对当前种植结构调整挑战的意义 [J]. 农业现代化研究, 2001, 22 (4): 229–232.

[13] 马新明, 陆建飞. 论种植制度的改革与发展 [J]. 干旱地区农业研究, 1995, 13 (2): 1–6.

[14] 钱素文. 高沙土地区几种值得推广的多熟制立体种植模式 [J]. 土壤肥料, 2000(4): 30–32.

[15] OTT S L, HARGROVE W L. Profits and risks of using crimson clover and hairy vetch cover crops in no–till corn production[J]. American Journal of Alternative Agriculture, 1989, 4(02): 6–70.

[16] HANSON J C, LICHTENBERG E, DECKER A M, et al. Profitability of No–Tillage Corn Following a Hairy Vetch Cover Crop [J]. J Prod Agr, 1993, 6: 432–437.

[17] SMOLIK J D, DOBBS T L, RICKERL D H. The relative sustainability of alternative, conventional, and reduced–till farming systems[J]. American Journal of Alternative Agriculture, 1995, 10(01): 25–35.

[18] 王龙昌, 王立祥. 宁南旱区抗旱应变种植制度决策系统研究 [J]. 农业工程学报, 2002, 18(5): 235–240.

[19] 黄智敏, 黄永平. 涝渍地种植制度与高效农业模式研究 [J]. 长江流域资源与环境, 2003, 12(2): 174–179.

[20] TARHALKAR P P, RAO N G P. Changing concepts and practices of cropping systems[J]. Indian Farming, 1975.

[21] JOROGE J M, KIMEMIA J K. Economic benefits of intercropping young arabica and robusta coffee with food crops in Kenya[J]. Outlook Agric, 1995, 24(1): 27–34.

[22] 高旺盛. 耕作制度改革回顾与新世纪展望 [J]. 耕作与栽培, 1999(1): 1–5.

[23] 尹光华, 蔺海明. 旱农区不同种植模式作物最佳补灌时期和适宜补灌量研究 [J]. 干旱地区农业研究, 2000, 18(1): 85–90.

[24] 湖南省统计局. 湖南统计年鉴 [M]. 北京: 中国统计出版社, 2001.

[25] 赵爱菊, 高凯. 马铃薯高效间套种植模式 [J]. 中国蔬菜, 2002(1): 44.

[26] 张伯平. 改革开放以来我国稻田种植制度变革的探讨 [A]. 中国作物学会、中国农业大学农学与生物技术学院. 中国作物学会 2005 年学术年会论文集 [C]. 中国作物学会、中国农业大学农学与生物技术学院: 中国作物学会, 2005: 8.

[27] 马艳芹. 广西灵川县稻田耕作制度调查与模式优化研究 [D]. 南昌: 江西农业大学, 2014.

[28] 顾宏辉, 赵伟民. 山区与丘陵旱地新型多熟种植模式及配套技术 [J]. 浙江农业科学,

2002(6): 274–277.

[29] 谢应忠, 王宁, 郭文远. 干旱半干旱农牧交错区优化草地生态农业体系建设研究 [J]. 干旱地区农业研究, 2000, 18(3): 104–109.

[30] 李纯. 新形势下耕作制度发展动向及信阳市实证分析 [D]. 武汉: 华中农业大学, 2006.

[31] 张彩霞. 气候变化背景下南方主要种植制度的气候适宜性研究 [D]. 南昌: 江西农业大学, 2016.

[32] 陈夔. 我国南方地区多熟种植制度的模式及效益浅析 [J]. 南方农业, 2012, 6(05): 13–15.

[33] 张备. 稻田多熟制, 稳粮增效益 [J]. 江苏农机与农艺, 1996(03): 13–14.

[34] 李小勇. 南方稻田春玉米 – 晚稻种植模式资源利用效率及生产力优势研究 [D]. 长沙: 湖南农业大学, 2011.

[35] 刘巽浩, 任天志. 集约持续农业——中国与发展中国家的主要抉择 [J]. 农业现代化研究, 1993, 14(9): 4–6.

[36] 卢良恕. 中国可持续农业的发展 [J]. 中国人口·资源与环境, 1995(10): 10–19.

[37] 左天觉. 中外著名专家论中国农业 [M]. 北京: 中国农业出版社, 1998.

[38] 程序. 可持续农业导论 [M]. 北京: 中国农业出版社, 1997.

[39] 黄国勤. 中国南方稻田耕作制度的演变与发展 [J]. 中国稻米, 1997(4): 3–8.

[40] 李实烨, 王胜佳. 稻田多熟制中的地力贡献 [J]. 土壤通报, 1988(4): 145– 147.

[41] 李一平. 大力发展优质多元高效农作制: 湖南农作制度调查与思考 [J]. 耕作与栽培, 2000(2): 17–20.

[42] 陈小容. 西南丘陵旱地多熟种植模式土壤肥力及经济效益比较研究 [D]. 成都: 四川农业大学, 2012.

[43] [85] 官春云, 黄璜, 黄国勤, 等. 中国南方稻田多熟种植存在的问题及对策 [J]. 作物杂志, 2016(02): 1–7.

[44] 杨新春, 张文毅, 袁钊和. 我国水稻生产机械化的现状与前景 [J]. 中国农机化, 2001(1): 20–21.

[45] 周贤君, 邹冬生. 湖南省稻田种植制度的改革与发展 [J]. 耕作与栽培, 2004(02): 1–2, 12.

[46] 浙江农业大学. 耕作学 [M]. 上海: 上海科学技术出版社, 1984.

[47] 中国农业科学院. 中国稻作学 [M]. 北京: 农业出版社, 1986.

[48] 农业部全国土壤肥料总站. 土壤分析技术规范 [M]. 北京: 农业出版社, 1993.

[49] 郑家国, 谢红梅, 姜心禄, 等. 南方丘区两熟制稻田保护性耕作的稻田生态效应 [J].

农业现代化研究 , 2005(04): 294–297.

[50] 孙玲 , 朱泽生 . 稻棉轮作周期监测样区的最优选择方法 [J]. 江苏农业学报 , 2012, 28(05): 1189–1193.

[51] 陈元洪 , 刘浩官 , 赵可宇 , 等 . 稻蔗轮作地区水稻害虫发生特点及其综防对策 [J]. 福建农业科技 , 1988(06): 14–16.

[52] 周开慧 . 关于稻薯轮作问题 [J]. 浙江农业科学 , 1962(06): 266–268.

[53] 符家杰 , 羊兴菁 . 海南省稻瓜轮作高产高效栽培技术要点 [J]. 南方农业 , 2018, 12(09): 9–10, 12.

[54] 肖厚军 , 魏全全 , 赵欢 , 等 . 贵州黄壤 "烟 – 蒜 – 稻 – 菜 – 烟" 轮作制适宜氮钾运筹方式研究 [J]. 南方农业学报 , 2018, 49(10): 1933–1939.

[55] 张治民 . 稻烟轮作对烟草黑胫病、青枯病的防治作用 [J]. 烟草科技 , 1985(03): 63.

[56] 朱小发 . 中晚稻 (稻鱼轮作) 养鱼技术 [J]. 渔业致富指南 , 2001(15): 28.

[57] 唐诗奇 , 陈文 . 稻草轮作养鹅技术及应用价值 [J]. 当代畜牧 , 2016(20): 26.

[58] 黄毅斌 , 翁伯奇 , 唐建阳 , 等 . 稻 – 萍 – 鱼体系对稻田土壤环境的影响 [J]. 中国生态农业学报 , 2001(01): 84–86.

[59] 邓志武 . 稻鱼轮作生态高效养鱼技术示范试验 [J]. 水产养殖 , 2012, 33(09): 6–8.

[60] 滕建军 . 稻鸭共栖的矛盾与对策 [J]. 家畜生态 , 1994(01): 25–27.

[61] 孙占祥 . 辽西风沙半干旱区农业持续综合发展技术体系研究 [J]. 干旱地区农业研究 , 1997, 15(3): 73–76.

[62] 黄国勤 . 耕作制度与 "三农" 问题 [M]. 北京 : 中国农业出版社 , 2005.

[63] 李宝筏 , 杨文革 , 王勇 , 等 . 东北地区保护性耕作研究进展与建议 [J]. 农机化研究 , 2004(1): 9–13.

[64] 李一平 . 大力发展优质多元高效农作制 : 湖南农作制度调查与思考 [J]. 耕作与栽培 , 2000(2): 17–20.

[65] 王文刚 , 庞笑笑 , 宋玉祥 , 等 . 中国建设用地变化的空间分异特征 [J]. 地域研究与开发 , 2012, 31(01): 110–115.

[66] 李文叶 , 姜鲁光 , 李鹏 . 2001—2010 年鄱阳湖圩区水稻多熟种植时空格局变化 [J]. 资源科学 , 2014, 36(4): 809–816.

[67] 闫慧敏 , 刘纪远 , 曹明奎 . 近 20 年中国耕地复种指数的时空变化 [J]. 地理学报 , 2005, 60(4): 559–566.

[68] 国家统计局 . 中国统计年鉴 [M]. 北京 : 中国统计出版社 , 2015.

[69] 赵晓丽 , 张增祥 , 汪潇 , 等 . 中国 30 年耕地变化时空特征及其主要原因分析 [J]. 农业工程学报 , 2014, 30(03): 1–11.

[70] 董金玮, 刘纪远, 史文娇. 21 世纪初中国生态退耕的空间格局及黄土高原典型区退耕的生态位适宜性分析 (英文)[J]. Journal of Resources and Ecology, 2010, 1(01): 36–44.

[71] LIU J Y, LIU M L, TIAN H Q, et al. Spatial and temporal patterns of China's cropland during 1990—2000: An analysis based on Landsat TM data[J]. Remote Sensing of Environment, 2005, 98(4): 442–456.

[72] 梁海鸥. 巴彦县耕地资源利用变化时空特征研究 [D]. 哈尔滨 : 东北农业大学 , 2012.

[73] 闫慧敏, 黄河清, 肖向明, 等. 鄱阳湖农业区多熟种植时空格局特征遥感分析 [J]. 生态学报 , 2008(09): 4517–4523.

[74] 刘巽浩. 中国耕作制度 [M]. 北京 : 农业出版社 , 1993.

[75] 黄国勤. 南方稻田耕作制度可持续发展面临的十大问题 [J]. 耕作与栽培 , 2009(3): 1–2, 5.

[76] 黄国勤, 张桃林. 论南方稻田耕作制度的调整与改革 [J]. 热带亚热带土壤科学 , 1996, 5(2): 108–115.

[77] 鲁德银. 耕地撂荒的调查与思考 [J]. 农村经济 , 2002(4): 14–16.

[78] 覃秀苗. 农业机械技术推广在现代农业中的作用 [J]. 农业与技术 , 2019, 39(11): 50–51.

[79] 段红平. 我国三熟耕作区湖南省耕作制度演变规律、趋势与对策研究 [D]. 北京 : 中国农业大学 , 2000.

[80] 李明亮. 长沙市稻田高产高效种植模式比较研究 [D]. 长沙 : 湖南农业大学 , 2003.

[81] 刘隆旺, 徐逸美, 王林如, 等. 稻田三熟复种轮作研究初报 [J]. 江西农业大学学报 , 1985(02): 82–89.

[82] 后栋才. 总结稻田多熟种植经验发展高产优质高效农业 [J]. 云南农业 , 1994(12): 8.

[83] 杨俊辉, 曾祖俊, 庞良玉. 稻田多熟种植的经济、生态效应及生产弹性分析 [J]. 西南农业学报 , 1999, 12(1): 62–66.

[84] 张雯, 侯立白, 蒋文春, 等. 辽西北地区机械化保护性耕作技术体系效益评价 [J]. 辽宁农业科学 , 2006(02): 42–44.

[85] 李燕, 邹洁, 周忠贵. 优势农作物多元多熟种植技术 [J]. 农技服务 , 2016, 33(14): 61.

[86] 曾庆曦, 汪沄滨, 刘志明, 等. 川南浅丘区稻田基本耕作制度的定位研究——第二极稻田不同多熟种植方式的增产效果及对土壤肥力的影响 [J]. 西南农业学报 , 1989(02): 32–37.

[87] 朱兴明, 曾庆曦, 汪运滨, 等. 川东商丘陵区稻田多熟种植制度定位评价 [J]. 西南

农业学报 , 1996(01): 64–70.

[88] 黄国勤 . "入世"后南方稻田耕作制度的多样化趋势 [J]. 耕作制度通讯 , 2002(3): 4–6.

[89] 杨敏芳 , 朱利群 , 韩新忠 , 等 . 不同土壤耕作措施与秸秆还田对稻麦两熟制农田土壤活性有机碳组分的短期影响 [J]. 应用生态学报 , 2013, 24(05): 1387–1393.

[90] 王洪梅 . 黑龙江省林区坡耕地不同粮草带状间作种植模式比较 [J]. 中国林副特产 , 2018(03): 23–25.

[91] 李立军 . 中国耕作制度近 50 年演变规律及未来 20 年发展趋势研究 [D]. 北京 : 中国农业大学 , 2004.

[92] 李见阳 , 王佳微 , 郭星辰 , 等 . 浅析我国农业机械化发展的影响因素及应对措施 [J]. 南方农机 , 2019(09): 57.

[93] 张海军 . 农业机械化在现代农业发展中的推广及应用 [J]. 湖北农机化 , 2019(08): 3.

[94] 孟凡东 , 宋学堂 , 徐晓杰 , 等 . 水稻新品种皖垦粳 11036 的选育及轻型化栽培技术 [J]. 农业科技通讯 , 2018(11): 244–246.

[95] 中华人民共和国农业部 . 全国粮区高效多熟十大种植模式 [M]. 北京 : 中国农业出版社 , 2005.

[96] 张霁 , 沈华喜 , 周学成 , 等 . 赣北湖口县现代农业高效种植模式调研 [J]. 现代农业科技 , 2015(14): 319–320.

[97] Sustainability Research – Sustainable Food and Agriculture; Study Results from Jilin University Provide New Insights into Sustainable Food and Agriculture (Decreased Landscape Ecological Security of Peri–Urban Cultivated Land Following Rapid Urbanization: An Impediment to Sustainable Agriculture)[J]. Food Weekly News, 2018.

[98] 孟龙 , 黄涂海 , 陈睿 , 等 . 镉污染农田土壤安全利用策略及其思考 [J/OL]. 浙江大学学报 (农业与生命科学版), 2019(03): 1–9.

[99] 梁瑞 , 陈慧茹 , 刘斌美 , 等 . 重金属复合污染对水稻镉吸收积累的影响 [J]. 生物学杂志 , 2019(03): 42–46.

[100] 徐菲 . 浅谈生活污水进行农业灌溉所造成的影响及处理思路 [J]. 农家参谋 , 2019(09): 16.

[101] 王美 . 长期施肥对土壤及作物产品重金属累积的影响 [D]. 北京 : 中国农业科学院 , 2014.

[102] 代允超 , 吕家珑 , 曹莹菲 , 等 . 石灰和有机质对不同性质镉污染土壤中镉有效性的影响 [J]. 农业环境科学学报 , 2014, 33(03): 514–519.

[103] 吴华杰 , 李隆 , 张福 . 水稻 / 小麦间作中种间相互作用对镉吸收的影响 [J]. 中国农业科技导报 , 2003, 5(5): 43–46.

[104]李廷轩, 马国瑞. 籽粒 – 烟草间作对烟叶部分矿质元素含量及品质的影响 [J]. 水土保持学报, 2004, 18(1): 138–143.

[105]李惠英, 邓波儿, 刘同仇. 水旱轮作制对铬污染土壤的改良效果 [J]. 华中农业大学学报, 1989, 8(3): 231–236, 198.

第8章　镉污染农田生物修复技术研究进展

摘要：镉是一种毒性较强的重金属元素，易被动植物吸收富集而产生危害。随着工农业的发展，重金属镉污染也日益严重，环境问题也变得越来越突出，因而农田土壤镉污染的防治与修复技术受到诸多学科的高度重视。本文综述了生物（动物、微生物和植物）对农田土壤中污染镉的修复技术，重点回顾了植物提取技术以及3种生物修复技术的联合修复技术，对土壤镉污染生物修复提出展望，旨为镉等重金属生物修复提供理论依据。

关键词：镉污染；生物修复技术；植物修复技术

土壤是农业生产的前提条件，是人类赖以生存的物质基础，它是自由开放的体系，在与外界交换物质和能量的过程中，外源重金属不可避免地进入其中，造成土壤重金属超标。经济快速发展和人口剧增的背景下，大气沉降、污水农灌、农用物质（农药、化肥、地膜等）的滥用、农业固体废弃物（作物秸秆、树叶、畜禽粪便、农副产品以及渔业副产品等）堆放等因素都会致使土壤重金属污染，尤其是农田重金属污染情况日趋严重。据统计我国耕地受镉、铅、砷等重金属污染面积近2000万公顷，约占总耕地面积的20%；每年因此造成约1000万吨的粮食减产。在众多农田重金属污染元素中，镉是植物生长和发育过程中的非必需元素，是土壤等环境中活性较强的一种重金属，是"五毒元素"之首，因毒性大、易被作物根系吸收并向地上部迁移并积累在农副产品中，是我国农田土壤污染最为广泛和农副产品中超标最显著的重金属元素。据2014年《全国土壤调查公报》报道，我国土壤镉的点位超标率为 7.0%，位于八大超标金属元素之首。我国仅农田 Cd 污染的面积已超过 $20 \times 10^4 \, hm^2$，占总耕地面积的 1/6，每年生产 Cd 含量超标农产品达 $14.6 \times 10^8 \, kg$。土壤镉污染会对农作物生长发育造成影响，如抑制光合作用，降低体内叶绿素含量，酶活性下降，加速衰老，影响农作物产量。人类通过食物链直接或间接地摄入重金属元素，对健康产生不良影响。镉进入人体后会蓄积于肝、肾、肺等器官系统，对其造成损伤，长期接触会出现骨质疏松和代谢紊乱等症状，还会致癌、致畸形、致突变，对人体危害极大。水稻是一种镉积累能力较强的植物，又是重要的粮食作物，2013 年的"镉米"事件震惊全国，作为我国稻米主产区的西南、华南和中南地区正是土壤重金属污染较为突出的区域。可见，我国稻田镉污染已严重威胁到广大民众的生命财产安全，稻田镉污染修复治理已势在必行。镉污染的修复技术主要通过以下 3 种途径达到农产品质量安全：一是减少作物对土壤中镉的吸收；二是改变镉在土壤中的存在形态，使其由活化态转变为稳定态；三是从土壤中去除镉，使镉接近或达到土壤最低水平。目前，镉金属污染农田修复技术主要分为物理修复、化学修复和生物修复三大类，物理修复一般工程量大，化学修复会影响土壤理化性质，而生物修复则因工程量小，改善土壤理化性质等优点正变为研究热点，人们逐渐将镉污染治理的研究重点转向生物修复技术。本文对生物修复重金属镉污染农田技术进行了综述，以期为重金属镉污染治理的进一步研究奠定基础。

1. 生物修复特点及分类

生物修复是指利用生物的生命代谢活动消除或富集进入环境中的有毒有害物质，降低其有效浓度或使其无害化，部分或完全恢复被污染环境的生态环境功能的过程。生物修复的机制一是通过生物作用改变重金属在土壤中的化学形态，使重金属固定或解毒，降低其在土壤环境中的移动性和生物可利用性；二是通过生物吸收、代谢、挥发等机制对重金属进行削减、净化与固定。生物修复最初是应用于 1972 年的美国宾夕法尼亚州 Am–bler

管线泄漏事故，起步较晚，但是发展潜力巨大。该修复治理技术具有环保安全、低成本、不容易造成二次污染等优点，但需要长时间治理，对植物的生命活动、生长习性以及种类的选择都提出了较高要求。镉污染土壤的生物修复一般分为微生物修复、植物修复和动物修复 3 种。3 种方法的优势和劣势见表 8–1。

表 8–1　　　　　　　　　　各生物修复技术优缺点比较

	优势	劣势
动物修复	改善土壤结构，提高土壤肥力（养分的有效性和周转率），提高植物提取土壤重金属的效率。	不能处理高浓度镉污染土壤。
微生物修复	原位修复、改良土壤微环境、改善土壤、费用低、更加高效地改变土壤重金属元素的化学形态。	难以对微生物进行回收处理，修复效果的不稳定，微生物本身的变异性较强，可能因此产生毒性更高的衍生物。
植物修复	价格便宜、成本低廉、原位修复，对环境影响小，提高土壤肥力，有机质含量多，集中处理地上部分，减少二次污染，净化、美化社会环境，同时修复土壤及周围水体。	缺乏完善的回收处理体系、植物生长缓慢、无法短期修复大面积重污染，受土壤环境、人工条件影响，可能会发生生物入侵、对镉耐性有限。

2. 生物修复技术

2.1 动物修复技术

土壤中的某些低等动物如蚯蚓、鼠类等能吸收土壤中的重金属，可以在一定程度上降低土壤中重金属含量，达到修复重金属污染土壤的目的。该技术对重金属镉污染修复的研究仍局限在实验室阶段。目前主要是利用蚯蚓来进行镉污染的修复。蚯蚓可以疏松土壤，对土壤中有机质和废渣的降解有促进作用，进而改善土壤的化学成分和物理结构，另外蚯蚓也通过体表或消化在体内富集重金属污染物。敬佩等在重金属污染土壤中接种蚯蚓发现：蚯蚓对镉具有较强的富集能力，随着蚯蚓培养时间的延长，镉富集量呈逐渐增加的趋势，且在蚯蚓粪便中镉的酸溶态和氧化态明显要高于土壤。卢正全研究发现赤子爱胜蚓可以在高镉浓度

（200 mg·kg^{-1}）下生存，经解析发现蚯蚓体内含有 305 mg·kg^{-1} 的镉。刘德鸿等发现赤子爱胜蚓和威廉环毛蚓对黄泥土中镉有很好的修复效果，其体内镉累积量与土壤镉浓度成正比。

2.2 微生物修复技术

随着土壤中镉浓度的增加，对土壤微生物影响越大，高浓度（1000 mg·kg^{-1}）能导致微生物种群数量减少甚至完全消失，袁金蕊等在总结已有的研究基础上，提出微生物镉含量受到镉抑制的临界值（浓度）范围可能为 20~40 mg·kg^{-1}。微生物修复运用的具体原理包括：通过微生物改变土壤中重金属离子的化学形态，从而使得重金属元素固定或解毒，甚至通过微生物的代谢，降低重金属离子的有效性，其抗重金属机制主要包括生物吸附、胞外沉淀、生物转化、生物累积和外排作用，通过这些作用，微生物一方面可以降低土壤中重金属的毒性，并可以吸附积累重金属；另一方面可以改变根系微环境，从而提高植物对重金属的吸收、挥发或固定效率。土壤中的微生物种类繁多，但是对于污染土壤中的污染物质来说，不一定存在相对应的降解某种污染物的微生物，所以需要接种具有特定降解功能的微生物。

微生物镉污染土壤修复法作为一种绿色环保的修复技术，引起国内外相关研究机构的极大重视，具有广阔的应用前景，但因为修复见效慢、修复效果不稳定等，使得大部分微生物修复技术还局限在科研和实验室水平，实例研究较少。目前用于镉污染土壤修复的微生物主要有细菌（柠檬酸杆菌、芽孢杆菌、假单胞菌等）、真菌（根霉菌、青霉菌、木霉菌等）和某些小型藻类（小球藻、马尾藻等）。有研究称 AM 真菌可以增强植株的耐镉能力，可以降低镉等重金属由植株地下部分向地上部分转移。耿印印等从 Cd 污染的土壤分离、驯化出具有耐镉能力的菌株。它属于铜绿假单胞菌，将其用于吸附土壤镉的试验，结果表明它对土壤中镉吸附率达到47%。陈家武等通过对比不接种和接种菌根到栽有玉米的土壤中（含有过量镉等重金属污染物），发现接种了 VA 菌的玉米耐受性更好，能显著减弱过量重金属元素对玉米生长产生的副作用，提高植株对重金属的耐受性。

Krishnamurthy 等从污染水样中分离出 20 株菌株,其中有 6 株是耐镉菌株,鉴定发现属于芽孢杆菌、假单胞菌、肠杆菌、气单胞菌,且这些菌株对镉具有一定的吸附作用,尤其是假单胞菌;而 Kawasaki 从食物中也发现了几株镉吸附菌,分属于葡萄球菌属和卢杆菌属,在 pH 5.0~7.0 和 35℃,盐浓度为 0~20% 的培养基中可以去除镉,去除率高达 80% 以上。

2.3 植物修复技术

植物修复技术是指通过植物吸收重金属,连续多年种植后使土壤中重金属含量降低在合适的范围内,再将植物收获并进行妥善集中处理,使受污染土壤恢复到原始背景值的可能性,从而实现环境净化、生态修复目的的一种修复手段。植物主要是通过根部来进行重金属的积累和沉淀的,以此转化重金属的形态;或者通过根部的吸附作用来固定重金属,进而降低重金属对土壤地下水和周围农田污染的可能性。此外,植物的根部能够分泌一些物质,这些物质能够改变土壤的根际微环境,使一些重金属的形态发生改变,从而降低这些重金属的危害。因而可以通过两种途径来提高植物修复效果,一是提高植物体内重金属的蓄积量(浓度)而不使植物中毒死亡;二是增加植物的生物量,尤其是地上部分的生物量。根据植物治理重金属污染土壤的作用过程和机理,重金属污染土壤的植物修复可分为植物提取、植物挥发、植物稳定、根际圈生物降解和根系过滤 5 种类型。对于镉污染土壤,运用较多的是植物稳定和植物提取,尤其是植物提取技术研究较多。

植物稳定是利用对重金属具有一定耐性的植物减少土壤中毒性金属的移动,从而尽可能降低重金属进入食物链中对人体健康产生危害作用。东方香蒲(*Typha orientalis* Presl)对土壤中镉、铅具有一定累积作用,主要存储在根部,其镉累积量为 35.12 mg·kg^{-1},茎叶中积累量相对较少。

植物提取是通过种植物从受污染的土壤中吸取一种或多种重金属元素,通过植物本身的生长发育贮蓄到植株体内,随后收割植物体进行集中无二次污染处理,从而可降低土壤重金属污染元素含量,达到一定的修复效果。植物提取修复应用的关键点是能够知道哪些植物具有高生物产量或高去污能力，这需要花大量时间在实际生产中筛选出来，且要有一定的经济效益和实际利用价值。提取技术按其吸收重金属的主体可分为两种，一种是利用具有超强吸收富集能力的超富集植物；另一种是选用生物量大、生长速度快并具有一定的吸收富集重金属能力的大型植物。

2.3.1 超积累植物

超积累植物在 1977 年被 Brooks 等首次提出，研究发现植物叶片组织对镍的吸收量大于 1000 mg/kg，是生长在非污染土壤中其他常见植物体内含量的 100~1000 倍。Baker 等的报道给了明确定义，它是指在重金属污染地能够正常生长，一般不会发生毒害现象，并且生长旺盛，生物量大，它的地上部分重金属含量是同等环境条件下生长的其他普通植物含量的 100 倍以上，满足以上条件才可称为重金属超富集植物。一般认为植物累积镉 ≥ 100 mg/kg，转运系数 > 1 时，就认为其具有累积作用。目前文献报道的超积累植物有近 20 科、500 种，其中十字花科、禾本科居多，主要集中于庭芥属、芸薹属及遏蓝菜属。表 8–2 列举了近期报道的一些镉超富集植物。

表 8–2   **镉超富集植物**

植物种类	拉丁名	最高积累量 / (mg·kg^{-1})
青葙	*Celosia argentea* L.	≥ 100
香根草	*Vetiveria zizanioides* L.	421.96
东南景田	*Sedum alfredii* Hance	403.60
忍冬	*Lonicera japonica*	≥ 100
早开堇菜	*Viola prionantha*	113.08
细叶美女樱	*Verbena tenera*	778.31
向日葵	*Helianthus annuus*	≥ 100
印度芥菜	*Brassica juncea*	≥ 100
蓖麻	*Ricinus communis* L.	200
三叶鬼针草	*Herba Bidentis* Bipinnatae	≥ 100
羽衣甘蓝	*Brassica oleracea* var. *acephala* f. tricolor	102.16

2.3.2 大生物量植物

大生物量速生植物也可用来修复重金属污染土壤，它的重金属富集能力相对较低，但依靠高的生物量来弥补缺陷，从而达到修复重金属污染土壤的目的。廖启林等研究发现木本植物和杂草具有发达的根系和生长迅速等特点，两者可以大量吸收土壤中的镉，如栽种特定品种的苏柳 795、172，土壤镉浓度可降低约 50%。栾以玲等对在矿区生长的多个树种通过测定综合评价它们富集铅、镉的能力，结果分析表明，白榆 (*Ulmus pumila* L)、泡桐 (*Paulownia fortune*) 和构树 (*Broussonetia papyrifera*) 富集 3 种重金属的能力在供试树种中最强，具有明显的优势。魏树和等对多种农田杂草的积累特性研究时发现了 8 种对镉具有超积累性的杂草，如欧洲千里光、小白酒花、猪毛蒿等。

最近，提出可通过利用高生物量又可作生物能源的植物来治理土壤重金属污染。能源植物通常指那些具有高生物量或体内具有高化合物、产出巨大的能源、可产出与石油成分接近或替代石油使用的植物，还有体内含有大量油脂的植物，如柳枝稷具有很高的生物量，不但燃烧可产生巨大能量，并且产量性状保持稳定趋势。芦竹、杂交狼尾草等也具有高生物产量等上述特征，可达到较好的修复效果。在实验室模拟条件下，甜菜在重金属污染修复方面表现出了相当大的应用潜力，王锦霞认为甜菜的生长周期短、成活率高、生物量较大，是适合于重金属污染修复的优良植物材料。高粱是我国重要的农业作物，它能在逆境和干旱的环境中生长，也能在盐碱地和土壤肥力低的贫瘠地生存，具有抗旱、耐水渍等特性，因而高粱种植区域广泛，种植高粱可节约水资源、节省能量消耗，具有强大的生物学优势和经济优势。Soudek 等研究结果表明在重金属污染土壤种植能源作物可达到一定的修复效果。Metwali 等比较了高粱、玉米、小麦对镉和铜的耐受性，研究表明高粱耐受性最强，吸收镉量也最多。可见，高粱是适合于重金属镉污染修复的优良植物材料。

随着植物修复技术工程的规模化应用，产生了大量修复植物收获物，这些收获物主要成分是木质素、纤维素、半纤维素、矿物质等，通常体内含有高浓度重金属，富含水分和挥发性成分，如 Zn/Cd 超富集植物东南景天生物产量干物质重量 $1.8\ t \cdot hm^{-2}$，并且体内镉含量高达 $500\ mg \cdot kg^{-1}$，这些修复植物中重金属的转移和积累以及收获量大带来了"隐形"危害，一旦处置不当，会造成环境的"二次污染"，这也使得修复植物的安全处置（以减量化、无害化和资源化三大原则为准）成为亟待解决的问题。传统处置修复植物收获物的方法有焚烧法、灰化法、堆肥法、压缩填埋法、高温分解法、液相萃取法等。近年来出现新兴的资源化处置技术，如植物冶金、超临界水技术、热液改质法等。植物冶金是对收获的修复植物的生物质再进行下一步处理，目的是为了提取植株体内重金属，残渣重金属含量如果低于国家标准限值，可通过此方法处理转化为生物肥料。热液改质法是将收获物利用水处理转变为高热值生物燃料。超临界水技术通过超临界水（超过水的临界压力和温度的气态以及液态不同的新的流体态）气化和液化过程，可将生物质原材料转换为气体（CO、H_2、CO_2、CH_4 和 N_2）和液体（液体燃料和有价值的化学品）。

2.4 生物联合修复技术

为了在实践中可以更好地修复重金属污染，因地制宜地将几种生物修复技术联合使用，优势互补，取长补短，是目前的一种新的发展趋势。研究发现联合修复技术可显著提高镉污染修复效率。田伟莉等以动物和植物联合使用来修复重金属污染土壤，在浙江省台州市试验点投放蚯蚓和种植黑麦草、白三叶，研究表明这 2 种植物对 Cd 修复效率比单一修复的简单叠加高出 11.5%，并且在修复一年半后发现，土壤 Cd 的含量下降了92.3%，极大地提高了修复效率。邵承斌等研究发现在重金属（镉）和多环芳烃（蒽）污染土壤种植黑麦草并投入蚯蚓，土壤中的细菌总数减少，而放线菌和真菌数量增加，土壤蔗糖酶活性显著增强，表明根际植物与蚯蚓联用能提高土壤生物活性，提高植物对镉蒽混合污染土壤的修复效果。

黄成涛等研究发现添加耐镉性真菌 Q7 能显著增加香根草的生物量，并且能明显促进香根草地上部分和地下部分的镉富集效果，可能原因是真菌 Q7 的添加改变了土壤根际微生物群落结构，联合植物修复过程中能够产生有机酸，植物根际的分泌物具有活化 Cd^{2+} 的作用，从而有利于香根草对重金属镉等的吸收。Khan 等和 Joner 等的研究也表明，菌根真菌可以降低重金属的毒性，减少其对植物的毒害，并在一定程度上促进了植物对磷等养分的吸收利用，从而提高植物生物量。陈苏等选择紫茉莉与孔雀草两种植物与混合菌液，对土霉素、镉复合污染土壤进行联合修复，试验结果表明，紫茉莉和孔雀草对镉均表现出良好耐性，土霉素降解菌有利于提高植物生物量，提高孔雀草、紫茉莉对镉的吸收量以及促进紫茉莉对镉的富集能力。丛枝菌根真菌（Arbuscular Mycorrhizas Fungi，AMF）是一类能与绝大多数高等植物根系形成共生体的有益微生物。AMF 不仅能增加宿主植物对重金属的吸收，而且能增加宿主植物对重金属的耐受性。

3. 展望

在农田土壤重金属修复领域，相比传统的物理、化学修复技术而言，生物修复技术具有不可替代的优势，今后应在超富集植物和高生物量速生植物、土壤动物和高效富集微生物品种的开发和发掘方面加以研究，利用分子生物学、基因工程和生物技术等先进技术提高生物修复的可行性。针对特定土壤环境，应根据实际情况，综合考虑修复的经济成本，研究不同生物修复技术的联合应用，充分发挥各种修复技术的协同效应和增效作用，最大限度地提高修复效率。

参考文献：

[1] 王苗苗, 孙红文, 耿以工, 等. 农田土壤重金属污染及修复技术研究进展 [J]. 天津农林科技, 2018(04): 38–41, 43.

[2] 顾继光, 周启星, 王新. 土壤重金属污染的治理途径及其研究进展 [J]. 应用基础与工程科学学报, 2003(02): 143–151.

[3] 李文华. 土壤重金属污染现状及防治 [J]. 农民致富之友, 2017(24): 48.

[4] 柳絮, 范仲学, 张斌, 等. 我国土壤镉污染及其修复研究 [J]. 山东农业科学, 2007(06): 94–97.

[5] 李婧, 周艳文, 陈森, 等. 我国土壤镉污染现状、危害及其治理方法综述 [J]. 安徽

农学通报, 2015, 21(24): 104–107.

[6] Wang Y C, Qiao M, Liu Y X, et al. Health risk assessment of heavy metals in soils and vegetables from wastewater irrigated area, Beijing–Tianjin city cluster, China [J]. Journal of Environmental Sciences, 2012, 24(4): 690–698.

[7] Bashir H, Qureshi M I, Ibrahim M M, et al. Chloroplast and photosystems: impact of cadmium and iron deficiency[J]. Photosynthetica, 2015, 53(3): 321–335.

[8] 丁鸿, 杨杏芬. 环境镉危害早期健康效应风险评估的研究进展 [J]. 国外医学 (卫生学分册), 2007(05): 279–282.

[9] 魏益民, 魏帅, 郭波莉, 等. 含镉稻米的分布及治理技术概述[J]. 食品科学技术学报, 2013, 31(02): 1–6.

[10] 倪中应, 谢国雄, 章明奎. 镉污染农田土壤修复技术研究进展 [J]. 安徽农学通报, 2017, 23(06): 115–120.

[11] 刘保平, 王宁. 生物修复重金属污染土壤技术研究进展 [J]. 安徽农业科学, 2016, 44(19): 67–69, 79.

[12] 牌卫卫. 土壤重金属污染的生物修复技术分析 [J]. 低碳世界, 2018(08): 8–9.

[13] 徐良将, 张明礼, 杨浩. 土壤重金属镉污染的生物修复技术研究进展 [J]. 南京师大学报 (自然科学版), 2011, 34(01): 102–106.

[14] 唐浩, 曹乃文. 浅谈我国土壤重金属污染现状及修复技术 [J]. 安徽农学通报, 2017, 23(07): 103–105.

[15] 敬佩, 李光德, 刘坤, 等. 蚯蚓诱导对土壤中铅镉形态的影响 [J]. 水土保持学报, 2009, 23(03): 65–68, 96.

[16] 卢正全. 赤字爱胜蚓对土壤中镉富集的初步研究 [J]. 农业环境与发展, 2010, 27(04): 88–90.

[17] 刘德鸿, 刘德辉, 成杰民. 土壤 Cu、Cd 污染对两种蚯蚓种的急性毒性 [J]. 应用与环境生物学报, 2005(06): 706–710.

[18] 袁金蕊, 郭富睿, 邹冬生, 等. 镉对土壤微生物的影响及微生物修复镉污染研究进展 [J]. 湖南农业科学, 2018(03): 114–117, 122.

[19] 钱春香, 王明明, 许燕波. 土壤重金属污染现状及微生物修复技术研究进展 [J]. 东南大学学报 (自然科学版), 2013, 43(03): 669–674.

[20] 陈亚刚, 陈雪梅, 张玉刚, 等. 微生物抗重金属的生理机制 [J]. 生物技术通报, 2009(10): 60–65.

[21] Heggo A, Angle J, Chaney R. Effects of vesicular –arbuscular mycorrhizal fungi on heavy metal uptake by soybeans[J]. Soil Biology and Biochemistry, 1990, 22: 865–869.

[22] 肖春文, 罗秀云, 田云, 等. 重金属镉污染生物修复的研究进展 [J]. 化学与生物工程, 2013, 30(08): 1–4.

[23] 马文亭, 滕应, 凌婉婷, 等. 里氏木霉 FS10–C 对伴矿景天吸取修复镉污染土壤的强化作用 [J]. 土壤, 2012, 44(06): 991–995.

[24] 曹德菊, 程培. 3 种微生物对 Cu、Cd 生物吸附效应的研究 [J]. 农业环境科学学报, 2004(03): 471–474.

[25] 王玲, 王发园. 丛枝菌根对镉污染土壤的修复研究进展 [J]. 广东农业科学, 2012, 39(02): 51–53.

[26] 耿印印, 王旭梅, 王红旗, 等. 污染土壤中耐镉菌株的筛选、鉴定及吸附试验研究 [J]. 东北农业大学学报, 2010, 41(11): 59–65.

[27] 陈家武, 卢以群, 陈志辉. 菌根菌对玉米抗铜、镉、铅、锌及生物有效性的影响 [J]. 湖南农业科学, 2007(05): 99–101.

[28] Krishnamurthy M, Rajendran R. Tolerance and biosorption of cadmium(II)ions by highly cadmium resistant bacteria isolated from industrially polluted estuarine environment[J]. Indian Journal of Geo–Marine Sciences, 2014, 43(4): 580–588.

[29] Kawasaki K I, Matsuoka T, Satomi M, et al. Reduction of cadmium in fermented squid gut sauce using cadmium–absorbing bacteria isolated from food sources[J]. Journal of Food Agriculture & Environment, 2008, 6(1): 45–49.

[30] 任海彦, 胡健, 胡毅飞. 重金属污染土壤植物修复研究现状与展望 [J]. 江苏农业科学, 2019, 47(01): 5–11.

[31] 刘伟, 张永波, 贾亚敏. 重金属污染农田植物修复及强化措施研究进展 [J]. 环境工程, 2019, 37(05): 29–33, 44.

[32] 魏树和, 周启星, 王新, 等. 一种新发现的镉超积累植物龙葵 (Solanum nigrum L.)[J]. 科学通报, 2004(24): 2568–2573.

[33] 王凤永, 郭朝晖, 苗旭峰. 东方香蒲 (Typha orientalis Presl) 对重度污染土壤中 As、Cd、Pb 的耐性与累积特征 [J]. 农业环境科学学报, 2011, 30(10): 1966–1971.

[34] 宋玉婷, 雷泞菲, 李淑丽. 植物修复重金属污染土地的研究进展 [J]. 国土资源科技管理, 2018, 35(05): 58–68.

[35] Brooks R R, Lee J, Reeves R D, et al. Detection of nickeliferous rocks by analysis of herbarium specimens of indicator plants[J]. Journal of Geochemical Exploration, 1977, 7: 49–57.

[36] Baker A J M, Brooks R R. Terrestrial higher plants which hyperaccumulate metallic elements—a review of their distribution[J]. Ecology and phytochemistry Biorecovery,

1989, 1: 81–126.

[37] 聂坚.博落回对镉污染土壤的修复潜力及耐性机理探究 [D]. 长沙：湖南大学, 2016.

[38] 肖春文, 罗秀云, 田云, 等.重金属镉污染生物修复的研究进展[J]. 化学与生物工程, 2013, 30(08): 1–4.

[39] 韩志萍, 胡晓斌, 胡正海.芦竹修复镉汞污染湿地的研究 [J]. 应用生态学报, 2005(05): 945–950.

[40] 姚诗音, 刘杰, 王怡璇, 等.青葙对镉的超富集特征及累积动态研究 [J]. 农业环境科学学报, 2017, 36(08): 1470–1476.

[41] 马文超, 刘媛, 孙晓灿, 等.镉在土壤 – 香根草系统中的迁移及转化特征 [J]. 生态学报, 2016, 36(11): 3411–3418.

[42] 徐海舟.直流电场 – 东南景天联合修复 Cd 污染土壤效率的研究 [D]. 杭州：浙江农林大学, 2015.

[43] 刘周莉, 何兴元, 陈玮.忍冬—— 一种新发现的镉超富集植物 [J]. 生态环境学报, 2013, 22(04): 666–670.

[44] 赵景龙, 张帆, 万雪琴, 等.早开堇菜对镉污染的耐性及其富集特征 [J]. 草业科学, 2016, 33(01): 54–60.

[45] 贾永霞, 李弦, 罗弦, 等.细叶美女樱 (*Verbena Tenera* Spreng) 对镉的耐性和富集特征研究 [J]. 生态环境学报, 2016, 25(06): 1054–1060.

[46] 任少雄, 王丹, 徐长合, 等.肥料配方对向日葵提取修复 U、Cd 效率的影响 [J]. 环境科学与技术, 2016, 39(09): 19–27, 102.

[47] 孙涛, 张玉秀, 柴团耀.印度芥菜 (*Brassica juncea* L.) 重金属耐性机理研究进展 [J]. 中国生态农业学报, 2011, 19(01): 226–234.

[48] 陈亚慧, 刘晓宇, 王明新, 等.蓖麻对镉的耐性、积累及与镉亚细胞分布的关系 [J]. 环境科学学报, 2014, 34(09): 2440–2446.

[49] 黄科文, 廖明安, 林立金.2 种生态型三叶鬼针草的不同株数混种比例对其镉累积的影响 [J]. 生态与农村环境学报, 2015, 31(05): 753–759.

[50] 贾永霞, 李弦, 张长峰, 等.羽衣甘蓝对镉的耐性和富集特征研究[J]. 西北植物学报, 2015, 35(05): 971–977.

[51] Hernández–Allica J, Becerril J M, Garbisu C. Assessment of the phytoextraction potential of high biomass crop plants[J]. Environmental Pollution, 2007, 152(1): 32–40.

[52] 廖启林, 刘聪, 华明, 等.栽种柳树修复镉污染土壤的研究 [J]. 地质学刊, 2015, 39(04): 665–672.

[53] 栾以玲, 姜志林, 吴永刚.栖霞山矿区植物对重金属元素富集能力的探讨 [J]. 南京

林业大学学报 (自然科学版), 2008, 32(06): 69–72.

[54] 魏树和 , 周启星 , 王新 . 18 种杂草对重金属的超积累特性研究 [J]. 应用基础与工程科学学报 , 2003(02): 152–160.

[55] Zhang X F, Zhang X H, Gao B, et al. Effect of cadmium on growth, photosynthesis, mineral nutrition and metal accumulation of an energy crop, king grass (*Pennisetum americanum* P. *purpureum*)[J]. Biomass and Bioenergy, 2014, 67: 179–187.

[56] 侯新村 , 范希峰 , 武菊英 , 等 . 草本能源植物修复重金属污染土壤的潜力 [J]. 中国草地学报 , 2012, 34(01): 59–64, 76.

[57] Liu D L, An Z G, Mao Z J, et al. Enhanced heavy metal tolerance and accumulation by transgenic sugar beets expressing streptococcus thermophilus StGCS–GS in the presence of Cd, Zn and Cu alone or in combination[J]. PloS ONE, 2015, 10(6): 1–6.

[58] 王锦霞 . 甜菜在重金属污染生物修复中的应用潜力 [A]. 中国作物学会甜菜专业委员会 . 中国作物学会甜菜专业委员会学术会议论文集 [C]. 中国作物学会甜菜专业委员会 : 中国作物学会 , 2018: 4.

[59] 卢庆善 , 邹剑秋 , 朱凯 , 等 . 试论我国高粱产业发展——一论全国高粱生产优势区 [J]. 杂粮作物 , 2009, 29(02): 78–80.

[60] Soudek P, Nejedly J, Parici L , et al. The Sorghum Plants Utilization for Accumulation of Heavy Metals[C]. CBEES. Proceedings of 2013 3rd International Conference on Energy and Environmental Science (ICEES 2013), CBEES, 2013: 6.

[61] Metwali M R, Gowayed S M H, Al–Maghrabi O A, et al. Evaluation of toxic effect of copper and cadmium on growth, physiological traits and protein profile of wheat (*Triticum aestivium* L.), maize (*Zea mays* L.) and sorghum (*Sorghum bicolor* L.)[J]. World Applied Sciences Journal, 2013, 21(3): 301–314.

[62] Ghosh M, Singh S P. A review on phytoremediation of heavy metals and utilization of its byproducts[J]. Applied Ecology and Environmental Research, 2005, 3(1): 1–18.

[63] Xing Y, Peng H Y, Li X, et al. Extraction and isolation of the salidroside–type metabolite from zinc (Zn)and cadmium (Cd) hyperaccumulator Sedum alfredii Hance[J]. Journal of Zhejiang University Science B, 2012, 13(10): 839– 845.

[64] 宋清梅 . 重金属污染修复植物安全处置技术研究进展 [A]. 中国环境科学学会 . 2017 中国环境科学学会科学与技术年会论文集 (第四卷)[C]. 中国环境科学学会 : 中国环境科学学会 , 2017: 7.

[65] 刘维涛 , 倪均成 , 周启星 , 等 . 重金属富集植物生物质的处置技术研究进展 [J]. 农业环境科学学报 , 2014, 33(01): 15–27.

[66] 李崇. 植物微生物联合修复土壤重金属技术综述 [J]. 农业与技术, 2016, 36(07): 31, 62.

[67] 田伟莉, 柳丹, 吴家森, 等. 动植物联合修复技术在重金属复合污染土壤修复中的应用 [J]. 水土保持学报, 2013, 27(05): 188–192.

[68] 邵承斌, 汪春燕, 陈英, 等. 植物与蚯蚓联合修复蒽和镉污染土壤的研究 [J]. 三峡生态环境监测, 2016, 1(02): 31–38.

[69] 黄成涛, 黄位权, 史鼎鼎, 等. 一株耐铅镉真菌 Q7 对香根草吸收累积重金属的效应 [J]. 应用与环境生物学报, 2018, 24(04): 901–907.

[70] Khan A G, Kuek C, Chaudhry T M, et al. Role of plants, mycorrhizae and phytochelators in heavy metal contaminated land remediation[J]. Chemosphere, 2000, 41 (1–2): 197–207.

[71] Joner E J, Leyval C. Uptake of 109 Cd by roots and hyphae of a Glomus mosseae/ Trifolium subterraneum mycorrhiza from soil amended with high and low concentrations of cadmium [J]. New Phytol, 2010, 135 (2): 352–360.

[72] 陈苏, 陈宁, 晁雷, 等. 土霉素、镉复合污染土壤的植物 – 微生物联合修复实验研究 [J]. 生态环境学报, 2015, 24(09): 1554–1559.

[73] 何雪梅, 向琼, 唐甜甜, 等. 丛枝菌根真菌参与土壤铅、镉污染治理技术研究 [J]. 生物化工, 2017, 3(03): 91–93, 97.

第二部分　降镉技术

第 9 章　不同水分管理模式对水稻镉吸收转运的影响

摘要：【目的】为了探明不同水分管理模式下水稻对 Cd 吸收转运的差异。【方法】采用盆栽试验，研究了长期淹水灌溉（W1）、湿润灌溉（W2）、阶段性湿润灌溉（W3）三种灌溉模式对水稻植株镉积累量、亚细胞镉含量、土壤有效镉含量以及叶绿素荧光等的影响，同时也分析了大田环境下淹水灌溉对水稻镉含量及土壤有效镉含量的影响效应。【结果】W1 处理显著降低了水稻植株及亚细胞镉含量，处理下早晚稻两品种糙米镉含量分别为 0.03 mg/kg、0.04 mg/kg、0.10 mg/kg、0.11 mg/kg，相比镉含量最高的 W3 处理降低 50.0%~89.29%，达到了显著水平，同时淹水处理对土壤有效镉及根表铁膜镉含量也有显著的降低效果，根表铁膜 Fe、Mn 在淹水处理下含量最高，由此可见同一处理下 Cd 含量与 Fe、Mn 含量存在拮抗作用；与大田环境下淹水处理对糙米及土壤有效镉含量的降低幅度没有盆栽的明显。【结论】在镉污染稻田的水分管理过程中，应采用长期淹水灌溉处理以降低水稻糙米镉含量。

关键词：水稻；水分管理；重金属污染；镉；砷

前言

水稻（*Oryza sativa* L.）是我国种植面积大、总产量高的粮食作物之一。但随着工业"三废"排放量及污水灌溉等的增加，稻田 Cd 污染愈发严重，在一定程度上影响了水稻的质量安全。据 2003 年报道，中国受 Cd、As 和 Pb 等重金属污染的耕地面积近 2.0×10^7 hm²，约占耕地面积的 1/5，每年因重金属污染减产粮食约 100 亿千克，污染超标粮食 120 亿千克，合计经济损失超过 200 亿元。环保部和国土资源部 2014 年联合发布的调查公告显示，从污染物超标情况看，Cd 污染物点位超标率达到 7.0%，而且还有上升的趋势，这将严重影响我国粮食的食用安全。Cd 蓄积可引发肾衰竭、易碎性骨折等，严重威胁人体健康，因此必须采取适当措施以降低土壤及稻米中 Cd 含量。国内外关于 Cd 污染治理主要有物理、化学、生物修复及农艺调控等措施，而在多种措施中水分调控由于无二次污染、可操作性强、无附加经济投入、有效性高且不影响水稻正常收获而备受关注。通过设置不同的水分灌溉盆栽试验，研究其对水稻 Cd 吸收转运规律的影响，以期更好地为 Cd 污染稻田水分管理提供技术指导，为控制当前农田环境的重金属污染提供参考，为生产实践中降低糙米重金属 Cd 含量的合理灌溉提供理论依据。

1. 材料与方法

1.1 试验材料

试验于 2018 年 3—7 月在湖南农业大学水稻所大棚进行。供试材料为早稻品种陆两优 996（V1）和株两优 819（V2），晚稻品种玉针香（V3）和湘晚籼 12 号（V4）。从湘阴县农科所的试验田采集盆栽土壤，盆栽试验前土壤淹水处理 10 天。

1.2 试验设计

本试验采用盆栽的形式于 2017—2018 年在湖南农业大学水稻研究所大棚内进行，供试土壤采自湘阴县农科所的试验田。试验每盆装干土 15 kg，基础土壤有效镉含量为 0.3 mg/kg，移栽前淹水处理 10 天，待土壤相对含水量达 100%，移栽前施用基肥按施氮量 12 kg/ 亩施用复合肥，每盆 6 穴，每穴 2 株。从返青后开始进行不同水分处理。设置 3 种水分管理处理，即长期淹水灌溉（W1，在水稻生长期间，土面上始终保持 2~3 cm

水层的淹水状态）、湿润灌溉（W2，在水稻生长期间，始终保持土面湿润状态，土表无明水，土壤含水量100%）、阶段性湿润灌溉（W3，从移栽开始，先灌2~3 cm水，待其消耗至无明水，土壤刚出现开裂再灌下一次水，如此循环），4次重复。除水分管理措施外，试验期间各处理的病虫害防治以及栽培管理措施一致。

1.3 观测方法与测定指标

1.3.1 产量及产量构成

在水稻生长的成熟期取样，每盆取两穴，按穴记录有效穗数后，采用人工脱粒，秸秆烘干，谷粒采用清水分选，晒干后称重，人工数计实粒和秕粒，测定单株有效穗、每穗总粒数、结实率、千粒重及产量。

1.3.2 水稻叶绿素含量测定

采用SPAD值法　使用便携式叶绿素仪SPAD–502 PLUS于分蘖盛期、齐穗期和成熟期分别测其叶绿素浓度。每处理测两株（待取样株），选茎蘖的倒2叶或剑叶进行测定，每盆测5片叶，每一片叶均与其基部、中部和尖部各测一点并求其平均值即为该叶的SPAD值，然后再求5片叶的平均值，即为该处理的SPAD值。

1.3.3 水稻叶绿素荧光测定

将水稻幼苗暗适应20 min后剪下全部叶片，在25℃条件下采用调制叶绿素荧光成像系统IMAGING–PAM（德国WALZ公司）进行叶绿素荧光参数测定。叶片按照叶龄从大到小命名。设定仪器工作参数后，首先测叶绿素荧光动力学曲线，获得初始荧光（Fo）、最大荧光（Fm）、PSⅡ最大光化学量子产量（Fv /Fm）、光化学淬灭系数（qP）和非光化学淬灭系数（qN）等叶绿素荧光参数。在IMAGING–PAM的快速光响应曲线（rapid light curve）窗口设置光合有效辐射（PAR）梯度为0、1、181 076、1251 μmol/（m^2·s），相邻梯度间隔20s，然后直接测定快速光响应曲线，获得最大相对电子传递速率PSⅡ（rETRmax）等参数。

1.3.4 水稻植株重金属镉含量

移栽前取秧苗100株（进行秧苗素质考察）。在分蘖期、齐穗期、成熟期取植株样，洗净后将其分为根、茎、叶、穗四部分，放入烘箱中，105℃杀青 15 min，然后调至 80℃烘干至恒重，称其干物质量，后将样品粉碎或研磨，称取 0.25g 样品放入锥形瓶中按 4∶1 比例加入 H_2NO_3–$HClO_4$ 混合酸，放置过夜待第二天进行消化，消化后定容，然后用 ICP–MS 检测其各部分重金属含量。

1.3.5 水稻亚细胞重金属镉含量

分别于水稻生长的分蘖期和齐穗期取样，每盆取一穴，将水稻根、茎、叶分开，洗净后用滤纸吸干表面水分，准确称取 5 g 鲜样于研钵中。加入预冷的亚细胞提取液 [二硫苏糖醇（DTT）：1 mmol/L、蔗糖：0.25 mol/L、三氨基甲烷（Tris–HCl）：50 mmol/L，pH=7.4] 10 mL，快速冰浴充分研磨成浆状后转移至离心管中，3000 r/min 低速离心 10 min，上清液移出，所剩固体则为细胞壁组分（F1）；将移出的上清液置于高速冷冻离心机中，4℃下 12000 r/min 离心 45 min，底部碎片为细胞器组分（F2），上清液则为包含胞液在内的细胞可溶部分（F3）。将细胞壁、细胞器组分于 70℃烘干，加入混合酸 10 mL，放置过夜（≥ 10 h），消煮、润洗过滤、定容至 10 mL，测定镉含量。

1.3.6 土壤有效镉含量测定

移栽前取基础土壤，水稻生长的分蘖期、齐穗期及成熟期取土壤样品，自然风干，碾碎过筛，称 5 g 土样于白色塑料瓶中，加入 0.1 mol/L 的氯化钙溶液 25 mL，在室温 25℃左右震荡 2 h，250 r/min，取下，倒入 50 mL 离心管中离心（8000 r/min，5 min；4000 r/min，15 min），微孔滤膜（慢性滤纸）过滤，最初滤液 5~6 mL 弃去，再滤下的滤液上机测定。

1.3.7 水稻根表铁膜测定

分蘖期、齐穗期取植株样，将根系用自来水洗净，再用去离子水冲洗 3 遍，吸干水分后剪成 1 cm 根段 1.0 g 放入 100 mL 三角瓶中，采用改进的连二硫酸钠–柠檬酸钠–碳酸氢钠的方法提取植物的根表铁膜，分别加入 0.3 mol/L 的柠檬酸钠 40 mL，1 mol/L 的 $NaHCO_3$ 5 mL，最后加入 3 g 连二硫酸钠（$Na_2S_2O_4$），摇匀后在室温下震荡 3 h，然后将根取出用蒸馏水冲洗三次，将淋洗液和提取液转移至 100 mL 容量瓶中，采用 ICP–MS 测定提取液中铁、镉和其他重金属的含量，提取铁膜后的根用去离子水冲洗干净，烘干至恒重，称重。根表铁膜含量及铁膜上重金属含量的计算采用 DCB 提取液中铁及重金属的含量与 DCB 提取后根干物重之比，单位是 g/kg。

1.3.8 土壤 pH 测定

分别在基肥施用前、早稻成熟期、晚稻成熟时采集土壤，自然风干，按照干土:水 =1∶5 的比例加入去 CO_2 离子水，然后搅拌，用 pH 计测定土壤 pH 值。

1.4 数据分析

试验数据采用 Excel 2010、SAS 9.4 软件进行数据分析和相关图表制作。

2. 结果与分析

2.1 不同水分管理对水稻产量及产量构成的影响

由 2017 年晚稻及 2018 年早晚稻的产量数据 (表 9–1) 可见：在三种不同水分处理下，水稻产量总体以 W1 处理最高，平均为 20.21 g/ 穴，比最低的 W3 处理平均值高出 30.81%，这主要是因为 W1 处理下水稻有效穗数增加，进而使得产量增加，而不同处理对产量构成因素每穗粒数、结实率及千粒重影响不显著。

2.2 不同水分管理对水稻生物量的影响

生物量可以反映作物生长发育的好坏。由图 9–1 可知：2017 年晚稻两品种分蘖期 W1 处理干物重最高达 9.90 g/ 穴，比 W3 处理高出 47.54%，齐穗期以 W3 处理干物重最高，为 27.39 g/ 穴，成熟期 W1 处理干物重积累量最高，比最低的 W2 处理高出 93.63%，达到显著差异；2018 年早稻 V1 品种各时期以 W2 处理干物重积累量最高，但镉处理间差异性不显著，V2 品种 W1 处理最高；2018 年晚稻 V4 品种生物量总体大于 V3，两品种均以 W1 处理生物量最高，三个时期依次为 11.91 g/ 穴、35.56 g/ 穴、59.64 g/ 穴，分别比最低的 W3 处理高出 55.67%、4.59%、25.69%，部分达到显著差异。

表 9–1 不同水分灌溉下水稻产量及产量构成

年份	品种	处理	穗数/穴	每穗粒数	结实率/%	千粒重/g	产量/（克/穴）
2017年晚稻	V3	W1	12 a	75.0 a	60.43 a	20.34 a	16.53 a
		W2	8 a	88.0 a	67.91 a	21.88 a	15.96 a
		W3	10 a	69.0a	65.14 a	21.67 a	14.79 a
	V4	W1	14 a	71.0 a	81.57 a	21.25 a	18.17 a
		W2	12 a	79.0 a	81.65 a	22.56 a	15.95 a
		W3	11 a	71.0 a	79.19 a	21.71 a	15.41 a
2018年早稻	V1	W1	9 a	128.0 a	71.37 a	21.01 a	20.43 a
		W2	8 a	120.0 a	67.00 a	21.15 a	19.97 a
		W3	7 a	96.0 a	60.54 a	20.89 a	14.47 b
	V2	W1	10 a	104.0 a	69.38 a	19.21 a	18.83ab
		W2	9 ab	116.0 a	67.81 a	19.79 a	20.59 a
		W3	7 b	105.0 a	61.72 a	18.92 a	14.70 b
2018年晚稻	V3	W1	14 a	85.0 a	61.23 a	26.61 a	28.51 a
		W2	13 a	75.0 a	63.51 a	26.17 a	23.71ab
		W3	9 b	77.0 a	45.12 b	26.04 a	18.44 b
	V4	W1	14 a	56.0 a	58.18 a	24.91 a	18.81 a
		W2	13 a	57.0 a	57.03 a	23.69 a	16.19 a
		W3	12a	52.0 a	51.80 a	24.04 a	14.86 a

注：同年同季同品种的 3 种水分管理之间进行比较，字母不同表示在 5% 水平上差异显著 (LSD)。下同。

　　总体来看，随着水稻生长发育的进行，植株总体生物量增加，早晚稻生长分蘖期，各部位干物重均以 W1 处理最高，齐穗期各处理对水稻干物重影响不一致，成熟期早稻干物重以 W2 处理最高，而两年的晚稻则以 W1 处理干物重最高，这可能是由于晚稻相比早稻温度高，需水量更大，因此 W1 处理更有利于晚稻生长。阶段性湿润灌溉水稻生物量最低，不利于水稻的正常生长。

2.3 不同水分管理对水稻叶绿素含量的影响

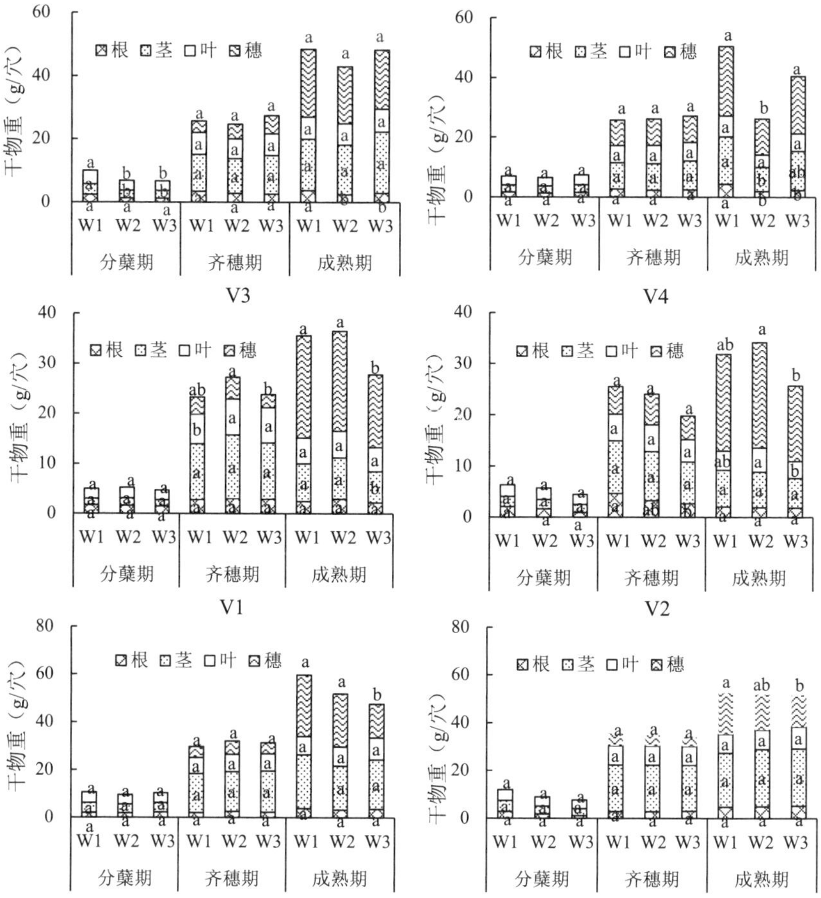

图 9–1　不同水分管理对 2017 年晚稻、2018 年早稻、2018 年晚稻生物量的影响

作物叶片中叶绿素含量通常被看作是测算作物的生长周期、光合作用能力强弱以及受重金属胁迫程度的良好指示剂。由图 9–2 可见：早晚稻生长分蘖、齐穗和成熟三个关键时期，以齐穗期叶绿素含量最高，成熟期最低；而在三种不同水分处理下，水稻叶绿素含量总体均以 W2 处理的最高，早稻 V1、V2 品种齐穗期 SPAD 值最高达 50.47、50.03，晚稻两品种最高分别为 48.88、50.47；W3 处理 SPAD 值最低，早晚稻两品种分别为 44.65、

43.72、43.27、44.65，部分存在显著差异。由此可见阶段性湿润灌溉抑制了水稻叶绿素含量。

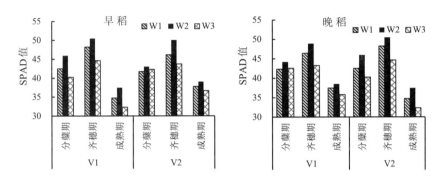

图 9-2　不同水分处理对早晚稻叶片 SPAD 值的影响 (2018 年)

2.4　不同水分管理对水稻叶绿素荧光特性的影响

Fv/Fm 值能够反映 PSII 吸收的光能用于还原 QA 的最大效率。由表 9-2 可知：早稻分蘖期、齐穗期两品种均以 W2 处理 Fv/Fm 值最高，W3 处理最低，总体变化趋势为 W2 > W1 > W3，W3 处理两时期 V1、V2 品种分别比 W2 处理低 6.55%、4.85%、12.01%、4.77%，均达到了显著差异。晚稻分蘖、齐穗期不同处理对 Fv/Fm 值的影响总体规律与早稻相同，W3 处理分别比 W2 处理低 16.98%、6.24%、10.09%、6.04%，达到了显著差异。早晚稻齐穗期 Fv/Fm 值均高于分蘖期。

ΦPS Ⅱ 能够反映 PS Ⅱ 吸收的光能用于还原 QA 的效率。早稻分蘖、齐穗两关键生育时期不同处理下 ΦPS Ⅱ 表现一致，由大到小的处理依次为 W2 > W1 > W3，W2 处理分别与 W1、W3 处理达到了显著差异，分蘖期两品种 W3 处理分别比 W2 处理降低 10.96%、8.65%，齐穗期分别降低 12.53%、6.39%；晚稻两个时期三种不同水分处理对 ΦPS Ⅱ 的影响与早稻相似，同样以 W2 处理最高，W3 处理最低，分蘖期分别低 15.78%、11.84%，齐穗期分别低 9.59%、12.15%，W2 处理分别与 W1、W3 处理达到了显著差异。早晚稻在两个时期 ΦPS Ⅱ 齐穗期均大于分蘖期。

NPQ 和 qP 分别反映 PS Ⅱ 散热状况和 PS Ⅱ 反应中心开放比例。非光化学淬灭系数 NPQ 表示天线系统中的热耗散引起的非光化学淬灭。NPQ 越大，说明植物热耗散量越大，抗逆性越强。早稻分蘖、齐穗期 NPQ 均以 W2 处理最高，W3 处理最低，两品种在两个时期分别低 33.19%、18.11%、28.94%、19.41%；三种水分处理对晚稻 NPQ 的影响与早稻规律相同，依次为 W2 > W1 > W3，分蘖、齐穗期两个品种 W3 处理分别比 W2 处理低 37.82%、35.93%、25%、33.90%，W3 处理分别与 W2 处理达到了显著差异。可见湿润灌溉有较高的热耗散能力，能更好地通过热耗散来保护光合机构。早稻两个时期 qP 值由大到小的水分处理方式依次为 W3 > W1 > W2，分蘖期两品种 W3 处理分别比 W2 处理高出 9.05%、4.11%，齐穗期分别高出 8.51%、4.05%；三种不同的水分处理对晚稻 qP 的影响规律与早稻一致，W3 处理最高，显著高于 W2 处理，分别高出 19.66%、10.85%、10.63%、11.50%。由 NPQ 和 qP 的数据总体可得，随着灌水量的减少，NPQ 值减小，而 qP 值增加，两者呈现相反规律。

表 9-2　　　　　　　　　　水稻叶绿素荧光参数 (2018 年)

季别	品种	处理	分蘖期				齐穗期			
			Fv/Fm	ΦPS Ⅱ	NPQ	qP	Fv/Fm	ΦPS Ⅱ	NPQ	qP
早稻	V1	W1	0.632ab	0.423ab	0.201a	0.717b	0.659b	0.430b	0.206a	0.726b
		W2	0.656a	0.447a	0.229a	0.683c	0.716a	0.463a	0.235a	0.699b
		W3	0.613b	0.398b	0.152b	0.751a	0.630b	0.405b	0.167b	0.764a
	V2	W1	0.705ab	0.429b	0.194ab	0.764ab	0.727a	0.471ab	0.194b	0.788a
		W2	0.722a	0.462a	0.225a	0.747b	0.733a	0.485a	0.237a	0.758b
		W3	0.687b	0.422b	0.182b	0.779a	0.698b	0.454b	0.191b	0.790a
晚稻	V3	W1	0.743a	0.475b	0.117b	0.821b	0.762b	0.551b	0.112ab	0.755b
		W2	0.753a	0.526a	0.156a	0.711c	0.793a	0.584a	0.136a	0.723c
		W3	0.625b	0.443c	0.097b	0.885a	0.712c	0.528b	0.102b	0.809a
	V4	W1	0.726ab	0.466b	0.116b	0.769b	0.733b	0.559b	0.150a	0.754a
		W2	0.749a	0.515a	0.128a	0.756b	0.761a	0.601a	0.174a	0.677b
		W3	0.705b	0.454b	0.082b	0.848a	0.715b	0.528c	0.115b	0.765a

2.5 不同水分管理对水稻镉吸收的影响

由表 9-3 可见：2017 年晚稻成熟期糙米镉含量以 W1 处理最低，分别为 0.1 mg/kg、0.08 mg/kg，比 W3 处理降低 66.7%、52.94%，糙米镉含量达到国家安全标准；三个时期根、茎、叶中镉含量均随灌水量的减少而增加，即 W1 处理镉含量最低，W3 处理最高，部分达到显著差异。

2018 年早稻数据显示，不同水分处理下两个水稻品种镉含量总体分布根＞茎＞叶。分蘖期，同一部位以 W3 处理镉含量最高，根部分别较 W1、W2 处理高出 57.3%~58.7%，茎部高出 26.0%~50.6%，叶部高出 33.7%~59.2%，达到显著差异；齐穗期时，各部位镉含量由大到小的处理方式依次为 W3>W2>W1，与 2017 年晚稻规律相同，即随着灌水量的增加，两个品种各部位镉含量降低，与 W1 处理相比，W3 处理显著增加了水稻的镉含量；成熟期与分蘖、齐穗期规律相同，W1 处理有显著降低植株镉含量的效果，三种不同处理方式糙米中镉含量均存在显著差异，与 W3 处理相比，W1、W2 处理显著降低糙米中镉含量，V1 分别降低 89.29%、35.71%，V2 分别降低 80.95%、61.90%，使得糙米中镉含量达到国家安全标准。

2018 年晚稻分蘖期、齐穗期及成熟期植株各部位镉含量同样以 W3 处理最高，与 W1 处理存在显著差异，即阶段性灌水显著增加了水稻植株镉含量，W1 处理成熟期糙米中镉含量分别为 0.1 mg/kg、0.14 mg/kg，比 W3 处理降低 58.33%、48.15%，有显著降低效果。

由 2017 年晚稻、2018 年早晚稻生长的三个关键时期总体来看，在三种不同水分处理下，不同器官镉含量大小依次为根＞茎＞叶，同一器官镉含量由大到小的处理方式依次为 W3 ＞ W2 ＞ W1，并且 W1 处理糙米中镉含量达到国家安全标准。随着生育期推进，不同处理间的差异性变大，成熟期各器官总体的镉含量大于齐穗期、分蘖期。同一处理分蘖期根中镉含量高于齐穗期，而茎中镉含量低于齐穗期，两者呈现相反趋势，这是因为在分蘖期时，从土壤吸收的镉主要积累于根部，随着水稻从分蘖期生长至齐穗期，根部吸收的镉向地上部分运输转移，因此齐穗期茎中镉含量高于分蘖期。通过 2017 年与 2018 年晚稻数据对比发现，2018 年晚稻植株根、茎、叶、穗各部位镉含量约为 2017 年的两倍，但糙米中镉含量各处理下两年差异不大；相对而言，2018 年各处理间差异性更强，淹水处理的降镉效果更好。

表 9-3　　　　　　　不同处理对水稻镉含量的影响　　　　　单位：mg/kg

年份	品种	处理	分蘖期			齐穗期				成熟期			
			根	茎	叶	根	茎	叶	穗	根	茎	叶	糙米
2017年晚稻	V3	W1	0.91a	0.10a	0.14a	0.57b	0.11b	0.08b	0.09b	0.92b	0.36b	0.28a	0.10b
		W2	0.99a	0.19a	0.10a	0.60b	0.21a	0.15a	0.17a	2.15a	0.70ab	0.15a	0.23ab
		W3	1.41a	0.35a	0.15a	1.26a	0.36a	0.16a	0.20a	2.64a	1.14a	0.20a	0.30a
	V4	W1	1.01b	0.12a	0.06a	0.63a	0.17a	0.07a	0.05b	0.72b	0.14b	0.11a	0.08b
		W2	1.55a	0.24a	0.09a	0.90a	0.50a	0.07a	0.09ab	1.41a	0.68ab	0.14a	0.15a
		W3	1.11ab	0.29a	0.09a	1.01a	0.39a	0.08a	0.13a	1.35a	0.72a	0.12a	0.17a
2018年早稻	V1	W1	0.60b	0.15b	0.05b	1.23b	0.39a	0.17b	0.18a	0.67b	0.13b	0.12a	0.03c
		W2	0.77ab	0.13b	0.10ab	1.51a	0.45a	0.20b	0.26a	1.26b	0.31ab	0.15a	0.18b
		W3	1.32a	0.22a	0.18a	2.05a	0.51a	0.29a	0.29a	4.11a	1.42a	0.23a	0.28a
	V2	W1	0.74ab	0.11b	0.07b	0.62b	0.15b	0.14b	0.14b	0.46c	0.29b	0.12a	0.04c
		W2	0.60b	0.32a	0.10ab	1.39ab	0.55ab	0.22a	0.15b	1.76b	0.49ab	0.24a	0.08b
		W3	1.99a	0.36a	0.13a	2.56a	0.69a	0.31a	0.42a	3.37a	0.91a	0.36a	0.21a
2018年晚稻	V3	W1	1.01b	0.11b	0.07b	4.19a	0.46b	0.26a	0.18b	1.97b	0.36c	0.12b	0.10b
		W2	2.86ab	0.46a	0.12a	4.36a	0.98a	0.19a	0.52ab	4.43ab	0.91b	0.27ab	0.19a
		W3	3.30a	0.61a	0.13a	4.93a	1.16a	0.32a	0.82a	6.13a	1.40a	0.41a	0.24a
	V4	W1	1.77b	0.59b	0.13b	1.05b	0.19b	0.10b	0.08b	1.73b	0.35b	0.16a	0.14b
		W2	2.76ab	0.61a	0.17b	3.33a	0.38a	0.15b	0.19a	2.40b	0.45a	0.23a	0.15b
		W3	3.59a	0.94a	0.37a	4.18a	1.56a	0.49a	0.56a	4.55a	1.09a	0.33a	0.27a

2.6 不同水分管理对水稻镉地上部分转运系数的影响

转运系数是指植株地上部分元素的含量与地下部分元素含量的比值，用来评价植物将离子从地下向地上的运输和富集能力，转移系数越大，则从根部向地上部转运能力越强。由图9–3可见，2017年晚稻、2018年早晚稻地上部分转运系数总体表现为齐穗期＞成熟期＞分蘖期。

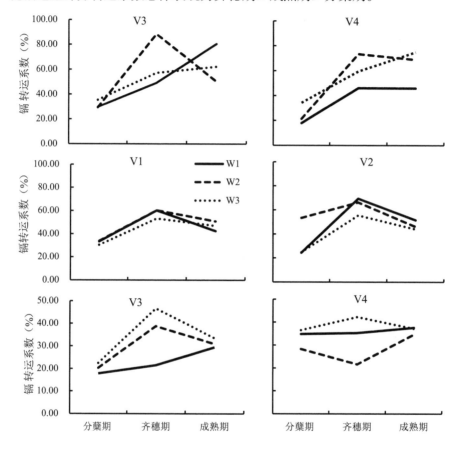

图9–3　2017年晚稻（上）、2018年早稻（中）、2018年晚稻（下）

地上部分转运系数

在2017年晚稻生长的分蘖、齐穗和成熟期三个关键时期，三种不同水分灌溉下，W2处理齐穗期镉地上部分转运系数达到最大，两品种依次为88.33%、73.33%，比转运系数最小的W1处理高出39.21%、27.30%，可见齐穗期W2处理促进了镉向地上部分的转移；分蘖期W3处理转运系数最高，两个品种分别为35.46%、34.23%；随着水稻生长发育的进行，两品种 W3 处理在不同时期均呈现递增趋势，W2 处理先增加后减小，趋势明显，W1 处理在分蘖期到齐穗期转运系数呈现增加趋势，齐穗到成熟期 V3 品种趋于平稳，无明显增加，V4 品种依然呈现增加趋势。

2018 年早稻生长三个关键时期，同样以齐穗期水稻地上部分转运系数最高；V1 品种各时期 W2 处理均促进了水稻植株镉向地上部分转运，齐穗期最高为 60.26%，比最低的 W3 处理高出 7.09%，而对于 V2 品种，分蘖期 W2 处理下镉地上部分的转运系数达到 53.33%，与 W1、W3 处理存在显著差异，齐穗、成熟期以 W1 处理转运系数最高，分别为 69.35%、51.52%，与转运系数最低的 W3 处理达到显著差异。

2018 年晚稻两品种均以 W3 处理齐穗期镉地上部分转运系数最高，分别为 46.65%、42.23%；V3 品种齐穗期以 W1 处理转运系数最低，为 21.48%，比 W3 处理低 25.17%，V4 品种以 W2 处理最低，比转运系数最高的 W3 处理降低 20.61%，达到显著差异；V3 品种 W1 处理镉地上部分转运系数在三个不同时期持续增加，而 W2、W3 处理从分蘖到齐穗期转运系数增加，而从齐穗到成熟期转运系数呈现下降趋势，但成熟期转运系数依然大于分蘖期；V4 品种 W3 处理转运系数先升后降，而 W1、W2 处理为先降低后升高，原因有待进一步研究。

2.7 不同水分管理对早稻分蘖期亚细胞镉含量的影响

由图 9-4 可见：在水稻生长分蘖期随着灌水量的增加，植株各部位亚细胞组分镉含量有所减少，即 W3 处理镉含量最高，比 W1 处理高出 1~3 倍，达到显著差异；同时，镉在植株根部亚细胞组分中的含量以细胞壁最高，细胞液次之，细胞器镉的积累量最低，而在茎叶部以细胞液含量最高，细胞器最少，可见细胞壁和细胞液是植株亚细胞镉的主要积累场所。

2.8 不同水分管理对早稻齐穗期亚细胞镉含量的影响

由图 9-5 可见：与分蘖期规律相似，齐穗期两品种水稻植株亚细胞各组分镉含量同样以 W3 处理最高，较 W1、W2 处理高出 2~8 倍，根部亚细胞细胞壁是镉的主要积累部位，细胞液次之，细胞器中最少，在茎叶部细胞液中镉含量最高，这与分蘖期规律一致。

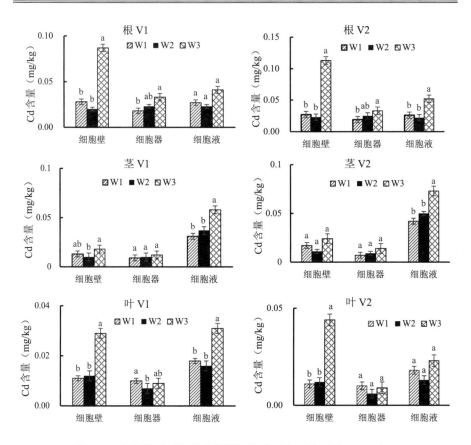

图 9-4　水分管理对早稻分蘖期亚细胞镉含量的影响 (2018 年)

2.9 不同水分管理对晚稻分蘖期亚细胞镉含量的影响

由图 9-6 可见：水稻生长分蘖期，不同水分处理下 V3、V4 品种根茎叶亚细胞各组分镉含量均以 W3 处理最高，与 W1、W2 处理部分存在显著差异。根部亚细胞细胞壁、细胞器镉含量高于茎叶部，而细胞液以茎部含量较高。三种不同处理下根部以细胞壁中镉含量最高，细胞液次之，而茎叶部以细胞液为主要积累场所。

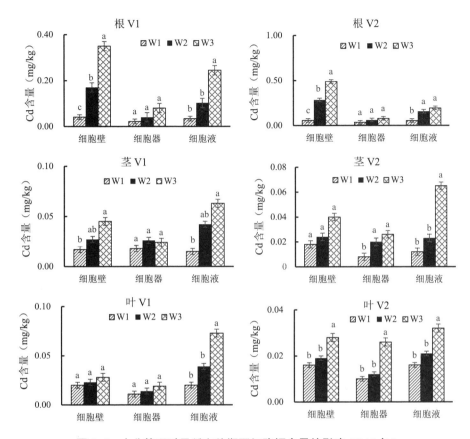

图 9-5　水分管理对早稻齐穗期亚细胞镉含量的影响 (2018 年)

2.10 不同水分管理对晚稻齐穗期亚细胞镉含量的影响

由图 9-7 可知：水稻齐穗期三种不同灌溉模式下，亚细胞各组分中镉含量同样以 W3 处理最高，W1 处理最低。V3 品种根部各组分 W3 处理镉含量分别是 W1 处理的 4~9 倍，V4 品种为 3~13 倍，达到了显著差异，茎叶部各处理间差异不显著。镉在亚细胞中分布依次为根＞茎＞叶；三种处理下根部以细胞壁中镉含量最高，细胞液次之，而茎叶部以细胞液为主要积累场所。

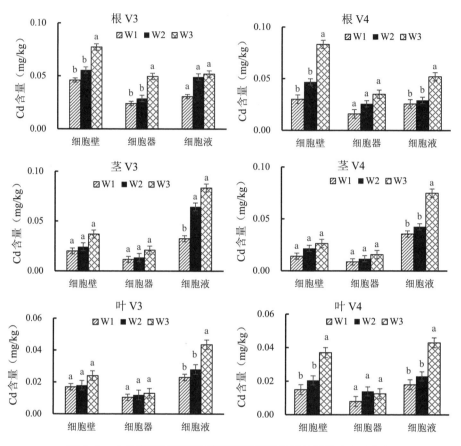

图 9-6　水分管理对晚稻分蘖期亚细胞镉含量的影响 (2018 年)

2.11 不同水分管理对早稻亚细胞各组分间镉分配比例的影响

由表 9-4 可见：不同水分管理对镉在水稻亚细胞组分间分配比例的影响不同。从水稻生长的两个关键时期来看，镉在根部亚细胞不同组分间的分配比例大小依次为细胞壁＞细胞液＞细胞器，而在茎叶部细胞液＞细胞壁＞细胞器。总体来看，镉主要集中在细胞壁和细胞液，细胞器所占比例极小。

随着土壤含水量的减少，镉在根部细胞壁的分配比例增加，即 W3 处

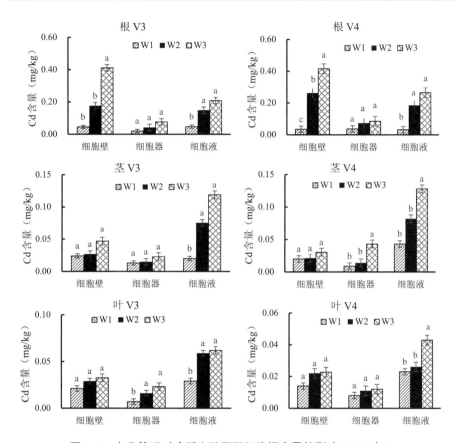

图 9-7　水分管理对晚稻齐穗期亚细胞镉含量的影响 (2018 年)

理细胞壁所占比例最大,从分蘖期到齐穗期,各处理细胞壁分配比例依次增大,对应细胞器所占比例减小;茎部亚细胞不同组分间以细胞液镉分配比例最高,不同处理间以 W2 处理镉的分配比例最高,从分蘖期到齐穗期细胞壁、细胞器各处理所占比例增大,细胞液所占比例减小;叶部亚细胞不同组分间同样以细胞液分配比例最高,从分蘖期到齐穗期各组分间的分配比例无明显变化。

表 9-4			镉在早稻亚细胞组分间的分配比例（2018 年）							单位：%		
时期	品种	处理	根			茎			叶				
			细胞壁	细胞器	细胞液	细胞壁	细胞器	细胞液	细胞壁	细胞器	细胞液		
分蘖期	V1	W1	38.36b	24.66a	36.99a	24.53a	16.98a	58.49a	28.21b	25.64a	46.15a		
		W2	30.30b	34.85a	34.85a	17.55a	17.54a	65.91a	34.29ab	20.00a	45.71a		
		W3	54.04a	20.50a	25.47a	20.45a	13.64a	64.91a	42.03a	13.04b	44.93a		
	V2	W1	37.50b	26.39ab	36.11a	25.76a	10.61a	63.64a	28.21b	25.64a	45.15a		
		W2	32.86b	35.71a	31.43a	16.71 a	14.86a	68.43a	38.71a	19.35a	41.94a		
		W3	57.07a	16.67b	26.26a	21.62a	12.61a	65.77a	57.89a	11.84b	30.26a		
齐穗期	V1	W1	42.27b	21.68a	36.05a	34.09a	30.00a	36.00 b	37.04a	25.93a	37.04b		
		W2	48.49a	12.82b	35.69a	23.48b	22.61a	53.91a	30.26ab	18.42b	51.32a		
		W3	58.85a	11.85b	32.30a	34.02a	18.18b	47.73a	23.33b	15.83b	60.83a		
	V2	W1	31.90b	21.55a	46.55 a	47.37a	21.05b	31.58 b	39.10a	22.81ab	38.10a		
		W2	56.71a	11.02b	32.26b	32.29 b	32.86a	32.86b	38.58a	17.67b	43.75a		
		W3	64.34a	10.26b	23.39b	34.00b	16.00b	52.00a	32.56a	30.23a	37.21a		

2.12 不同水分管理对晚稻亚细胞各组分间镉分配比例的影响

由表 9-5 可知：从晚稻生长的分蘖期和齐穗期来看，不同水分处理对镉在水稻亚细胞不同组分间分配比例影响不同，各处理间部分存在差异。根部细胞壁镉的分配比例最大，细胞液次之，细胞器中镉含量最少，仅占总体的 10%~25%；而茎叶部亚细胞细胞液是镉积累的主要场所，细胞壁次之，两者占镉总量的 80%~90%，细胞器中仅含 10%~20%，因此亚细胞中镉主要集中于细胞壁、细胞液，细胞器所占比例极小。

镉在根部细胞壁的分配比例随着土壤灌水量的减少而增加，即 W3 处理细胞壁中镉的分配比例最大。从分蘖期到齐穗期，随着水稻的生长，根部细胞壁镉所占的比例增加，而细胞器所占比例减小，即从分蘖期到齐穗期部分镉从细胞器转移至细胞壁；茎叶部不同组分分配比例从分蘖期到齐穗期无明显变化。

表 9–5　　　　　　镉在晚稻亚细胞组分间的分配比例 (2018 年)　　　　单位：%

时期	品种	处理	根			茎			叶		
			细胞壁	细胞器	细胞液	细胞壁	细胞器	细胞液	细胞壁	细胞器	细胞液
分蘖期	V3	W1	45.73a	23.86ab	30.42b	31.17a	18.18a	50.65b	33.66a	20.79a	45.54b
		W2	41.62a	21.56b	36.82a	23.68b	13.34b	62.98a	31.03a	20.69a	48.28ab
		W3	43.27a	27.69a	29.03b	26.15b	14.84b	59.01a	29.81a	16.15a	54.04a
	V4	W1	41.88b	22.30a	35.82a	24.07ab	14.90a	61.03a	36.59a	19.51a	43.90a
		W2	46.00a	25.31a	28.70b	28.41a	15.42a	56.17a	35.65a	24.35a	40.00a
		W3	48.91a	20.55b	30.53ab	22.45b	13.40a	64.15a	39.96a	13.61b	46.44a
齐穗期	V3	W1	40.26c	17.93a	41.81a	42.11a	22.81a	35.09b	36.84a	12.28b	50.88a
		W2	47.96b	11.44b	40.60a	22.83b	12.78b	64.40a	27.82b	15.40ab	56.79a
		W3	59.11a	10.95b	29.94b	24.79b	12.18b	63.03a	27.66b	19.57a	52.77a
	V4	W1	33.46b	35.68a	30.86a	27.78a	12.50b	59.72b	31.11b	17.78a	51.11a
		W2	50.38a	14.08b	34.54a	18.17b	11.93b	69.90a	37.29a	18.64b	44.07b
		W3	54.32a	11.10b	35.58a	15.09b	21.35b	63.56ab	29.21b	15.44a	55.34a

2.13 不同水分管理模式对土壤有效镉含量的影响

土壤有效镉与水稻植株对镉的吸收有一定的影响。由表 9–6 数据可知，三种不同水分灌溉下土壤有效镉含量由大到小的处理方式依次为 W3 > W2 > W1，且 W3 处理与 W1 处理间存在显著差异。2017 年晚稻及 2018 年早晚稻分蘖期镉含量最高达到 0.41 mg/kg，最低 W1 处理为 0.13 mg/kg，高出 3 倍，在齐穗期 W3 处理最高为 0.49 mg/kg，W1 处理最低为 0.14 mg/kg，最高比最低高出 3 倍以上，成熟期最高为 0.45 mg/kg，比 W1 处理同样高出 3 倍。不同时期间同样以齐穗期有效镉含量最高，总体呈现低—高—低趋势。

2.14 不同水分管理对早晚稻根表铁膜各元素积累量的影响

水稻根表铁氧化物膜对介质中重金属的吸收及其在水稻体内的转移起重要作用，根表铁膜抑制镉向地上部分的转运。水稻根表铁膜中铁的含量远远大于锰的含量，铁的含量在铁膜中占主要部分，根表铁膜对镉的富集主要是由铁膜中铁的含量所决定的。水稻根表铁膜能够富集大量的阳离子，能影响水稻对这些离子的吸附和解析，通常根表铁膜的厚度是以铁膜中 Fe 离子的含量来表示，它的厚度是影响水稻吸收、累积镉的重要指标。

表 9-6　　　　不同水分处理对土壤有效镉含量的影响　　　　单位：mg/kg

年份	品种	处理	分蘖期	齐穗期	成熟期
2017 年晚稻	V3	W1	0.18 b	0.26 b	0.21 c
		W2	0.38 a	0.41 a	0.34 b
		W3	0.41 a	0.44 a	0.45 a
	V4	W1	0.17 b	0.18 c	0.15 c
		W2	0.33 a	0.32 b	0.28 b
		W3	0.39 a	0.45 a	0.36 a
2018 年早稻	V1	W1	0.15 c	0.14 c	0.21 c
		W2	0.27 b	0.25 b	0.29 b
		W3	0.37 a	0.41 a	0.37 a
	V2	W1	0.13 c	0.18 c	0.16 b
		W2	0.25 b	0.31 b	0.23 b
		W3	0.36 a	0.43 a	0.37 a
2018 年晚稻	V3	W1	0.21 c	0.25 c	0.27 b
		W2	0.29 b	0.34 b	0.20 b
		W3	0.37 a	0.43 a	0.42 a
	V4	W1	0.15 c	0.18 b	0.14c
		W2	0.29 b	0.40 a	0.26 b
		W3	0.41 a	0.49 a	0.39 a

由表 9-7 中数据可知：水稻生长两个时期均在 W3 处理下根表铁膜中镉的含量最高，W1 处理最低，而在 W1 处理下铁、锰含量最高，可见根表铁膜铁、锰与镉含量存在明显的拮抗作用。且根表铁膜中铁含量远远高

于锰和镉的含量，由此可见铁膜中铁为主要成分。铁、锰含量的增加会使膜上镉含量减少。

表 9–7　　　　　　　　　　水稻根表铁膜各元素的积累量 (2018 年)

季别	品种	处理	分蘖期			齐穗期		
			Mn	Fe	Cd	Mn	Fe	Cd
早稻	V1	W1	0.573a	31.106a	0.013a	0.891a	48.821a	0.016a
		W2	0.233b	25.944a	0.015a	0.479ab	29.423ab	0.024a
		W3	0.307ab	27.170a	0.023a	0.201b	13.340b	0.029a
	V2	W1	0.576a	94.899a	0.013a	1.645a	154.21a	0.024a
		W2	0.166b	31.935a	0.013a	1.106ab	93.767b	0.029a
		W3	0.188b	26.331a	0.019a	0.591b	55.243b	0.084a
晚稻	V3	W1	1.520a	119.95a	0.024a	1.048a	88.481a	0.068a
		W2	0.607b	51.217b	0.027a	1.069a	85.774a	0.089a
		W3	0.412b	25.526b	0.043a	0.832a	43.876b	0.105a
	V4	W1	0.723ab	54.101ab	0.036a	0.763a	70.504a	0.024a
		W2	0.999a	69.174a	0.057a	0.591a	51.100a	0.033a
		W3	0.371b	21.504b	0.069a	0.965a	49.943a	0.150a

2.15 大田环境下水分管理对糙米镉含量的影响

于 2015 年、2016 年两年在长株潭地区进行了 50 个地点的双季稻试验，对其分别进行水分处理 I（淹灌技术，即全生育期保持有水层）、VIP 综合降镉技术处理（即 V 为种植低镉积累品种，I 为优化水分管理，P 为施用石灰）、CK 对照组处理（常规种植）三种不同处理，3 次重复，随机区组排列。

由表 9–8 可知：两年早稻均以对照 CK 的糙米镉含量最高，分别达到 0.29 mg/kg、0.30 mg/kg，I 处理与对照相比显著降低了糙米镉含量，处理后分别为 0.25 mg/kg，0.22 mg/kg，降幅分别为 12%、27%；VIP 综合降镉技术降镉效果最佳，与其他种两处理达到显著差异，使糙米中镉含量达到国家安全标准，降幅最高达 58%；两年晚稻 I 处理同样有显著降低糙米镉含量的效果，降幅分别达 25%、20%，VIP 综合降镉技术处理下糙米镉含量均为 0.2 mg/kg，与对照相比显著降低糙米镉含量，降幅分别达 50% 以上，使之达到国家安全标准。同时，由早晚稻对比可知，晚稻糙米镉含量大于早稻；与盆栽淹水处理的降幅相比较发现，盆栽中淹水处理糙米镉含量的降低幅度更大。

表 9-8 不同处理下早晚稻糙米镉含量

年份	处理	早稻		晚稻	
		糙米镉 /（mg/kg）	降幅 /%	糙米镉 /（mg/kg）	降幅 /%
2015 年	CK	0.29a	—	0.46a	—
	I	0.25b	12	0.35b	25
	VIP	0.17c	42	0.20c	56
2016 年	CK	0.30a	—	0.42a	—
	I	0.22b	27	0.33b	20
	VIP	0.13c	58	0.20c	52

2.16 大田环境下水分管理对土壤有效镉含量的影响

由表 9-9 可见：2015 年早稻整地前土壤有效镉含量高达 0.55 mg/kg，早稻成熟期 I、VIP 处理下土壤有效镉含量依次为 0.47 mg/kg、0.44 mg/kg，与对照相比较分别降低 14.55%、20%；晚稻成熟时 I、VIP 处理土壤有效镉含量与早稻整地前相比，降低 25.45%、30.91%，由此可见土壤中部分有效镉转移至水稻植株及籽粒中。

表 9-9 不同处理下土壤有效镉含量 单位：mg/kg

处理	2015 年			2016 年		
	早稻整地前	早稻成熟时	晚稻成熟时	早稻整地前	早稻成熟时	晚稻成熟时
CK	0.55	0.48	0.42	0.49	0.46	0.35
I	0.55	0.47	0.41	0.46	0.45	0.34
VIP	0.55	0.44	0.38	0.45	0.42	0.32

2016年早稻成熟时I、VIP处理土壤有效镉含量与整地前相比分别降低2.17%、6.67%，虽有降低作用，但效果不明显；晚稻成熟时I、VIP处理土壤有效镉含量分别为0.34 mg/kg、0.32 mg/kg，相比整地前降低26.09%、28.89%。

2.17 大田环境下水分管理对土壤pH的影响

由表9-10可见：从2015年早稻整地前到2016年晚稻成熟时I处理对土壤pH无明显影响，VIP处理下土壤pH总体呈现上升趋势，变化范围为5.70~6.27，pH值的上升幅度每季逐渐增大。

表9-10　　　　　　　　　　不同处理对土壤pH的影响

处理	2015年			2016年		
	早稻整地前	早稻成熟时	晚稻成熟时	早稻整地前	早稻成熟时	晚稻成熟时
CK	5.70	5.60	5.71	5.69	5.79	5.82
I	5.70	5.58	5.70	5.67	5.69	5.68
VIP	5.70	5.70	5.97	5.84	6.05	6.27

3. 讨论

3.1 水分管理对水稻叶绿素及叶绿素荧光特性的影响

水稻光合作用是水稻干物质生产和籽粒产量的主要来源。水稻叶片吸收的光能，主要是以光化学电子传递和光合磷酸化的形式转换为光能，其余的部分是以荧光和热的形式散失。因此，在水稻的实际生产过程中，通常可以用叶绿素荧光参数来快速、灵敏且毫无损伤地反映植株光合速率的强弱，研究不同程度的水分胁迫对植株光合作用的影响。已经有研究表明，Fv/Fm值、ΦPSⅡ、NPQ和qP受抑制程度与水分胁迫有显著相关性。由本试验研究结果可见，早晚稻分蘖期、齐穗期两品种Fv/Fm值、ΦPSⅡ和NPQ均以W2处理最高，W3处理最低，总体变化趋势为W2 > W1 > W3，且齐穗期各指标参数均高于分蘖期；早晚稻两时期qP值由大到小的水分处理方式依次为W3 > W1 > W2，W3处理与W2处理达到显著差异，与其他参数呈现相反规律，这是由于水稻在遭受干旱时，实际光化学效率受到了严重的抑制，从而使得光合传递速率及光合同化速率均下降，光合效率减弱，这与前人的研究结果一致。叶绿素荧光参数与水稻重金属的吸收也有一定的关系，W3 处理抑制了 Fv/Fm、ΦPS Ⅱ 和 NPQ，但在 W3 处理下水稻对镉的吸收量最大，由此可见水稻植株对镉的吸收与 Fv/Fm、ΦPS Ⅱ 和 NPQ 呈现正相关，而与 qP 值呈负相关，原因尚不明确，有待进一步研究。本试验还有测定丙二醛（MDA）、非蛋白巯基总肽（NPT）等指标，但由于不同处理下无明显差异，因此论文中未分析说明。

3.2 水分管理对水稻植株及亚细胞镉含量的影响

研究结果表明，在长期淹水灌溉（W1）、湿润灌溉（W2）及阶段性湿润灌溉（W3）三种不同水分处理下，随着土壤含水量的增加，水稻植株根、茎、叶及糙米镉含量均降低，即在 W1 处理下各部位镉含量最低，三季水稻中 V1 品种 W1 处理糙米中镉含量分别比 W3 处理降低了 66.67%、89.29%、58.33%，V2 品种同样以 W1 处理植株及糙米中镉含量最低，分别比 W3 处理降低 52.94%、80.95%、48.15%，均达到了显著水平，同时也使糙米镉含量达到国家安全标准。这与胡坤等的淹水灌溉能够降低水稻对镉的吸收，并且能有效抑制镉从茎叶向籽粒的转移，使得籽粒镉含量最低的研究结论一致。这是由于淹水模式下氧化还原电位（Eh）和土壤氢离子（H^+）浓度降低，氢氧根（OH^-）浓度增加，造成有效态镉形成氢氧化物沉淀存在于土壤中，同时，淹水还原条件下，土壤中的 SO_2^{4+} 还原为 S^{2-}，而镉具有很强的亲硫性，易与 S^{2-} 共沉淀，从而降低镉的有效性，有效降低了土壤中有效镉向水稻植株的转移。也有部分研究表明，随着水稻植株蒸腾强度的增大，植株镉含量也增大，两者呈现显著的相关关系，长期淹水处理会导致叶片的气孔导度显著下降，而叶片气孔导度变小，蒸腾强度则会降低，进而减少根部对镉的吸收以及镉向地上部分的运输，两者的综合结果使得水稻植株对镉的吸收降低，进而糙米中镉含量降低。镉含量在植株不同部位间的分布依次为根＞茎＞叶＞糙米，这是由于水稻根部吸收镉并依次向上运输，因此呈现逐层递减的趋势。

对水稻亚细胞的重金属分布进行研究，有利于从细胞水平上了解重金属对植物的毒害和植物的耐受机制。本试验通过对水稻进行三种不同水分处理的研究发现：水稻分蘖期、齐穗期根部亚细胞镉含量主要集中于细胞壁，其次为细胞液，而细胞新陈代谢的主要场所细胞器吸收镉含量很少，这极大地减轻了重金属对细胞的毒害作用，使细胞能够进行正常的生理活动，这与孙敏、曾翔等的研究结果一致。这是由于作为镉重要结合位点的细胞壁，能够有效降低进入细胞质体的镉离子浓度，并且细胞壁中含有大量能够吸附镉离子的非可溶物质，因此细胞壁镉含量较其他两组分高。茎、叶部亚细胞镉含量主要集中在细胞液，细胞壁次之，主要是因为重金属在细胞内的区隔化分布，即细胞壁结合位点饱和时，一部分重金属离子会转移到细胞液与有机酸等物质结合，达到区隔化的作用。

不同处理下亚细胞各组分镉的积累量均以 W3 处理最高，W1 最低，部分达到显著差异，这与水稻植株不同部位镉吸收呈现相同规律。W3 处理下，相比细胞液、细胞器，细胞壁中镉积累的增长幅度最大，由此可见水分管理主要是通过影响细胞壁镉含量来影响水稻植株体内镉的含量。同一处理间根部亚细胞镉含量高于茎叶部，并且从分蘖期到齐穗期，根、茎、叶部细胞壁镉的分配比例逐渐增大，即随着水稻的生长，亚细胞各组分镉均向细胞壁转移，齐穗期亚细胞各器官镉的积累量高于分蘖期，即随着水稻生育进程的推进，水稻亚细胞镉积累量增加，因此植株镉含量也增加。

3.3 水分管理对水稻土壤有效镉及根表铁膜的影响

镉主要是通过土壤—作物—食品系统进入人体来危害人体健康，而土壤中镉的生物有效性是影响这一途径的主要因素，所以降低镉在土壤中的有效性是减少作物对镉吸收的关键，能够影响土壤中镉生物有效性的因素众多，其中土壤水分状况是主要因素之一，不同的水分管理方式对土壤有效镉含量有明显的影响。由水稻生长的三个关键时期研究数据可知，淹水灌溉即 W1 处理能够明显降低土壤有效镉含量，这与肖思思等的长期淹水灌溉能够显著降低土壤有效镉含量的研究结果一致；同样有研究表明，水稻全生育期淹水处理可降低污染土壤镉的活性，并且淹水使得稻田有效镉含量下降 58.2%~84.1%，可能原因是淹水增强了有机质结合态镉的能力且小部分是不可逆的；另一个原因可能与土壤氧化还原状况有关，在还原条件下，土壤中晶形氧化铁对镉表现为专性吸附，SO_4^{2-}、Fe^{3+}、Mn^{4+} 分别被还原为 S^{2-}、Fe^{2+}、Mn^{2+}，因而形成难溶性的 CdS 并与 FeS、MnS 等不溶性化合物产生共沉淀；另外，供试土壤为酸性时，淹水后 pH 升高，土壤胶体附点和数量增加，专性吸附点位的去质子化能力加强，因而土壤胶体对镉的吸附能力加强，从而降低土壤中镉的生物有效性。土壤有效镉含量降低，可有效降低转移至植株的镉含量。

水稻根表铁膜能富集大量的阳离子，进而影响水稻对重金属离子的吸附。根表铁膜的厚度以铁膜中 Fe 离子含量来表示，它的厚度是影响水稻吸收累积镉的重要指标。长期淹水处理下水稻根表铁膜中 Fe 的含量明显高于其他两个水分处理，可见淹水处理能够显著增加水稻根表铁膜的厚度，而根膜中的镉含量却降低了，这可能是由于淹水处理土壤的还原程度加强，根表铁膜数量增加，但土壤中 Fe^{2+} 以更大的比例增加，Fe^{2+} 与 Cd^{2+} 竞争根表铁膜上的吸附点位，吸附的 Fe^{2+} 数量增多，对应 Cd^{2+} 降低，并且还原条件下由于 S^{2-} 与 Cd^{2+} 的沉淀作用及镉与土壤胶体在还原条件下向更紧致的结合态转化等，导致土壤镉活性降低，因此造成水稻根表铁膜有效态镉含量降低，进而会使转移至水稻植株的镉含量降低，最终结果为水稻糙米镉含量在淹水灌溉下最低。同时，根表铁膜中铁含量明显高于锰含量，所以在根表铁膜中铁的含量为主要成分。

3.4 水分处理对大田环境下水稻镉含量的影响

试验结果表明，与对照相比，两年双季稻 I、VIP 处理均有降低糙米镉含量的作用，其中以 VIP 处理效果最好，与 CK 相比分别降低了 12%、27%，差异达显著水平，使得糙米镉含量达到国家安全标准，这与沈欣等的研究结果一致。同时，早稻米镉含量低于晚稻，这是因为早稻糙米对镉的富集能力弱于晚稻，因此从土壤转运到早稻植株体内富集至糙米中的镉较少。晚稻土壤 pH 值高于早稻，而土壤 pH 值与土壤中有效态镉含量呈负相关，所以同一处理晚稻土壤镉含量低于早稻。大田环境下水分管理对土壤及糙米镉含量的降低幅度低于盆栽淹水管理，这是由于大田环境下水分调控不易操控，无法等同盆栽管理细致。

4.结论

（1）与湿润灌溉处理（W2）、阶段性湿润灌溉处理（W3）相比，淹水处理（W1）能够显著降低水稻糙米及植株镉含量，使糙米中镉含量达到国家安全标准。淹水处理下水稻地上部分镉转运系数最低，即淹水灌溉通过抑制地下部分镉向地上部分转移进而使得糙米中镉含量显著降低。同时，淹水处理对亚细胞组分细胞壁、细胞液、细胞器中镉含量也有显著的降低效果，细胞壁降低幅度最大，由此可见水分管理主要是通过降低细胞壁镉含量来降低植株整体镉含量。总体来看，在镉污染稻田中可采用长期淹水灌溉来降低水稻籽粒镉含量。

（2）通过大田与盆栽的淹水处理降镉效果对比来看，大田淹水处理虽然有降低水稻糙米镉含量的效果，但由于田间操控不如盆栽易管理，因此降低幅度不如盆栽试验明显。

（3）土壤有效镉对植株镉的吸收有着直接的影响。试验结果可得，长期淹水处理下土壤有效镉含量最低，因此可使转移至植株的镉含量降低。水稻根表铁膜对介质中重金属的吸收及其在水稻体内的转移起重要作用，根表铁膜抑制镉向地上部分转运。早晚稻分蘖、齐穗期均在 W3 处理下根表铁膜中镉含量最高，而 W1 处理 Fe、Mn 含量最高，可见 W1 处理通过增加根表铁膜 Fe、Mn 含量来使吸附至膜上镉减少，存在明显的拮抗作用，且根表铁膜中 Fe 含量远远高于 Mn 和 Cd。

（4）早晚稻分蘖、齐穗期两品种 Fv/Fm 值、ΦPS Ⅱ和 NPQ 均以 W2 处理最高，W3 处理最低，总体变化趋势为 W2 > W1 > W3，且齐穗期各指标参数均高于分蘖期，而 qP 值由大到小的水分处理方式依次为 W3 > W1 > W2，W3 处理与 W2 处理达到显著差异，与其他参数呈现相反规律。

参考文献

[1] 易镇邪，袁珍贵，陈平平，等 . 土壤 pH 值与镉含量对水稻产量和不同器官镉累积的影响 [J]. 核农学报，2019(05): 988–998.

[2] 梁淑敏，许艳萍，陈裕，等 . 工业大麻对重金属污染土壤的治理研究进展 [J]. 生态学报，2013, 33 (5): 1347–1356.

[3] 白爱梅，李跃，范中学 . As 对人体健康的危害 [J]. 微量元素与健康研究，2007(01): 61–62.

[4] 牟仁祥，陈铭学，朱智伟，等 . 水稻重金属污染研究进展 [J]. 生态研究，2004, 13(3): 417–419.

[5] 陈怀满 . 土壤 – 植物系统中的重金属污染 [M]. 北京：科学出版社，1996.

[6] 王学华，戴力 . 作物根系 Cd 滞留作用及其生理生化机制 [J]. 中国农业科学，2016, 49(22): 4323–4341.

[7] 杨增旭 . 农业化肥面源污染治理：技术支持与政策选择 [D]. 杭州：浙江大学，2012.

[8] 刘明久，刘艳霞 . 不同浓度的镉离子（Cd^{2+}）对小麦种子萌发的影响 [J]. 种子，2007(09): 31–32.

[9] 姜虎生 . Cd^{2+} 对小麦种子萌发及生理指标的影响 [J]. 陕西农业科学，2006(05): 25–27.

[10] 何俊瑜，任艳芳，任明见，等 . 镉对小麦种子萌发、幼苗生长及抗氧化酶活性的影响 [J]. 华北农学报，2009, 24(05): 135–139.

[11] 陈志德，仲维功，王军，等 . 镉胁迫对水稻种子萌发和幼苗生长的影响 [J]. 江苏农业学报，2009, 25(01): 19–23.

[12] 陈桂珠 . 重金属对黄瓜籽苗发育影响的研究 [J]. 植物学通报，1990(01): 34–39.

[13] 曹莹，黄瑞冬，曹志强 . 铅胁迫对玉米生理生化特性的影响 [J]. 玉米科学，2005(03): 63–66.

[14] Krzeslowska M. The cell wall in plant cell response to trace metals: polysaccharide remodeling and its role in defense strategy[J]. Acta Physiologiae Plantarum, 2011, 33(1): 35–51.

[15] 郑绍建 . 细胞壁在植物抗营养逆境中的作用及其分子生理机制 . 中国科学：生命科学，2014, 44 (4)：334–341.

[16] Ye Y, Li Z, Xing D. Nitric oxide promotes MPK6–mediated caspase–3–like activation in cadmium–induced Arabidopsis thaliana programmed cell death[J]. Plant, Cell&Environment, 2013, 36(1): 1–15.

[17] 张松 . 土壤重金属污染的危害以及防治措施 [J]. 世界有色金属 , 2018(18): 285–286.

[18] 周川 , 姜和 . 土壤重金属污染危害及修复方法探究 [J]. 绿色科技 , 2018(20): 140–141.

[19] 袁庆虹 , 何作顺 . 重金属迁移及其对农作物影响的研究进展 [J]. 职业与健康 , 2009, 25(24): 2808–2810.

[20] 朱智伟 , 陈铭学 , 牟仁祥 , 等 . 水稻镉代谢与控制研究进展 [J]. 中国农业科学 , 2014, 47(18): 3633–3640.

[21] 何李生 . 镉对水稻生长和养分吸收的影响及质外体在水稻耐受镉毒害中的作用 [D]. 杭州 : 浙江大学 , 2007.

[22] 关昕昕 , 严重玲 , 刘景春 , 等 . 钙对镉胁迫下小白菜生理特性的影响 [J]. 厦门大学学报 (自然科学版), 2011, 50(01): 132–137.

[23] 王凯荣 , 张玉烛 , 胡荣桂 . 不同土壤改良剂对降低重金属污染土壤上水稻糙米铅镉含量的作用 [J]. 农业环境科学学报 , 2007(02): 476–481.

[24] Zhang Y Q, Mao X S, Sun H Y, et al. Effects of drought stress on chlorophyll fluorescence of winter wheat[J]. Chinese Journal of Eco–Agriculture, 2002, 10 (4) : 13–15.

[25] Zhou Q J, Zhao H B, Ma C C. Effects of silicon on chlorophyl fluorescence of cucumber seedlings under severe drought stress[J]. Acta Agriculturae Boreali–Sinica, 2007, 22 (5) : 79–81.

[26] 胡坤 . 淹水条件下不同中、微量元素和有益元素对土壤 Cd 有效性和水稻吸收 Cd 的影响 [D]. 成都 : 四川农业大学 , 2010.

[27] 狄广娟 . 水分管理对四个水芹品种吸收积累 Cd 的影响 [D]. 南京 : 南京林业大学 , 2013.

[28] 肖文丹 . 典型土壤中铬迁移转化规律和污染诊断指标 [D]. 杭州 : 浙江大学 , 2014.

[29] 纪雄辉 , 梁永超 , 鲁艳红 , 等 . 污染稻田水分管理对水稻吸收积累镉的影响及其作用机理 [J]. 生态学报 , 2007(09): 3930–3939.

[30] 刘雪 , 王兴润 , 张增强 . pH 和有机质对铬渣污染土壤中 Cr 赋存形态的影响 [J]. 环境工程学报 , 2010, 4(06): 1436–1440.

[31] 李元 , 祖艳群 . 重金属污染生态与生态修复 [M]. 北京 : 科学出版社 , 2016: 213–220.

[32] 刘建国 . 水稻品种对土壤重金属镉铅吸收分配的差异及其机理 [D]. 扬州 : 扬州大学 , 2004.

[33] Yang J, Zhang J, Wang Z, et al. Postanthesis water deficit enhance grain filling in two–line hybrid rice[J]. Crop Sci, 2003, 43: 2009–2018.

[34] Ben–Asher J, Tsuyuki I, Bravdo B A, et al. Irrigation of grapevines with saline water: I. Leaf area index, stomatal conductance, transpiration and photosynthesis[J]. Agric Water Manag, 2006, 83: 13–21.

[35] 张儒德 . 东北地区不同品种水稻对 Cd 吸收特性的研究 [D]. 沈阳 : 沈阳农业大学 , 2016.

[36] 钟倩云 , 曾敏 , 廖柏寒 , 等 . 碳酸钙对水稻吸收重金属 (Pb、Cd、Zn) 和 As 的影响 [J]. 生态学报 , 2015, 35(04): 1242–1248.

[37] 曾翔 . 水稻 Cd 积累和耐性机理及其品种间差异研究 [D]. 长沙 : 湖南农业大学 , 2006.

[38] Brune A, Urbach W, Dietz K J. Compartmentation and transport of zinc in barley primary leaves as basic mechanisms involved in zinc tolerance[J]. Plant, Cell&Environment, 1994, 17: 153–162.

[39] 周小勇 , 仇荣亮 , 应蓉蓉 , 等 . 锌对长柔毛委陵菜体内 Cd 的亚细胞分布和化学形态的影响 [J]. 农业环境科学学报 , 2008(03): 1066–1071.

[40] 廖敏 , 黄昌勇 , 谢正苗 . pH 对镉在土水系统中的迁移和形态的影响 [J]. 环境科学学报 , 1999(01): 83–88.

[41] 肖思思 , 李恋卿 , 潘根兴 , 等 . 持续淹水和干湿交替预培养对 2 种水稻土中 Cd 形态分配及高丹草 Cd 吸收的影响 [J]. 环境科学 , 2006(02): 351–355.

[42] 沈欣 , 朱奇宏 , 朱捍华 , 等 . 农艺调控措施对水稻镉积累的影响及其机理研究 [J]. 农业环境科学学报 , 2015, 34 (8) : 1449–1454.

[43] 潘杨 , 赵玉杰 , 周其文 , 等 . 南方稻区土壤 p H 变化对稻米吸收镉的影响 [J]. 安徽农业科学 , 2015 (16) : 235–238.

[44] 陈悦 , 李玲 , 何秋伶 , 等 . 镉胁迫对三个棉花品种 (系) 产量、纤维品质和生理特性的影响 [J]. 棉花学报 , 2014, 26(06): 521–530.

[45] 郭健 , 姚云 , 赵小旭 , 等 . 粮食中重金属铅离子、镉离子的污染现状及对人体的危害 [J]. 粮食科技与经济 , 2018, 43(03): 33–35, 85.

[46] 陆志家 , 耿秀华 . 土壤重金属污染修复技术及应用分析 [J]. 中国资源综合利用 , 2018, 36(11): 110–112.

[47] 张聪 , 张弦 . 土壤重金属污染修复技术研究进展 [J]. 环境与发展 , 2018, 30(02): 87, 89.

[48] 张军 , 蔺亚青 , 胡方洁 , 等 . 土壤重金属污染联合修复技术研究进展 [J]. 应用化工 , 2018, 47(05): 1038–1042, 1047.

[49] 郭健 , 姚云 , 赵小旭 , 等 . 粮食中重金属铅离子、镉离子的污染现状及对人体的危

害 [J]. 粮食科技与经济 , 2018, 43(03): 33–35, 85.

[50] 刘周莉 , 何兴元 , 陈玮 . 忍冬 : 一种新发现的镉超富集植物 [J]. 生态环境学报 , 2013, 22(04): 666–670.

[51] kashem M A, Singh B R. Meatal availability in contaminated soils: I. Effects of flooding and organic matter on changes in Eh, pH and solubility of Cd, Ni and Zn[J]. Nutrient Cycling in Agroecosystems, 2001, 61(3): 247–255.

[52] 张基茂 , 黄运湘 . 硫对水稻镉吸收的影响机理 [J]. 作物研究 , 2017, 31(01): 82–87.

第10章 不同氮肥种类及用量对水稻产量及重金属吸收积累的影响

摘要：【目的】探索不同氮肥种类及用量对水稻产量及重金属吸收积累的影响，为湖南省双季稻区科学施肥提供指导建议。【方法】选用早稻品种中早 39、晚稻品种湘晚籼 13 号为试验材料，于 2016 年在长沙县福临镇同心村进行小区试验。共设置 10 种不同氮肥种类及用量处理（N1~N10）及一个不施氮处理（N11），其氮肥种类及用量为每公顷施含 90 kg、180 kg、270 kg 氮的复合肥（N1~N3），每公顷施含 90 kg、180 kg、270 kg 氮的尿素（N4~N6），每公顷施含 90 kg、180 kg、270 kg 氮的碳铵处理（N7~N9），每公顷施含 180kg 氮的硫铵（N10）。【结果】施氮比不施氮增产 8.59%~67.08%。提高施氮量能加快水稻的生长发育，有效增加水稻干物质积累和产量。早稻以 N10 最高，为 9.03 t/hm²，其次是 N9；晚稻以 N9 产量最高，为 10.59 t/hm²。主要是其单位面积有效穗数较高，分别为 4.75 万粒/米²、5.28 万粒/米²。N1 处理的早稻糙米中 Cd 的含量最低，为 0.11 mg/kg，晚稻糙米碳铵处理的平均 Cd 含量较低，为 0.18 mg/kg。【结论】因此，在湖南双季稻区，早稻每公顷施含 270 kg 氮的碳铵、晚稻每公顷施含 180 kg 氮的碳铵能保证较高产量的提前下降低镉在水稻糙米中的积累。

关键词：氮肥；种类及用量；水稻；产量；重金属

引言

【研究意义】水稻是世界上第二大的粮食作物，全球超过一半以上的人口都以稻米为主食，水稻安全生产已经成为国家粮食安全的重要保障。近几年来，随着我国工业"三废"的排放增加，农业投入品的滥用等，使得水稻稻米重金属含量超标问题日趋严重。Cd 作为植物的非必需元素，不仅抑制植物的生长发育，使其生长迟缓、植株矮小，叶片失绿甚至发生死亡，而且还会影响产量。还有研究发现，我国人均 Cd 摄入量已达到了欧盟人均的两倍以上。因此必须采取措施降低稻米中重金属的含量，来减少水稻对重金属的吸收与积累。

【前人研究进展】施肥是我国农业栽培技术措施当中关键的一项，肥料能通过改变土壤中元素的种类和含量，来改变农产品的产量和品质，如何科学地施肥对水稻产量及粮食安全有至关重要的作用。截至 2010 年，全国的化肥总用量已经达到 5561.7 万吨，其中氮肥为 3200 万吨。周亮等研究表明，施氮肥处理的双季稻有效穗数和每穗粒数均明显大于不施氮肥处理，且在产量方面早稻和晚稻都有不同幅度的增产。王伟妮等研究表明，合理施氮可以促进水稻产量的形成，产量可显著增加 27.5%~37.6%，同时有效穗数也显著增加 $(39\sim68)\times10^4/hm^2$。水稻生长发育的早期，氮肥的施用量主要与水稻的分蘖数有关，中期水稻对氮素的吸收则和有效分蘖数与成穗数有关。研究表明，供应不同形态氮素，对植株的光合速率也会造成影响，供应铵态氮植株所表现出的光合速率较之于硝态氮要高，这与植株的叶绿体大小有关。水稻生长主要包括营养生长与生殖生长，前期生长的氮素主要影响其分蘖数与单位面积的有效穗数，而在后期的氮素主要影响群体的质量、光合趋势和净同化率，在铵态氮供应条件下，植株叶绿体体积较大，叶片中的氮含量与 Rubisco 酶含量高。施入土壤的氮肥能与土壤胶体发生一系列的化学反应，或者形态发生转化，从而影响水稻等植物对镉的吸收。有试验结果表明，植物施用不同形态氮肥，其根际环境将发生不同的变化，铵态氮会促进植物对镉的吸收，而硝态氮则相反。楼玉兰等分析表明，硝态氮能提高根际土壤的 pH 值，降低土壤镉等重金属的活性，促进水稻等作物对镉等重金属的吸收，而铵态氮的作用则刚好相反。孙磊等通过盆栽试验发现，在污染土壤中加入尿素能有效降低作物体内镉的含量，并且在酸性土壤中应尽量避免硫酸铵氮肥的使用。但有研究显示，作物对镉的吸收与施氮量呈正相关，并强调要控制氮肥的用量（120 kg/hm²），在保证产量的同时，减少镉的潜在危害。杨锚等研究发现，施用不同氮肥对土壤 Cd 转化的影响也有所不同，尿素会降低土壤有效态镉的含量，而铵态氮则显著提高了土壤有效态镉的含量。

【本研究切入点】迄今关于肥料对水稻重金属的研究多在于用复合肥料包括氮磷钾肥对水稻重金属吸收影响及氮肥对单一重金属如镉的研究。对不同类型氮肥及其用量对水稻产量及其重金属吸收影响研究较少。

【拟解决的关键问题】本试验拟从不同氮肥的种类及用量开展研究，通过大田试验，探究不同生育时期水稻各部位重金属含量的变化，揭示不同氮肥种类及用量对水稻产量的影响及重金属吸收积累和吸收转运规律，为通过科学施用氮肥来保证产量的同时降低水稻重金属含量提供指导建议。

1. 材料与方法

1.1 供试材料

试验于 2016 年在长沙县福临镇同心村进行。供试土壤为第四纪红土的水稻土，其土壤全镉含量为 0.45 mg/kg，有效镉含量为 0.18 mg/kg。

供试早稻品种为中早 39；晚稻品种为湘晚籼 13 号。

供试肥料品种为阿波罗牌复合肥（CF，Compound fertilizer，N+P$_2$O$_5$+K$_2$O：15–10–15 ≥ 40%，含氮量为 15%），尿素（UR，Urea，含氮量为 46.4%），碳铵（AB，Ammonium bicarbonate，含氮量为 17%），硫铵（AS，Ammonium sulphate，含氮量为 21%）。

1.2 试验方法

试验采用随机区组设计，3 次重复，各小区面积为 20 m²，小区间起垄做田埂，并覆盖农膜，根据当地肥力水平（每公顷施氮 180 kg），共设置 10 种不同氮肥种类及用量处理（N1~N10）及一个不施氮处理（N11），其氮肥种类及用量为每公顷施含 90 kg、180 kg、270 kg 氮的复合肥（N1~N3），每公顷施含 90 kg、180 kg、270 kg 氮的尿素（N4~N6），每公顷施

90 kg、180 kg、270 kg 氮的碳铵（N7~N9），每公顷施含 180 kg 氮的硫铵
（N10）。肥料采用多次施肥法，基肥、蘖肥、穗肥与粒肥分别在移栽前
1~2 天、移栽后 10 天、幼穗分化始期（拔节期）与抽穗期（50% 抽穗）施
用，其施肥比例统一采用 4：3：2：1 的比例施用，不再施用磷肥、钾肥等
其他肥料，具体施肥量见表 10–1。试验采用水育秧，早稻于 4 月 4 日播种，
4 月 26 日移栽，株行距为 16.6 cm × 16.6 cm；晚稻于 6 月 28 日播种，7 月
26 日移栽，株行距为 16.6 cm × 20 cm。水分管理采用全生育期淹水灌溉，
依照当地病虫害预测预报进行病虫害防治。

表 10–1　　　　　　　　　不同氮肥种类及用量处理代号及设置

处理	氮肥种类	总施氮量 / （kg/hm^2）	具体施氮量 / （kg/hm^2）			
			移栽前	分蘖期	孕穗期	抽穗期
N1	复合肥 CF	90	36	27	18	9
N2	复合肥 CF	180	72	54	36	18
N3	复合肥 CF	270	108	81	54	27
N4	尿素 UR	90	36	27	18	9
N5	尿素 UR	180	72	54	36	18
N6	尿素 UR	270	108	81	54	27
N7	碳铵 AB	90	36	27	18	9
N8	碳铵 AB	180	72	54	36	18
N9	碳铵 AB	270	108	81	54	27
N10	硫铵 AS	180	72	54	36	18
N11	无 CK	0	0	0	0	0

1.3 测定指标及方法

1.3.1 干物质

在分蘖期、孕穗期、抽穗期和成熟期施肥前一天按每小区每品种取 3
穴样，洗净泥土，带回实验室，分蘖期、孕穗期和抽穗期分为根、茎、叶
3 部分进行处理，成熟期分为根、茎、叶及穗部 4 部分进行处理，烘干称

量其干物质重量。

1.3.2 重金属含量

将烘干后的样品称量 0.20 g 小样，加混酸（$HNO_3 : HClO_4 = 4 : 1$）酸化 24 h 后，用石墨炉消化，定容后用 ICP–MS 测定根、茎、叶及糙米 4 部分样品中的重金属含量。

1.3.3 产量及其构成因素

在成熟期取 5 穴，记录 5 蔸水稻的有效穗数，全部脱粒，分为稻草、根及稻谷后烘干，再称重。稻谷分为实粒与秕粒，烘干后称重，称取小样（实粒 30.00 g，秕粒 3.00 g）烘干后称重并计数。

在收割前 1 天取样，从各小区的 5 m² 测产区中连续取 10 蔸，记录每蔸有效穗数，稻谷进行人工脱粒，谷粒采用清水分选，人工数计实粒和秕粒；植株样品分成根、茎、叶、穗等，用 105℃的烘箱杀青 30 min，再用 75℃烘干至恒重后称重，并换算成单位面积植株器官干物重；在各小区水稻收割中心 5 m² 进行测产，分别脱粒晒干并风选后，称量干谷重，同时测定干谷水分含量，然后计算折合含水量为 14% 的稻谷产量。

1.4 数据统计分析

试验数据采用 SAS 9.4 中 Mixed model 进行分析。

2. 结果

2.1 不同氮肥种类及用量对水稻产量及其构成的影响

2.1.1 不同氮肥种类及用量对早稻产量及其构成的影响

由表 10–2 可知，中早 39 每公顷施用含 180 kg 氮的硫铵（N10）产量最高，为 9.03 t/hm²，比其他氮肥处理高 0.08~3.44 t/hm²，不施氮处理（N11）产量最低，为 5.59 t/hm²。不同氮肥种类的产量结果不同，具体表现为：硫铵 > 碳铵 > 尿素 > 复合肥，其平均产量分别为 9.03 t/hm²、7.54 t/hm²、6.58 t/hm²、5.97 t/hm²，且各氮肥种类间存在显著差异。同一氮肥类型中，随着施氮量的增加，产量也随之增加。

其产量结构表现为，随着施氮量的增加，单位面积有效穗数呈现上升趋势，以每公顷施用含 270 kg 氮的尿素处理（N6）最高，为 597.22 穗 /m²，比其他施氮处理高 13.16%~45.27%；每穗粒数以 N10 最高，为 93.92 粒，比不施氮处理显著高 42.41%；单位面积颖花数和每穗粒数的趋势相似，以 N10 处理最高，为 4.75 万粒 / 米²；各施氮处理间结实率差异不显著，最高的为 N9 处理，为 81.57%，比 N11 处理高 14.96%；各施氮处理粒重的范围为 23.35~24.45 mg，均显著大于不施氮处理。

表 10–2　　不同氮肥种类及用量对早稻产量及其构成的影响

氮肥种类	总施氮量 /（kg/hm²）	处理	有效穗数 /m²	每穗粒数	颖花数 /（10⁴/m²）	结实率 /%	粒重 /mg	产量 /（t/hm²）
复合肥 CF	90	N1	438.89a	78.76a	2.91b	75.12a	23.75a	6.17b
	180	N2	444.44a	79.21a	2.96b	71.41a	24.19a	6.42b
	270	N3	511.11a	86.03a	4.35a	75.03a	23.35a	7.62a
	平均		464.81A	74.67B	3.41BC	73.85A	23.76A	6.74BC
尿素 UR	90	N4	441.67b	77.13a	3.35a	71.32a	23.66a	6.07b
	180	N5	447.22b	76.53a	3.39a	75.64a	24.02a	6.14b
	270	N6	597.22a	76.28a	4.52a	76.12a	23.70a	8.09a
	平均		495.37A	76.65B	3.75BC	74.36A	23.79A	6.77BC
碳铵 AB	90	N7	411.11a	89.87a	3.62b	80.01a	23.70a	6.81b
	180	N8	527.78a	70.67a	3.74b	75.47a	24.45a	6.85b
	270	N9	527.78a	90.65a	4.68a	81.57a	23.44a	8.95a
	平均		488.89A	83.72B	4.01B	79.02A	23.86A	7.54B
硫铵 AS	180	N10	505.56A	93.92A	4.75A	78.67A	24.17A	9.03A
无 CK	0	N11	433.34A	75.11B	3.23C	75.00A	23.07B	5.59C

注：用 LSD 法进行多重比较，同列不同小写字母表示同一肥料品种间不同施氮量的差异达到 0.05 显著水平，大写字母表示不同氮肥品种间平均值的差异达到了 0.05 显著水平。下同。

2.1.2 不同氮肥种类及用量对晚稻产量及其构成的影响

由表 10–3 可知，湘晚籼 13 号以 N9 处理的产量最高，为 10.59 t/hm²，比其他氮肥处理高出 0.49%~51.24%，不施氮处理产量最低，为 6.17 t/hm²。不同氮肥种类的产量均显著大于不施肥处理，复合肥、尿素、碳铵及硫铵的平均产量分别为 7.95 t/hm²、8.94 t/hm²、9.22 t/hm²、8.86 t/hm²，且随着施氮量的增加，产量也随之增加。

表 10-3　　　　不同氮肥种类及用量对晚稻产量及其构成的影响

氮肥种类	总施氮量 /（kg/hm²）	处理	有效穗数 /m²	每穗粒数	颖花数 /（10⁴/m²）	结实率 /%	粒重 /mg	产量 /（t/hm²）
复合肥 CF	90	N1	511.11a	76.35a	3.90a	73.34a	26.14a	7.48a
	180	N2	438.89a	92.74a	4.07a	77.36a	25.73a	8.10a
	270	N3	511.11a	81.10a	4.15a	74.93a	26.97a	8.38a
	平均		487.04A	83.40A	4.06A	74.44A	26.28AB	7.95A
尿素 UR	90	N4	438.89b	86.59a	3.80a	80.66a	27.18b	8.33a
	180	N5	511.11a	95.65a	4.89a	70.4a	26.67b	9.18a
	270	N6	483.33ab	92.48a	4.47a	72.24a	27.51a	8.88a
	平均		477.78AB	91.56A	4.37A	74.44A	27.45A	8.94A
碳铵 AB	90	N7	463.89a	94.31a	4.37a	76.26a	25.90a	8.64b
	180	N8	494.45a	90.83a	4.49a	74.44a	26.20a	8.76a
	270	N9	513.89a	109.04a	5.60a	75.54a	25.02a	10.59a
	平均		490.74A	98.06A	4.81A	75.54A	25.37B	9.22A
硫铵 AS	180	N10	461.11AB	91.13A	4.20A	82.14A	25.67B	8.86A
无 CK	0	N11	366.67B	82.90A	3.04B	77.74A	26.12AB	6.17B

N9 处理单位面积有效穗数最高，每平方米有 513.89 穗，比其他施氮处理高 2.78~147.22 穗 / 米²，碳铵处理随着施氮量的增加，单位面积有效穗数呈现上升趋势，每公顷施含 180 kg 氮的复合肥处理（N2）的单位面积有效穗数低于每公顷施含 90 kg、270 kg 氮的复合肥处理（N1、N3），施尿素处理单位有效穗数随着施氮量升高而增加，但超过一定范围呈下降趋势；每穗粒数以 N9 处理最高，为 109.04 粒，比不施氮处理显著高 26.14 粒，

同一氮肥种类处理中每粒穗数都是每公顷施用 180 kg 氮肥最高，说明每穗粒数随施氮量增加的增长存在临界值；施用氮肥及碳铵，单位面积颖花数随着施氮量的增加有上升的趋势，以 N9 处理最高，5.60 万粒 / 米 ^{2}；粒重以 N6 最高，为 27.51 mg，各处理间结实率差异不显著。

2.2 不同氮肥种类及用量对水稻干物质积累的影响

2.2.1 不同氮肥种类及用量对早稻成熟期干物质积累的影响

由图 10–1 可知，增加施氮量能提高植株总干物重，不施氮总干物重最低。早稻中早 39 不同氮肥处理中不同部位干物质积累量不同，茎秆干物质积累以 N2 处理最多，为 284.42 g/m^2，比不施氮处理显著高 95.96 g/m^2，随着施氮量的增加，只有尿素处理茎秆干物质积累量呈上升趋势，复合肥和碳铵处理都是先上升后下降；叶片干物质积累量以 N8 处理最多，为 84.13 g/m^2，最少为每公顷施 90 kg 氮的尿素处理（N4）；N10 处理穗部干物质积累量最多，为 331.84 g/m^2，各处理间存在显著差异；随着施氮量增加，复合肥和尿素处理中叶片干物质积累量都是呈上升趋势，碳铵处理中叶片干物质积累量是超过最佳施氮量后有下降趋势；随着施氮量的增加，不同氮肥处理穗部干物质积累量都是呈上升趋势。

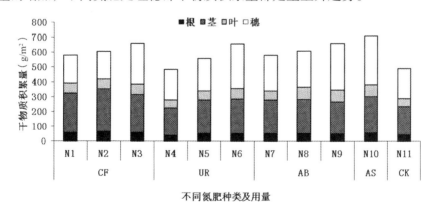

图 10–1　不同氮肥种类及用量对早稻成熟期干物质积累的影响

2.2.2 不同氮肥种类及用量对晚稻成熟期干物质积累的影响

由图 10–2 可以得出，晚稻湘晚籼 13 号茎秆、叶片、穗部干物质积累量最多为 N10、N6、N5 处理，分别为 284.00 g/m²、113.04 g/m²、260.38 g/m²，各部位干物质积累量最少的均是不施氮处理，分别为 176.42 g/m²、49.38 g/m²、165.67 g/m²；茎秆中，随着施氮量的增加，复合肥的处理先上升后下降，其余氮肥处理都是呈上升趋势；叶片中，随着施氮量的增加，施碳铵的处理先上升后下降，其余处理均呈上升趋势；在穗部中，复合肥、碳铵处理都是随施氮量的增加而上升。

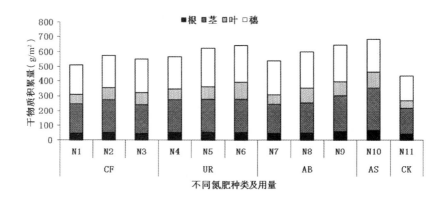

图 10-2　不同氮肥种类及用量对晚稻成熟期干物质积累的影响

2.3 不同氮肥种类及用量对水稻镉吸收与积累的影响

2.3.1 不同氮肥种类及用量对水稻营养器官镉含量的影响

由图 10-3 可知，就分蘖期而言，早稻品种中早 39 的 N7 处理根镉含量最低，为 0.52 mg/kg，显著低于 N10 处理，茎叶最低的是 N9 处理，为 0.10 mg/kg，显著低于 N2 处理；晚稻品种湘晚籼 13 号 N7 处理根镉含量最低，为 0.34 mg/kg，比其他不同处理低 0.17~0.69 mg/kg，茎叶最低的是不施氮处理，为 0.11 mg/kg，显著低于 N5 处理。在孕穗期，中早 39 的 N9 处理根系、茎秆的镉含量最低，分别为 0.56 mg/kg、0.16 mg/kg，叶片镉含量最低的是 N2 处理，为 0.12 mg/kg；湘晚籼 13 号 N8 处理根镉含量最低，为 0.61 mg/kg，茎、叶镉含量最低的是 N6 处理，分别为 0.17 mg/kg、0.11 mg/kg。而在抽穗期，中早 39 根、茎秆、叶片镉含量均以 N9 处理最低，分别为 1.30 mg/kg、0.22 mg/kg、0.12 mg/kg，显著低于其他处理；湘晚籼 13 号 N9 处理根、茎镉含量最低，分别为 1.24 mg/kg、0.21 mg/kg，均显著低于不施氮处理，叶片以 N5 处理镉含量最低，为 0.10 mg/kg。

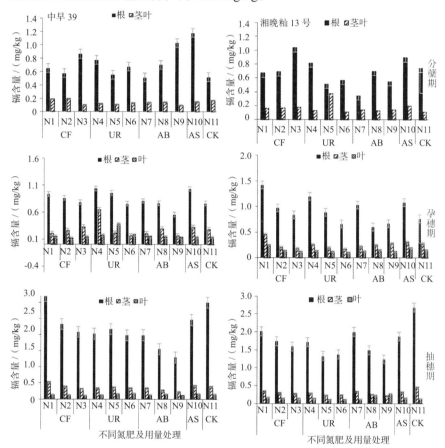

图 10–3　不同氮肥种类及用量对水稻营养器官镉含量的影响

2.3.2 不同氮肥种类及用量对水稻糙米重金属含量的影响

2.3.2.1 不同氮肥种类及用量对早稻糙米重金属含量的影响

由表 10–4 可知，中早 39 的糙米各元素含量中存在差异，且 Cr>Pb>As>Cd；施用复合肥的糙米铬含量显著高于施用碳铵、硫铵及不施氮处理，且施用硫铵处理的铬含量最低，其余元素各氮肥种类间无显著差异。

每公顷施含 180 kg 氮的硫铵处理（N10）糙米中铬的含量最低，为

0.94 mg/kg，其次是不施氮处理，与其他处理差异显著；糙米中砷以 N2 处理含量最少，为 0.23 mg/kg，各处理间差异不显著；镉在水稻籽粒中含量范围在 0.11~0.34 mg/kg，最低的是 N1 处理，最高的是 N5 处理；铅元素含量最低的是 N2 处理，为 1.03 mg/kg，比其他处理低 12.20%~51.43%。Cr 与其他三种重金属呈负相关，其余重金属间呈正相关，但均不显著（表10–5）。

表 10–4　　不同氮肥种类及用量对早稻糙米重金属含量的影响　单位：mg/kg

氮肥种类	总施氮量（kg/hm²）	处理	铬	砷	镉	铅
复合肥 CF	90	N1	1.41a	0.32a	0.11b	1.12a
	180	N2	2.82a	0.23a	0.30a	1.03a
	270	N3	2.92a	0.34a	0.12b	1.12a
	平均 AVE		2.79A	0.29A	0.20A	1.06A
尿素 UR	90	N4	2.13a	0.31a	0.22a	1.86a
	180	N5	1.83a	0.33a	0.34a	1.48a
	270	N6	1.14b	0.32a	0.22a	1.88a
	平均 AVE		1.68AB	0.32A	0.27A	1.72A
碳铵 AB	90	N7	1.44a	0.34a	0.31a	1.63a
	180	N8	1.64a	0.28a	0.16b	1.63a
	270	N9	1.20a	0.35a	0.20ab	1.45a
	平均 AVE		1.42B	0.32A	0.22A	1.57A
硫铵 AS	180	N10	0.94B	0.29A	0.22A	1.09A
无 CK	0	N11	1.14B	0.27A	0.21A	1.64A

2.3.2.2 不同氮肥种类及用量对晚稻糙米重金属含量的影响

由表 10–6 可知，湘晚籼 13 号糙米中各元素含量规律和中早 39 类似，说明不同重金属元素在水稻籽粒中的含量与品种关系不大；各元素在不同氮肥种类中差异均不显著，但糙米中铬含量、砷含量及铅含量均以施用硫铵处理较低，镉含量以施用碳铵的处理较低。

表 10–5　不同氮肥种类及用量对早稻糙米重金属含量的相关性分析

金属元素	铬	砷	镉	铅
Cr				
As	−0.19			
Cd	−0.11	0.19		
Pb	−0.3	0.25	0.05	

铬元素在 N8 处理下含量最低，为 0.97 mg/kg，比其他处理低 0.09~1.29 mg/kg；砷元素在水稻籽粒中含量为 0.22~0.41 mg/kg，最低为 N10 处理，最高为 N1 处理；镉元素含量在 N8 处理最低，为 0.12 mg/kg，比其他处理低 11.61%~67.54%；铅元素在 N3 处理下含量最低，为 0.99 mg/kg。Cr 与 Pb 呈显著正相关，其余重金属间相关性均不显著（表 10–7）。

表 10–6　　不同氮肥种类及用量对晚稻糙米重金属含量的影响　单位：mg/kg

氮肥种类	总施氮量（kg/hm²）	处理	铬	砷	镉	铅
复合肥 CF	90	N1	1.52a	0.41a	0.35a	1.57b
	180	N2	2.17a	0.26b	0.29ab	2.02a
	270	N3	1.36a	0.29b	0.18b	1.47b
	平均 AVE		1.58A	0.41A	0.27A	1.68A
尿素 UR	90	N4	1.48a	0.42a	0.27a	1.48a
	180	N5	1.11a	0.26a	0.28a	1.54a
	270	N6	2.05a	0.33a	0.13b	1.55a
	平均 AVE		1.54A	0.33A	0.22A	1.52A
碳铵 AB	90	N7	2.26a	0.36a	0.28a	2.39a
	180	N8	0.97b	0.30a	0.12b	1.42ab
	270	N9	1.46ab	0.32a	0.13b	1.09b
	平均 AVE		1.57A	0.32A	0.18A	1.63A
硫铵 AS	180	N10	1.06A	0.22A	0.22A	1.05A
无 CK	0	N11	1.14A	0.28A	0.29A	1.19A

表 10-7　不同氮肥种类及用量对晚稻糙米重金属含量的相关性分析

金属元素	铬	砷	镉	铅
Cr				
As	0.35			
Cd	0.10	0.25		
Pb	0.65*	0.45	0.38	

3. 总结与讨论

目前常用的施肥方法有：一次性施肥法、前轻—中重—后补、前稳－攻中法、前促—中控—后补法，不同的施肥方式对水稻产量和品质的影响不同。本试验采用 4∶3∶2∶1 的施肥方式，结果表明，提高施氮量能加快水稻的生长发育、有效增加水稻干物质积累和产量，且施氮比不施氮增产 8.59%~67.08%。硫铵能显著提高早稻单位面积有效穗数、每穗粒数及结实率，来提高水稻产量，并增加干物质积累，其早稻产量为 9.03 t/hm^2，这与潘达龙的研究一致。相对其他氮肥种类而言，硫铵对提高水稻成熟期各器官干物质的效果最好，其根、茎、叶干物重最高分别为 58.06 g/m^2、243.83 g/m^2、94.00 g/m^2。施用复合肥茎秆干物质随施氮量的增加呈现先上升后下降的趋势，表明施氮量对干物质积累存在临界值，超过临界值不仅不会增加干物质积累，反而会使干物质减少，且存在氮素奢侈吸收的现象。

水稻各器官对镉吸收的规律不同，时间上表现为抽穗期＞孕穗期＞分蘖期，说明镉随着水稻的生长不断在植株体内累积；各器官上表现为根＞茎＞叶＞糙米，说明镉是随着水稻从根系吸收再转运至茎秆、叶片，最终积累在籽粒中，并存在累积效应。不同氮肥类型中，施用碳铵能有效减少水稻抽穗期根、茎、叶的镉含量，其含量分别为 1.30 mg/kg、0.22 mg/kg、0.12 mg/kg。水稻在分蘖期和孕穗期均随着复合肥施氮量的增加，其根、茎、叶镉含量均呈现先上升后下降的趋势，说明过度施氮可能会影响植物的生长，导致镉的吸收下降，可能是由于不同氮肥种类会影响土壤中 NO_3^- 和 NH_3^+ 的比例和动态变化，影响水稻对镉的吸收与积累。土壤 pH 同样能影响土壤中镉形态的存在，不同氮肥经过微生物作用发生水解和硝化反应，改变土壤 pH 来提高或减少土壤中有效镉含量，从而改变植株对镉的吸收与积累。不施肥能提高镉含量，可能是由于营养不足，N 缺乏使水稻吸收更多土壤中的物质，也包括了镉。随着施氮量的增加，各时期不同部位的镉含量都有下降趋势。在水稻糙米中，各金属元素之间存在铬 > 铅 > 砷 > 镉，施用复合肥随着施氮量的增加呈上升趋势，铬与铅之间存在显著正相关，其余金属元素间相关性不显著。随着复合肥施用量的增加，糙米中镉积累随之增加，在本试验条件下，早稻每公顷施含 270 kg 氮的碳铵、晚稻每公顷施含 180kg 氮的碳铵能保证较高产量的前提下降低镉在水稻糙米中的积累。

参考文献

[1]　覃都，王光明. 锰镉对水稻生长的影响及其镉积累调控 [J]. 耕作与栽培，2009, 01: 5–7.

[2]　黄秋婵，韦友欢，黎晓峰. 镉对人体健康的危害效应及其机理研究进展 [J]. 安徽农业科学，2007, 09: 2528–2531.

[3]　魏海英，方炎明，尹增芳. 铅和镉污染对大羽藓生理特性的影响 [J]. 应用生态学报，2005, 16(5): 928–984.

[4]　于拴仓，刘立功. Cd、Pb 及其相互作用对 3 种主要蔬菜胚根伸长的影响 [J]. 种子，2005, 24(1): 61–63.

[5]　陈能场. "镉米"背后的土壤污染 [J]. 中国经济报告，2013(7): 25–28.

[6]　Anita Singh, Madhoolika Agrawal, Fiona M. Marshall. The role of organic vs. inorganic fertilizers in reducing phytoavailability of heavy metals in a wastewater–irrigated area[J]. Ecological Engineering, 2010, 36(12): 1733–1740.

[7]　李娟. 不同施肥处理对稻田氮磷流失风险及水稻产量的影响 [D]. 杭州：浙江大学，2016.

[8]　周亮，荣湘民，谢桂先，等. 不同氮肥施用对双季稻产量及氮肥利用率的影响 [J]. 土壤，2014, (06): 971–975.

[9]　王伟妮，鲁剑巍，鲁明星，等. 湖北省早、中、晚稻施氮增产效应及氮肥利用率研究 [J]. 植物营养与肥料学报，2011, 17(3): 545–553.

[10]　范乐乐，冯跃华，何腾兵，等. 黔中地区实地氮肥管理对水稻产量、干物质积累量

及氮肥利用率的影响 [J]. 中国农学通报 , 2011, 27: 184–190.

[11] 刘艳红 , 雷恩 . 氮肥对水稻产量、群体质量及生理特性影响的研究进展 [J]. 贵州农业科学 , 2015, 12: 72–76.

[12] 陈丽楠 . 前氮后移对寒地水稻光合特性和氮效率的影响 [D]. 哈尔滨 : 东北农业大学 , 2010.

[13] 孙磊 , 郝秀珍 , 范晓晖 , 等 . 不同氮肥处理对污染红壤中铜有效性的影响 [J] 土壤学报 , 2009, 46(6): 1033–1039.

[14] 甲卡拉铁 , 喻华 , 冯文强 , 等 . 淹水条件下不同氮磷钾肥对土壤 pH 和镉有效性的影响研究 [J]. 环境科学 , 2009, 30(11): 3414–3421.

[15] 邵明艳 . 土壤中的无机氮与重金属的相互影响 [J]. 科技信息 , 2009(35): 875, 878.

[16] 楼玉兰 , 章永松 , 林咸永 . 氮肥形态对污泥农用土壤中重金属活性及玉米对其吸收的影啊 [J]. 浙江大学学报 (农业与生命科学版), 2005, 31(4): 392–398.

[17] Baryla A, Carrier P, Franck F, et al. Chlorosis in oilseed rape plants (*Brassica napus*) grown on cadmium–polluted soil: causes and consequences for photosynthesis and growth[J] . Planta, 2001, 212: 5–6, 696–709.

[18] 杨锚 , 王火焰 , 周健民 , 等 . 不同水分条件下几种氮肥对水稻土中外源镉转化的动态影响 [J]. 农业环境科学学报 , 2006, 25(2): 1202–1207.

[19] 张杨珠 , 邹应斌 , 黄运湘 . 双季杂交稻新型省工高效施肥技术——一次性全层施肥法 [J]. 湖南农业大学学报 , 1997(5): 23.

[20] 黄志毅 . 水稻应用平衡施肥效应分析 [J]. 耕作与栽培 , 2001(4): 39–40.

[21] 周培南 , 冯惟珠 , 许乃霞 , 等 . 施氮量和移栽密度对水稻产量及稻米品质的影响 [J]. 江苏农业研究 , 2001, 22(1): 27–31.

[22] 石庆华 , 程永盛 , 潘晓华 , 等 . 对两系杂交晚稻产量和品质的影响 [J]. 土壤肥料 , 2000(4): 9–12.

[23] 潘达龙 . 不同氮肥对水稻生长和产量的影响 [D]. 南宁 : 广西大学 , 2015.

[24] 孙永健 , 孙园园 , 蒋明金 , 等 . 施肥水平对不同氮效率水稻氮素利用特征及产量的影响 [J]. 中国农业科学 , 2016, 49(24): 4745–4756.

[25] 刘安辉 , 赵鲁 , 李旭军 , 等 . 氮肥对镉污染土壤上小油菜生长及镉吸收特征的影响 [J]. 中国土壤与肥料 , 2014(2): 77–81.

[26] 李旭军 , 赵鲁 , 史胜红 , 等 . 氮肥对镉污染土壤镉氮含量变化的影响研究 [J]. 中国农学通报 , 2014(6): 163–168.

第11章　氮肥后移对水稻重金属镉吸收的影响

摘要：【目的】为探究在镉中轻度污染区的双季晚稻对不同基追肥比例的产量及镉积累反应特性。【方法】选用品种玉针香、湘晚籼12号，按12千克/亩设置6个不同基追肥处理以及对照（F0~F6）。【结果】两品种各肥料比例间产量范围为 5.0~5.6 t/hm²、5.4~6.4 t/hm²，较不施肥处理增产 11.8%~25.82%、19.77%~43.24%，主要原因是两品种的单位面积有效穗数增加。对于水稻植株来说，不施氮的处理镉含量最高，而正常施肥能降低水稻植株镉含量，如品种玉针香的糙米、根以及茎叶的不施肥处理镉含量是 1.11 mg/kg、12.33 mg/kg 和 4.84 mg/kg，在正常施肥的条件下平均降低了 39.19%、50.18% 和 42.73%；施肥处理间镉含量也存在显著差异，一次性施肥以及穗粒肥比重过高使水稻植株镉含量较高，如湘晚籼12号糙米镉含量各处理间以 F2 最低，为 0.11 mg/kg，较处理 F6 降低了 33.33%。【结论】因此，为了增加水稻产量以及有效降低米镉含量，应按水稻生长发育需肥情况多次施肥，且应着重于基蘖肥的施用，降低穗粒肥施用量。

关键词：水稻；肥料；产量；干物质量；镉

引言

【研究意义】近年来随着工业发展，以及含镉农药、工业废料的不合理使用及排放，导致农田土壤酸化，部分农产品镉含量超标，水稻为主要受害作物之一，不仅生长发育受影响，产量品质下降，并且由于稻米中镉含量超标导致人们长期食用会面临慢性中毒的风险。

【前人研究进展】现如今降低稻米镉含量的措施主要分为两种，一是作用于稻田土壤，其次是作用于水稻。农田降镉方法主要有化学法（在土壤中加入化学试剂改变土壤的 pH 值等性质，改变土壤中重金属元素形态从而降低土壤中重金属元素活性）微生物法、植物修复法、动物修复法等，虽然降镉效果不一，但都存在技术要求高、耗费大、推广难等问题；而作用于水稻自身的降镉方法主要是筛选低镉品种以及叶面喷施硅、硒等阻控剂，促进水稻抑制对重金属的吸收与积累，但同时存在技术要求高以及降镉效果不稳定等问题，而现如今所采用的农艺措施降镉包括水分、养分等，是较为有效且易于推广的降镉技术。施肥是我国农业栽培技术措施当中关键的一项，适宜的肥料比例不但能提高水稻产量，促进水稻生长，且对稻田镉污染防治有关键作用。

【本研究切入点】关于氮肥与水稻镉吸收积累的影响现如今研究较少，只有聂凌利等发现，当肥料比例为 4∶3∶3∶0 和 6∶2∶2∶0 时，水稻糙米中的镉含量较其余处理低，但未进一步细分肥料比例以及明确各时期养分供给对水稻镉吸收的影响。

【拟解决的关键问题】本试验在聂凌利的研究基础上进一步细化肥料比例，探究不同基追肥比例对水稻产量以及镉积累的影响，为通过科学施用氮肥来保证产量的同时降低水稻重金属含量提供建议。

1. 材料与方法

1.1 试验材料

大田试验于 2017 年在湖南省浏阳市湖南农业大学教学实习综合基地进行，土壤背景值见表 11–1。

供试品种：选用常规稻品种玉针香以及湘晚籼 12 号。

1.2 试验方法

试验采用随机区组设计，3 次重复，各小区面积为 45 m²，每个小区两个品种以纤维绳隔开，小区间起垄作田埂，并覆盖农膜，共设置 6 个氮肥比例（F1~F6）以及一个不施氮处理（F0），基肥、蘖肥、穗肥、粒肥的比例按 12kg/ 亩分别为 10∶0∶0∶0（F1）、6∶2∶2∶0（F2）、6∶2∶1∶1（F3）、4∶2∶2∶2（F4）、2∶2∶3∶3（F5）、1∶1∶4∶4（F6），具体氮肥施用量见表 11–2，作一季晚稻栽培，于 6 月 26 日播种，7 月 24 日移栽，株行距为 16.6 cm × 20 cm。

表 11–1　　　　　　　　　　　　试验地土壤背景值

地点	碱解氮 / （mg/kg）	有效磷 / （mg/kg）	速效钾 / （mg/kg）	全镉 / （mg/kg）	有效镉 / （mg/kg）	有机质 / （g/kg）	pH
浏阳	124.20	10.92	99.03	1.62	0.80	20.11	5.48

表 11–2　　　　　　　　　　处理代号及具体施氮量　　　　　　单位：（kg/hm²）

处理代号	总施氮量	具体施氮量			
		移栽前	分蘖期	孕穗期	抽穗期
F0	0	0	0	0	0
F1	180	180	0	0	0
F2	180	108	36	36	0
F3	180	108	36	18	18
F4	180	72	36	36	36
F5	180	36	36	54	54
F6	180	18	18	72	72

肥料管理：基肥、蘖肥、穗肥和粒肥分别在移栽前 1~2 天、移栽后 10 天、幼穗分化始期和抽穗期施用，在此基础上各试验处理（F0~F6）均于水稻生育期内加施 750 kg/hm² 过磷酸钙（含 P_2O_5 12%）以及 240 kg/hm² 的氯化钾（含 K_2O 60%），过磷酸钙全部于移栽前 1~2 天施用，氯化钾于移栽前 1~2 天以及幼穗分化始期各施 50%。水分管理：全生育期淹水。

1.3 测试指标及方法

1.3.1 干物质

在分蘖期、齐穗期以及成熟期施肥前一天按每小区每品种取 5 穴样，洗净泥土,带回实验室,在分蘖期、抽穗期分别对根、茎、叶3部分进行处理,成熟期分别对根、茎叶、籽粒3部分进行处理,烘干称量其干物质重量。

1.3.2 重金属含量

将干燥处理后的样品粉碎并称量 0.2000 g 小样（植株样粉碎,籽粒打成糙米后粉碎）,加混酸（$HNO_3 : HClO_4 = 4 : 1$）湿法消解,用 50 mL 容量瓶以及 2% 的稀硝酸定容后用 ICP–MS 上机测定样品中的镉含量。

1.3.3 产量及产量构成

在大田收割前 1 天取样,在每个小区按平均分蘖数选取 10 穴,连根拔取,自来水洗净后剪除根系,记录有效穗数,采用人工脱粒,剩下的植株样品烘干,谷粒采用清水分选,人工数计实粒和秕粒。另外,每个小区收割中心 100 穴测实际大田小区的产量,分品种、处理单独脱粒晒干、风选后,称干谷重。

1.4 数据处理及统计分析

采用 Excel 2013 和 SAS 9.4 中 Mixed model 进行分析。

2. 结果与分析

2.1 氮肥后移对水稻产量及产量构成的影响

由表 11–3 可知:就产量而言,供试的两品种均在 F2 时产量达到最高,为 5.58 t/hm²、6.44 t/hm²,较不施肥处理（F0）分别提高 25.82% 以及 43.24%。比较各施肥比例之间的产量差距可知,两品种均随着氮肥后移产量呈现先增加后降低的趋势,以 F2 产量最高,依次为 F3、F4、F5、F6、F1,玉针香增产 0.09~0.62 t/hm²,湘晚籼 12 号增产 0.44~1.06 t/hm²。

总施肥量不变,改变肥料的施用比例对玉针香的产量构成因素造成影响主要表现在有效穗上。由表 11–3 可知,较高的有效穗使得玉针香在施肥比例为 F2、F3 时有着较高的实际产量,F2、F3 的有效穗为 627.60 穗 / 米²、648.15 穗 / 米²,较 F1、F4、F5、F6 增加 6.82%~51.69%。

与玉针香表现相同,湘晚籼 12 号在处理 F2、F3 时单位面积有效穗数最高,为 581.90 穗 / 米²、579.16 穗 / 米²,显著高于其他各处理,处理间以 F1 时单位面积有效穗数最低，只有 409.47 穗 / 米 ^{2}，且均高于不施肥处理 F0；湘晚籼 12 号的每穗粒数以 F1 处理最高，为 111.08 穗，其余各处理间差异不大，而结实率与千粒重均在 F4 时达到最大，其余各处理间差异不明显。

表 11–3　　　　　　　氮肥后移对水稻产量及产量构成的影响

品种	处理	产量 /（t/hm²）	有效穗 /（穗 /m²）	每穗粒数	结实率 /%	千粒重 /g
玉针香	F0	4.43c	422.22d	89.07a	72.30a	28.12ab
	F1	4.96b	427.60d	90.06a	70.87a	27.36b
	F2	5.58a	627.60ab	91.02a	69.69a	27.76ab
	F3	5.49a	648.15a	94.57a	64.93a	27.91ab
	F4	5.20ab	551.18c	97.25a	72.87a	28.78a
	F5	5.14ab	587.54bc	97.42a	71.64a	28.00ab
	F6	5.01b	427.28d	89.31a	66.90a	27.62ab
湘晚籼 12 号	F0	4.50c	379.17c	89.28b	74.32ab	23.92b
	F1	5.38c	409.47c	111.08a	74.61ab	24.01ab
	F2	6.44a	581.90a	96.05b	69.32b	24.44ab
	F3	6.00ab	579.16a	95.01b	74.48ab	24.14ab
	F4	5.72ab	531.31a	89.12b	78.50a	24.72a
	F5	5.62ab	453.79b	100.17ab	74.48ab	24.28ab
	F6	5.58ab	450.51b	99.18ab	70.75b	24.15ab

注: 同列数据后不同小写字母表示同一品种不同处理间差异达到了 0.05 显著水平，下同。

2.2 氮肥后移对水稻干物质积累的影响

由图 11–1 可知，氮肥的施用增加了玉针香分蘖期各部位干物质积累，根部干物质积累量以 F3、F4 处理最高，为 26.10 g/m² 和 25.60 g/m²，以 F0 即不施肥处理根部干物质积累量最低，为 20.20 g/m²；玉针香在一次性施氮肥 180 kg/hm² 以及 108 kg/hm² 处理下（F1，F2 和 F3）有着最高的分蘖期茎干物质积累量，分别为 23.54 g/m²、22.31 g/m² 和 23.41 g/m²，且各氮肥处理均显著高于不施肥处理；玉针香叶干物质积累量同样以 F1 最高，显著高于不施肥处理。湘晚籼 12 号分蘖期各部位干物质积累量均表现为：随着基肥施氮量的降低，干物质积累量先升高后降低，在 F2 或 F3 处理时达到最高值，根、茎和叶最大值分别为 18.70 g/m² 、19.60 g/m² 和 21.80 g/m² 。综合两品种可知，高氮水平能增加水稻分蘖期干物质积累量，但并非施氮量越高积累量越高。

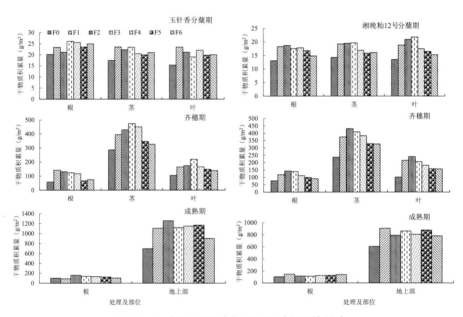

图 11-1　氮肥后移对水稻干物质积累的影响

齐穗期两品种各部位干物质积累量均以不施肥处理最低，各肥料比例之间干物质积累量的关系为：玉针香根干物质积累量随施氮量的减少而降低，在 F1、F2 和 F3 时最高值，为 142.00 g/m²、131.94 g/m² 和 124.72 g/m²，茎则随着氮肥施用量的降低干物质积累量先升高后降低，其中最高值（F3）474.56 g/m² 分别较 F1、F6 处理增加了 20.29% 和 45.32%，叶干物质积累量同样在 F3 时达到最高值，为 219.54 g/m²；湘晚籼 12 号齐穗期各部位干物质积累量随氮肥用量的降低先升高后降低，在 F2 处理时达到最高值，根、茎和叶分别为 142.78 g/m^2、431.23 g/m^2 和 240.59 g/m^2。可知齐穗期干物质积累量同样不以一次性施基肥为最高。

对于成熟期干物质积累量来说，由于各时期氮肥均已作用于水稻植株，即施氮量相同，讨论不同基追肥比例对水稻成熟期干物质积累量的影响。玉针香成熟期根以及地上干物质积累量均在 F2 时最高，分别为 160.26 g/m^2 和 1258.35 g/m^2，且随着氮肥比重从基蘖肥向穗粒肥转移干物质积累量先升高后降低；湘晚籼 12 号根以及地上部干物质积累量以 F1 处理最高，为 149.84 g/m^2 和 906.33 g/m^2，以不施肥处理最低，为 102.69 g/m^2 和 606.58 g/m^2。

2.3 不同氮肥用量对水稻生育期内植株镉含量的影响

由表 11–4 可知，玉针香分蘖期根镉含量以不施肥处理 F0 镉含量最高，为 2.42 mg/kg，由于分蘖期取样为施蘖肥前一天，故分蘖期镉含量可看作不同基肥施用量下对其镉含量的影响，可知，随着氮肥用量的降低玉针香根镉含量呈现降低的趋势，各肥料处理间以氮肥一次性基施的处理（F1）以及前期施肥较多的 F2 处理镉含量较高，为 1.43 mg/kg 和 1.23 mg/kg；分蘖期茎、叶镉含量趋势与根中相同，同样以不施肥处理镉含量最高，分别为 0.49 mg/kg 和 0.09 mg/kg，其中茎镉含量在 F5 处达到最小值，且较各施氮肥处理降低 15.00%~19.05%；分蘖期叶镉含量以 F2 和 F6 处理最低，其余各处理间差异不显著。

玉针香齐穗期各部位镉含量以不施肥处理最高，比较各施肥处理间可知：根镉含量以一次性施肥（F1）以及 F6 处理镉含量最高，分别较 F2~F5 处理升高了 26.29%~30.00% 以及 18.57%~22.06%；茎镉含量随着总施氮量的降低先降低后升高，且在 F3、F4 处理时达到显著降低的最低值，为 0.54 mg/kg 和 0.57 mg/kg；玉针香齐穗期叶镉含量与茎中变化趋势相同，即随施氮量的降低先降低后升高，各施肥处理间镉含量最高值为 F5、F6 处理的 0.29 mg/kg，最低值为 F3 处理的 0.16 mg/kg。

由表 11–4 可知，湘晚籼 12 号分蘖期各部位镉含量变化与玉针香相同，即均以不施肥处理最高，各肥料处理间，根系镉含量以施用 72 kg/hm^2 氮肥处理（F2、F3）以及 18 kg/hm² 处理（F6）最高，显著高于 F1 以及 F5 处理；茎镉含量以 F5 处理最低，为 0.17 mg/kg，显著低于其余各施肥处理；而不同施氮量对湘晚籼 12 号分蘖期叶的镉含量影响并不显著。

湘晚籼 12 号齐穗期水稻各部位镉含量以不施肥处理最高，达显著水平，根、茎、叶镉含量分别为 3.07 mg/kg、0.59 mg/kg 和 0.16 mg/kg，不同氮肥施用量以及氮肥施用比例对湘晚籼 12 号齐穗期各部位镉含量均无显著影响。

进一步分析可知，分蘖期基肥用量过高、过低或不施用基肥使得水稻根部镉含量升高，茎叶部分可能由于转运时间较短，除不施肥处理镉含量最高以外其余各处理间整体镉含量差异不大，而齐穗期由于品种不同镉积累规律存在差异，但整体表现为不施肥以及氮肥用量过高或过低时镉含量较高。

表 11-4　不同氮肥用量对水稻分蘖期以及齐穗期植株镉含量的影响　单位：mg/kg

品种	处理	分蘖期			齐穗期		
		根	茎	叶	根	茎	叶
玉针香	F0	2.42a	0.49a	0.09a	7.35a	0.92a	0.39a
	F1	1.43b	0.20b	0.05b	4.42b	0.70bc	0.27bc
	F2	1.23b	0.21b	0.03c	3.50c	0.64c	0.17d
	F3	0.94c	0.20b	0.04b	3.35c	0.54d	0.16d
	F4	0.85c	0.20b	0.04b	3.44c	0.57d	0.25c
	F5	0.81c	0.17c	0.04b	3.40c	0.67c	0.29b
	F6	0.94c	0.20b	0.03c	4.15b	0.73b	0.29b
湘晚籼 12 号	F0	1.16a	0.27a	0.09a	3.07a	0.59a	0.16a
	F1	0.82c	0.24b	0.09a	1.53b	0.33b	0.13b
	F2	0.96ab	0.25b	0.08a	1.38b	0.32b	0.11b
	F3	1.01ab	0.25b	0.08a	1.74b	0.50ab	0.12b
	F4	0.90bc	0.24b	0.09a	1.47b	0.52ab	0.13b
	F5	0.80c	0.17c	0.06b	1.54b	0.53ab	0.13b
	F6	0.99ab	0.23b	0.08a	1.67b	0.39b	0.13b

2.4 氮肥后移对水稻成熟期镉含量的影响

由表 11–5 可知，氮肥后移对水稻糙米镉含量影响较大。当基肥比例降低，氮肥适当后移，玉针香糙米中镉含量显著降低，以 F2 处理镉含量最低，只有 0.20 mg/kg，而当继续增加穗粒肥比例，糙米中的镉含量持续上升，当基、蘖、穗、粒肥比例达到 1∶1∶4∶4 时，糙米中的镉含量达到 0.35 mg/kg；湘晚籼 12 号由于品种特性，根、茎秆、糙米中的镉含量均低于玉针香，而糙米中的镉含量除 F0 达到 0.34 mg/kg 以外，其余各处理糙米中镉含量均低于国家安全标准（0.2 mg/kg），且镉含量变化趋势与另一品种玉针香相似。

表 11–5	不同基追肥比例对水稻成熟期镉含量的影响		单位：mg/kg	
品种	处理	糙米	根	茎叶
玉针香	F0	0.44a	12.33a	1.51a
	F1	0.29b	6.62b	0.83bc
	F2	0.20c	6.89b	0.61c
	F3	0.22c	4.15b	0.65c
	F4	0.36ab	5.78b	1.01bc
	F5	0.33b	5.62b	0.91bc
	F6	0.35ab	7.80b	1.22ab
湘晚籼 12 号	F0	0.34a	10.98a	1.44a
	F1	0.12c	2.88b	0.27c
	F2	0.11c	3.71b	0.61bc
	F3	0.18b	7.09ab	0.88b
	F4	0.11c	3.84b	0.43bc
	F5	0.18b	5.38ab	0.80b
	F6	0.18b	5.86ab	1.37a

不同基追肥比例对水稻根中镉含量的影响：玉针香根中的镉含量以 F0 最高，达到 12.33 mg/kg，且各施肥处理间差异不显著；湘晚籼 12 号根中

镉含量同样以 F0 最高，达到 10.98 mg/kg，各施肥处理间以 F3 处理中根的镉含量最高。

不同基追肥比例对水稻茎秆中镉含量的影响：两品种成熟期茎秆中的镉含量均以 F0 最高，显著高于其他处理水平，玉针香茎秆中镉含量随氮肥后移表现出先降低后升高的趋势，以处理 F2 最低，为 0.61 mg/kg；湘晚籼 12 号茎秆中的镉含量变化趋势与玉针香相同并在 F6 时达到最大，为 1.37 mg/kg。

3. 讨论与结论

3.1 结论

肥料运筹对水稻产量、干物质积累以及各部分镉含量均存在不同程度的影响。试验所选取的两种常规稻均表现出在肥料作用下产量增加的情况，并且不同肥料比例的增产效果存在差异，不施肥或者只施基肥不利于水稻高产，适当的氮肥后移有利于产量的提高，增产的原因是有效穗的增加，施氮量相同时穗粒肥比重过高会导致水稻减产，并且降低肥料的利用效率。

在水稻生育期内追肥同样有利于成熟期干物质积累，本试验所选取的各肥料比例除氮素大量后移的情况（F6）下的干物质积累较低以外，其余各肥料比例均能显著增加水稻成熟期干物质积累。

而对于水稻镉含量与氮肥比例之间的关系来说，现如今相关研究较少，从本试验可以看到养分的缺失会导致糙米镉含量增加，一次性施肥同样会使得糙米镉含量较高，说明施氮量与镉含量之间存在一个临界值，超过或远低于临界值会使得水稻植株各部位镉含量较高，在保证基肥的基础上适当追肥能有效地降低镉在水稻糙米中的积累，而穗粒肥比重过大则会导致水稻糙米中镉含量上升，茎秆与根中的镉含量同氮肥的相关性与糙米的情况类似。

3.2 讨论

研究表明，施用氮肥会导致水稻根系有机酸分泌总量增加，而小分子有机酸能有效去除土壤中的 Cd、Pb，因此水稻根系有机酸的分泌量可能是本试验零氮处理镉含量最高的原因之一。根表铁膜阻镉是水稻阻止镉进入水稻根系的重要方式之一，且形成量随生育期的延长而降低，以分蘖期最多，足量的基蘖肥以及适当追肥是否促进根表铁膜的形成，还有待进一步验证。

参考文献

[1] 程旺大，姚海根，张国平，等. 镉胁迫对水稻生长和营养代谢的影响 [J]. 中国农业科学，2005(03): 528–537.

[2] 沙乐乐. 水稻镉污染防控钝化剂和叶面阻控剂的研究与应用 [D]. 武汉：华中农业大学，2015.

[3] 陈志良，仇荣亮，张景书，等. 重金属污染土壤的修复技术 [J]. 环境保护，2002(06): 21–23.

[4] 王海鸥，徐海洋，钟广蓉，等. 根际微生物对植物修复重金属污染土壤作用的研究进展 [J]. 安徽农业科学，2009, 37(30): 14832–14834, 14903.

[5] 陈亚刚，陈雪梅，张玉刚，等. 微生物抗重金属的生理机制 [J]. 生物技术通报，2009(10): 60–65.

[6] Macaskiele, Deanacr, Cheetham A K. Cadmium accumulation by a Citrobactersp: The chemical nature of the accumulated metal precipitate and its location on the bacterial cells[J]. Journal of general microbiology, 1987, 133(3): 539–544.

[7] 刘莉华，刘淑杰，陈福明，等. 两株镉抗性奇异变形杆菌对龙葵修复镉污染土壤的强化作用 [J]. 环境工程学报，2013, 7(10): 4109–4115.

[8] 刘周莉，何兴元，陈玮. 忍冬—— 一种新发现的镉超富集植物 [J]. 生态环境学报，2013, 22(04): 666–670.

[9] 倪天华. 东南景天 (Sedum alfredii Hance) 对镉特异吸收和积累特性的研究 [D]. 杭州：浙江大学，2003.

[10] Ramseier S, Martin M, Haerdi W. Bioaccumulation of cadmium by Lumbricus terrestris[J]. Toxicological & Environmental Chemistry, 1989, 22(1–4): 189–196.

[11] 彭少邦，蔡乐，李泗清. 土壤镉污染修复方法及生物修复研究进展 [J]. 环境与发展，2014, 26(03): 86–90.

[12] 贺慧，陈灿，郑华斌，等. 不同基因型水稻镉吸收差异及镉对水稻的影响研究进展 [J]. 作物研究，2014, 28(02): 211–215.

[13] 胡培松. 土壤有毒重金属镉毒害及镉低积累型水稻筛选与改良 [J]. 中国稻米，

2004(02): 10–12.

[14] IwasakiI K, Maier P, Fecht M, et al. Effect of silicon supply on apoplastic manganese concentrations in leaves and their relation to manganese tolerance in cowpea[J]. Plant and Soil, 2002, 238: 281–288.

[15] Liang Y C, Sun W C, Zhu Y G, et al. Mechanisms of silicon–mediated alleviation of abiotic stresses in higher plants: A review[J]. Environmental Pollution, 2007, 147: 422–428.

[16] 汤海涛, 李卫东, 孙玉桃, 等. 不同叶面肥对轻度重金属污染稻田水稻重金属积累调控效果研究 [J]. 湖南农业科学, 2013(01): 40–44.

[17] 杨小粉, 刘钦云, 袁向红, 等. 综合降镉技术在不同污染程度稻田土壤下的应用效果研究 [J]. 中国稻米, 2018, 24(02): 37–41.

[18] 聂凌利. 肥料运筹对水稻镉吸收与积累的影响 [D]. 长沙: 湖南农业大学, 2017.

[19] 张瑞栋, 曹雄, 岳忠孝, 等. 氮肥和密度对高粱产量及氮肥利用率的影响 [J]. 作物杂志, 2018(05): 110–115.

[20] 高文俊, 杨国义, 高新中, 等. 氮磷钾肥对青贮玉米产量和品质的影响[J]. 作物杂志, 2018(05): 144–149.

[21] 卢浩宇, 文浩, 易镇邪, 等. 施氮量与无机有机肥配施比例对紫米稻产量形成与米质的影响 [J]. 作物杂志, 2017(06): 147–153.

[22] 范立慧, 徐珊珊, 侯朋福, 等. 不同地力下基蘖肥运筹比例对水稻产量及氮肥吸收利用的影响 [J]. 中国农业科学, 2016, 49(10): 1872–1884.

[23] 崔月峰, 孙国才, 卢铁钢. 施氮量及氮肥运筹对超级粳稻生长发育和氮素利用特性的影响 [J]. 江苏农业科学, 2016, 44(04): 125–128.

[24] 陈爱忠, 潘晓华, 吴建富, 等. 氮素施用比例对双季超级稻产量和氮素吸收、利用的影响 [J]. 中国土壤与肥料, 2011(03): 40–44.

[25] 崔艳妮, 詹俊辉, 闫鹏起, 等. 氮肥不同施用比例对豫南稻区杂交籼稻籽粒灌浆特性及产量的影响 [J]. 作物杂志, 2018(06): 103–109.

[26] 吴志丹. 杂交水稻各生育阶段氮肥分配比例的研究 [J]. 福建农业科技, 2008(04): 53–54.

[27] Cabangon R J, Tuong T P, Castillo E G. Effect of irrigation method and N– fertilizer management on rice yield, water productivity and nutrient– use efficiencies in typical lowland rice conditions in China[J]. Paddy and Water Environment, 2004, 2(4): 1611–2490.

[28] 关强, 蒲瑶瑶, 张欣, 等. 长期施肥对水稻根系有机酸分泌和土壤有机碳组分的影

响 [J]. 土壤 , 2018, 50(01): 115–121.

[29] 徐国伟 , 陆大克 , 王贺正 , 等 . 施氮和干湿灌溉对水稻抽穗期根系分泌有机酸的影
响 [J]. 中国生态农业学报 , 2018, 26(04): 516–525.

[30] 曾鸿泽 . 天然有机酸与表面活性剂修复重金属铅、镉污染土壤的研究 [D]. 南昌 :
南昌航空大学 , 2018.

[31] 胡莹 , 黄益宗 , 黄艳超 , 等 . 不同生育期水稻根表铁膜的形成及其对水稻吸收和转
运 Cd 的影响 [J]. 农业环境科学学报 , 2013, 32(03): 432–437.

第12章 蘖肥运筹对水稻镉吸收的影响及其机制

摘要：【目的】为初步探究蘖肥施用时间对水稻镉吸收与积累的反应特性，为湖南省双季稻区科学施肥提供指导建议。【方法】选用早稻品种株两优819、陆两优996，晚稻品种湘晚籼12号、玉针香为试验材料，按每亩施用12 kg纯氮，设置3组不同的蘖肥施用方法、一组加大基肥施用量以及对照（F1~F5）。【结果】施用氮肥会增加水稻产量，且施用蘖肥以及适当加大基肥用量均能显著降低水稻根、茎叶以及糙米中的镉含量。早稻各肥料之间根、茎、叶镉含量无显著差异，株两优819糙米镉含量以移栽后14 d施用蘖肥镉含量较低，较各施肥处理（F2、F4、F5）分别降低了50%、42%以及53%，且产量较高；陆两优996糙米中镉含量以移栽后21 d施用蘖肥镉含量最低，只有0.14 mg/kg，晚稻两品种均在分蘖中前期施用蘖肥有着最低的各部位镉含量以及最高产量；从铁锰氧化物形成量来看，施用蘖肥能显著增加水稻根表铁锰氧化物膜形成量，使得镉吸附量较高，略高于增施基肥处理，显著高于不施肥处理；铁锰氧化物膜形成量的增加使得各亚细胞组分镉含量显著降低。【结论】结合试验数据以及前人研究结果可知：水稻生产中应根据品种特性，于移栽后14~21 d施用分蘖肥借以达到糙米镉含量最低以及产量最高。

关键词：肥料；水稻；镉含量；根表铁膜；亚细胞分布

前言

【研究意义】近年来，随着我国工业的快速发展以及化石燃料的大量使用,导致环境问题日益严重,尤其是镉等重金属由于其较强的毒害性,以及在农作物中较高的积累量使得农产品降镉技术受到社会各界人士的广泛关注。水稻作为我国主要的粮食作物之一,同样也是镉吸收、富集能力最强的大宗谷类作物,所以稻米生产的安全性直接影响到人们的生活以及饮食安全,而如何解决稻米中镉污染问题也是未来一段时间内各领域专家重点研究的课题。

【前人研究进展】现如今降低水稻镉污染的途径主要分为两种,一是直接降低农田土壤镉的生物有效性以及采用其他镉高富集植物借以降低农田土壤的镉含量;二是作用于水稻本身,筛选以及培育低镉品种,以及采用叶面喷施阻控剂等措施借以降低稻米中的镉含量,但二者都存在技术要求高、耗费大、推广难等问题。水稻等长期生长于淹水条件下的水生植物在进化中获得了抵抗重金属污染的保护机制——根表铁锰氧化物膜,而根系形成氧化物膜的条件除了植物种类以及品种特性以外,还与土壤中的 Fe^{2+}、Mn^{2+} 含量,温度、pH 以及 Eh 值等因素相关。施用氮肥作为水稻生产中常用的农艺措施,对水稻产量等有着极其重要的影响,更有研究表明,不同氮肥形态、肥料种类、不同肥料配比对农田土壤的 pH、铁锰形态,以及 Eh 值等均存在显著影响。

【本研究切入点】聂凌利等研究发现,不同氮肥比例对水稻重金属吸收与积累影响显著,且在氮肥比例(基肥:蘖肥:穗肥)为 6:2:2、4:3:3 的情况下成熟期糙米 Cd 含量均较不施肥以及一次性基施(10:0:0)处理显著降低,但并未对水稻某一生育时期氮肥运筹对水稻 Cd 吸收的影响及其机制进行进一步探究。

【拟解决的关键问题】为此,本试验从 Cd 含量、Cd 的亚细胞分布以及铁锰氧化物膜形成量等方面来探究蘖肥运筹对水稻 Cd 吸收的影响及其机制,以期寻找到最佳的蘖肥施用时间,以有效降低水稻生育期内 Cd 的吸收与转运。

1. 材料与方法

1.1 试验材料

大田试验于 2018 年在湖南省浏阳市湖南农业大学教学实习综合基地进行。

早稻品种：株两优 819、陆两优 996；晚稻品种：湘晚籼 12 号、玉针香。

1.2 试验方法

试验采用随机区组设计，设置 4 个氮肥处理（F2~F5），各氮肥处理所施总纯氮量均为 180 kg/hm^2，以不施氮肥处理（F1）为对照。

4 个氮肥处理中，F2~F4 处理氮肥按基肥:蘗肥:穗肥为 4 : 4 : 2 的比例施用，蘗肥施用时间分别为移栽后 7 d（F2）、移栽后 14 d（F3）、移栽后 21 d（F4）；F5 处理氮肥基肥施用 80%，穗肥施用 20%（分蘗期取样统一在 F4 处理施肥后 10 d）。基肥、穗肥分别在移栽前 1 ~ 2 d、幼穗分化始期施用，各试验处理（F1~F5）均于水稻生育期加施 750 kg/hm^2 过磷酸钙（含 P$_2$O$_5$ 12%）以及 240 kg/hm^2 的氯化钾（含 K$_2$O 60%），过磷酸钙全部于移栽前 1 ~ 2 d 施用，氯化钾于移栽前 1 ~ 2 d 以及幼穗分化始期各施 50%。小区的实际面积为 65 m^2，每个小区的 2 个水稻品种间留空行分隔，小区之间起田垄分隔，并覆盖 2 层农膜。水分管理采用全生育期淹水灌溉，其他栽培管理技术措施参考当地标准。

1.3 测量指标

1.3.1 产量

每个小区收割中心 100 穴测实际大田小区的产量，分品种、处理单独脱粒晒干、风选后，称干谷重。

1.3.2 干物重

在分蘗期、齐穗期以及成熟期按每小区每品种取 5 穴样，洗净泥土，带回湖南农业大学实验室，分蘗期分根、茎、叶，齐穗期分根、茎、叶、穗，成熟期分为根以及地上部分，烘干称量其干重。

1.3.3 重金属含量

在分蘖期、齐穗期以及成熟期取植株样，洗净后将其分为根、茎、叶、穗以及籽粒，于 105℃杀青 30 min，再经 80℃烘干到恒重。将籽粒打成糙米，并将烘干后的糙米、植株样用不锈钢粉碎机粉碎，过 100 mm 的筛子筛选，加混酸（HNO_3：$HClO_4$=4：1）湿法消解，用 50 mL 容量瓶以及 2% 的稀硝酸定容后用 ICP–MS 上机测定样品中的镉含量。

1.3.4 根表铁锰氧化物膜含量测定

采用 DCB 法，将田间采来的水稻根剪成约 1 cm 并混匀，称 1g 鲜根，加入 0.3mol/L $Na_3C_6H_5O_7 \cdot 2H_2O$，1.0mol/L $NaHCO_3$ 的混合溶液和 3.0g$Na_2S_2O_4$（保险粉），在振荡机（温度 25℃，转速 280 r/min）上振荡 3h 提取根表铁锰氧化物及其所吸附的镉，过滤、100 mL 容量瓶定容后测定滤液中的 Fe、Mn、Cd 的含量。将提取后的根冲洗干净，在 105℃杀青 30 min，85℃烘干至恒重并称重，根表铁、锰氧化物膜形成量分别用干根中的 Fe、Mn 含量表示 [以每千克干根重含铁克、锰毫克计，即 g/kg 干根（Fe）、mg/kg 干根（Mn）]。

1.3.5 亚细胞镉含量测定

采用分级离心法。于分蘖盛期取根、茎、叶的鲜样，剪成 1~2 mm^2 细块，称取 4 g 样品，分别置于研钵中，加入 40 mL 预冷的提取缓冲液 [蔗糖 250 mmol/L，Tris–HCl（pH 7.4）50 mmol/L，DTT 1 mmol/L] 充分研磨成匀浆液，分别用 3000r/min 以及 15000r/min 的冷冻离心分离细胞壁、细胞器以及细胞液，采用湿法消解后用 ICP–MS 测定各部位镉含量。

1.3.6 水稻根系活力测定

采用伤流法测定水稻根系活力，蘖肥施用 10 d 后于下午 5:00 在水稻植株距离地面 10 cm 处用经过酒精消毒的刀片割去上部水稻茎秆，然后用装有脱脂棉的自封袋将下部剩余茎秆套上，用橡皮筋封口，并保持脱脂棉和茎秆切面接触，次日早上 8:00 取回称重。脱脂棉吸收伤流液前后重量差即为伤流量，本文采用伤流强度作为根系活力的指标研究水稻分蘖期根系活力的变化：伤流强度 =（湿脱脂棉重 – 干脱脂棉重）/（测定株数 × 时间）。

1.4 数据处理

数据分析采用 Excel、SAS 9.4 中的 Mixed model 进行分析。

2. 结果与分析

2.1 蘖肥运筹对水稻干物质积累的影响

2.1.1 蘖肥运筹对早稻干物质积累的影响

就分蘖期而言，施用氮肥能显著提高早稻品种株两优 819 根、茎、叶干物质积累，且各肥料处理间以 F2 处理干物质积累量最高，分别为 34.46 g/m²、84.56 g/m² 和 73.17 g/m²；陆两优 996 干物质重增加规律与株两优 819 相同，且各蘖肥处理间分蘖期干物质积累量差异不大，在 128.77~153.88 g/m² 间，由图 12-1 可以看出，虽然基蘖肥所施总氮相同，但基蘖肥分施时其分蘖期干物质积累量却高于一次性施基肥。

齐穗期、成熟期干物质积累随各处理的变化情况两早稻品种表现相同，即施用氮肥能显著增加供试早稻品种齐穗期、成熟期干物质积累量，但本试验所设计的肥料处理间（F2~F5）干物质积累量差异不大。

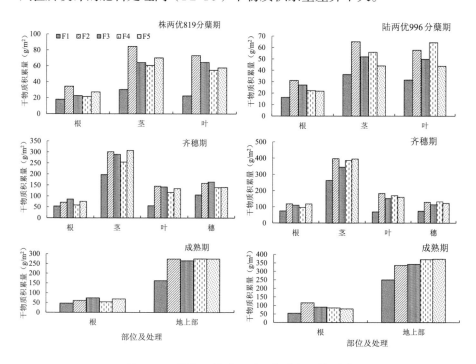

图 12-1 蘖肥运筹对早稻干物质积累的影响

2.1.2 蘖肥运筹对晚稻干物质积累的影响

就晚稻分蘖期而言，湘晚籼 12 号根、茎干物质积累以 F2 处理最高，分别为 44.44 g/m²、138.22 g/m²，叶重则以 F3 处理最高，为 147.00 g/m²，各肥料处理间无显著差异；玉针香分蘖期除根系干物质积累在 F3 时达到最高值的 55.13 g/m² 以外，其茎、叶干物质积累均随着蘖肥施用时间的推迟而升高，且由于 F2 处理基蘖肥施用间隔较短，其各部位干物质积累量与 F5 处理差异较小。

由图 12–2 可知，晚稻两品种齐穗期均以施用蘖肥处理（F2~F4）干物质积累量较高，显著高于不施肥处理，成熟期干物质积累量随氮肥运筹的变化规律同早稻相似，即施用氮肥能显著增加两晚稻品种成熟期干物质积累量，但处理间（F2~F5）干物质积累量无明显差异。

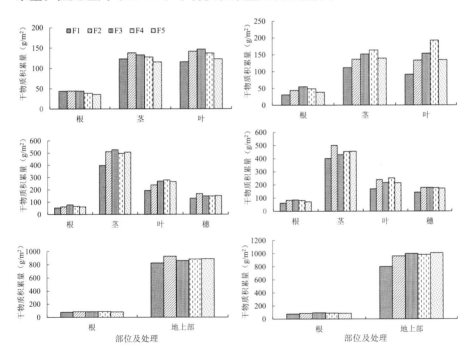

图 12–2　蘖肥运筹对晚稻干物质积累的影响

注：左图是湘晚籼 12 号，右图是玉针香。从上至下依次是分蘖期、齐穗期、成熟期。

2.2 蘖肥运筹对水稻镉积累的影响

2.2.1 蘖肥运筹对水稻分蘖期镉积累的影响

由表 12–1 可知，不同蘖肥施用时期对水稻分蘖期各部位镉含量存在一定影响。两品种各部位镉含量均以不施肥处理镉含量最高；各蘖肥处理间株两优 819 根和叶的镉含量以 F4 处理最低，分别为 0.36 mg/kg、0.14 mg/kg，且随着蘖肥施用时间的推迟，各蘖肥处理间表现出镉含量降低的趋势，F4 较 F2 分别降低了 46.26%、41.67%；株两优 819 茎秆镉含量在各蘖肥处理间以 F2 镉含量较低，为 0.08 mg/kg，但处理之间无显著差异；陆两优 996 各部位镉含量变化趋势与株两优 819 相同，即根和叶的镉含量随蘖肥施用时间的推迟而降低，茎秆的镉含量则上升。由表 12–1 可以看出，增大基肥用量的处理（F5）同样可以达到降低早稻分蘖期各部位镉含量的目的。

表 12–1　　　蘖肥运筹对早稻分蘖期水稻各部位 Cd 含量的影响　　单位：mg/kg

品种	处理	根	茎	叶
株两优 819	F1	0.86a	0.26a	0.29a
	F2	0.67ab	0.08b	0.24ab
	F3	0.56ab	0.19ab	0.21ab
	F4	0.36b	0.18ab	0.14b
	F5	0.64ab	0.11b	0.17ab
陆两优 996	F1	1.18a	0.24a	0.11a
	F2	0.55b	0.12b	0.06ab
	F3	0.53b	0.12b	0.07ab
	F4	0.45b	0.20ab	0.05b
	F5	0.66b	0.16b	0.07ab

晚稻分蘖期各部位镉含量同样以 F1 处理含量最高，且早晚稻分蘖期不同器官中的镉含量均表现为根＞茎＞叶。湘晚籼 12 号分蘖期根、茎镉含量施蘖肥处理（F2~F4）显著低于不施蘖肥增大基肥用量处理（F5），且均在 F3 即移栽后 14 d 施蘖肥有着最低根、茎镉含量，分别为 0.54 mg/kg、

0.1 mg/kg。而湘晚籼 12 号叶的镉含量各施肥处置（F2~F5）间无显著差别。

　　玉针香根中镉含量随蘖肥施用时间的推迟，镉含量表现出升高的趋势，F3、F4 处理较 F2 处理镉含量分别升高了 52.87%、47.12%，且不施蘖肥处理（F5）显著高于各蘖肥处理；茎中镉含量随蘖肥施用时间的推迟，镉含量呈现先升高后降低的趋势，在 F3 时镉含量最高，为 0.20 mg/kg；叶中镉含量以 F3 处理最低，为 0.4 mg/kg，分别较 F2、F4 以及 F5 处理降低了 33.33%、20.00% 以及 33.33%。结合表 12–1 和 12–2 可知，施用蘖肥有利于早晚稻分蘖期各部位镉含量的降低，且增大基肥用量在一定程度上同样可以达到此目的。

表 12–2　　　蘖肥运筹对晚稻分蘖期水稻各部位 Cd 含量的影响　　单位：mg/kg

品种	处理	根	茎	叶
湘晚籼 12 号	F1	1.88a	0.46a	0.11a
	F2	0.84b	0.10d	0.07b
	F3	0.54c	0.10d	0.07b
	F4	0.58c	0.16c	0.07b
	F5	0.93b	0.29b	0.07b
玉针香	F1	3.02a	0.36a	0.09a
	F2	0.87d	0.14c	0.06b
	F3	1.33c	0.20b	0.04c
	F4	1.28c	0.15c	0.05bc
	F5	1.74b	0.20b	0.06b

2.2.2 蘖肥运筹对水稻齐穗期镉积累的影响

　　由表 12–3 可知，株两优 819 齐穗期根镉含量以 F1 最高，达到 2.73 mg/kg，各蘖肥处理（F2~F4）较不施分蘖肥处理（F1）降低了 53.48%、30.40% 以及 41.03%，且 F5 处理根镉含量同样较高；施用氮肥虽能显著降低株两优 819 茎、穗部镉含量，但蘖肥施用时间以及氮肥施用量之间镉含量却无明显差异；叶中镉含量以 F1 处理最高，为 0.11 mg/kg，且分蘖前中期施用蘖肥其降镉效果显著高于分蘖后期施用蘖肥以及只施基肥处理。

陆两优 996 各部位镉含量以不施肥处理（F1）最高，显著高于各施肥处理。陆两优 996 根以及叶中镉含量各蘖肥处理间均表现为 F3 处理最高，F2 次之，F1 最低，且 F3 处理较 F2 处理镉含量在根、叶中分别高 39.83%、83.33%。陆两优 996 茎和穗中镉含量同样以 F1 处理镉含量最高，显著高于各肥料处理，但各肥料处理间差异不显著。

表 12–3　　　蘖肥运筹对早稻齐穗期水稻各部位 Cd 含量的影响　　单位：mg/kg

品种	处理	根	茎	叶	穗
株两优 819	F1	2.73a	0.44a	0.11a	0.12a
	F2	1.27c	0.21b	0.06c	0.09b
	F3	1.90b	0.24b	0.05c	0.08b
	F4	1.61bc	0.18b	0.08b	0.07b
	F5	2.15ab	0.22b	0.09b	0.09b
陆两优 996	F1	2.52a	0.25a	0.12a	0.16a
	F2	1.18d	0.20b	0.06c	0.11b
	F3	1.28cd	0.21ab	0.08b	0.10b
	F4	1.65b	0.18b	0.11a	0.08b
	F5	1.57bc	0.20b	0.11a	0.10b

由表 12–4 可知，晚稻齐穗期两品种各部位镉含量以不施肥处理 F1 镉含量较高，显著高于各肥料处理。供试的两晚稻品种根镉含量各蘖肥处理间以 F4 处理最低，分别为 1.79 mg/kg、3.93 mg/kg，且不施蘖肥处理（F5）根镉含量与前中期施用蘖肥时镉含量相似；两品种随蘖肥施用时间的推迟叶中镉含量呈现先降低后升高的趋势，以 F2 处理最低，为 0.05 mg/kg 以及 0.10 mg/kg；两晚稻品种的茎、穗中镉含量变化趋势与早稻两品种相同，即均以 F1 处理镉含量最高，而各肥料处理间差异不显著。

2.2.3 蘖肥运筹对水稻成熟期镉积累的影响

由表 12–5 可知，成熟期，株两优 819 根镉含量以移栽后 7 d 施用蘖肥（F1）处理最高，F5 次之，F2 处理最低；株两优 819 茎叶以及糙米镉含量与地下部类似，均以 F1 最高，且茎叶部分镉含量各肥料处理间无显著差异；而糙米中镉含量以 F5 最高，为 0.15 mg/kg，显著高于施蘖肥处理，各蘖肥处理以 F3 降镉能力最强，为 0.07 mg/kg；株两优 819 的产量以 F3 最高，为 4.09 t/hm²，显著高于 F1 和 F5 处理，与 F2 和 F4 处理间的差异均不显著。

表 12–4　　蘖肥运筹对晚稻齐穗期水稻各部位 Cd 含量的影响　单位：mg/kg

品种	处理	根	茎	叶	穗
湘晚籼 12 号	F1	3.63a	0.34a	0.11a	0.16a
	F2	1.84bc	0.24b	0.06bc	0.12b
	F3	1.88bc	0.21b	0.05c	0.13ab
	F4	1.79c	0.20b	0.08b	0.12b
	F5	2.20b	0.26b	0.07b	0.13ab
玉针香	F1	6.95a	0.98a	0.34a	1.01a
	F2	4.96bc	0.44b	0.16b	0.32b
	F3	5.62b	0.58b	0.10c	0.35b
	F4	3.93d	0.44b	0.12c	0.29b
	F5	4.57cd	0.53b	0.10c	0.31b

表 12–5　　　　蘖肥运筹对早稻成熟期各部位 Cd 含量及产量的影响

品种	处理	Cd 含量 / （mg/kg）			产量 /（t/hm²）
		根	茎叶	糙米	
株两优 819	F1	3.86a	1.32a	0.19a	2.35c
	F2	2.18b	0.84b	0.14bc	3.81ab
	F3	2.22b	0.70b	0.07d	4.09a
	F4	2.47b	0.65b	0.12cd	3.84ab
	F5	2.93b	0.72b	0.15b	3.63b
陆两优 996	F1	3.98a	2.33a	0.29a	3.04b
	F2	2.00b	1.10b	0.22b	5.06a
	F3	2.79ab	1.15b	0.20b	5.13a
	F4	1.49b	1.14b	0.14c	4.85a
	F5	2.02b	1.25b	0.24b	4.90a

陆两优 996 根镉含量以不施肥最高，为 3.98 mg/kg，显著高于各施肥处理，而各施肥处理间差异不显著；茎叶镉含量规律与根中相似，表现为 F1 > F5 > F3 > F4 > F2；糙米中镉含量以 F4 最低，为 0.14 mg/kg，显著低于各施肥处理，分别较 F1、F2、F3、F5 处理降低 51.72%、36.36%、30.00%、41.67%；F2~F5 处理产量均显著高于 F1 处理，提高幅度为 59.68%~68.95%，而 F2~F5 处理间产量差异均不显著。

由表 12–6 可知，湘晚籼 12 号不施肥处理（F1）成熟期根镉含量分别较各肥料处理（F2~F5）增加了 17.21%、41.57%、41.57% 以及 11.26%，各施用肥料的处理间根镉含量以 F3、F4 最低，F5 最高，但无显著差异；湘晚籼 12 号茎叶以及糙米镉含量均以 F1 最高，且茎叶部分镉含量各肥料处理间无显著差异；其糙米中镉含量以 F2 最低，只有 0.07 mg/kg，显著低于其余各肥料处理；湘晚籼 12 号产量以 F2 最高，为 5.20 t/hm²。

表 12–6   糵肥运筹对晚稻成熟期各部位 Cd 含量及产量的影响

品种	处理	Cd 含量 /（mg/kg）			产量 /（t/hm²）
		根	茎叶	糙米	
湘晚籼 12 号	F1	5.04a	0.57a	0.20a	3.84b
	F2	4.3ab	0.39b	0.07c	5.20a
	F3	3.56b	0.37b	0.09b	5.00a
	F4	3.56b	0.43b	0.09b	4.63a
	F5	4.53ab	0.43b	0.10b	4.83a
玉针香	F1	9.43a	1.11a	0.31a	4.45b
	F2	5.79cd	0.56c	0.14c	5.56a
	F3	5.49d	0.54c	0.24b	5.49a
	F4	6.74bc	0.72b	0.18c	5.64a
	F5	7.48b	0.75b	0.25b	5.50a

氮肥缺失导致玉针香成熟期根镉含量最高，为 9.43 mg/kg，显著高于其余各施用了肥料的处理，各施肥处理间以 F3 最低，较其余各处理（F2、

F4、F5）分别降低了 5.18%、18.55%、26.60%；分蘖后期施用蘖肥（F4）较前中期施用显著增加了玉针香茎叶中镉含量；糙米中镉含量以 F2 最低，为 0.14 mg/kg，显著低于各施肥处理，各施肥处理（F2~F5）较不施肥处理分别降低 54.84%、22.58%、41.9% 以及 19.35%；F2~F5 处理产量显著高于 F1 处理，提高幅度为 26.67%~23.27%。

2.3 蘖肥运筹对水稻镉亚细胞分布的影响

2.3.1 蘖肥运筹对水稻分蘖期镉亚细胞分布的影响

从早稻分蘖期不同部位细胞壁的镉分布情况来看，两品种根的镉分布量以 F2 最低，分别为 0.44 mg/kg、0.37 mg/kg，相较于 F1 处理，降镉能力显著；株两优 819 地上部分细胞壁镉含量除 F4 处理茎较低，达到 0.091 mg/kg 以外，其余各处理间无显著差异；陆两优 996 茎、叶细胞壁镉含量均以 F1 最高，各施肥处理之间以 F5 最低，且随分蘖肥施用时间的推迟（F2~F4），镉含量呈现上升的趋势。

由图 12-3 可知，细胞可溶性部位与细胞器镉含量表现为氮肥的施用有利于细胞各部位镉含量的降低，而各施肥处理之间由于水稻各器官、亚细胞组分的不同，镉含量也存在差异，两品种在根的细胞液中随蘖肥施用时间的推迟，镉含量降低，在叶中则相反，而茎的细胞液镉含量则以 F2 时镉含量最高；施用氮肥能降低株两优 819 茎、叶以及陆两优 996 叶细胞器中镉含量，随着蘖肥施用时间的推迟，株两优 819 根以及陆两优 996 茎的镉含量呈现先降低后升高的趋势，且 F2 处理显著低于增施基肥处理 F5。陆两优 996 根中细胞器镉含量与蘖肥施用时间呈现显著的负相关，以增施基肥（F5）镉含量最低，较各蘖肥处理（F2~F4）降低 8.65%~40.64%。

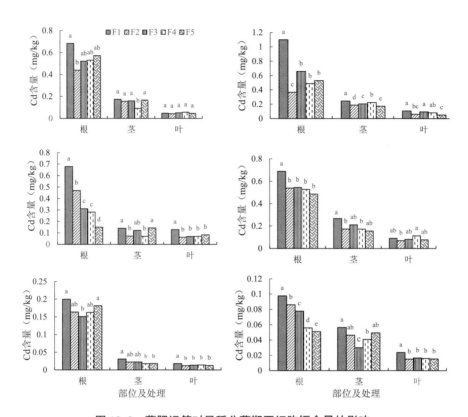

图 12-3　蘖肥运筹对早稻分蘖期亚细胞镉含量的影响

注：左图是株两优 819，右图是陆两优 996。从上至下依次是细胞壁、细胞液、细胞器。

　　晚稻湘晚籼 12 号与玉针香分蘖期根的细胞壁镉含量以 F1 最高，为 0.85 mg/kg 和 1.11 mg/kg，施用蘖肥有利于根细胞壁镉含量的降低，且随着蘖肥施用时间的推迟，镉含量呈现先升高后降低的趋势，均在 F3 时达到最低值，增施基肥不施蘖肥随品种不同，其根中细胞壁镉含量变化也存在差异，湘晚籼 12 号 F5 处理根中细胞壁镉含量较施蘖肥处理（F2~F4）增加 33.09%~116.40%，而玉针香各肥料处理间镉含量则无明显差异。茎中细胞壁镉含量湘晚籼 12 号以 F1 最高，F2 最低，分别为 0.23 mg/kg、0.047 mg/kg，其余各处理差异不显著；玉针香茎中细胞壁镉含量随蘖肥施用时间的推迟呈现先降低后升高的趋势，以 F3 最低，为 0.48 mg/kg，且各肥料处理较不施肥处理镉含量下降明显。两供试品种叶细胞壁镉含量同样以 F1 处理最高，且分蘖中后期施用蘖肥有着较好的降镉效果。

由图 12–4 可知，两品种各部位细胞液以及细胞器中镉含量与细胞壁中表现情况相同，均以 F1 处理镉含量最高，而蘖肥运筹随品种以及部位不同对镉含量的影响也存在差异。湘晚籼 12 号根，玉针香根、茎细胞液镉含量随蘖肥施用时间的推迟，镉含量呈现降低的趋势，且 F3、F4 处理镉含量差异不显著，湘晚籼 12 号茎细胞液中镉含量各肥料处理以 F3 镉含量最高，为 0.18 mg/kg，以 F4 最低，为 0.07 mg/kg，而两品种的叶细胞液镉含量除玉针香 F3 处理较高，为 0.06 mg/kg 以外，其余各处理间差异不大。

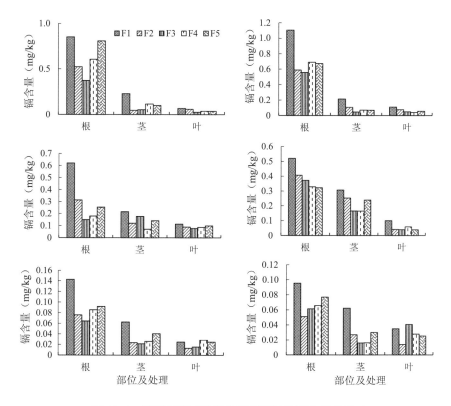

图 12–4 蘖肥运筹对晚稻分蘖期亚细胞镉含量的影响

注：左图是晚稻湘晚籼 12 号，右图是玉针香。从上至下依次是细胞壁、细胞液、细胞器。

湘晚籼 12 号根、茎细胞器中镉含量以 F3 处理较低，分别为 0.06 mg/kg、0.02 mg/kg，叶细胞器中镉含量以 F2 最低，较其余各肥料处理（F3~F5）降低了 15.69%~54.02%；玉针香茎细胞器中镉含量各肥料处理间表现为 F5 > F2 > F4 > F3，以 F3 最低，为 0.016 mg/kg，而叶中则以 F2 最低，F3 最高，分别为 0.014 mg/kg 和 0.04 mg/kg。

2.3.2 蘖肥运筹对水稻齐穗期镉亚细胞分布的影响

早晚稻齐穗期各部位各亚细胞组分镉含量均以 F1 处理最高，施用氮肥有利于各亚细胞组分镉含量降低，但降镉能力随品种及部位不同存在一定差异。

施用蘖肥能降低株两优 819 根、茎细胞壁镉含量，且根、茎中均以 F3 处理镉含量最低，分别为 0.71 mg/kg、0.31 mg/kg，而 F5 处理降镉效果不明显，移栽后 7 d 施用蘖肥（F2）能显著降低株两优 819 齐穗期叶的细胞壁镉含量，而其余处理镉含量较高；施用氮肥能明显降低陆两优 996 根、叶细胞壁镉含量，而茎细胞壁镉含量以 F5 镉含量最低，为 0.21 mg/kg，较各肥料处理（F2~F4）分别降低了 18.50%、41.72%、43.17%。

株两优 819 根、茎细胞液镉含量各肥料处理间以 F4 最低，分别为 0.25 mg/kg、0.12 mg/kg，较各处理分别降低了 63.23%~65.28%、28.16%~47.54%，而叶的细胞液中镉含量各肥料处理间则表现为 F5 > F2 > F4 > F3，以 F3 镉含量最低，为 0.12 mg/kg；陆两优 996 根、茎细胞液镉含量各肥料处理间差异不大，且均低于不施肥处理，茎中以 F2 处理最低，F3 处理最高，分别为 0.24 mg/kg、0.37 mg/kg。

由图 12–5 可知，株两优 819 各部位细胞器镉含量以 F1 即不施肥处理镉含量最高，除根细胞器镉含量在 F5 时较高，达到 0.37 mg/kg 以外，各处理各部位细胞器镉含量无明显差异；陆两优 996 根细胞器镉含量随蘖肥施用时间的推迟呈现先升高后降低的趋势，各蘖肥处理间（F2~F3）以 F4 镉含量最低，为 0.13 mg/kg，各肥料处理间（F2~F5）以 F5 镉含量最低，为 0.08 mg/kg；而茎、叶细胞器镉含量受肥料运筹变化差异不大。

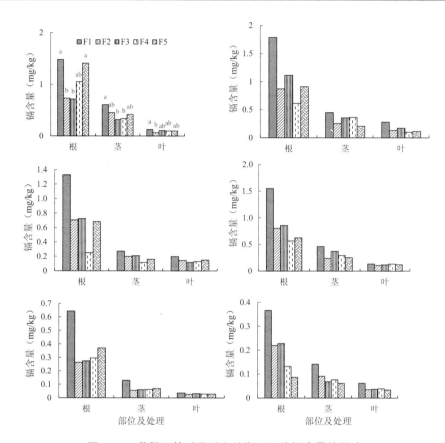

图 12-5　蘖肥运筹对早稻齐穗期亚细胞镉含量的影响

注：左图是株两优 819，右图是陆两优 996。从上至下依次是细胞壁、细胞液、细胞器。

　　晚稻品种湘晚籼 12 号与玉针香齐穗期各部位各亚细胞组分镉含量同供试的早稻品种相似，均以 F1 即不施肥处理镉含量最高。其中湘晚籼 12 号根细胞壁镉含量随蘖肥施用时间的推迟显著降低，在 F4 时达到最低的 0.44 mg/kg，且不施蘖肥（F5）镉含量显著高于各施用蘖肥处理，较 F2~F4 分别增加了 60.68%、96.90%、132.96%，施用氮肥同样能显著降低其茎、叶细胞壁镉含量，但各施肥处理间无显著差异；玉针香根、茎细胞壁镉含量随氮肥施用方式变化与湘晚籼 12 号根中相同，即随蘖肥施用时间的推迟镉含量降低，均在 F4 时镉含量最低，分别为 1.58 mg/kg、0.23 mg/kg，叶细胞壁镉含量则随蘖肥施用时间的推迟镉含量先升高后降低，以 F3 镉含量最高，为 0.20 mg/kg。

施用氮肥能显著降低湘晚籼 12 号根、叶细胞可溶部分（细胞液）镉含量，但各肥料处理间差异不显著，茎细胞液镉含量以 F2 处理最低，为 0.16 mg/kg，且随蘖肥施用时间的推迟镉含量升高，F4 达到最高值 0.25 mg/kg；玉针香根细胞液镉含量各肥料处理间表现为 F5 > F4 > F2 > F3，以 F3 镉含量最低，为 0.54 mg/kg，而茎细胞液镉含量随蘖肥施用时间的推迟，镉含量显著降低，叶中则相反。

由图 12–6 可知，湘晚籼 12 号根、茎细胞器镉含量随氮肥变化表现为：施用蘖肥能显著降低根细胞器镉含量，且降镉效果远高于只施基肥处理，而降镉能力随蘖肥施用时间变化不显著，各肥料处理（F2~F5）均能显著降低茎中镉含量。叶细胞器镉含量则以 F5 最低，较各蘖肥处理（F2-F4）降低了 3.13%~24.39%；玉针香根、茎细胞器镉含量各肥料处理间均以 F4 最低，为 0.39 mg/kg、0.08 mg/kg，而 F4 处理在叶细胞器中则最高，较降镉效果最好的 F5 处理镉含量升高了 43.20%。降低茎中镉含量。叶细胞器镉含量则以 F5 最低，较各蘖肥处理（F2~F4）降低了 3.13%~24.39%；玉针香根、茎细胞器镉含量各肥料处理间均以 F4 最低，为 0.39 mg/kg、0.08 mg/kg，而 F4 处理在叶细胞器中则最高，较降镉效果最好的 F5 处理镉含量升高了 43.20%。

2.4 蘖肥运筹对水稻生育期铁锰氧化物膜形成的影响

2.4.1 蘖肥运筹对水稻分蘖期铁锰氧化物膜形成的影响

由图 12–7 可知，早稻分蘖期根表铁锰氧化物膜形成量（以提取的根表 Fe、Mn 含量表示）在不同蘖肥施用时间以及品种之间存在显著差异。株两优 819 Fe 含量在 F3 处理时最高，达到 59.15 g/kg，F2、F4 处理 Fe 含量较低，且与不施肥处理（F1）之间差异不显著；陆两优 996 随着蘖肥施用时间的延迟，Fe 含量显著增加，F4 时达到最高值 103.89 g/kg，而不施蘖肥处理（F5）Fe 含量分别比 F1 以及 F2 增加 37.17g/kg、17.31 g/kg，较 F3、F4 降低了 14.89%、37.86%。

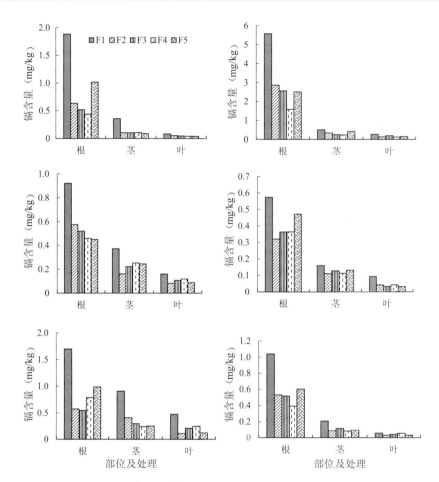

图 12–6 蘖肥运筹对晚稻齐穗期亚细胞镉含量的影响

注：左图是晚稻湘晚籼 12 号，右图是玉针香。从上至下依次是细胞壁、细胞液、细胞器。

Mn 含量根据品种不同对蘖肥的反应情况同样存在显著差异。株两优 819 各肥料处理（F2~F5）Mn 含量较不施肥处理分别增加了 102.46%、32.50%、64.51%、63.93%；而陆两优 996 各肥料处理 Mn 含量表现为 F3 > F2 > F4 > F5 > F1，以 F3 最高，为 148.74 mg/kg。

水稻根表铁锰氧化物膜上所吸附的镉含量两品种间表现情况相同，均表现出施肥处理镉吸附量显著高于不施肥处理，并且两品种氧化物膜积累量均以 F2、F3 最高，分别为 0.0282 mg/kg、0.0269 mg/kg 以及 0.0324 mg/kg、0.0341 mg/kg，F4、F5 次之，积累量为 0.022 mg/kg、0.0216 mg/kg 以及 0.0293 mg/kg、0.0275 mg/kg。

由图 12-8 可知，对于不同晚稻品种，不同氮肥运筹方式下其铁锰氧化物膜形成量存在显著差异。施用氮肥能显著增加供试两品种分蘖期根表 Mn 含量，湘晚籼 12 号 Mn 含量随蘖肥施用时间推迟而升高，在中后期施用蘖肥时（F3、F4）Mn 含量最高，分别为 73.65 mg/kg 和 75.13 mg/kg，且增大基肥（F5）用量同样能显著增加其根表 Mn 含量；玉针香 Mn 含量各肥料处理间表现为 F3 > F2 > F5 > F4，分别较不施肥处理增加了 131.69%、62.48%、28.04% 和 17.20%。

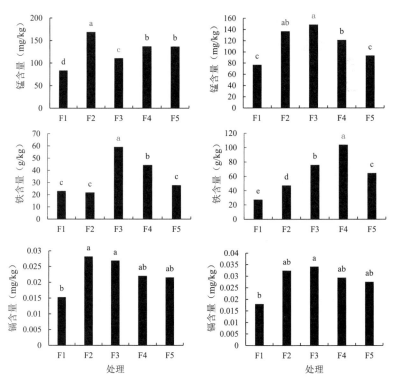

图 12-7　蘖肥运筹对早稻分蘖期根表铁锰氧化物膜及镉含量的影响

注：左图是株两优 819，右图是陆两优 996。

湘晚籼 12 号根表 Fe 含量各处理间呈现 F3 > F4 > F2 > F5 > F1，各肥料处理均显著高于不施肥处理 F1 的 33.49 g/kg，以 F3 处理最高，为 157.10 g/kg；玉针香各施用肥料的处理间同样以 F3 处理 Fe 含量最高，为 157.51 g/kg，以 F5 处理最低，为 106.78 g/kg。

湘晚籼 12 号 F3、F4 处理由于 Fe、Mn 含量较其余处理较高，故有着最高的根表镉吸附量，分别为 0.06 mg/kg、0.05 mg/kg；玉针香根表镉吸附量在 F3 处理时达到最高，为 0.06 mg/kg，F2 次之，为 0.05 mg/kg，F4、F5 处理镉吸附量较低。

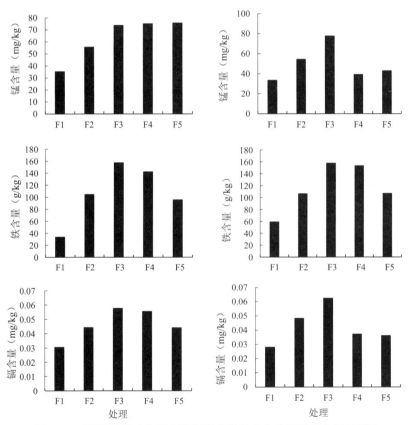

图 12–8　蘖肥运筹对晚稻分蘖期根表铁锰氧化物膜及镉含量的影响

注：左图是晚稻湘晚籼 12 号，右图是玉针香。

2.4.2 蘖肥运筹对水稻齐穗期铁锰氧化物膜形成的影响

由图 12-9 可知，齐穗期株两优 819 根表 Mn 含量随蘖肥施用时间推迟而降低，以 F2 时最高，为 157.16 mg/kg，而不施肥处理 F1 以及只施基肥 F5 Mn 含量最低，且二者差异不显著；陆两优 996 根表 Mn 含量各施肥处理均显著高于不施肥处理 F1，处理间以 F2 最高，为 100.40 mg/kg，达显著水平。

株两优 819 根表 Fe 含量各处理间表现为 F3 > F2 > F4 > F5 > F1，F3 处理较其他处理分别高 66.88%、75.53%、91.92% 和 163.17%；陆两优 996 根表 Fe 含量除 F4 处理最高，为 68.66 g/kg 以外，其余各处理均与不

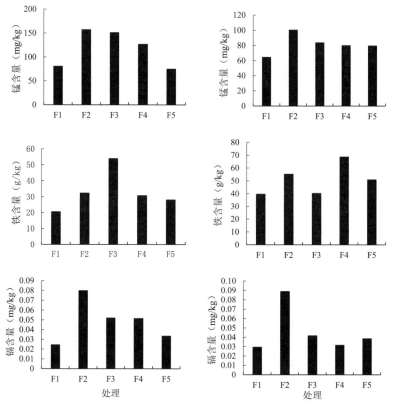

图 12-9　蘖肥运筹对早稻齐穗期根表铁锰氧化物膜及镉含量的影响

注：左图是株两优 819，右图是陆两优 996。

施肥处理无显著差异。

株两优 819 各处理间根表镉吸附量差异与其 Mn 含量相似，以 F2 处理显著高于其他各处理，且各施肥处理显著高于不施肥处理；陆两优 996 Mn 含量同样以 F2 处理最高，为 0.09 g/kg。

由图 12–10 可知，湘晚籼 12 号齐穗期根表 Mn 含量表现为：施用蘖肥能显著提高其根表 Mn 含量，不施蘖肥而加大基肥用量（F5）不能提高湘晚籼 12 号齐穗期根表 Mn 含量，且各蘖肥处理（F2~F4）较不施肥处理分别高 22.33%、15.04%、21.92%，较 F5 处理高 25.47%、18.01%、25.06%；品种玉针香 F3 处理根表 Mn 含量最高，为 45.68 mg/kg，F2 次之，为 33.48 mg/kg，F4、F5 处理虽 Mn 含量较低，但仍较不施肥处理高 26.42%、24.21%。

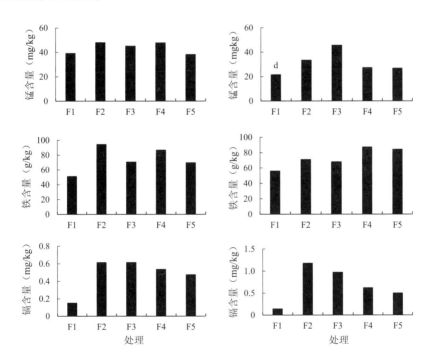

图 12–10　蘖肥运筹对晚稻齐穗期根表铁锰氧化物膜及镉含量的影响

注：左图是晚稻湘晚籼 12 号，右图是玉针香。

湘晚籼 12 号根表 Fe 含量随蘖肥施用时间推迟先降低后升高，以 F2、F4 处理含量最高，达到 94.49 g/kg 和 86.85 g/kg，以不施肥处理最低；供试品种玉针香根表 Fe 含量最高值为 87.29 g/kg（F4），以不施肥处理最低。

湘晚籼 12 号齐穗期铁锰氧化物膜上所吸附的镉以前中期施用蘖肥的处理 F2、F3 较多，F4 处理次之，显著高于不施肥处理，而不施蘖肥处理 F5 镉吸附量为 0.48 mg/kg，虽显著高于不施肥处理但较各蘖肥处理仍然有所降低；玉针香随蘖肥施用时间的推迟齐穗期根表铁锰氧化物膜上所吸附的镉显著降低，由 F2 的 1.18 mg/kg 降低至 F4 的 0.62 mg/kg。

2.5 蘖肥运筹对水稻分蘖期根系活力的影响

本试验采用伤流强度作为根系活力的指标研究水稻分蘖期根系活力的变化，由图 12-11 可知，基蘖肥总施氮量一定，一次性施基肥以及基蘖肥分开施用均能显著提高株两优 819 分蘖期根系伤流强度，其中以分蘖后期

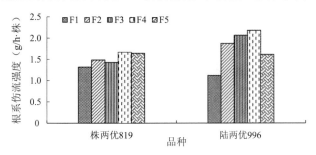

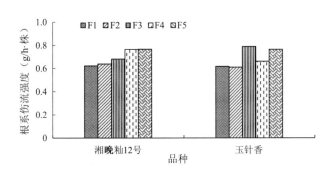

图 12-11 蘖肥运筹对水稻分蘖期根系伤流强度的影响

注：上图是早稻，下图是晚稻。

施蘖肥（F4）提升效果最好；陆两优 996 随着蘖肥施用时间推迟，根系伤流强度升高，只施基肥处理（F5）较不施肥处理伤流强度显著提高，但其提高程度远低于各蘖肥处理。

湘晚籼 12 号分蘖期根系伤流强度各肥料处理间变化趋势与株两优 819 相似，即分蘖后期施蘖肥（F4）以及一次性施用基肥处理（F5）提升效果较显著，而 F2、F3 处理伤流强度较不施肥处理虽有所升高，但并未达到显著水平；玉针香在 F3 以及 F5 时根系伤流强度最高，显著高于 F1，而其余各蘖肥处理伤流强度与不施肥处理间无显著差异。

3. 结论与讨论

施用氮肥能使水稻分蘖期以及齐穗期各部位镉含量降低。各蘖肥处理对分蘖期水稻各部位的降镉程度随着部位不同，降镉能力也存在差异，在供试的早稻品种中，根、叶镉含量均在移栽后 21 d 施用蘖肥镉含量最低，而茎中镉含量则随着蘖肥施用时间的推迟而升高；晚稻品种则在 F3 处理即于移栽后 14 d 施用蘖肥有着最低的分蘖期各部位镉含量，并且结合早晚稻数据可知，氮肥比例为 8∶0∶2∶0 的不施蘖肥的施肥方式与移栽后 7 d 施用蘖肥比例为 4∶4∶2∶0 的处理早晚稻各部位镉含量差异不大，可能是由于基蘖肥施用间隔时间较短，且 F5 处理基肥量较高；齐穗期各蘖肥处理不同部位镉含量均低于不施蘖肥处理。

从成熟期产量以及各部位镉含量来看，施用氮肥会增加水稻产量，且施用蘖肥以及适当加大基肥用量均能显著降低水稻根、茎叶以及糙米中的镉含量。早稻各肥料之间根、茎、叶镉含量无显著差异，株两优 819 糙米镉含量以移栽后 14 d 施用蘖肥镉含量较低，较各施肥处理（F2、F4、F5）分别降低了 50%、42% 以及 53%，且产量较高；陆两优 996 糙米中镉含量以移栽后 21 d 施用蘖肥镉含量最低，只有 0.14 mg/kg，晚稻两品种均在分蘖中前期施用蘖肥有着最低的各部位镉含量以及最高产量。结合产量以及糙米镉含量说明，于返青期 14 d 左右，即分蘖中期施用蘖肥效果最佳。

从亚细胞各组分对镉的积累情况来看，各组分镉积累表现为细胞壁＞

细胞液＞细胞器，各肥料处理对不同品种、不同部位以及亚细胞不同组分镉含量均存在不同程度的影响，总体来看，由于细胞壁与细胞液对 Cd 的固定以及隔化作用，二者的 Cd 含量远远高于细胞器，但整体表现为：施用蘖肥以及适当增大基肥用量均能显著降低水稻各部位各亚细胞组分的镉含量。

水稻铁锰氧化物膜形成与基蘖肥的施用存在显著影响，从形成量来看，铁膜形成量远高于锰膜，研究表明，锰膜的重金属吸附能力要远高于铁膜，而各施肥处理锰膜、铁膜形成量表现出互补的情况，例如两品种在 F2 时铁膜形成量显著低于其他各施肥处理，但锰膜形成量却较高，所产生的结果是施用蘖肥能显著增加水稻根表铁锰氧化物膜形成总量，故而使得镉吸附量较高，高于只施基肥处理（F5），显著高于不施肥处理。

早稻两品种在F3处理即移栽后21 d施用蘖肥水稻根系伤流强度最高，晚稻最高值则集中于移栽后 14~21 d。可知施用蘖肥提高了水稻分蘖期根系活力，且移栽后 14~21 d 施用蘖肥效果最好，其根系活力高于不施肥处理以及不施蘖肥处理。

由本试验可知，在水稻生育期施用氮肥能增加水稻铁锰氧化物膜形成量，从而降低各时期各部位镉含量，而结合聂凌利的试验可知，单纯只施基肥同样不利于成熟期糙米镉含量的降低，故而在水稻生产中应根据品种特性，于移栽后 14~21 d 施用分蘖肥借以达到糙米镉含量最低以及产量最高。

参考文献

[1] 易江，甘平洋，陈渠玲，等 . 稻米镉污染及其消减技术研究进展 [J]. 湖南农业科学，2018(3): 110–113.

[2] Gomez MR, Cerutti S, Sombra LL, et al. Determination of Heavy Metals for the Quality Control in Argentinian Herbal Medicines By Etaas and Icp–oes[J]. Food and Chemical Toxicology, 2006, 45(6): 1060–1064.

[3] 周静，杨洋，孟桂元，等 . 不同镉污染土壤下水稻镉富集与转运效率[J]. 生态学杂志，2018, 37(1): 89–94.

[4]　朱智伟，陈铭学，牟仁祥，等. 水稻镉代谢与控制研究进展 [J]. 中国农业科学，2014, 47(18): 3633–3640.

[5]　黄秋婵，韦友欢，黎晓峰. 镉对人体健康的危害效应及其机理研究进展 [J]. 安徽农业科学，2007(9): 2528–2531.

[6]　王倩，杨丽阎，牛韧，等. 从环境公害解决方案到重金属污染对策制度建立——日本"痛痛病"事件启示 [J]. 环境保护，2013, 41(21): 71–72.

[7]　高译丹，梁成华，裴中健，等. 施用生物炭和石灰对土壤镉形态转化的影响 [J]. 水土保持学报，2014, 28(2): 258–261.

[8]　林国林，杜胜南，金兰淑，等. 施用生物炭和零价铁粉对土壤中镉形态变化的影响 [J]. 水土保持学报，2013, 27(4): 157–160, 165.

[9]　刘周莉，何兴元，陈玮. 忍冬—— 一种新发现的镉超富集植物 [J]. 生态环境学报，2013, 22(4): 666–670.

[10]　Zhu G, Xiao H, Guo Q, et al. Effects of Cadmium Stress on Growth and Amino Acid Metabolism in Two Compositae Plants[J]. Ecotoxicology and Environmental Safety, 2018, 158: 300–308.

[11]　滕振宁，张玉烛，方宝华，等. 秩次分析法在低镉水稻品种筛选中的应用 [J]. 中国稻米，2017, 23(2): 21–26.

[12]　黄春艳. 低镉水稻资源的筛选与主栽水稻品种镉积累特性的比较 [D]. 长沙：湖南师范大学，2014.

[13]　徐燕玲，陈能场，徐胜光，等. 低镉累积水稻品种的筛选方法研究——品种与类型 [J]. 农业环境科学学报，2009, 28(7): 1346–1352.

[14]　王小蒙. 根区与叶面调理联合阻控水稻镉吸收研究 [D]. 北京：中国农业科学院，2016.

[15]　沙乐乐. 水稻镉污染防控钝化剂和叶面阻控剂的研究与应用 [D]. 武汉：华中农业大学，2015.

[16]　杨发文，涂书新. 水稻镉污染叶面阻控和土壤钝化的大田效果和机制 [A]. 中国土壤学会土壤环境专业委员会. 中国土壤学会土壤环境专业委员会第二十次会议暨农田土壤污染与修复研讨会摘要集 [C]. 中国土壤学会土壤环境专业委员会：中国土壤学会土壤环境专业委员会，2018: 2.

[17]　彭少邦，蔡乐，李泗清. 土壤镉污染修复方法及生物修复研究进展 [J]. 环境与发展，2014, 26(3): 86–90.

[18]　何春娥，刘学军，张福锁. 植物根表铁膜的形成及其营养与生态环境效应 [J]. 应用生态学报，2004 (6): 1069–1073.

[19] 董洋阳, 贾晴晴, 朱新春, 等. 施氮量对机穴播水稻产量及其构成因素的影响 [J]. 中国稻米, 2018, 24(3): 105–107.

[20] 杨京平, 姜宁, 陈杰. 施氮水平对两种水稻产量影响的动态模拟及施肥优化分析 [J]. 应用生态学报, 2003(10): 1654–1660.

[21] 杨益花. 不同施氮量对水稻品种产量形成和 N 素吸收利用的影响 [D]. 扬州: 扬州大学, 2003.

[22] 楼玉兰, 章永松, 林咸永. 氮肥形态对污泥农用土壤中重金属活性及玉米对其吸收的影响 [J]. 浙江大学学报 (农业与生命科学版), 2005(04): 392–398.

[23] 孙磊, 郝秀珍, 范晓晖, 等. 不同氮肥处理对污染红壤中铜有效性的影响 [J]. 土壤学报, 2009, 46(6): 1033–1039.

[24] 孙磊, 郝秀珍, 周东美, 等. 不同氮肥对污染土壤玉米生长和重金属 Cu、Cd 吸收的影响 [J]. 玉米科学, 2014, 22(3): 137–141, 147.

[25] 甲卡拉铁, 喻华, 冯文强, 等. 淹水条件下不同氮磷钾肥对土壤 pH 和镉有效性的影响研究 [J]. 环境科学, 2009, 30(11): 3414–3421.

[26] 聂凌利. 肥料运筹对水稻镉吸收与积累的影响 [D]. 长沙: 湖南农业大学, 2017.

[27] 吴倩. 不同 Cd 水平对水稻材料根系形态及 Cd 亚细胞分布的影响 [D]. 成都: 四川农业大学, 2009.

[28] 刘文菊, 朱永官. 湿地植物根表的铁锰氧化物膜 [J]. 生态学报, 2005 (02): 358–363.

第13章　粒肥施用时期对水稻镉积累的影响初探

摘要：探索生育后期氮肥施用对水稻镉积累的影响，为稻米镉消减提供技术支持。采用大田小区试验，以杂交稻"株两优819"（早稻）和常规稻"湘晚籼12号"（晚稻）为试验材料，设粒肥用量占总氮20%的不同生育期施粒肥处理。F1：始穗期施粒肥；F2：齐穗期施粒肥；F3：灌浆期施粒肥；CK：不施粒肥处理。试验结果表明，施用粒肥显著提高了水稻籽粒生物量。不同生育期施粒肥在水稻成熟期各部位镉含量不同，施粒肥提高了早稻根系和茎叶的镉含量，但显著降低了籽粒镉含量，其值大小顺序为：CK＞F1＞F3＞F2；晚稻的根系镉含量在始穗期施粒肥处理下有所提高，茎叶镉含量均大于CK，灌浆期施粒肥处理的籽粒镉含量有小幅度降低；与对照相比，早晚稻籽粒镉含量最大降幅分别为44.87%、22.31%。不同生育期施粒肥对降低籽粒富集系数、镉在植株内转运系数存在显著差异。齐穗期施粒肥可显著降低早稻籽粒的镉含量，灌浆期施粒肥能降低晚稻籽粒的镉含量。

关键词：水稻；籽粒镉含量；镉积累；氮肥；转运系数

镉(Cd)是一种毒性极强的重金属，植物非必需元素。近年来，工业生产、汽车尾气、污染灌溉、过度施肥等人类活动导致农田Cd污染日益严重。水稻是我国重要的粮食作物，而水稻具有富集Cd的习性，土壤中的Cd易被水稻根系吸收，并向地上部转运后累积在籽粒中，通过食物链途径进入人体，危害人体健康，因此，降低稻米Cd污染对实现稻米安全生产意义重大且亟待解决。

近年来，有关水稻镉污染防控的研究很多，其中，通过合理施肥降低土壤镉有效性与镉吸收方面也有了一些研究。研究发现，施用钾硅肥、硅肥、铁肥可降低土壤 Cd 的生物有效性，降低糙米 Cd 含量；土壤高 Cd 污染条件下，在水稻始穗期至灌浆期叶片喷施锌肥，锌镉交互作用表现为互相抑制，可降低籽粒 Cd 含量。氮素是作物吸收利用的最主要肥料元素之一，在农业生产中有着举足轻重的作用。不同氮肥种类和用量对土壤 Cd 的活性和水稻吸收 Cd 有不同的影响，其中尿素显著降低了土壤有效态镉的含量，铵态氮则显著提高土壤有效镉的含量，且氯化铵的作用大于硝酸铵和硫酸铵；氯化铵较硫酸铵、硝酸铵可显著增加水稻对 Cd 的吸收，而适量尿素可以降低水稻对 Cd 的吸收，施高量尿素或不施尿素处理促进水稻对 Cd 的吸收。另有研究表明，水稻不同生育期施氮肥对糙米 Cd 含量也有显著影响，分蘖期和齐穗期施氮肥可显著降低糙米 Cd 含量。

研究发现，水稻花后的物质积累、转运、分配是籽粒灌浆的主要来源，保持生育后期一定氮素水平可延缓叶片衰老，延长灌浆时间，使籽粒灌浆充分，延缓叶片衰老还可以抑制生育前期积累贮存在营养组织中的 Cd 向籽粒转移，可见，水稻生育后期合理的氮肥施用会影响其稻米镉含量。目前，关于氮肥影响水稻 Cd 吸收积累的研究多集中在氮肥种类和氮肥施用量对其 Cd 积累的影响，有关生育后期施用氮肥对水稻 Cd 吸收积累影响的研究鲜有报道。本研究通过大田试验，分析水稻生育后期氮肥（粒肥）不同施用时期处理对籽粒 Cd 含量和积累量，考察 Cd 由根系和茎叶向籽粒的转移系数，以明确水稻粒肥施用时期对 Cd 吸收积累的影响，以期为稻米安全生产提供理论依据和技术支撑。

1. 材料与方法

1.1 试验地点

试验于 2018 年在湖南省长沙县福临镇同心村进行，供试土壤质地类型为沙壤土，其基本理化性质为：pH 5.61，全氮 3.55 g·kg^{-1}，全磷 0.75 g・kg^{-1}，全钾 28.67 g・kg^{-1}，水解氮 306.67 mg・kg^{-1}，有效磷 14.40 mg・kg^{-1}，速效钾 201 mg・kg^{-1}，有机质 55.27 g・kg^{-1}，阳离子交换量 12.17 cmol・kg^{-1}，全镉 0.24 mg・kg^{-1}，有效镉 0.14 mg・kg^{-1}。

1.2 试验材料

早稻选用杂交稻株两优 819，晚稻选用常规稻湘晚籼 12 号为供试材料。

1.3 试验方法

根据前期大田试验结果，水稻全生育期施氮量 180 kg・hm^{-2}，设粒肥施用量为总氮量 20% 的 3 个粒肥施用时期处理和不施粒肥处理为对照。处理 1、处理 2 和处理 3（下文用 F1、F2、F3 代替）的基肥:穗肥:粒肥均为 6:2:2，分别在始穗期、齐穗期（始穗后 9d）和灌浆期施粒肥；对照（CK），不施粒肥处理，将粒肥用量前移至基肥保证总氮量一致，基肥:穗肥:粒肥为 8:2:0，每个处理重复三次。小区随机排列，面积为 8 m×8 m =64m^2，小区间留排水沟，覆盖黑色地膜。

1.4 水肥管理措施

常规水肥管理，水稻全生育期施氮肥（纯 N）180 kg・hm^{-2}、磷肥（P$_2$O$_5$）90 kg・hm^{-2}、钾肥（K$_2$O）144 kg・hm^{-2}；其中氮肥为尿素（含 N46.4%）、磷肥为过磷酸钙（含 P12%）、钾肥为氯化钾（含 K60%）。氮肥按试验基追肥比例在不同时期施用，磷肥一次性基施，钾肥于移栽前 1~2d 和幼穗分化始期各施 50%。全生育期保持淹水灌溉（2~3 cm 水层），收获前 15 d 左右自然落干。

1.5 样品采集与测定

水稻成熟后，采集 5 穴生长势一致的植株，用自来水洗净根系泥土，蒸馏水和超纯水润洗，将植株分成根系、茎叶和籽粒。自然晾干后，装入信封中，放入烘箱中用 110℃杀青 30 min，80℃烘干至恒重，称干重。所有样品粉碎后过筛密封保存。

土壤理化性质采用常规方法测定；植株 Cd 含量采用 HNO$_3$–HClO$_4$（V/V，4:1）湿法消解，采用 ICP–MS 测定。试验所用试剂均为优级纯。

1.6 数据处理

生物富集系数（BCF）＝水稻某部分镉的含量／土壤镉的全量，水稻镉的富集系数划分为BCF$_{根系}$、BCF$_{茎叶}$、BCF$_{籽粒}$。

Cd从根系向茎叶的转运系数（TF$_{茎叶/根}$）＝水稻茎叶镉含量／水稻根系镉含量，Cd从根系向籽粒的转运系数（TF$_{籽粒/根}$）＝水稻籽粒镉含量／水稻根系镉含量，Cd从茎叶向籽粒的转运系数（TF$_{籽粒/茎叶}$）＝水稻籽粒镉含量／水稻茎叶镉含量。

试验结果用Microsoft Excel 2016和SAS9.4进行数据整理统计分析（LSD多重比较法，$\alpha < 0.05$）和相关性分析。

2.结果与分析

2.1 不同处理对水稻成熟期生物量的影响

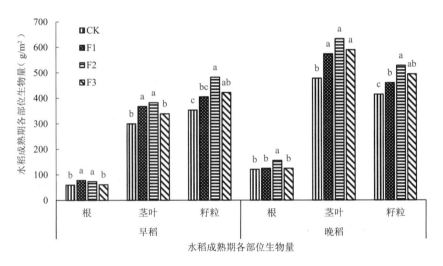

图13-1　不同处理对水稻成熟期生物量的影响

注：不同的小写字母表示不同处理间差异显著（$P < 0.05$）。

图13-1表明，粒肥处理（F1、F2、F3）的早晚稻的根系、茎叶和籽粒生物量较不施粒肥处理（CK）均有所提高，除早稻根系生物量外，早晚稻各部位生物量随着粒肥施用时间推迟呈现先升后降的趋势，在处理F2

达到最大值。其中，早稻根系和茎叶生物量在处理 F1 和 F2 下显著高于 F3 和 CK（$P < 0.05$），籽粒生物量以处理 F2 最高，显著高于 CK 和 F1。不同处理对晚稻各部位生物量的影响与早稻基本一致，根系、茎叶和籽粒生物量均以处理 F2 最高，与 CK 差异达到显著水平（$P < 0.05$）。处理 F2 下的生物量较处理 F1 和 F3 有所提高，说明施用粒肥对水稻物质积累促进效应和增产效应与粒肥施用时期有关。

2.2 不同处理对水稻成熟期各部位镉含量的影响

由表 13-1 可知，施用粒肥提高早稻的根系 Cd 含量，处理 F1、F2、F3 之间没有显著差异，但处理 F3 的根系 Cd 最低，较 CK 的根系 Cd 含量差异未达到显著水平；而处理 F1、F2 和 F3 茎叶 Cd 含量均显著升高（$P < 0.05$），处理 F2 的茎叶 Cd 含量最低；与对照相比，籽粒 Cd 含量均显著降低（$P < 0.05$），三个处理分别降低了 40.71%、44.88%、44.23%。三个处理对晚稻根系 Cd 含量的影响不同，其中处理 F1 的根系 Cd 含量最高，显著高于 CK 和处理 F2 及 F3（$P < 0.05$），而处理 F2 和 F3 的根系 Cd 含量较 CK 有所下降，但差异不显著；三个处理均显著提高了茎叶 Cd 含量（$P < 0.05$），以 F2 处理的茎叶 Cd 含量最高；晚稻籽粒在处理 F1、F2 下较 CK 有所提高，其中处理 F1 的糙米与 CK 差异显著（$P < 0.05$），而处理 F3 的糙米 Cd 含量有所下降，较 CK 差异不显著。

表 13-1　　　　　　　　成熟期水稻不同部位的 Cd 含量　　　　单位：$mg \cdot kg^{-1}$

处理	早稻			晚稻		
	Cd 含量			Cd 含量		
	根	茎叶	籽粒	根	茎叶	籽粒
CK	2.981a	0.807c	0.312a	3.084b	2.198b	0.260b
F1	3.548a	1.775a	0.185b	4.147a	3.387a	0.384a
F2	3.630a	1.507b	0.172b	2.813b	2.993a	0.284b
F3	2.992a	1.687ab	0.174b	2.799b	3.177a	0.202b

注：同一列不同字母表示不同处理间差异性显著（$P<0.05$）。

2.3 不同处理对水稻成熟期各部位镉转运系数和生物富集系数的影响

转运系数是指重金属在植株体内的转运，其值越高说明重金属在体内的迁移能力越强。施用粒肥处理后，早稻植株 TF$_{茎叶/根系}$较 CK 显著提高（P < 0.05，图 13-2），其中处理 F3 的增幅最大，为对照的 2.18 倍，且其值显著高于处理 F2；而 TF$_{籽粒/根系}$和 TF$_{籽粒/茎叶}$显著下降，但处理间差异不显著（P < 0.05），其中 TF$_{籽粒/根}$在处理 F2 最低，较 CK 下降了 54.87%；TF$_{籽粒/茎叶}$以处理 F3 下最低，但与处理 F1、F2 差异不显著（P < 0.05）。对晚稻而言，施用粒肥显著提高了 TF$_{茎叶/根系}$（P < 0.05），以处理 F3 增幅最大，是 CK 的 1.6 倍。与早稻有所不同的是，TF$_{籽粒/根系}$在处理 F1 和 F2 下反而升高，且显著高于 F3 处理（P < 0.05）。晚稻 TF$_{籽粒/茎叶}$和 TF$_{茎叶/根系}$呈相反的趋势，TF$_{籽粒/茎叶}$在处理 F3 下显著降低（P < 0.05）。这表明施用粒肥不仅可以降低水稻体内的 Cd 由根系向籽粒转移，还可以降低 Cd 由茎叶向籽粒转移。

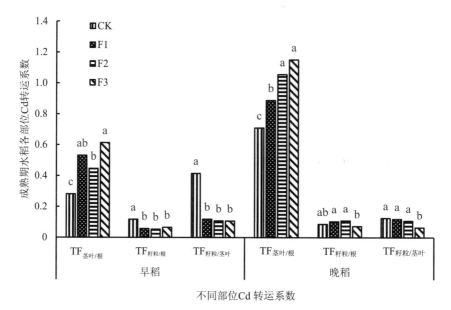

图 13-2　成熟期水稻不同部位镉的转运系数

注：不同的小写字母表示不同处理间差异显著（P < 0.05）。

生物富集系数代表植株对土壤镉的吸收富集能力，富集系数越大其吸收富集能力越强。由表 13-2 可知，不同时期粒肥处理提高了早稻植株根系和茎叶对土壤镉的富集系数，降低了籽粒对土壤镉的富集系数；不同处理的各部位富集系数大小顺序为：$BCF_{根系}$：F2、F1、F3、CK；$BCF_{茎叶}$：F1＞T3、F3＞CK；$BCF_{籽粒}$：CK＞F1、F2=F3（"、"表差异不显著，"＞"表差异显著，下同）；晚稻各部位富集系数大小顺序为：$BCF_{根系}$：F1＞CK＞F2、F3；$BCF_{茎叶}$：F1、F2、F3＞CK；$BCF_{籽粒}$：F1＞F2、CK、F3。较对照组，早晚稻的籽粒富集系数最大降幅分别为 44.62%、22.22%。

表 13-2　　　　　　　　成熟期水稻不同部位镉的生物富集系数

处理	早稻			晚稻		
	根系	茎叶	籽粒	根系	茎叶	籽粒
CK	11.00a	3.36c	1.30a	12.85b	9.16b	1.08b
F1	13.37a	7.40a	0.77b	15.90a	13.99a	1.60a
F2	13.54a	6.28b	0.72b	11.72c	13.46a	1.18b
F3	11.05a	7.03ab	0.72b	11.66c	13.11a	0.84b

注：同一列不同字母表示不同处理间差异显著（$P<0.05$）。

2.4 不同处理对水稻镉积累量的影响

图 13-3 表明，晚稻各部位的 Cd 积累量大于早稻。其中早晚稻根系 Cd 积累量均在处理 F1 最高，其次是处理 F2，处理 F3 最低，但处理 F3 与 CK 差异未达到显著水平，处理 F1 和 F2 的根系积累量显著高于处理 F3 和 CK（$P<0.05$）。施用粒肥，早稻和晚稻的茎叶 Cd 积累量均显著提高，其中早稻处理 F1 与处理 F2 差异显著（$P<0.05$）；三个处理的晚稻茎叶 Cd 积累量均显著高于 CK，以处理 F1 最低，但处理间差异不显著。早晚稻的籽粒 Cd 积累量在不同生育期粒肥处理下表现不同，其中早稻的籽粒 Cd 积累量较对照均显著降低（$P<0.05$），以处理 F3 最低，较 CK 降低 32.77%，处理间差异不显著；而晚稻的籽粒 Cd 积累量仅在处理 F3 下有所降低，但与 CK 没有显著差异，处理 F1 和 F2 的籽粒 Cd 积累量显著提高，

与处理 F3 和 CK 差异显著（P ＜ 0.05）。籽粒中 Cd 的积累量与籽粒 Cd 含量的变化趋势一致，粒肥处理下的籽粒生物量均高于对照，而籽粒 Cd 积累量并没有相应提高，说明水稻籽粒生物量并非籽粒 Cd 积累量的决定因素。

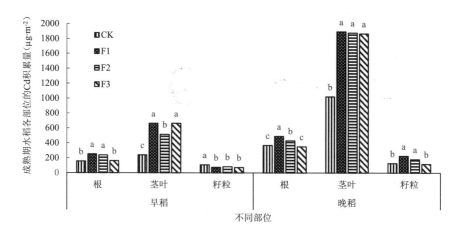

图 13-3　成熟期水稻不同的部位镉积累量

注：不同的小写字母表示不同处理间差异显著（P ＜ 0.05）。

2.5 籽粒镉含量与其他变量的关系

由表 13-3 可知，早稻的籽粒 Cd 含量与茎叶 Cd 含量、Cd 根—籽粒转移系数、Cd 茎叶—籽粒转移系数、籽粒 Cd 积累量呈显著或极显著正相关性，其相关系数分别为 0.895、0.960、0.977、0.899；与根系 Cd 含量、Cd 根—茎叶转移系数、根系 Cd 积累量、茎叶 Cd 积累量也呈正相关性，但不显著。推测，上述变量中前四者是控制籽粒中 Cd 含量的关键因素，而后四者对早稻籽粒 Cd 含量的影响可能较小。对晚稻而言，籽粒的 Cd 含量与根系 Cd 积累量和籽粒 Cd 积累量呈显著相关性，其他因素仅有根系 Cd 含量的相关系数较高，为 0.808，剩余因素的相关系数在 0.049~0.465 之间。

变量	早稻籽粒 Cd 含量	晚稻籽粒 Cd 含量
	相关系数	
根 Cd 含量	0.315	0.808
茎叶 Cd 含量	0.895*	0.133
TF 茎叶/根系	0.756	0.147
TF 籽粒/根系	0.96**	0.082
TF 籽粒/茎叶	0.977**	0.465
根系 Cd 积累量	0.323	0.922*
茎叶 Cd 积累量	0.838	0.049
籽粒 Cd 积累量	0.899*	0.899*

表 13-3　　　　籽粒 Cd 含量与其他变量之间的相关性

注：* 在 0.05 水平上显著相关；** 在 0.01 水平上极显著相关。

3. 讨论

水稻生育后期施入氮素可以延缓叶片衰老，提高叶片有效光合面积和光合速率，促进物质转运和积累，延长灌浆时间，使籽粒灌浆充分，提高水稻产量；本研究结果表明，不同时期粒肥处理的水稻各部位生物量均有所提高，可知，施用粒肥可以增加水稻产量，这与杨安中等研究结果一致；齐穗期施用粒肥的水稻各部位生物量高于其他两个时期施粒肥，且显著高于不施粒肥处理，说明齐穗期施用粒肥更有利于促进水稻物质积累，提高产量。

氮不仅可以促进水稻的生长、提高产量，而且能降低水稻糙米 Cd 含量。本研究结果表明，施粒肥显著降低早稻籽粒 Cd 含量，而晚稻籽粒 Cd 含量仅在灌浆期施粒肥处理有小幅度降低，这与土壤有效 Cd 含量有一定关系，也与水稻不同生育期对 Cd 的吸收、转运能力有关。范中亮等认为稻米 Cd 含量与土壤 Cd 含量呈显著正相关；杨锚等认为尿素可以提高土壤 pH、降低土壤中水溶态 Cd 和有效态 Cd 含量，低量尿素水平能显著降低籽粒中的 Cd 含量。水稻籽粒中 Cd 的积累主要受根系向地上部的转运、茎叶再分配的影响；彭鸥等认为施硅肥能降低 Cd 从茎鞘进入籽粒中；王怡璇等、吴勇俊等认为硅肥和氮肥的施用可促进根表铁膜的形成，加强铁膜对 Cd 的吸附作用，并有效抑制 Cd 从根部向地上部转运，从而降低水稻糙米 Cd 含量；张振兴等认为糙米 Cd 含量与 Cd 在植株内的转运系数呈显著正相关关系，水稻灌浆期施用生石灰能显著提高土壤 pH，降低土壤有效态镉含量，降低 Cd 向籽粒中迁移。本试验结果表明，不同生育期施用粒肥对水稻籽粒的 Cd 含量影响不同，早稻籽粒的 Cd 含量大小顺序为：始穗期施粒肥＞灌浆期施粒肥＞齐穗期施粒肥，晚稻的 Cd 含量大小顺序为：始穗期施粒肥＞齐穗期施粒肥＞灌浆期施粒肥，可以看出，齐穗期或者灌浆期施粒肥处理对降低水稻籽粒 Cd 含量的效果要大于始穗期施粒肥。

水稻不同生育期对 Cd 的吸收、积累、再分配特性不同，致使不同生育期 Cd 积累量与其对籽粒 Cd 积累的贡献率存在差异。报道指出，水稻孕穗至灌浆阶段以及水稻在成熟吸收积累的 Cd 是籽粒中 Cd 的主要来源，灌浆期根系吸收的 Cd 可被快速地运输至籽粒中。本试验中，不同处理的籽粒 Cd 含量存在差异的原因可能为：氮素施入后，随处理时间的延长对土壤 pH 的提升作用减弱，土壤有效镉的含量短期内下降幅度较大，而后回升并与施氮后根系分泌有机酸对土壤 Cd 的氧化还原交叉影响，致使水稻灌浆至成熟阶段土壤有效镉含量存在差异。另有研究发现，水稻抽穗后，生育前期积累贮存在茎叶中的 Cd 伴随光合产物和营养物质传输进入到籽粒当中，叶片的衰老会加速营养元素的再分配，显著提高了叶片中如氮、Fe^{2+}、Cu^{2+} 等从营养组织向籽粒中转移。本研究发现，始穗期、齐穗期、灌浆期施粒肥显著降低了水稻 Cd 从茎叶向籽粒中转移、籽粒对 Cd 的富集，这与张振兴等的研究结果较吻合。

植物修复技术是清除土壤镉污染的有效途径，本研究发现，不同生育期施用粒肥处理的茎叶 Cd 积累量较对照均显著提高，为对照茎叶 Cd 积累量的 1.83~2.76 倍，从施用粒肥对水稻籽粒的生物量、Cd 含量和茎叶的 Cd 积累量的影响三方面综合来看，在早稻齐穗期、晚稻灌浆期施用粒肥不仅可以提高水稻生物量、降低籽粒 Cd 含量，还能通过秸秆移除带走较高量的 Cd 以达到一定的修复效果。

目前，氮对水稻镉吸收积累调控机制也有一定的研究，如氮可增加抗氧化酶系统中的 CAT、SOD 和 POD 活性来减缓镉对水稻的氧化胁迫；过量的 NO_3^- 通过上调 Fe 吸收相关的 OsIRT1 和 Cd 吸收和转运相关的基因 OsNramp1、OsNramp5、OsHMA2 的表达，增加水稻对 Cd 的吸收和转运。本研究就水稻生育后期施粒肥对水稻 Cd 吸收转运的影响做初步探讨，其作用机制仍待进一步研究。

4. 结论

施粒肥能显著提高水稻各部位生物量，齐穗期施粒肥对水稻增产效果最明显。施粒肥虽促进了根系对镉的吸收、根系中的 Cd 向茎叶转运，但能显著降低茎叶中的镉向籽粒转移；齐穗期施粒肥显著降低镉从根系和茎叶中向籽粒中转移，显著降低早稻籽粒的镉含量，灌浆期施粒肥显著降低了茎叶中的镉向籽粒转移，降低晚稻籽粒的镉含量；早稻籽粒 Cd 含量与 Cd 从根系和茎叶向籽粒的转移系数呈极显著相关。

参考文献

[1] Tang H, Li T X, Yu H Y, et al. Cadmium accumulation characteristics and removal potentials of high cadmium accumulating rice line grown in cadmium–contaminated soils[J]. Environmental Science and Pollution Research, 2016, 23(15): 15351–15357.

[2] 杨明智, 裴源生, 李旭东. 中国粮食自给率研究——粮食、谷物和口粮自给率分析 [J]. 自然资源学报, 2019, 34(04): 881–889.

[3] 黄志熊, 王飞娟, 蒋晗, 等. 两个水稻品种镉积累相关基因表达及其分子调控机制 [J]. 作物学报, 2014, 40(04): 581–590.

[4] 高子翔, 周航, 杨文弢, 等. 基施硅肥对土壤镉生物有效性及水稻镉累积效应的影响 [J]. 环境科学, 2017, 38(12): 5299–5307.

[5] 贾倩, 胡敏, 张洋洋, 等. 钾硅肥施用对水稻吸收铅、镉的影响 [J]. 农业环境科学学报, 2015, 34(12): 2245–2251.

[6] Chika C. Nwugo, Alfredo J. Huerta. Effects of silicon nutrition on cadmium uptake, growth and photosynthesis of rice plants exposed to low–level cadmium[J]. Plant and

Soil, 2008, 311(1–2) : 73–86.

[7] Liu D Q, Zhang C H, Chen X, et al. Effects of pH, Fe, and Cd on the uptake of Fe $^{2+}$ and Cd $^{2+}$ by rice[J]. Environmental Science and Pollution Research, 2013, 20(12): 8947–8954.

[8] Gao L, Chang J D, Chen R J, et al. Comparison on cellular mechanisms of iron and cadmium accumulation in rice: prospects for cultivating Fe–rich but Cd–free rice[J]. Rice, 2016, 9: 39.

[9] Shao G S, Chen M X, Wang D Y, et al. Using iron fertilizer to control Cd accumulation in rice plants: A new promising technology[J]. Science in China(Series C: Life Sciences), 2008(03): 245–253.

[10] 索炎炎, 吴士文, 朱骏杰, 等. 叶面喷施锌肥对不同镉水平下水稻产量及元素含量的影响 [J]. 浙江大学学报 (农业与生命科学版), 2012, 38(04): 449–458.

[11] 杨锚, 王火焰, 周健民, 等. 不同水分条件下几种氮肥对水稻土中外源镉转化的动态影响 [J]. 农业环境科学学报, 2006(05): 1202–1207.

[12] 甲卡拉铁. 淹水条件下不同肥料对土壤 Cd 生物有效性的影响研究 [D]. 成都 : 四川农业大学, 2009.

[13] 吴勇俊, 张玉盛, 杨小粉, 等. 蘗肥运筹对水稻镉吸收的影响 [J]. 河南农业科学, 2019, 48(04): 21–27.

[14] 张玉盛, 肖欢, 敖和军. 齐穗期施肥对水稻镉积累的影响 [J]. 中国稻米, 2019, 25(03), 49–52.

[15] Kumar R, Sarawgi A K, C. Ramos, et al. Partitioning of dry matter during drought stress in rainfed lowland rice[J]. Field Crops Research, 2006, 96(1): 455–465.

[16] 李志刚, 叶正钱, 杨肖娥, 等. 不同养分管理对杂交稻生育后期功能叶生理活性和籽粒灌浆的影响 [J]. 浙江大学学报 (农业与生命科学版), 2003(03): 31–36.

[17] 杨安中, 吴文革, 李泽福, 等. 氮肥运筹对超级稻库源关系、干物质积累及产量的影响 [J]. 土壤, 2016, 48(02): 254–258.

[18] 喻华, 上官宇先, 涂仕华, 等. 水稻籽粒中镉的来源 [J]. 中国农业科学, 2018, 51(10): 1940–1947.

[19] Matthew S. Rodda, Gang Li, Robert J. Reid. The timing of grain Cd accumulation in rice plants: the relative importance of remobilisation within the plant and root Cd uptake post–flowering[J]. Plant and Soil, 2011, 347: 105–114. doi: 10. 1007/s11104–011–0829–4.

[20] Yan Y F, Doug H C, Dosoon K, et al. Absorption, translocation, and remobilization of

cadmium supplied at different growth stages of rice[J]. Journal of Crop Science and Biotechnology, 2010, 13(2): 113–119.

[21] 李超，艾绍英，唐明灯，等 . 矿物调理剂对稻田土壤镉形态和水稻镉吸收的影响 [J]. 中国农业科学，2018, 51(11): 2143–2154.

[22] 袁继超，刘丛军，俄胜哲，等 . 施氮量和穗粒肥比例对稻米营养品质及中微量元素含量的影响 [J]. 植物营养与肥料学报，2006(02): 2183–2187, 2200.

[23] 聂凌利 . 肥料运筹对水稻镉吸收与积累的影响 [D]. 长沙：湖南农业大学，2017.

[24] 范中亮，季辉，杨菲，等 . 不同土壤类型下 Cd 和 Pb 在水稻籽粒中累积特征及其环境安全临界值 [J]. 生态环境学报，2010, 19(04): 792–797.

[25] 甲卡拉铁，喻华，冯文强，等 . 氮肥品种和用量对水稻产量和镉吸收的影响研究 [J]. 中国生态农业学报，2010, 18(02): 281–285.

[26] 彭鸥，刘玉玲，铁柏清，等 . 施硅对镉胁迫下水稻镉吸收和转运的调控效应 [J]. 生态学杂志，2019, 38(04): 1049–1056.

[27] 王怡璇，刘杰，唐云舒，等 . 硅对水稻镉转运的抑制效应研究 [J]. 生态环境学报，2016, 25(11): 1822–1827.

[28] 张振兴，纪雄辉，谢运河，等 . 水稻不同生育期施用生石灰对稻米镉含量的影响 [J]. 农业环境科学学报，2016, 35(10): 1867–1872.

[29] 叶长城，陈喆，彭鸥，等 . 不同生育期 Cd 胁迫对水稻生长及镉累积的影响 [J]. 环境科学学报，2017, 37(08): 3201–3206.

[30] 王倩倩，贾润语，李虹呈，等 . Cd 胁迫水培试验下水稻糙米 Cd 累积的关键生育期 [J]. 中国农业科学，2018, 51(23): 4424–4433.

[31] 冯雪敏 . 水稻富集镉砷的关键部位、生育时期及相关元素的研究 [D]. 北京：中国农业科学院，2017.

[32] FUJIMAKI S, SUZUI N, ISHIOKA NS, et al. Tracing cadmium from culture to spikelet: noninvasive imaging and quantitative characterization of absorption, transport, and accumulation of cadmium in an intact rice plant[J]. Plant Physiology, 2010, 152(4): 1796–1806.

[33] 徐炜杰，郭佳，赵敏，等 . 重金属污染土壤植物根系分泌物研究进展 [J]. 浙江农林大学学报，2017, 34(06): 1137–1148.

[34] Huijie Fu, Haiying Yu, Tingxuan Li, et al. Influence of cadmium stress on root exudates of high cadmium accumulating rice line (*Oryza sativa* L.)[J]. Ecotoxicology and Environmental Safety, 2018, 150: 168–175.

[35] Garnett T, Graham R. Distribution and remobilization of iron and copper in wheat[J].

Annals of Botany 2005, 95: 817–826.

[36] J. E Sheehy, M Mnzava, K. G Cassman, et al. Temporal origin of nitrogen in the grain of irrigated rice in the dry season: the outcome of uptake, cycling, senescence and competition studied using a 15 N –point placement technique[J]. Field Crops Research, 2004, 89(2): 337–348.

[37] 刘周莉, 何兴元, 陈玮. 忍冬—— 一种新发现的镉超富集植物 [J]. 生态环境学报, 2013, 22(04): 666–670.

[38] Mohamed Alpha Jalloh, Jinghong Chen, Fanrong Zhen, et al. Effect of different N fertilizer forms on antioxidant capacity and grain yield of rice growing under Cd stress[J]. Journal of Hazardous Materials, 2008, 162(2): 1081–1085.

[39] Muhammad Jaffar Hassan, Feng Wang, Shaukat Ali, et al. Toxic Effect of Cadmium on Rice as Affected by Nitrogen Fertilizer Form[J]. Plant and Soil, 2005, 277(1–2): 359–365.

[40] Muhammad Jaffar Hassan, Muhammad Shafi, Guoping Zhang, et al. The growth and some physiological responses of rice to Cd toxicity as affected by nitrogen form[J]. Plant Growth Regulation, 2008, 54(2): 125–132.

[41] 杨永杰. 氮肥形态与用量对水稻镉积累和毒害的影响及调控机制研究 [D]. 杭州: 中国农业科学院, 2016.

第14章　一种土壤改良剂对土壤有效态镉及米镉含量的影响初探

摘要： 为探明一种改良剂在镉污染稻田中的应用效果，以期为大面积推广应用提供技术参考。于 2017 年，选择湖南省长沙县福临镇同心村轻度镉污染稻田，进行施用量和浸泡时间的盆栽试验和大田试验，主要分析改良剂对土壤有效镉和糙米 Cd 含量的影响。盆栽试验结果表明：添加改良剂可显著提高土壤 pH 值，较对照提高 0.53~0.68 个单位；有效地降低土壤有效态镉含量及水稻茎叶和穗的 Cd 含量，较对照分别降低 30.07%、48.72% 和 73.50%。浸泡时间的延长对水稻茎叶和穗的 Cd 含量影响不明显，但能降低土壤有效镉含量。大田试验结果表明，施用改良剂能有效地降低米镉含量，施用石灰 1125 kg/hm²，改良剂 600 kg/hm²、900 kg/hm²、1200 kg/hm²，施用改良剂 600 kg/hm² 加石灰 1125 kg/hm²，其米镉含量分别比对照降低了 31.86%、28.02%、29.48%、34.05% 和 36.35%。可见，在镉污染稻田中施用改良剂能有效提高土壤 pH 值和降低土壤镉有效性，从而降低水稻植株中镉含量，进而降低糙米镉含量。

关键词： 水稻；镉污染；土壤改良剂；糙米镉含量

引言

镉是一种毒性强、迁移性较强的重金属元素。土壤中的镉不仅会对植物产生毒害作用，同样也可通过食物链进入人体内，不断累积对人体健康造成危害。水稻吸收镉能力强，长期食用镉超标的大米会损害人体的骨骼系统、肾脏系统、中枢神经等，引起各种病变。随着工业的发展，我国重金属污染耕地面积日益增加，而清除土壤镉污染的修复技术很难在短时间内实现，如何控制水稻镉污染并实现粮食的安全生产已成为环境科学领域的研究热点。研究人员利用不同土壤改良剂对控制污染土壤重金属的迁移，切断污染物的食物链途径做了许多探索。研究发现，施用石灰等碱性改良剂能提高土壤 pH 值，使土壤有效态镉含量降低，最终降低水稻对土壤中镉的吸收积累，改善稻米的卫生品质。有报道认为施用复合改良剂 HZB（羟基磷灰石 + 沸石 + 改性秸秆炭）可以提高土壤 pH 值，为重金属离子提供了更多的吸附位点，羧基和酚羟基可通过络合或螯合作用与土壤溶液中的 Cd^{2+} 反应形成难溶性络合物，进而钝化土壤中游离的 Cd，降低了重金属的生物有效性。罗子瑞等研究发现在黄泥田土壤中施用适量的改良剂可促进水稻的生长，可有效地降低水稻糙米中 Cd 含量，降低水稻对 Cd 的富集系数。本试验旨在探索一种土壤改良剂对抑制水稻吸收土壤镉及土壤镉有效性的影响，以期为修复重金属污染稻田和粮食的安全生产，提供相应的技术参考。

1. 材料与方法

1.1 试验地概况

试验地位于湖南省长沙县福临镇同心村，为轻度污染区，土壤为花岗岩成土母质发育的沙壤土，土壤基本性质为：pH 5.66，水解氮 295.33 mg/kg，有效磷 33.90 mg/kg，速效钾 211.33 mg/kg，全氮 3.32 g/kg，全钾 34.87 g/kg，全磷 0.61 g/kg，有机质 49.57 mg/kg，阳离子交换量 12.30 cmol/kg，有效镉 0.244 mg/kg，全镉 0.379 mg/kg。试验地交通设施、农田排灌、机耕道等基础设施较好。水源充足，可保证全生育期淹灌需要，灌溉水质符合国家农田灌溉水质标准。

1.2 供试材料

纽翠绿良田宝 C 系列生态基肥（水剂），购于葛林美（苏州）农业科技有限公司。成分含量，pH（1∶250 倍稀释）4.0~10.0、腐殖酸 ≥ 40 g/L、

大量元素含量 ≥ 200 g/L、N ≥ 70 g/L、P_2O_2 ≥ 60 g/L、K_2O ≥ 70 g/L、Cd ≤ 10 mg/kg。

1.3 盆栽试验

供试土壤取自试验区大田，经风干粉碎后装入内长 34 cm、宽 19.4 cm、高 8 cm 的塑料盆，每盆装土 11 kg。按处理设计添加土壤改良剂，随后每盆加入 6 kg 水并按处理设计浸泡后栽植水稻。品种为玉针香，每盆 4 穴，每穴 2 株基本苗。盆栽全生育期每盆加水量及时间一致。试验设计分不同用量处理和不同浸泡时间处理两部分，试验一为不同用量处理，设 6 个处理，5 次重复，每盆用量分别为 0 mL、5 mL、10 mL、15 mL、20 mL 及 25 mL，浸泡时间统一为 24 h，处理代号分别为 M0（CK）、M5、M10、M15、M20、M25。试验二为不同浸泡时间处理，设 6 个处理，5 次重复，不同处理浸泡时间分别为 12 h、24 h、36 h、48 h、72 h 及 96 h，施用量均为 10 mL。

1.4 大田小区试验

1.4.1 试验设计

试验设 6 个处理，3 次重复，随机区组排列。小区面积 60 m²，设排水沟，小区田埂用塑料包膜防止处理间交叉污染。水稻品种与盆栽试验相同，种植密度为 20 cm × 20 cm，每穴 2~3 株基本苗。6 个处理分别为：F1（CK）不做处理。F2：施用石灰 1125 kg/hm²。F3：改良剂用量 600 kg/hm²。F4：改良剂用量 900 kg/hm²。F5：改良剂用量 1200 kg/hm²。F6：改良剂用量 600 kg/hm² 并施用石灰 1125 kg/hm²。改良剂在移栽前对小区进行处理，F2 处理和 F6 处理所用石灰在分蘖盛期施下，石灰购于当地，其中含镉量未检出。只施基肥，不施追肥。水分等田间管理措施参照当地水稻栽培技术进行。

1.4.2 改良剂施用方法

先将稻田中的水全部排干，将改良剂泼洒在试验小区内，翻耕土壤，灌水泡田，保持水层 5~8 cm，持续 36 h，采集水样，排干水，采集土壤样品；共施用处理两次。

1.5 样品处理

盆栽基础土样于装土前采集，施用改良剂浸泡后采集，大田土样均采取"梅花五点法"采集。大田小区基础土样于施用改良剂前采集，为 0 ~ 20 cm 耕层混合样；成熟期土样在水稻收获前一天每小区取 0 ~ 20 cm 耕层混合样。土壤样品经自然风干、磨细过 100 目尼龙筛后待用。水稻收获前一天取稻谷和植株样，植株洗净泥土后晾干，再以去离子水润洗 2 遍后分根、茎、叶于 105℃杀青 30 min，再以恒温 70℃烘干后粉碎；稻谷经晒干后去糙粉碎，植株样品粉碎后过 100 目尼龙筛待用。

1.6 分析方法

土壤 pH 值的测定采用酸度计法（土水比 1 : 2.5）。土壤全镉用王水 – 硝酸 – 高氯酸消解，土壤有效态镉用 DTPA 法提取，水稻不同器官及糙米重金属用硝酸 – 高氯酸湿法消解。试验分析所用均为优级纯。消解液及浸提液稀释定容过滤后用电感耦合等离子体质谱法测定（ICP–MS Autosampler，Agilent Techologies）Cd 含量。其他指标的测定采用常规方法。

1.7 数据处理及统计

运用 Excel 2007 和 SAS 9.4 进行数据整理统计分析（LSD 多重比较法）。

2. 结果分析

2.1 盆栽试验

2.1.1 不同处理对土壤 pH、有效镉含量的影响

由表 14–1 可知，对照土壤 pH 值为 5.89，各处理的土壤 pH 值随改良剂施用量的增加而提高且与对照差异达到显著水平。改良剂用量的增加，各处理的土壤有效镉含量的降低幅度也随之增加，且各处理的土壤有效镉含量较对照差异显著。施用量为 25 mL 时，有效态镉含量降幅最大，为 30.07%。

表 14–1 不同用量处理土样检测指标及含量

处理代号	pH	增值	有效镉 /（mg/kg）	降幅 /%
M0	5.89 ± 0.08c	—	0.174 ± 0.01a	—
M5	6.17 ± 0.04b	0.28	0.150 ± 0.01b	13.71
M10	6.17 ± 0.13b	0.28	0.147 ± 0.01bc	15.44
M15	6.42 ± 0.22a	0.53	0.129 ± 0.01d	26.04
M20	6.47 ± 0.11a	0.58	0.131 ± 0.01cd	24.77
M25	6.57 ± 0.04a	0.68	0.121 ± 0.01d	30.07

注：用 LSD 法进行多重比较，同列不同字母表示不同处理间的差异达到 0.05 显著水平。下同。

2.1.2 不同处理对水稻齐穗期镉含量的影响

由表 14–2 可知，不同用量处理均对水稻吸收土壤镉起到抑制效果，水稻地上部位和地下部位的 Cd 含量相比对照都不同程度地降低。各处理穗的 Cd 含量随改良剂施用量的增加而降低，M25 处理的穗 Cd 含量最低为 0.31 mg/kg，比对照低 0.86 mg/kg，茎叶 Cd 含量的变化趋势同穗的 Cd 含量的变化趋势一致，也以 M25 处理最低，为 0.80 mg/kg，比对照显著降低 48.72%。

表 14–2 不同用量处理水稻齐穗期 Cd 含量

处理代号	根	穗	茎叶
M0	2.40 ± 0.94ab	1.17 ± 0.16a	1.56 ± 0.21a
M5	1.88 ± 0.65ab	1.12 ± 0.25a	1.09 ± 0.38bc
M10	2.10 ± 0.72ab	0.97 ± 0.16a	0.97 ± 0.59bc
M15	1.87 ± 0.78b	0.59 ± 0.40b	1.24 ± 0.35ab
M20	1.89 ± 0.53ab	0.47 ± 0.16b	0.91 ± 0.18bc
M25	2.38 ± 0.92ab	0.31 ± 0.17b	0.80 ± 0.23c

2.2 大田小区试验

2.2.1 不同处理对水稻产量与产量构成因素的影响

如表 14-3 显示，各处理的产量在 4114.58~5364.58 kg/hm² 之间，处理间差异不显著。各处理的有效穗数，每穗总粒数和结实率无显著差异。F6 处理的千粒重显著高于 F2 处理。

表 14-3 产量及产量构成因素

处理	有效穗数 / (10⁴/hm²)	每穗总粒数	千粒重 /g	结实率 /%	产量 / (kg/hm²)
F1	246.67a	81.00a	27.15ab	73.77a	4218.75a
F2	257.50a	89.00a	26.01b	78.79a	4895.83a
F3	279.67a	77.33a	26.97ab	76.90a	4114.58a
F4	278.33a	86.00a	27.10ab	74.71a	5052.08a
F5	251.67a	78.50a	27.02ab	73.81a	4563.12a
F6	287.42a	84.00a	28.25a	72.98a	5364.58a

2.2.2 不同处理对水稻成熟期干物质的影响

由表 14-4 可知，施用改良剂均可提高水稻的物质积累，由施用量 600~1200 kg/hm² 可提高根系干物质重 23.44~36.79 g/m²，茎干物质重 30.06~112.06 g/m²，叶干物质重 19.72~31.55 g/m²。各处理的根系、茎干重较对照无显著差异；施用改良剂 900 kg/hm²，叶干物质重最大，为 92.85 g/m²，显著高于对照。

表 14-4 水稻成熟期干物质重

处理	根 / (g/m²)	茎 / (g/m²)	叶 / (g/m²)
F1	122.68a	268.92a	61.30c
F2	79.65a	304.73a	73.48abc
F3	159.47a	380.98a	81.02abc
F4	146.12a	350.72a	92.85a
F5	151.62a	298.98a	91.88ab
F6	109.00a	371.00a	86.75ab

2.2.3 不同处理对水稻成熟期不同器官 Cd 含量的影响

表 14–5 显示，对照成熟水稻根、茎和叶 Cd 含量分别为 2.76 mg/kg、4.12 mg/kg 及 1.09 mg/kg。施用石灰和改良剂均可降低水稻地上部分的 Cd 含量，各处理的茎 Cd 含量均低于对照，但差异不显著；各处理叶的 Cd 含量显著低于对照，其中施用改良剂 600 kg/hm^2 处理的叶 Cd 含量最低，为 0.28 mg/kg。

表 14–5	水稻成熟期不同器官 Cd 含量		单位：mg/kg
处理	根	茎	叶
F1	2.76 ± 0.5a	4.12 ± 2.71a	1.09 ± 0.47a
F2	3.14 ± 0.46a	3.33 ± 1.29a	0.31 ± 0.11b
F3	3.2 ± 0.93a	3.47 ± 2.22a	0.28 ± 0.09b
F4	2.67 ± 0.37a	2.56 ± 1.08a	0.35 ± 0.05b
F5	4.19 ± 1.1a	2.69 ± 0.59a	0.42 ± 0.2b
F6	4.61 ± 2.3a	3.16 ± 0.74a	0.29 ± 0.02b

2.2.4 不同处理对糙米镉含量的影响

由图 14–1 可知，对照糙米 Cd 含量为 1.28 mg/kg，远超出国家标准 0.2 mg/kg。施用石灰和改良剂处理的糙米 Cd 含量均有下降，F2 ~ F6 处理的糙米 Cd 含量较对照的降低幅度分别为：31.86%，28.02%，29.48%，34.05%，36.35%。其中施用石灰 1125 kg/hm^2、改良剂 1200 kg/hm^2 和石灰 1125 kg/hm^2 加改良剂 600 kg/hm^2 三个处理与对照差异显著，处理间差异不显著。由此可见，施用改良剂可显著降低糙米 Cd 含量，但与石灰相比，无明显优势。

3. 讨论

土壤酸碱度是影响水稻对土壤镉吸收能力的主要因素之一。本试验中盆栽试验结果表明，施用改良剂可以提高土壤 pH 值，有效地降低土壤有

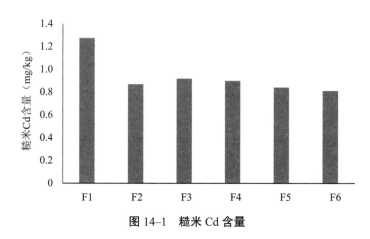

图 14-1　糙米 Cd 含量

效镉含量；土壤 pH 值随改良剂施用量的增加而提高，土壤有效镉的含量随改良剂施用量的增加而降低，这与罗子瑞、龚海军等研究结果一致。而浸泡时间的延长对水稻植株体内镉含量影响不大。本盆栽试验结果显示，齐穗期水稻根系和穗及茎叶 Cd 含量均低于对照，且降低效果随改良剂用量的增加而增强。可能是因土壤 pH 值的提高，Cd 的活性降低，从而减少了土壤 Cd 向植物体内的迁移量，但这种影响通常是有限的。此外，龚海军等研究认为，土壤改良剂中存在的某些拮抗元素以及施入土壤后土壤理化性状的改善均有可能降低作物对 Cd 的吸收累积，而其作用机理还未明确。王蜜安等研究表明，Cd 在水稻植株体内的积累主要集中在营养器官，但不同品种之间存在较大的差异；也有研究认为镉在作物体内不同器官的分配不仅与作物的品种有关，同时与栽培管理措施也密切相关。本盆栽试验中 Cd 在水稻体内各器官的分配呈现根 > 茎叶 > 穗，这与李坤权等的研究结果一致。

　　合理地施用石灰，可以增加水稻分蘖、有效穗、每穗总粒数、实粒数，提高水稻产量；但对水稻株高、千粒重影响不大。且施用石灰可以提高土壤 pH 值，降低土壤交换态镉含量和土壤镉的植物有效性，对水稻吸收镉有一定的抑制作用，糙米镉含量随石灰用量的增加而降低，但石灰对水稻吸收镉的抑制效果逐年降低。本试验中改良剂 600 kg/hm² 加石灰 1125

kg/hm^2 处理的增产效果最佳，其余处理除施用改良剂 $600kg/hm^2$ 处理外较对照均增产，这与陆鹏等、曹仁林等的研究一致。这表明，施用适量的改良剂、石灰对水稻有一定增产作用。

土壤改良剂单施或配施，均可抑制作物对土壤中镉的吸收，其抑制效果根据改良剂的用量、改良剂类型及土壤类型等因素而有所不同。本试验中，施用石灰 $1125 \ kg/hm^2$ 处理的糙米 Cd 含量低于对照，这与朱奇宏等的研究结果一致，其余处理的糙米镉含量也都低于处理。各处理的降米镉效果大小顺序为，改良剂 $600 \ kg/hm^2$ 加石灰 $1125 \ kg/hm^2$ ＞改良剂 1200 kg/hm^2 ＞石灰 $1125 \ kg/hm^2$ ＞改良剂 $900 \ kg/hm^2$ ＞改良剂 $600 \ kg/hm^2$ ＞对照。由此可知，改良剂与石灰组合施用效果优于改良剂单施或石灰单施，其可能原因为改良剂和石灰的双重作用。改良剂的作用机理往往不是单一的，而是由多种机理共同作用的。大田试验中改良剂处理后土壤以及成熟期土壤 pH 值和土壤有效态镉含量两者较对照差异不显著，与盆栽试验结果相反，由此推测本大田试验所用改良剂的降镉作用机理并非直接改变土壤的 pH 值来起到降镉作用。影响土壤中 Cd 向作物植株转移的因素较多，目前在改良作用机理方面报道较多的主要为以下几种：沉淀固定作用、吸附及离子交换作用、离子拮抗作用和螯合作用。本试验所用改良剂的作用机理还未探明。

4. 小结

在盆栽条件下，施用土壤改良剂可以显著提高土壤的 pH 值，显著降低土壤有效态 Cd 含量及水稻植株 Cd 含量；土壤 pH 值随改良剂用量的增加而提高，土壤有效态 Cd 含量及水稻植株 Cd 含量随改良剂用量的增加而降低。

施用适量土壤改良剂，石灰、改良剂与石灰组合施用对水稻均有一定的增产作用。

施用土壤改良剂、石灰均能有效地降低糙米 Cd 含量；其降镉效果与土壤改良剂用量呈正相关。改良剂与石灰组合施用的效果优于改良剂单施或石灰单施。

参考文献

[1] McLaughlin M J, Singh B R. Cadmium in soil and Plants: A global perspective. In: McLaughlin M J andSingh B R. Eds. Cadmium in Soils and Plants. Dordrecht, The Netherlands. Kluwer Academic Publishers, 1999: 13–21.

[2] 刘俐, 高新华, 宋存义, 等. 土壤中镉的赋存行为及迁移转化规律研究进展 [J]. 能源环境保护, 2006(02): 6–9.

[3] 崔玉静, 赵中秋, 刘文菊, 等. 镉在土壤 – 植物 – 人体系统中迁移积累及其影响因子 [J]. 生态学报, 2003(10): 2133–2143.

[4] 曾文伟, 石柱. "镉米"认知与区域优质稻产业发展对策 [J]. 作物研究, 2015, 29(02): 185–187.

[5] 罗琼, 王昆, 许靖波, 等. 我国稻田镉污染现状·危害·来源及其生产措施 [J]. 安徽农业科学, 2014, 42(30): 10540–10542.

[6] 周际海, 黄荣霞, 樊后保, 等. 污染土壤修复技术研究进展 [J]. 水土保持研究, 2016, 23(03): 366–372.

[7] 王凯荣, 张玉烛, 胡荣桂. 不同土壤改良剂对降低重金属污染土壤上水稻糙米铅镉含量的作用 [J]. 农业环境科学学报, 2007(02): 476–481.

[8] 高云华, 周波, 李欢欢, 等. 施用生石灰对不同品种水稻镉吸收能力的影响 [J]. 广东农业科学, 2015, 42(24): 22–25.

[9] 刘昭兵, 纪雄辉, 田发祥, 等. 石灰氮对镉污染土壤中镉生物有效性的影响 [J]. 生态环境学报, 2011, 20(10): 1513–1517.

[10] 屠乃美, 郑华, 邹永霞, 等. 不同改良剂对铅镉污染稻田的改良效应研究 [J]. 农业环境保护, 2000(06): 324–326.

[11] 辜娇峰, 周航, 杨文弢, 等. 复合改良剂对镉砷化学形态及在水稻中累积转运的调控 [J]. 土壤学报, 2016, 53(06): 1576–1585.

[12] 罗子瑞, 陈雨佳, 马学品. 一种新型改良剂对稻田土壤镉污染的修复效应研究 [J]. 农业开发与装备, 2015(03): 65–66, 81.

[13] 郭继斌, 王莉, 韩娇, 等. 联合浸提法测定土壤有效态镉 [J]. 江苏农业科学, 2016, 44(03): 369–372.

[14] 鲍士旦. 土壤农化分析 [M]. 北京: 中国农业出版社, 2000.

[15] 朱智伟, 陈铭学, 牟仁祥, 等. 水稻镉代谢与控制研究进展 [J]. 中国农业科学,

2014, 47(18): 3633–3640.

[17] 龚海军, 刘昭兵, 纪雄辉, 等. 新型土壤改良剂对水稻吸收累积 Cd、Pb 的影响初探 [J]. 湖南农业科学, 2010(05): 50–53.

[18] 王蜜安. 水稻镉吸收与积累稳定性研究 [D]. 长沙: 湖南农业大学, 2015.

[19] 李坤权, 刘建国, 陆小龙, 等. 水稻不同品种对镉吸收及分配的差异 [J]. 农业环境科学学报, 2003(05): 529–532.

[20] 陆鹏, 黄榜炽, 冯晓佳. 合理施用石灰对水稻产量的影响初探 [J]. 南方农业, 2017, 11(05): 126–128.

[21] 曹仁林, 霍文瑞, 何宗兰, 等. 不同改良剂抑制水稻吸收镉的研究——在酸性土壤上 [J]. 农业环境科学学报, 1992(05): 195–198, 241.

[22] 杨文瑜, 聂呈荣, 邓日烈. 化学改良剂对镉污染土壤治理效果的研究进展 [J]. 佛山科学技术学院学报 (自然科学版), 2010, 28(06): 7–12.

[23] 邓波儿, 刘同仇. 不同改良剂降低稻米镉含量的效果 [J]. 华中农业大学学报, 1993(02): 117–121.

[24] 朱奇宏, 黄道友, 刘国胜, 等. 石灰和海泡石对镉污染土壤的修复效应与机理研究 [J]. 水土保持学报, 2009, 23(01): 111–116.

[25] 徐明岗, 张青, 曾希柏. 改良剂对黄泥土镉锌复合污染修复效应与机理研究 [J]. 环境科学, 2007(06): 1361–1366.

[26] 侯红乾, 冀建华, 刘秀梅, 等. 土壤改良剂对鄱阳湖区潜育性稻田的改良作用研究 [J]. 土壤通报, 2016, 47(06): 1448–1454.

[27] 张青, 李菊梅, 徐明岗, 等. 改良剂对复合污染红壤中镉锌有效性的影响及机理 [J]. 农业环境科学学报, 2006(04): 861–865.

[28] 宗良纲, 张丽娜, 孙静克, 等. 3 种改良剂对不同土壤 – 水稻系统中 Cd 行为的影响 [J]. 农业环境科学学报, 2006(04): 834–840.

[29] 王科, 李浩, 张成, 等. 不同改良剂对水稻镉吸收及土壤有效镉含量的影响 [J]. 四川农业科技, 2017(07): 44–46.

第15章 温度变化对水稻生长发育及重金属Cd积累的影响研究

摘要：大量研究发现晚稻中的米镉含量高于早稻，中稻米镉含量最低，但其原因和机理尚不明确。为了探明不同季别间水稻Cd吸收积累的差异，了解积温对水稻重金属Cd的吸收积累影响及初步探究不同播期间生理指标的差异，于2017—2018年在湖南农业大学浏阳综合教学试验基地进行了分期播种大田试验，结果发现：①各个供试水稻品种在不同播期之间存在一定的差异，相差10%~30%，主要表现为有效穗数的差异。②不同播期对Cd的吸收积累影响较为明显。两个供试品种在抽穗期和成熟期各部位的Cd含量均表现出先下降，后上升的变化趋势。③从积温与四种重金属Cd、Pb、Cr、As含量的相关性来看，两个品种全生育期积温与成熟期的Cd含量均呈负相关；抽穗后的积温也与成熟期水稻植株镉含量呈负相关，相关程度也较高；与抽穗前的相关性也是负相关关系，但相关程度较低。总的来说，不同播期之间主要是温度、光照、水分等条件不同，而在本研究中，没有发现光照和降雨等因素与水稻植株重金属含量之间的相关关系，但是积温却显著影响水稻对重金属的吸收积累，特别是镉。发现积温与水稻植株体内镉含量呈负相关关系，这可能是导致晚稻的米镉含量比早稻和中稻高，中稻最低的原因之一。不同播期之间，其水稻植株体内的镉含量差异极显著，在生产上可以适当调整中稻和一季晚稻的播种期，以降低镉在水稻植株体内的积累。在双季稻生产管理中，可采用农艺技术措施以改变水稻的微生态环境，从而影响水稻对重金属的吸收积累。综上所述，适宜的播种期对水稻生长发育，获得高产，减少重金属吸收积累有积极且显著的作用。

关键词：播种期；水稻；产量；积温；重金属含量

　　水稻是世界三大粮食作物之一，是全球半数以上人口的主食。仅在亚洲，就有 20 亿以上人口以稻米为主食。在中国，水稻位于三大主粮之首，在粮食生产和消费中历来处于主导地位，是我国 65% 以上人口的主食，是国家粮食安全的基石。据联合国粮农组织（FAO）统计，1961—2013 年期间，中国水稻平均种植面积为 3185.7 万公顷，占粮食作物平均播种面积的 34.97%；水稻平均总产 1.56 亿吨，占世界水稻总产的 33.7%，占我国粮食总产的 48.39%。稻米营养价值较高，淀粉粒小，易于消化吸收，直接为人类提供约 20% 的食物能量，是最重要的粮食作物。随着城市化进程的加速，在我国粮食和水稻种植面积基本稳定的情况下，随着人口不断增长和人民生活水平逐步提高，对粮食的需求量会随之不断增加，保障粮食安全将是未来相当长一段时间我国的首要任务。我国是世界上最大的水稻消费国，稻米的生产质量与安全将直接影响到我们全民的日常生活与身体健康。

　　近几年来，我国稻田土壤与稻米重金属含量超标问题日趋严重，其中镉是危害性最大的几种重金属元素之一，并被列为五大毒物（镉 Cd、汞 Hg、砷 As、铬 Cr、铅 Pb）之首。稻田重金属污染导致水稻生长受阻、稻谷减产，且可通过径流及淋洗危及水环境，更严重的是重金属在稻谷中大量累积，通过食物链传递与富集等途径对人类及动物的生命和健康构成严重威胁。调查发现，我国镉污染农田面积已达到 134 万公顷，每年生产的镉超标农产品大约 14.6 亿千克。镉元素是一种生物蓄积性强、毒性持久、具有"三致"作用的剧毒元素，摄入过量，对生物体危害极其严重。美国农业部专家研究表明，水稻是对镉吸收最强的大宗谷类作物。镉作为植物的非必需元素，不仅抑制植物的生长发育，使其生长迟缓、植株矮小，叶片失绿甚至发生死亡，而且还会影响产量。根据国家标准《食品中污染物限量》（GB2762—2012）规定，每千克稻米中的镉含量不得超过

0.2 mg。超过了这个限量的大米就俗称为镉米。因此，为了人类的身体健康，如何降低稻米中的镉含量，食用安全的稻米，是我们必须及时解决的重大问题。同高产、优质、高效一样，环保、安全已成为作物栽培的重要内容和目标。

大量研究表明不同播种期对水稻干物质积累以及产量构成要素都有影响。合理运用水稻栽培管理中的关键技术，是高产、优质的基础。结合我国气候资源的空间分布，在不同的地域，确定水稻种植的最适宜播种期，对于充分利用当地的温光气候资源，确保水稻的稳产高产具有重要的指导作用。水稻的生长发育状况除了受到遗传因素决定以外，还受到外部生态环境因子的影响。在分期播种时，由于各处理所处的温度、光照、水分、风速等气象因子条件存在着一定程度的差异，相应也引起水稻生长发育进程的变化。而积温对水稻的影响比其他气象因子条件更加显著，积温指某一时段内逐日平均气温之和，是衡量作物生长发育过程热量条件的一种标尺，也是表征地区热量条件的一种标尺。热量的多少不仅影响作物生长发育、产量和质量以及作物本身生命过程，而且也影响作物对各种元素的吸收积累。水稻对重金属 Cd 吸收积累的多少与其在生育期的生长发育情况密切相关。因此，探究不同播期间水稻米镉含量差异极为可行。

土壤重金属污染不仅仅是湖南、江西等省份所面临的困难和挑战，更是困扰全国甚至世界各国的问题，重金属进入食物链，会严重威胁全人类的身心健康。解决土壤中重金属含量超标的问题，成为当下农业科研工作者最急需解决的。当前，通过改善水稻栽培方式等农艺措施、水稻品种筛选、土壤调节剂修复、基因工程来进行降低稻米中的镉含量的实验研究取得了一定的进展，也出现了一些弊端和尚未解决的问题。弊端如品种筛选出镉低吸收品种，但对其他必需营养元素的吸收也会随之降低，不利于水稻的正常生长发育。利用土壤调节剂降低土壤中的有效态镉，容易造成二次污染。基因工程现在还不太被人们所接受，实际应用具有不确定性。且早稻稻米中镉含量低于晚稻稻米中镉含量的原因机理尚不明朗。然而，不同播种期只是改变水稻生长的气象因子。因此，本课题组于 2017 年、

2018 年在湖南农业大学浏阳综合教学试验基地以两个籼型早稻品种（株两优 819、陆两优 996）为供试材料，设置 10 个不同播种期展开试验研究。系统研究不同播种期对水稻生长发育、产量及产量构成因素以及重金属 Cd 吸收积累的影响，探究积温对水稻吸收积累重金属 Cd 的影响，以期为重金属污染大面积治理提供技术理论支撑。

1. 材料与方法

1.1 试验地点

湖南农业大学浏阳综合教学试验基地，供试土壤中的全镉含量为 1.78 ± 0.07 mg/kg，土壤 pH 为 5.6 ± 0.3。

1.2 试验材料

为 2 个籼型早稻品种：株两优 819（镉低积累品种）和陆两优 996（镉高积累品种）。

1.3 试验设计

于 2017 和 2018 年进行，共设置 10 个播种期处理，所有播期按统一规格进行人工插秧。采用条区设计，2 次重复，小区面积 103.5 m²。小区两边有进水沟和排水沟，处理间作田埂，品种间隔 80 cm，重复间隔 40 cm。每个播期处理按 10 kg N/ 亩的复合肥作基肥，在移栽前一天施用。

秧龄期 25 d，移栽规格为 20 cm × 20 cm，每穴 3~4 根基本苗。按当地水稻栽培技术做好田间管理和病虫害防治措施，保证水稻整个生长过程中无鸟、鼠和病虫为害。

1.4 测定内容与方法

1.4.1 记载生育期

记载各处理的播种期、移栽期、分蘖期、拔节期、抽穗期、成熟期的准确日期。

1.4.2 产量及产量构成因素

在收割前 1d 取样，从各小区的 5 m² 测产区中取对角线 10 蔸，按蔸记录穗数后，采用人工脱粒，秸秆烘干，谷粒采用清水分选，人工数计实粒和秕粒。各小区水稻收割中心 5 m² 测产，单独脱粒晒干并风选后，称干谷重，同时测定干谷水分含量，然后计算折合含水量为 14% 的稻谷产量。

1.4.3 重金属的测定

将实粒去稻壳成为糙米。所有植株样品用不锈钢粉碎机粉碎，过 100 目的筛子筛选，用浓硝酸与高氯酸（硝酸:高氯酸 =4：1）湿法消解，采用 ICP–MS 测定样品重金属 Cd 的含量。测定土壤中重金属含量，测试指标同植株样品。

1.4.4 气象数据获取

利用安装在田间的微型气象站（型号 Vantage Pro2），每小时记录一次气象数据，每个月的上旬下载一次。主要气象指标有：光照强度、室内温度、室外温度、室内湿度、室外湿度、热量指数、降雨量、风速、风向等。

2. 结果与分析

2.1 不同播期对水稻产量、产量构成及干物质的影响

2.1.1 不同播期对水稻生育期的影响

从表 15–1 可知: 陆两优 996，S2~S10 全生育期天数依次为 113 d、111 d、111 d、110 d、110 d、106 d、105 d、105 d、118 d。陆两优 996，S1~S10 的全生育期天数依次为 112 d、112 d、110 d、108 d、108 d、108 d、106 d、105 d、105 d、116 d。两个水稻品种，整体呈现出随着播期的推迟，从 S1 到 S9，生育期逐渐缩短的情况。S9 比 S1 分别缩短了 8 d 和 7 d。但 S10，陆两优 996 和株两优 819 生育期分别为 118 d 和 116 d，比其他的处理分别延长了 5~13 d 和 4~11 d。主要是因为 11 月的低温条件，导致水稻籽粒灌浆迟缓，成熟期推迟，生育期延长。

由表 15–2 可以看出，两个品种全生育期在不同播种期表现有所不同，品种间生育期无显著差异。其中，株两优 819 在 S1、S3~S10 全生育期天数依次为 109 d、106 d、104 d、102 d、99 d、103 d、104 d、124 d、125 d。陆两优 996 在 S1、S3~S10 全生育期天数依次为 112 d、109 d、107 d、106 d、105 d、103 d、104 d、124 d、125 d。两个水稻品种，呈现出全生育期天数

表 15–1　　　　　　　　2017 年不同播期处理的关键生育期

品种	播期	播种期/（月/日）	移栽期/（月/日）	抽穗期/（月/日）	成熟期/（月/日）	全生育期/d
V1 陆两优 996	S2	4/8	5/7	6/30	7/30	113
	S3	4/23	5/20	7/10	8/12	111
	S4	5/6	5/27	7/21	8/25	111
	S5	5/21	6/19	8/5	9/8	110
	S6	6/5	7/3	8/22	9/23	110
	S7	6/22	7/20	9/9	10/6	106
	S8	7/8	7/27	9/23	10/21	105
	S9	7/22	8/10	10/6	11/4	105
	S10	8/7	8/27	10/28	12/3	118
V2 株两优 819	S1	4/2	4/30	6/23	7/23	112
	S2	4/8	5/7	6/30	7/29	112
	S3	4/23	5/20	7/10	8/11	110
	S4	5/6	5/27	7/22	8/22	108
	S5	5/21	6/19	8/6	9/6	108
	S6	6/5	7/3	8/22	9/21	108
	S7	6/22	7/20	9/7	10/6	106
	S8	7/8	7/27	9/23	10/21	105
	S9	7/22	8/10	10/6	11/4	105
	S10	8/7	8/27	10/24	12/1	116

前 7 期比 S9、S10 短的趋势。对于 S9、S10 株两优 819 和陆两优 996 全生育期天数比其他处理分别长了 15~27 d、16~28 d 和 12~21 d、13~22 d。主要是因为 11 月、12 月的低温条件，导致水稻籽粒灌浆迟缓，成熟期推迟，生育期延长。

表 15–2　　　　　　　　2018 年不同播期处理的关键生育期表

品种	播期	播种期/ （月/日）	移栽期/ （月/日）	分蘖期/ （月/日）	拔节期/ （月/日）	抽穗期/ （月/日）	成熟期/ （月/日）	全生育期/ /d
V1 株两优 819	S1	3/23	4/17	5/16	5/26	6/12	7/10	109
	S3	4/22	5/17	6/12	6/22	7/6	8/7	106
	S4	5/7	6/1	6/26	7/1	7/13	8/19	104
	S5	5/22	6/16	7/10	7/18	7/31	9/1	102
	S6	6/6	7/1	7/22	7/27	8/12	9/13	99
	S7	6/21	7/16	8/12	8/18	8/28	10/2	103
	S8	7/6	7/31	8/25	8/30	9/10	10/18	104
	S9	7/21	8/15	9/8	9/12	9/25	11/22	124
	S10	8/5	8/30	9/25	9/29	10/24	12/8	125
V2 陆两优 996	S1	3/23	4/17	5/16	5/26	6/18	7/10	112
	S3	4/22	5/17	6/12	6/22	7/6	8/9	109
	S4	5/7	6/1	6/26	7/1	7/16	8/22	107
	S5	5/22	6/16	7/10	7/18	8/3	9/5	106
	S6	6/6	7/1	7/22	7/27	8/17	9/19	105
	S7	6/21	7/16	8/12	8/18	9/1	10/2	103
	S8	7/6	7/31	8/25	8/30	9/13	10/18	104
	S9	7/21	8/15	9/8	9/12	9/29	11/22	124
	S10	8/5	8/30	9/25	9/29	10/31	12/8	125

2.1.2 不同播期对水稻产量、产量构成的影响

从表 15–3 可以看出：陆两优 996 的实际产量以 S3 最高，为 7744.92 kg/hm²，S10 最低，为 1814.34 kg/hm²。株两优 819 的实际产量以 S7 最高，为 8234.41 kg/hm²，S10 最低，为 849.75 kg/hm²。按实际产量高低，V1 依次排列为：S3>S7>S5>S4>S2>S8>S9>S6>S10，V2 依次排列为：S7>S1>S5>S2>S4>S3>S9>S8>S6>S10。结果表明：S10 处理实际产量最低。各处理间实际产量也没有表现出很强的规律性。

两个供试品种均以 S7 的有效穗数最高，V1 和 V2 分别是 432.17 穗/m²、

表 15–3　　　　　　2017 年不同播期处理的水稻产量及产量结构表

品种	播期	有效穗数 /（穗 / 米²）	每穗粒数	结实率	千粒重 / g	实际产量 /（t/hm²）	理论产量 /（t/hm²）
陆两优996	S2	240de	147.54bc	0.69ab	26.18abc	6.25ab	6.39abc
	S3	285bcd	177.81a	0.51d	26.03abc	7.74a	6.76a
	S4	243de	181.23a	0.58c	25.89bcd	6.34ab	6.54ab
	S5	261cde	159.73ab	0.66b	24.81cde	6.86ab	6.91a
	S6	195e	134.76bcd	0.75a	26.09abc	4.58b	5.10c
	S7	432a	101.65ef	0.60c	27.34a	6.90ab	7.09a
	S8	345abc	93.62f	0.67b	26.8ab	6.18ab	5.76abc
	S9	231de	126.4cde	0.73a	24.57de	5.78ab	5.23bc
	S10	354ab	115.91def	0.20e	23.78e	1.82c	1.94d
株两优819	S1	310bcd	136.79bc	0.71bcd	26.02a	8.11ab	7.80ab
	S2	243d	163.81b	0.73bcd	25.24ab	7.37ab	7.30abc
	S3	375bc	92.08cd	0.79ab	24.35c	6.54ab	6.61abcd
	S4	243d	208.22a	0.63d	23.03d	6.61ab	7.26abc
	S5	336bc	138.42b	0.70bcd	24.18c	7.80ab	7.84a
	S6	312cd	99.13cd	0.73bc	23.07d	4.67b	5.28cd
	S7	462a	97.06cd	0.64cd	24.78bc	8.23a	7.22abc
	S8	408ab	67.44de	0.74bc	24.4c	4.98b	4.89d
	S9	297cd	91.72cde	0.86a	24.03c	5.15ab	5.53bcd
	S10	291cd	52.85e	0.24e	22.82d	0.85c	0.86e

注：同一水稻品种不同播期处理中字母相同者表示差异未达 5% 显著水平，字母不同者表示差异达到 5%。下同。

462.18 穗 / 米²，并分别显著高于 S2~S6、S9，和 S1~S6、S9~S10 期。结果表明：以 6 月初至 7 月上旬播种的有效穗数较多，陆两优 996 的 S7、S8 分别是 432.17 穗 / 米² 和 345.14 穗 / 米²，分别比其他播期多 25.3%~121.5% 和 21%~76.9%。株两优 819 的 S7 和 S8 分别是 462.18 穗 /m² 和 408.16 穗 / 米²，分别比其他播期多 13.2%~90.1% 和 8.7%~67.8%。

两个供试品种的每穗粒数，均以 S4 最高，V1、V2 分别为 181.23 粒和 208.22 粒，高于其他播期 2%~94% 和 27%~294%。除 S10 外，均以 S8 最少，分别只有 93.62 粒和 67.44 粒，低于其他播期 8%~48% 和 22%~75%。总的看来，每穗粒数，陆两优 996 和株两优 819 均以 S4 最多，S8 最少。

对于结实率，V1 以 S6 最高，为 74.51%，S10 和 S3 较低，分别为 20.17% 和 51.43%。V2 以 S9 最高，为 85.55%，S10 和 S4 较低，分别为 24.12% 和 63.36%。结果表明：除 S10 以外，陆两优 996 的结实率，其他播期在 51.4%~74.5% 之间，株两优 819 在 63.4%~85.6% 之间。S10 的结实率，两个品种均只有 20.2% 和 24.1%，主要是因为播种太迟，其抽穗期的温度在 20℃ 以下，同时也导致千粒重最低，产量最低。

陆两优 996 的千粒重以 S7 最高，为 27.34 g，S10 最低，只有 23.78 g。株两优 819 以 S1 最高，为 26.02 g，S10 最低，为 22.82 g。

从表15-4可以看出：株两优 819 的实际产量以 S7 最高，为 7488.08 kg/hm^2，S9 最低，为 3806.44 kg/hm^2。陆两优 996 的实际产量以 S8 最高，为 8299.28 kg/hm^2，S9 最低，为 3120.03 kg/hm^2。按实际产量高低，株两优 819 依次排列为：S7>S8>S5>S3>S6>S4>S1>S9，陆两优 996 依次排列为：S8>S7>S5>S3>S1>S4>S6>S9。结果表明：2 个品种实际产量均以 S8 最高，S9 最低，各处理间都表现为（S8、S7）>S5>S3>（S1、S4、S6）>S9。

两个供试品种均以 S7 的有效穗数最高，株两优 819 和陆两优 996 分别是 524.17 穗 / 米^2、441.80 穗 / 米^2，并分别显著高于 S1、S3~S5、S9 和 S1、S3~S6、S9 期。结果表明：以 6 月上旬至 7 月上旬播种的有效穗数较多，株两优 819 的 S6、S7 分别是 464.26 穗 / 米^2 和 524.17 穗 / 米^2，分别比其他播期多 27.4%~57.6% 和 43.8%~77.9%。陆两优 996 的 S7 和 S8 分别是 441.80 穗 / 米^2 和 399.36 穗 / 米^2，分别比其他播期多 22.9%~101.1% 和 11.1%~81.8%。

对于每穗粒数，株两优 819 以 S9 最高，为 165.48 粒，高于其他播期 17.8%~91.1%。V2 以 S3 最高，为 144.13 粒，与其他播期无明显差异。2 个品种均以 S8 最低，分别只有 86.62 粒和 121.67 粒。总的来看，每穗粒数，株两优 819 和陆两优 996 都以 S8 最低。株两优 819 在 S7、S8 每穗粒数过低，主要是因为秕粒过多，导致计算空秕粒过低，总粒数下降。

两个供试品种的结实率，均以 S7 最高，株两优 819、陆两优 996 分别为 74.91% 和 66.43%。都以 S9 最低，株两优 819、陆两优 996 分别为 37.57% 和 29.61%。结果表明：除 S9 以外，株两优 819 的结实率，其他播期在 55.90%~74.91% 之间，陆两优 996 在 53.33%~66.43% 之间。S9 的结实率，两个品种均只有 37.57% 和 29.61%，主要是因为播种时间过迟，其抽穗期的温度在 20℃ 以下，灌浆充实不充足，结实率下降。

株两优 819 的千粒重以 S1 最高，为 25.46 g，S6 最低，为 21.93 g。陆两优 996 以 S1 最高，为 27.42 g，S4 最低，为 24.51 g。表明 2 个品种在 S1 千粒重最高，以 5 月底至 6 月初播种的播期千粒重偏低。

表 15–4　　　2018 年不同播期处理的水稻产量及产量结构表

品种	播期	有效穗数 /（穗 /m²）	每穗粒数	结实率	千粒重 /g	实际产量 /（kg/hm²）
株两优 819	S1	317.00c	139.02ab	0.59ab	25.46a	4430.44d
	S3	364.42bc	119.72bcd	0.65ab	23.42bcd	5378.93cd
	S4	294.53c	140.42ab	0.61ab	22.01e	4617.65cd
	S5	309.51c	130.94abc	0.67ab	22.58de	6052.86bc
	S6	464.26a	113.31bcd	0.56b	21.93e	4992.05cd
	S7	524.17a	95.81cd	0.75a	23.74bc	7488.08ab
	S8	436.80ab	86.62d	0.72ab	24.05b	6551.57b
	S9	341.96bc	165.48a	0.38c	22.89cde	3806.44d
陆两优 996	S1	359.43bc	136.47a	0.53b	27.42a	5179.25bc
	S3	304.52cd	144.13a	0.56ab	25.04b	5678.46bc
	S4	274.56de	131.03a	0.60ab	24.51b	4056.04cd
	S5	219.65e	127.30a	0.60ab	24.70b	6614.47ab
	S6	349.44bcd	135.37a	0.54b	25.27b	3868.84cd
	S7	441.80a	140.47a	0.66a	26.75a	7737.68a
	S8	399.36ab	121.67a	0.63ab	27.17a	8299.28a
	S9	346.95bcd	137.42a	0.30c	25.31b	3120.03d

3. 讨论

2017 年，陆两优 996 和株两优 819，随着播期的推迟，S1~S9 整个生育期是呈现逐渐缩短的趋势。各播期处理间实际产量没有表现出很强的规律性。陆两优 996，S3 处理实际产量最高，为 7744.92 kg/hm²，株两优 819 的产量以 S7 最高，为 8234.41 kg/hm²，与有效穗数较高有关。除 S10 外，每穗粒数，陆两优 996 和株两优 819 均以 S4 最高，S8 最低。陆两优 996 的结实率，其他播期在 51.4%~74.5% 之间。株两优 819 的是在 63.4%~85.6% 之间。

2018 年，随着播种期的推迟，株两优 819 和陆两优 996 都呈现出在 S9、S10 生育期最长。各播种期处理间实际产量有较明显差异，两品种间无显著差异，都表现为（S8、S7）>S5>S3>（S1、S4、S6）>S9，这与有效穗数和结实率有关。株两优 996 和陆两优 996 均以 S9 结实率最低，分别为 37.57% 和 29.61%。S9~S10 期间遭遇冷害，致使 S9 减产，S10 绝收。应该在适宜播种期内播种才能达到高产。

综上所述，随着播期的推迟，整个生育期呈现出逐渐缩短的趋势。而在 2018 年中 S9、S10 生育期天数的延长，主要是低温冷害造成的。各播期处理间实际产量差异显著，但无明显规律。

3.1 不同播期对重金属 Cd 含量的影响

3.1.1 2017 年不同播期对 Cd 含量的影响

（1）不同播期对抽穗期 Cd 含量的影响

从图 15–1 可知：在抽穗期，两个品种的各个处理各器官中的 Cd 含量大小均表现为根>茎>穗>叶。随着播期的推迟，陆两优 996 和株两优 819 的根、茎、叶、穗各器官中的 Cd 含量整体呈现出先下降再上升的趋势，以 S1 开始下降，到 S6 或 S7 最低，随后上升，至 S10 最高，且上升幅度比之前下降的幅度要大。各处理间，各器官的 Cd 含量均呈现后三期比前五期都高，中间两期最低的趋势。

对于陆两优 996，S2 的根系 Cd 含量为 17.84 mg/kg，随着播期的推

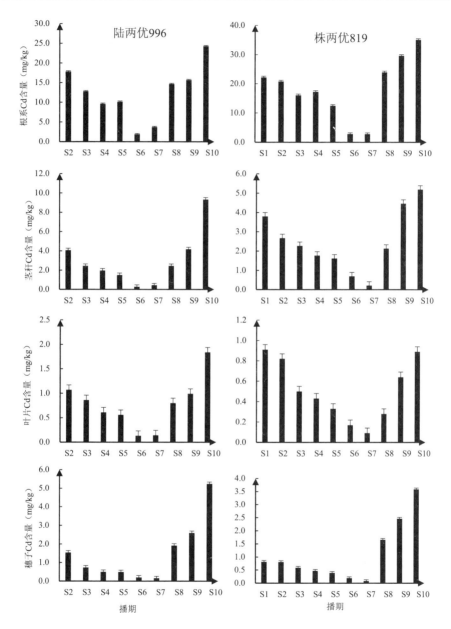

注: 左图为陆两优996, 右图为株两优819, 从上至下的器官依次是根系、茎秆、叶片、穗子。

图 15-1　不同播期处理的水稻抽穗期各器官 Cd 含量

迟，呈逐渐降低的趋势，到 S6 最低，为 1.88 mg/kg，随后上升，到 S10 最高，为 24.29 mg/kg，且高于 S2。茎秆的 Cd 含量变化为：以 S2 的 4.07 mg/kg，降低到 S6 的 0.27 mg/kg，随后上升到 S10 的 9.33 mg/kg。叶片的 Cd 含量变化为：以 S2 的 1.07 mg/kg，降低到 S6 的 0.13 mg/kg，随后上升到 S10 的 1.84 mg/kg。穗子的 Cd 含量变化为：以 S2 的 1.54 mg/kg，降低到 S7 的 0.16 mg/kg，随后上升到 S10 的 5.24 mg/kg。各器官中的 Cd 含量均是以 S10 最高，其根、茎、叶、穗是最低的 12.9、34.6、14.2、32.8 倍，比 S2 高 36.2%、129%、72%、240%。

对于株两优 819，也表现出与陆两优 996 相同的规律，均是以 S1 开始降低，至 S7 最低后，再上升至 S10 最高。S1 中根、茎、叶、穗从 22.22 mg/kg、3.80 mg/kg、0.91 mg/kg、0.82 mg/kg 降低至 S7 的 2.80 mg/kg、0.22 mg/kg、0.09 mg/kg、0.08 mg/kg，随后上升至 S10 的 35.08 mg/kg、5.19 mg/kg、0.89 mg/kg、3.59 mg/kg。各器官中的 Cd 含量均是以 S10 最高，其根、茎、叶、穗是最低的 12.5 倍、23.6 倍、9.9 倍、44.9 倍，其根、茎、穗比 S1 高 58%、36%、339%。

（2）不同播期对成熟期 Cd 含量的影响

从图 15–2 可知，抽穗期与成熟期相比，其各器官中的 Cd 含量呈现小幅度的增加趋势。陆两优 996 的 9 个播期，在抽穗期的根、茎、叶、穗的平均 Cd 含量分别为 12.28 mg/kg、2.96 mg/kg、0.78 mg/kg 和 1.49 mg/kg。在成熟期时，其根、茎、叶、实粒分别为 15.46 mg/kg、6.02 mg/kg、0.88 mg/kg 和 1.15 mg/kg，比抽穗期增加了 26%、103%、13%、8%。株两优 819 的 10 个播期，在抽穗期的根、茎、叶、穗的平均 Cd 含量分别为 18.31 mg/kg、2.48 mg/kg、0.50 mg/kg 和 1.10 mg/kg。在成熟期时，其根、茎、叶、实粒分别为 22.94 mg/kg、5.40 mg/kg、0.92 mg/kg 和 1.24 mg/kg，比抽穗期增加了 25%、117%、83%、13%。

成熟期 Cd 含量整体表现出根系＞茎秆＞秕粒＞实粒＞叶片，也表现出与抽穗期相同的变化趋势。随播期的推迟，先下降后上升，且上升幅度比下降幅度要大。各处理间，各器官的 Cd 含量均呈现后三期比前五期都高，

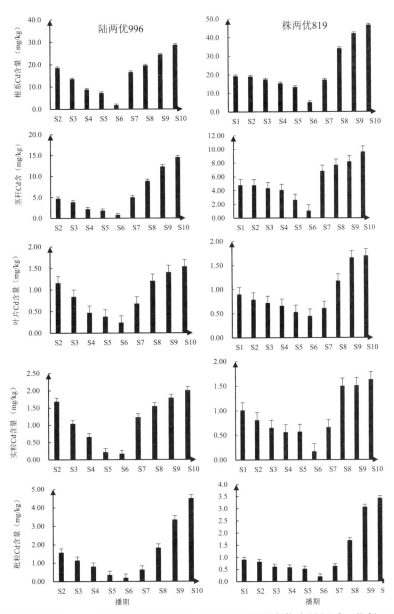

注：左图为陆两优 996，右图为株两优 819，从上至下的器官依次是根系、茎秆、叶片、实粒、秕粒。

图 15–2　不同播期处理的水稻成熟期各器官 Cd 含量

中间两期最低的趋势。

在陆两优 996 中，根系中镉含量从 S2 的 18.56 mg/kg，降低到 S6 的 1.80 mg/kg，随后上升到 S10 的 28.70 mg/kg。茎秆的 Cd 含量以 S2 的 4.75 mg/kg，降低到 S6 的 0.80 mg/kg，随后上升到 S10 的 14.50 mg/kg。叶片的 Cd 含量以 S2 的 1.16 mg/kg，降低到 S6 的 0.24 mg/kg，随后上升到 S10 的 1.54 mg/kg。实粒的 Cd 含量以 S2 的 1.69 mg/kg，降低到 S6 的 0.17 mg/kg，随后上升到 S10 的 2.01 mg/kg。秕粒的 Cd 含量以 S2 的 1.58 mg/kg，降低到 S6 的 0.20 mg/kg，随后上升到 S10 的 4.50 mg/kg。S10 中的根、茎、叶、实粒、秕粒分别是 S6 的 16.0 倍、18.1 倍、6.4 倍、12.0 倍、22.5 倍，比 S2 高 55%、205%、33%、19%、184%。

在株两优 819 中，根系中镉含量从 S1 的 19.26 mg/kg，降低到 S6 的 5.05 mg/kg，随后上升到 S10 的 46.63 mg/kg。茎秆的 Cd 含量以 S1 的 4.81 mg/kg，降低到 S6 的 1.07 mg/kg，随后上升到 S10 的 9.60 mg/kg。叶片的 Cd 含量以 S1 的 0.90 mg/kg，降低到 S6 的 0.45 mg/kg，随后上升到 S10 的 1.70 mg/kg。实粒的 Cd 含量以 S1 的 1.01 mg/kg，降低到 S6 的 0.17 mg/kg，随后上升到 S10 的 1.63 mg/kg。秕粒的 Cd 含量以 S1 的 0.91 mg/kg，降低到 S6 的 0.20 mg/kg，随后上升到 S10 的 3.42 mg/kg。S10 中的根、茎、叶、实粒、秕粒分别是 S6 的 9.2 倍、9.0 倍、3.8 倍、9.6 倍、17.1 倍，比 S1 高 142%、99%、88%、61%、277%。

3.1.2 2018 年不同播种期对 Cd 含量的影响

（1）不同播种期对苗期 Cd 含量的影响

从图 15-3 可知，在苗期，株两优 819 根系、茎叶 Cd 含量最高均在 S8，陆两优 996 根系、茎叶 Cd 含量最高均在 S6，且都是根系 > 茎叶。随着播种期的推迟，株两优 819 的根、茎叶 Cd 含量变化趋势相同，均在 S1~S4、S5~S6、S7~S8、S9~S10 有上升趋势，且 S7~S8 上升幅度最大。陆两优 996 根、茎叶之间 Cd 含量无明显相同变化趋势。

对于株两优 819 来说，根、茎叶 Cd 含量最高在 S8，分别为 51.31 mg/kg 和 5.55 mg/kg，远高于其他播期。陆两优 996 根系 Cd 含量 S6 最高，为 17.96 mg/kg，S1 最低，为 1.35 mg/kg，茎叶 Cd 含量 S6 最高，为 1.47 mg/kg，S7 最低，为 1.40 mg/kg。

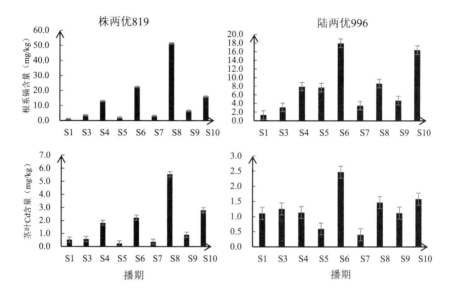

注：左图为株两优 819，右图为陆两优 996，从上至下的器官依次是根、茎叶。下同。

图 15–3　不同播期处理的水稻苗期各器官 Cd 含量

（2）不同播种期对分蘖期 Cd 含量的影响

由图 15–4 可知，两个品种的各个处理器官中的 Cd 含量大小均表现为根系 > 茎叶。随着播种期的推迟，株两优 819 和陆两优 996 的根、茎叶各器官中的 Cd 含量整体表现为先上升再下降又上升的趋势，且 S7、S8、S10 都高于其他播期。

在株两优 819 中，S1 根系 Cd 含量最低，为 0.82 mg/kg，随着播期推迟，总体呈逐渐上升的趋势，到 S8 最高，为 4.29 mg/kg，随后下降，再上升。茎叶 Cd 含量表现出与根系 Cd 含量相同规律，在 S1 最低，为 0.12 mg/kg，上升至 S8 最高，为 0.76 mg/kg，随后下降再上升。根系、茎叶 Cd 含量最高是最低的 5.23 倍和 6.33 倍。

在陆两优 996 中，根系、茎叶 Cd 含量均从 S1 上升至 S4，再下降到最低 S6，分别为 1.02 mg/kg、0.12 mg/kg，S7 上升到最高，分别为 2.97 mg/kg、0.48 mg/kg，又继续下降且在 S10 呈现出较高 Cd 含量。

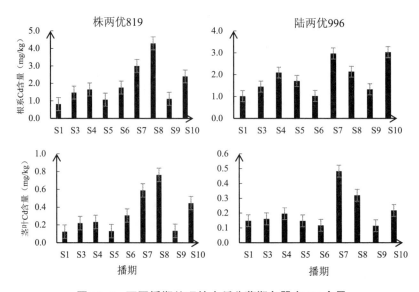

图 15-4　不同播期处理的水稻分蘖期各器官 Cd 含量

（3）不同播种期对拔节期 Cd 含量的影响

由图 15-5 可知，拔节期根、茎叶 Cd 含量也表现出与分蘖期相同的规律，两个品种的各个处理各器官中的 Cd 含量大小表现为根系 > 茎叶，均随着播种期的推迟，整体呈现出先上升后下降再上升的趋势。

对于株两优 819，根系 Cd 含量从 S1 上升至 S7 最高，为 4.83 mg/kg，随后下降，到 S9 最低，为 1.19 mg/kg，而 S10 显著上升，为 4.21 mg/kg。茎叶 Cd 含量变化为：S1 最低，为 0.14 mg/kg，上升至 S7 最高，为 0.81 mg/kg，随后下降到 S9，为 0.15 mg/kg，再上升至 S10。

对于陆两优 996，根系 Cd 含量由 S1 上升至最高 S4，为 4.74 mg/kg，再下降到最低 S6，为 0.72 mg/kg，随后在 S7~S10 上升且 S7 与 S4 最为接近。茎叶 Cd 含量在 S3 最高，为 1.67 mg/kg，显著高于其他播期，于 S6 最低，为 0.11 mg/kg，且 S10 仅次于 S3，为 0.57 mg/kg。

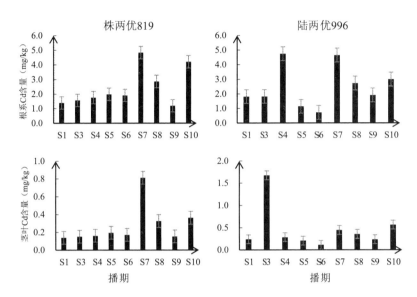

图 15–5　不同播期处理的水稻拔节期各器官 Cd 含量

（4）不同播种期对抽穗期 Cd 含量的影响

从图 15–6 可知，株两优 819 和陆两优 996 两个水稻品种在各个播种期处理各器官中的 Cd 含量大小均呈现出根系 > 茎叶 > 穗子。随着播种期的推迟，两个水稻品种的根系、茎叶、穗子中 Cd 含量都整体呈现出"V"形变化趋势，在 S1 开始下降，到 S6 或 S7 最低，随后上升至 S10 最高，且同一器官、同一品种不同播期间的 Cd 含量差异显著。不同播期间，各器官的 Cd 含量后 3 期都比前 4 期高，中间 2 期最低，Cd 含量的下降幅度要比之后的上升幅度小。

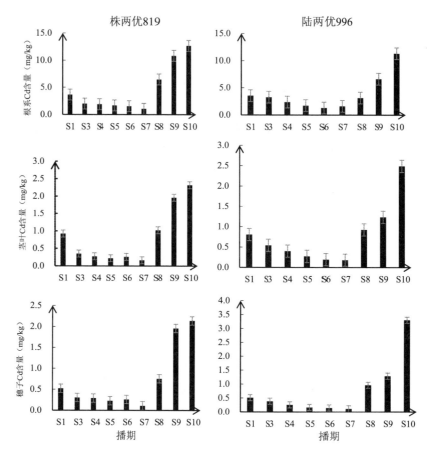

注：左图为株两优 819，右图为陆两优 996，从上至下的器官依次是根系、茎叶、穗子。

图 15-6　不同播期处理的水稻抽穗期各器官 Cd 含量

对于株两优 819，S1 根系、茎叶、穗子 Cd 含量分别为 3.65 mg/kg、0.92 mg/kg 和 0.52 mg/kg，随着播种期的推迟，S1 开始下降至 S7，分别为 1.06 mg/kg、0.16 mg/kg 和 0.11 mg/kg，随后上升至 S10，分别为 12.7 mg/kg、2.32 mg/kg 和 2.14 mg/kg。各器官中的 Cd 含量均以 S10 最高，其根系、茎叶、穗子分别是最低 S7 的 12 倍、14.5 倍和 19.5 倍，且远远高于 S1。

对于陆两优 996，呈现出与株两优 819 相同的趋势。S1 根系 Cd 含量为

3.54 mg/kg，下降至 S6，为 1.29 mg/kg，再上升至 S10，为 11.32 mg/kg。茎叶、穗子 Cd 含量变化为：分别以 S1 的 0.81 mg/kg 和 0.51 mg/kg，下降至 S7 的 0.18 mg/kg 和 0.11 mg/kg，随后上升到 S10 的 2.49 mg/kg 和 3.31 mg/kg。S10 中的根系、茎叶、穗子 Cd 含量是最低的 8.8 倍、13.8 倍和 30.1 倍，比 S1 高 219%、207% 和 549%。

（5）不同播种期对成熟期 Cd 含量的影响

由图 15–7 可知：与抽穗期各器官 Cd 含量相比，成熟期各器官 Cd 含量表现出上升的趋势。如株两优 819 抽穗期，其根系、茎叶、穗子的 9 个播种期平均 Cd 含量分别为 4.64 mg/kg、0.83 mg/kg 和 0.73 mg/kg。在成熟期时，根系、茎叶、糙米的平均 Cd 含量分别为 6.35 mg/kg、1.76 mg/kg 和 0.63 mg/kg，其根系、茎叶的平均 Cd 含量比抽穗期增加了 36.9% 和 112.1%。在陆两优 996 中，抽穗期的根系、茎叶、穗子的平均 Cd 含量分别为 3.87 mg/kg、0.78 mg/kg 和 0.79 mg/kg。成熟期，根系、茎叶、糙米的平均 Cd 含量分别为 6.37 mg/kg、2.57 mg/kg 和 0.72 mg/kg，根系、茎叶平均 Cd 含量比抽穗期增加了 64.6% 和 229.5%。两品种在成熟期糙米平均 Cd 含量低于抽穗期穗子平均 Cd 含量，主要是株两优 819 和陆两优 996 在 S10 抽穗期穗子 Cd 含量是成熟期糙米 Cd 含量的 2.14 倍、1.74 倍，在其他播期糙米 Cd 含量均高于穗子而无巨大差距所致。

两个品种的成熟期在各个处理各器官中 Cd 含量均表现为根系 > 茎叶 > 糙米，也与抽穗期各处理间变化趋势相同。随着播期的推迟，Cd 含量先下降后上升，且下降幅度低于上升幅度。

如株两优 819 中，根系 Cd 含量在 S7 最低，为 2.05 mg/kg，S10 最高，为 10.60 mg/kg，S10 是 S7 的 4.17 倍，而 S1 为 7.77 mg/kg，是 S7 的 2.79 倍。茎叶 Cd 含量在 S7 最低，为 0.46 mg/kg，S10 最高，为 3.73 mg/kg，显著高于 S7，在 S1 时，为 2.96 mg/kg，S10 比 S1 高 26%。糙米 Cd 含量从 S1 的 0.97 mg/kg，降低到 S7 的 0.20 mg/kg，随后上升至 S10 的 1.00 mg/kg，S10 是 S7 的 5 倍，只比 S1 高 3.09%。各器官 Cd 含量从 S1 下降至 S5，在 S6 有较小的上升，再下降至最低 S7。

如陆两优 996 中，根系中 Cd 含量从 S1 的 9.30 mg/kg，下降到 S7 的 1.82 mg/kg，再上升至 S10 的 11.14 mg/kg。茎叶的 Cd 含量从 S1 的 4.50 mg/kg，降低到 S7 的 0.33 mg/kg，随后上升到 S10 的 4.74 mg/kg。糙米的 Cd 含量以 S1 的 0.61 mg/kg，降低到 S6 的 0.13 mg/kg，再上升至 S10 的 1.90 mg/kg。S10 中的根系、茎叶、糙米 Cd 含量比 S1 高 19.8%、5.3% 和 211.5%，是最低的 6.12 倍、14.4 倍、14.6 倍。

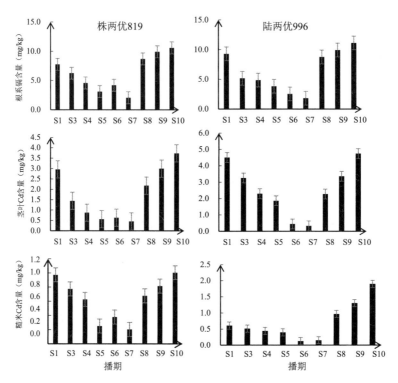

注：左图为株两优 819，右图为陆两优 996，从上至下的器官依次是根系、茎叶、糙米。

图 15-7　不同播期处理的水稻成熟期各器官 Cd 含量

4. 小结

从 2017 年数据可知：不同播期对重金属 Cd 的吸收积累影响较为明显。抽穗期，陆两优 996，根、茎、叶中的 Cd 含量从 S2 至 S6 是逐渐下降的，从 S6 至 S10 呈快速上升的趋势。穗子中的镉含量从 S2 至 S7 是逐渐下降的，从 S7 至 S10 呈快速上升的趋势。而株两优 819，根、茎、叶、穗中的镉含量均是从 S2 至 S7 是逐渐下降的，从 S7 至 S10 呈快速上升的趋势。成熟期，陆两优 996 和株两优 819 两个品种的根、茎、叶、实粒的镉含量均是从 S1 或 S2 至 S6 是逐渐下降的，从 S6 至 S10 呈快速上升的趋势。以上情况，上升幅度比之前下降幅度要大。后期播种的各器官的 Cd 含量明显高于前期播种的，且中间的二期最低。

从 2018 年数据可知：不同播期对重金属 Cd 的吸收积累影响也较为明显。在苗期、分蘖期、拔节期 Cd 含量均为地下部分大于地上部分。苗期，两品种的各个处理各器官中的 Cd 含量变化趋势相同，且处理间差异较大。两品种在分蘖期、拔节期各器官 Cd 含量在各个播种期处理下整体上均呈现出从 S1 开始上升到 S7 后再下降至 S9，随后又上升到 S10 的趋势。抽穗期、成熟期时，两品种的各个处理各器官中的 Cd 含量都整体呈现出 "V" 形变化趋势，在抽穗期，两品种各器官 Cd 含量都在 S1 开始下降至 S6、S7，随后再上升至 S10，两品种在成熟期各器官 Cd 含量均以 S1 开始下降，到 S7 最低，再上升到 S10。两个品种在抽穗期、成熟期的各个处理各器官 Cd 含量下降幅度均小于上升幅度，且前期播种的各器官的 Cd 含量明显低于后期播种的，中间的两期最低。

综上所述：在各个生育期，两品种的各器官 Cd 含量在不同播期处理下差异显著，尤其在分蘖期、抽穗期、成熟期时各器官 Cd 含量随播期的推迟变化趋势明显且一致。

4.1 温度与重金属 Cd 含量的关系

4.1.1 2017 年各生育期间的积温

从图 15-8 可知：播种—抽穗期的积温变化为：随着播期的推迟，是先上升，后下降，前期上升幅度比后期下降幅度要大，整体是一个增长的趋势。陆两优 996，积温是从 S2 的 1811.04℃上升到 S7 的 2238.54℃，后下降到 S10 的 2039.94℃，S7 比其他播期的积温高 2.4%~23.6%，S2 比其他播期的积温低 3.1%~19.1%。而株两优 819，积温是从 S1 的 1738.20℃上

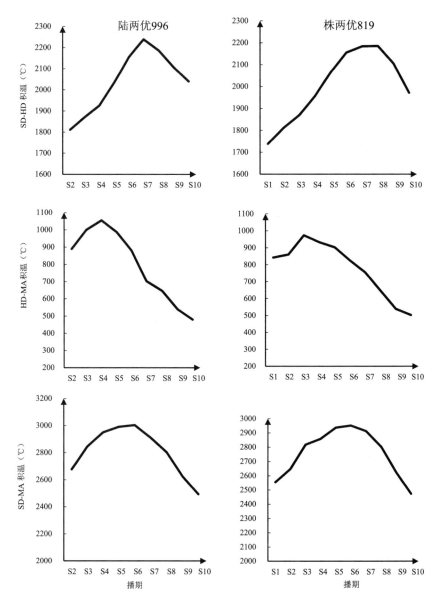

注：左图为陆两优 996，右图为株两优 819，从上至下的器官生育期依次是播种—抽穗、抽穗—成熟、全生育期。

图 15-8   不同播期处理的水稻部分生育期的积温

升到 S8 的 2185.13℃，后下降到 S10 的 1971.86℃，S8 比其他播期的积温高 0.06%~25.7%，S1 比其他播期的积温低 4%~20.4%。

抽穗—成熟期的积温。陆两优 996，积温是从 S2 的 889.67℃上升到 S4 的 1054.78℃，后下降到 S10 的 479.88℃。S4 比其他播期的积温高 5.5%~119.8%，S10 比其他播期的积温低 10.9%~54.5%。而株两优 819，积温是从 S1 的 842.45℃上升到 S3 的 973.24℃，后下降到 S10 的 502.84℃。S3 比其他播期的积温高 4.3%~93.5%，S10 比其他播期的积温低 6.7%~48.3%。

播种—成熟期的积温。陆两优 996，积温是从 S2 的 2677.46℃上升到 S6 的 3003.61℃，后下降到 S10 的 2493.18℃；S6 比其他播期的积温高 0.4%~20.5%，S10 比其他播期的积温低 5%~17%。而株两优 819，积温是从 S1 的 2555.51℃上升到 S6 的 2951.32℃，后下降到 S10 的 2473.18℃。S6 比其他播期的积温高 0.48%~19.3%，S10 比其他播期的积温低 5.8%~16.2%。

随着播期的推迟，两个品种各处理间的抽穗前、抽穗后以及全生长期的积温变化均是呈现前几期上升，接着后几期下降的趋势。但抽穗前整体是上升的，抽穗后和全生育期整体是下降的。全生育期后期的下降幅度比前期的上升幅度要大。

4.2 2017 年各生育期间的积温与 Cd 含量的关系

4.2.1 播种至抽穗期的积温与抽穗期 Cd 含量的相关性

从图 15–9 可知，两个品种的根、茎、叶、穗的 Cd 含量与播种—抽穗期的积温均呈负相关。但是决定系数（R^2）均较低，说明两者间的相关性不强，抽穗前的积温对各器官中的 Cd 含量影响较小。随着播期的推迟，积温先随着升高，接着开始下降，同时，各器官的 Cd 含量先降低，后上升。

对陆两优 996，抽穗期的根、茎、叶、穗的 Cd 含量与播种—抽穗期的积温之间的相关系数分别为 –0.0196、–0.0049、–0.0014、–0.0002，决定系数分别为 0.1713、0.0693、0.1604、0.0005；对株两优 819，抽穗期的根、茎、叶、穗的 Cd 含量与播种—抽穗期的积温之间的相关系数分别

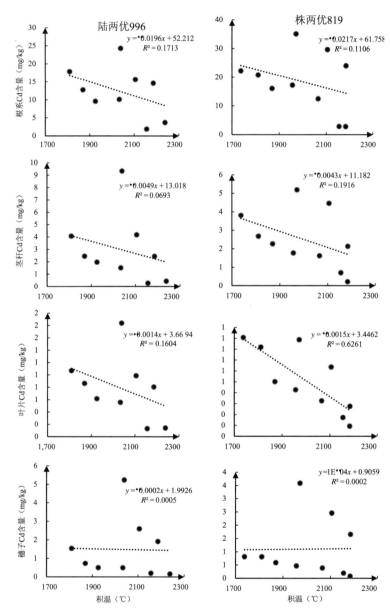

注：左图为陆两优996，右图为株两优819，从上至下的器官依次是根系、茎秆、叶片、穗子。

图15-9　抽穗期Cd含量与抽穗前积温之间的相关性

为 –0.0217、–0.0043、–0.0015、1E–04,决定系数分别为 0.1106、0.1916、0.6261、0.0002。

4.2.2 全生育期的积温与成熟期 Cd 含量的相关性

从图 15–10 可知,两个品种的根、茎、叶、实粒、秕粒的 Cd 含量与全生育期的积温均呈负相关,且决定系数(R^2)均较高,说明两者间的相关性较强,全生育期的积温对各器官中的 Cd 含量影响较大。随着播期的推迟,积温先随着升高,接着开始下降,且后期下降幅度比前期上升要大。同时,各器官的 Cd 含量随之先降低,后升高,且后期上升幅度比前期下降幅度要大。

对陆两优 996,成熟期的根、茎、叶、实粒、秕粒中的 Cd 含量与全生育期的积温之间的相关系数分别为 –0.0445、–0.0243、–0.0025、–0.0035、–0.0077,决定系数分别为 0.8594、0.8086、0.9106、0.8406、0.9044;对株两优 819,成熟期的根、茎、叶、实粒、秕粒中的 Cd 含量与全生育期的积温之间的相关系数分别为 –0.0567、–0.0099、–0.0021、–0.0022、–0.0048,决定系数分别为 0.5196、0.408、0.6118、0.5569、0.5338。

4.2.3 抽穗至成熟期的积温与成熟期 Cd 含量的相关性

从图 15–11 可知,两个品种的根、茎、叶、实粒的 Cd 含量与抽穗—成熟期的积温均呈负相关。且决定系数(R^2)均较高,说明两者间的相关性较强,抽穗后的积温对各器官中的 Cd 含量影响也较大。不同品种,随着播期的推迟,积温呈先升高,后下降的趋势。各器官的 Cd 含量呈先下降后上升的趋势。

对陆两优 996,成熟期的根、茎、叶、实粒的 Cd 含量与抽穗—成熟期的积温之间的相关系数分别为 –0.0328、–0.0206、–0.0017、–0.0024,决定系数分别为 0.6582、0.8218、0.5891、0.5607;对株两优 819,成熟期的根、茎、叶、实粒、秕粒中的 Cd 含量与抽穗—成熟期的积温之间的相关系数分别为 –0.0717、–0.0133、–0.0024、–0.0025,决定系数分别为 0.7687、0.6804、0.7669、0.6841。

比较抽穗前、抽穗后,以及全生育期的积温与各器官的 Cd 含量的相

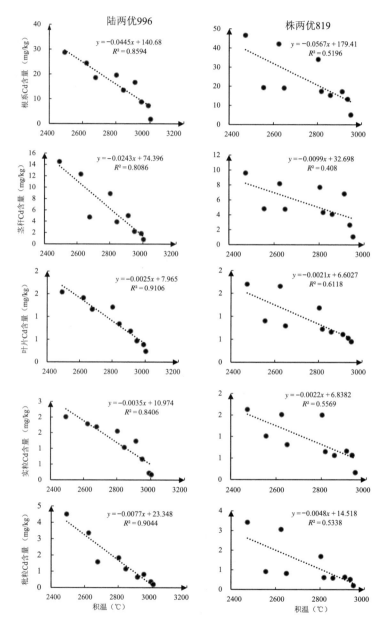

注：左图为陆两优 996，右图为株两优 819，从上至下的器官依次是根系、茎秆、叶片、实粒、秕粒。

图 15-10　成熟期 Cd 含量与全生育期积温之间的相关性

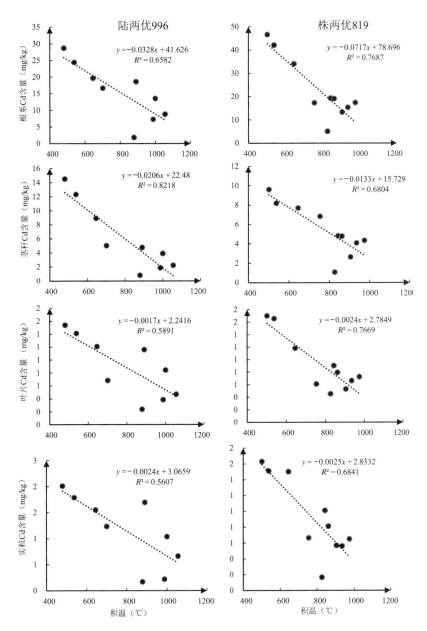

注：左图为陆两优996，右图为株两优819，从上至下的器官依次是根系、茎秆、叶片、实粒。

图 15–11　成熟期 Cd 含量与抽穗后积温之间的相关性

关性来看，可以得出：水稻各器官的 Cd 含量的大小，与全生育期的积温相关性最强，且呈负相关，说明全生育期的积温对各器官中 Cd 的吸收积累的影响最大，两者的变化趋势是相反的，其次是抽穗后的积温，而影响较小的是抽穗前的积温。

4.3 2018 年各生育期间的积温与 Cd 含量的关系

从图 15–12 可知，播种—移栽期、移栽—分蘖期、分蘖—拔节期的积温在品种间是一致的，在拔节—抽穗期、播种—抽穗期、抽穗—成熟期、全生育期的积温在品种间有一定的差异，但总体趋势无显著差异。主要是由于两品种的抽穗时间不一致，从而使拔节期以后的各个生育期积温有小幅度的变化。

播种—移栽期的积温变化为：积温是从 S1 的 430.34℃ 上升到 S4 的 692.76℃，在 S5 下降至 653.74℃，再上升到 S8 最高，为 877.52℃，随后继续下降至 S10，为 839.58℃。总体呈现出上升趋势，且 S8 高于其他播期 0.47%~103.9%。

移栽—分蘖期中，积温在各个播期处理下表现为上升与下降交替进行的变化趋势，最低在 S1，为 643.14℃，S7 最高，为 949.37℃，S7 是 S1 的 1.48 倍。S1~S7 整体上积温是上升的，S7~S10 呈下降趋势。而 S10 为 780.18℃，比 S1 高 21.3%。

分蘖—拔节期中，积温在 S3~S7 表现为交替下降上升波动，其余播期均呈下降趋势。在 S1 最高，为 304.19℃，S10 最低，为 90.22℃，S10 比 S1 低 70.3%。S1~S10 整体上是下降的。

在拔节—抽穗期积温中，株两优 819 在 S3 最低，为 304.47℃，S6 最高，为 552.18℃。而陆两优 996 最低在 S8，为 414.73℃，最高也在 S6，为 728.20℃。两品种在拔节—抽穗期积温都在 S6 最高，均呈现出"W"形变化趋势。

播种—抽穗期的积温。株两优 819 和陆两优 996 两品种的积温均在 S1 最低，分别为 1816.41℃、1983.06℃，最高也均在 S7，分别为 2317.68℃、2449.82℃。两品种的最高积温比最低积温分别高 27.6%、23.5%，且两品种在不同处理下的积温波动趋势相同。

抽穗—成熟期的积温。在株两优 819 中，S10 最低，为 613.90℃，

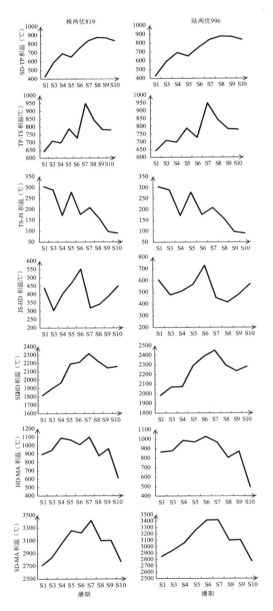

注：左图为株两优 819，右图为陆两优 996，从上至下的生育期依次是播种—移栽期、
移栽—分蘖期、分蘖—拔节期、拔节—抽穗期、抽穗—成熟期、全生育期。

图 15-12　不同播期处理的水稻部分生育期的积温

S7 最高，为 1099.58℃，S7 比 S10 高 79.11%。陆两优 996 在 S6 最高，为 1026.81℃，也在 S10 最低，为 493.39℃，S6 是 S10 的 2.08 倍。总体来说，两品种变化趋势相同，均为先上升后下降。

全生育期积温两品种都表现出先上升后下降的趋势。株两优 819 由 S1 的 2711.13℃上升至 S7 的 3417.26℃，后下降到 S10 的 2774.43℃；S7 比其他播期的积温高 4.86%~26.04%，S1 比 S10 低 2.28%。陆两优 996 从 S1 的 2848.04℃上升到 S7 的 3417.27℃，随后下降至 S10 的 2774.44℃；S7 比其他播期高 0.07%~23.17%，S10 比其他播期低 2.58%~18.81%。随着播期的推迟，前期的上升幅度比后期的下降幅度要小。

（1）苗期—移栽期的积温与苗期 Cd 积累量的相关性

由图 15–13 可知，两品种的苗期根系、茎叶的 Cd 积累量与苗期—移栽期的积温均呈正相关。可决定系数（R^2）均较低，说明两者间的相关性不强，苗期—移栽期的积温对各器官中的 Cd 积累量影响较小。

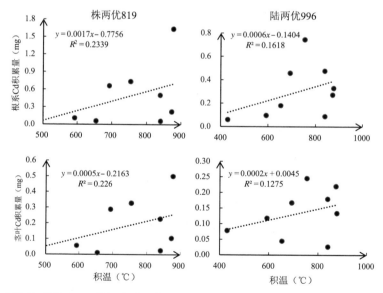

注：左图为株两优 819，右图为陆两优 996，从上至下的器官依次是根系、茎叶。下同。

图 15–13　苗期 Cd 积累量与苗期—移栽期积温之间的相关性

（2）移栽期—分蘖期的积温与分蘖期 Cd 积累量的相关性

由图 15–14 可知，两品种的分蘖期根系、茎叶的 Cd 积累量与移栽期—分蘖期的积温都呈正相关，且决定系数（R^2）均较高，说明两者间的相关性较强，移栽期—分蘖期的积温对各器官中的 Cd 积累量影响较大。随着播种期的推迟，分蘖期各器官 Cd 含量及干物质呈上升与下降交替波动趋势，同时，积温的变化趋势与器官 Cd 含量及干物质变化趋势基本一致。

株两优 819，分蘖期的根系、茎叶 Cd 积累量与移栽期—分蘖期的积温之间的相关系数分别为 0.0004、0.0006，决定系数分别为 0.5066、0.5834；陆两优 996，分蘖期的根系、茎叶 Cd 积累量与移栽期—分蘖期的积温之间的相关系数分别为 0.0057、0.0005，决定系数分别为 0.461、0.7973。

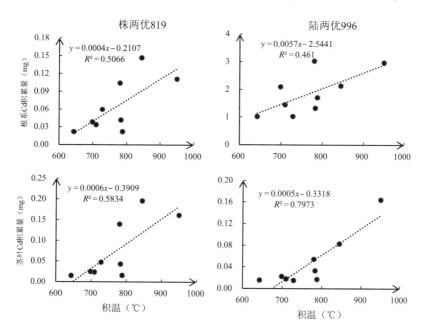

图 15–14　分蘖期 Cd 积累量与移栽期—分蘖期积温之间的相关性

（3）分蘖期—拔节期的积温与拔节期 Cd 积累量的增加量的相关性

从图 15–15 可知，两品种的拔节期根系、茎叶 Cd 积累量的增加量与分蘖期—拔节期的积温均呈正相关。两品种各器官的 Cd 积累量的增加量与积温之间的决定系数（R^2）偏低，说明两者间的相关性不强，分蘖期—拔节期的积温对各器官中的 Cd 积累量的增加量影响较小。

株两优 819，拔节期的根系、茎叶 Cd 积累量的增加量与分蘖期—拔节期的积温之间的相关系数分别为 0.0001、0.0002，决定系数分别为 0.0247、0.068；陆两优 996，拔节期的根系、茎叶 Cd 积累量的增加量与分蘖期—拔节期的积温之间的相关系数分别为 0.0001、0.0005，决定系数分别为 0.0235、0.0912。

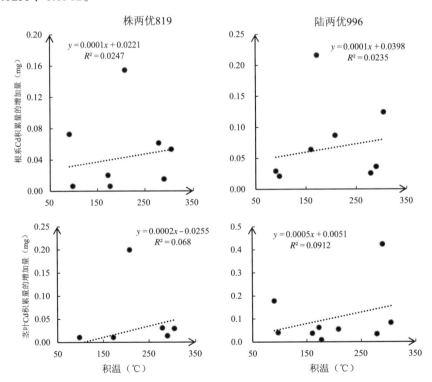

图 15-15　拔节期 Cd 积累量的增加量与分蘖期—拔节期积温之间的相关性

（4）拔节期—抽穗期的积温与抽穗期 Cd 含量的相关性

从图 15-16 可知，株两优 819 抽穗期根系、茎叶、穗子 Cd 含量与拔节期—抽穗期的积温均呈正相关。而陆两优 996 抽穗期根系、茎叶、穗子

Cd 含量与拔节期—抽穗期的积温均呈负相关。两品种各器官的 Cd 含量与积温之间的决定系数（R^2）偏低，说明两者间的相关性不强，拔节期—抽穗期的积温对各器官中的 Cd 含量影响较小。

株两优 819，抽穗期的根系、茎叶、穗子 Cd 含量与拔节期—抽穗期的积温之间的相关系数分别为 0.0009、0.0005、0.0006，决定系数分别为 0.0003、0.002、0.004；陆两优 996，抽穗期的根系、茎叶、穗子 Cd 含量与拔节期—抽穗期的积温之间的相关系数分别为 –0.0016、–0.0005、–0.0004，决定系数分别为 0.0023、0.0038、0.0013。

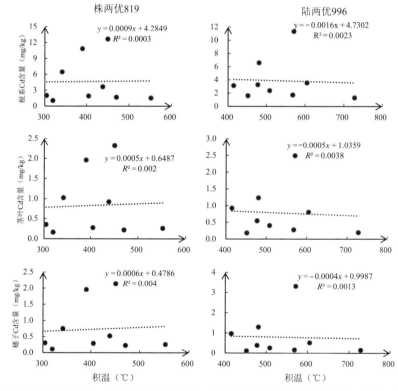

注：左图为株两优 819，右图为陆两优 996，从上至下的器官依次是根系、茎叶、穗子。下同。

图 15–16　抽穗期 Cd 含量与拔节期—抽穗期积温之间的相关性

（5）播种期—抽穗期的积温与抽穗期 Cd 积累量的相关性

由图 15-17 可知，两个品种的根系、茎叶、穗子的 Cd 积累量与播种期—抽穗期的积温均呈正相关。两品种各器官的 Cd 积累量与积温之间的决定系数（R^2）偏低，说明两者间的相关性不强，播种期—抽穗期的积温对各器官中的 Cd 积累量影响较小。

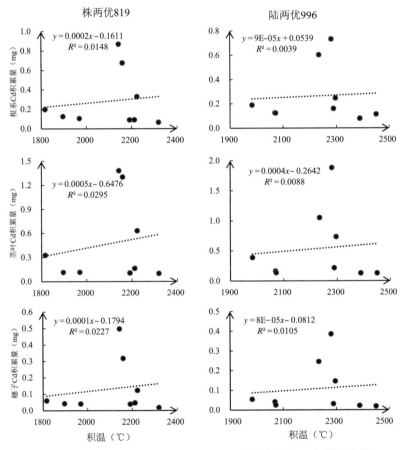

图 15-17　抽穗期 Cd 积累量与播种期—抽穗期积温之间的相关性

（6）抽穗期—成熟期的积温与成熟期 Cd 含量的相关性

从图 15-18 可知，两个品种的成熟期根系、茎叶、糙米 Cd 含量与抽穗期—成熟期的积温均呈负相关，决定系数（R^2）偏高，则两者间的相关性较强，抽穗期—成熟期的积温对各器官 Cd 含量影响偏大。两品种成熟期各器官 Cd 含量都呈先下降后上升的趋势，且下降幅度小于上升幅度，而抽穗期—成熟期的积温整体上呈现先上升后下降的趋势，上升幅度小于下降幅度。

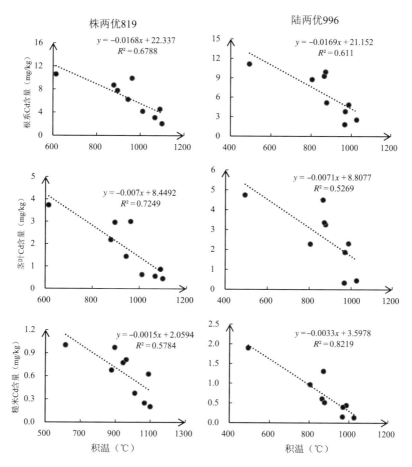

注：左图为株两优 819，右图为陆两优 996，从上至下的器官依次是根系、茎叶、糙米。下同。

图 15-18　成熟期 Cd 含量与抽穗期—成熟期积温之间的相关性

（7）全生育期的积温与成熟期 Cd 含量的相关性

由图 15-19 可知，两个品种的成熟期根系、茎叶、糙米 Cd 含量与全生育期的积温均呈负相关，决定系数（R^2）较高，则两者间的相关性较强，全生育期的积温对各器官 Cd 含量影响较大。两品种全生育期的积温呈先上升后下降的趋势，上升幅度比下降幅度要大，而成熟期各器官 Cd 含量都呈现出先下降后上升的趋势，下降幅度比上升幅度小。

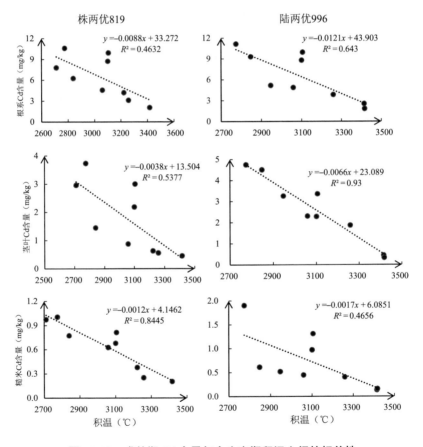

图 15-19　成熟期 Cd 含量与全生育期积温之间的相关性

5. 小结

在 2017 年，随着播期的推迟，抽穗前、抽穗后以及全生育期的积温均呈现先上升后下降的趋势。水稻中的 Cd 含量与抽穗前和全生育期的积温均呈负相关，但与全生育期的积温相关性较强。Cd 含量变化与积温是相反的，即先下降后上升。而且全生育期的积温后期下降的幅度比前期上升幅度要大，而各器官的 Cd 含量也随之呈现后期上升幅度比前期下降幅度要大的趋势。

在 2018 年，随着播期的推迟，移栽期—分蘖期、分蘖期—拔节期、拔节期—抽穗期的积温变化各不相同，而播种期—移栽期、播种期—抽穗期、抽穗期—成熟期、全生育期的积温变化均呈先上升后下降的趋势。通过对水稻各个生育期中各器官 Cd 含量或积累量与相对应的积温之间的相关性分析，发现两品种的移栽期－分蘖期的积温与分蘖期各器官 Cd 积累量呈正相关，且决定系数（R^2）偏高，即两者之间的相互影响较大。抽穗期—成熟期、全生育期的积温与成熟期各器官 Cd 含量呈负相关，决定系数较高，而全生育期的积温对 V1 株两优 819 糙米 Cd 含量影响较大，抽穗期—成熟期的积温对 V2 陆两优 996 糙米 Cd 含量影响较大。

综合两年的数据分析可得：在各个生育期间的积温中，移栽期—分蘖期的积温对分蘖期植株各器官 Cd 含量影响较大，抽穗期—成熟期、全生育期的积温对成熟期各器官 Cd 含量具有较大影响。

6. 结论

水稻植株体内重金属含量在不同播期之间的差异极显著，根据播种期，前 3 期（S1~S3）代表早稻播种期，其镉含量中等；S4~S6 代表中稻播种期，其镉含量较低；而 S7~S10 代表晚稻播种期，其镉含量较高。而在不同播期条件下，积温与重金属含量之间存在一定的相关性，说明积温是影响水稻植株体内 Cd 含量的重要因素之一，特别是移栽期—分蘖期、全生育期和抽穗后的积温。同时，这可能是晚稻米 Cd 含量比早稻高、中稻米镉含量很低的原因之一，但是其机理有待于进一步研究。

参考文献

[1] 覃都，王光明.锰镉对水稻生长的影响及其镉积累调控 [J]. 耕作与栽培，2009(1):
5–7.

[2] 虞国平.水稻在我国粮食安全中的战略地位分析 [J]. 新西部 (下半月)，2009(11):
31–33.

[3] 赵凌，赵春芳，周丽慧，等.中国水稻生产现状与发展趋势 [J]. 江苏农业科学，
2015(10): 105–107.

[4] 郑希.稻米蒸煮和营养品质性状的胚乳和母体 QTL 定位 [D]. 杭州：浙江大学，
2007.

[5] 李恋卿，潘根兴，张平究，等.太湖地区水稻土表层土壤 10 年尺度重金属元素积累
速率的估计 [J]. 环境科学，2002(3): 119–123.

[6] DAN T V, KRISHNARAJ S, SAXENA P K. Metal Tolerance of Scented Geranium
(Pelargonium sp. Frensham): Effects of Cadmium and Nickel on Chlorophyll
Fluorescence Kinetics[J]. International Journal of Phytoremediation, 2000, 2(1): 91–
104.

[7] 何俊瑜，任艳芳，王阳阳，等.不同耐性水稻幼苗根系对镉胁迫的形态及生理响应
[J]. 生态学报，2011(2): 522–528.

[8] MCLAUGHLIN M J, PARKER D R, CLARKE J M. Metals and micronutrients—food
safety issues[J]. Field Crops Research, 1999, 60(1–2): 143–163.

[9] 胡培松.土壤有毒重金属镉毒害及镉低积累型水稻筛选与改良 [J]. 中国稻米，
2004(2): 10–12.

[10] 杜丽娜，余若祯，王海燕，等.重金属镉污染及其毒性研究进展 [J]. 环境与健康杂志，
2013(2): 167–174.

[11] 于拴仓，刘立功. Cd、Pb 及其相互作用对 3 种主要蔬菜胚根伸长的影响 [J]. 种子，
2005(1): 61–63.

[12] 魏海英，方炎明，尹增芳.铅和镉污染对大羽藓生理特性的影响 [J]. 应用生态学报，
2005(5): 982–984.

[13] 董钻，沈秀瑛，王伯伦.作物栽培学总论 [M]. 2 版 . 北京：中国农业出版社，2010.

[14] 杨平，黄永萍，陈春莲，等.不同播种期对水稻产量性状的影响 [J]. 现代农业科技，
2009(21): 14–15.

[15] 陈新光 , 李武 , 杜尧东 , 等 . 播种期对广东省晚稻产量及生育期的影响 [J]. 中国农学通报 , 2011, 27, (05): 214–222.

[16] 张瑜洁 , 姜亚珍 , 游松财 . 水稻生长对气温变化响应的研究——以江苏姜堰市不同播种期试验为例 [J]. 资源科学 , 2014, 36(5): 1037–1042.

[17] 谢正荣 , 郭秧全 , 沈小妹 , 等 . 太湖农区水稻不同类型品种及播期对生育期与实产的影响初探 [J]. 上海农业学报 , 2000, 16(1): 28–32.

[18] 邱新法 , 曾燕 , 黄翠银 . 影响我国水稻产量的主要气象因子的研究 [J]. 南京气象学院学报 , 2000, 23(3): 356–360.

[19] 杜宏娟 , 姬菲菲 , 张磊 , 等 . 气象因子及产量结构对水稻产量的影响分析 [J]. 资源与环境科学 , 2011, 5: 301–304.

[20] 沈巧梅 , 姜思慧 , 赵泽松 , 等 . 浅析影响水稻高产的气象生态因子 [J]. 现代化农业 , 2013(4): 9–11.

[21] 胡毅 , 李萍 , 杨健功 . 应用气象学 [M]. 2 版 . 北京 : 气象出版社 , 2010: 13–14.

第16章 不同类型高粱对重金属吸收积累的动态变化研究

摘要： 为探寻利用高粱修复镉污染土壤的可行性和有效方法，为快速高效修复土壤重金属污染提供理论依据和经验，本研究在湖南农业大学浏阳市综合教学试验基地和湘阴农科所2个环境下分析了4个高粱品种在5个生育期间植株中镉吸收积累特性和动态变化。试验结果表明随着生育进程，高粱全株或不同器官干物质量呈逐步增加的趋势，拔节期至抽穗期是干物质量关键增长期。成熟期高粱根部的镉含量和镉积累量主要受土壤的影响，品种间差异较小。高粱对重金属吸收积累量在不同生育期间有差异，生物质全株高粱在灌浆期镉含量为 1.13~1.15 mg·kg^{-1}，显著高于供试的2个甜高粱品种，高于成熟期对镉的吸收量（0.95）。生物质高粱 V3 和 V4 灌浆期全株镉积累量为 22.22 g·hm^{-2} 和 14.77 g·hm^{-2}，在全生育期中最高，甜高粱 V1 和 V2 在成熟期达到最高值，分别为 12.87 g·hm^{-2} 和 9.18 g·hm^{-2}。高粱根部吸收和储存的主要器官，秆基部至 10 cm 段对镉的吸收转运能力都较高，秆上部吸收转运镉的能力较低，穗部对镉的聚集存在明显的劣势。上述研究显示，通过筛选镉积累量高的生物质高粱品种并适时收获，同时提高高粱复种指数和修复效率及效益对有效、快速修复镉污染土壤具有积极意义。

关键词： 甜高粱，生物质高粱，镉吸收，镉积累

随着全球工业化的进程，镉已成为最有害的重金属污染物之一。镉在土壤中广泛分布，而且容易被植物吸收并积累，进入食物链后将严重威胁

人类健康。另外，镉还会对农作物产生毒害作用，如抑制光合作用，加速衰老，影响农作物产量和品质。诸多土壤重金属污染物中，镉具有毒性高、移动性强、不易降解等特点，再加上"镉大米"事件的爆发，因而土壤镉污染备受关注。植物修复技术是指通过植物吸收重金属，连续多年种植后使土壤中重金属含量降低在合适的范围内。该技术具有环保和低成本优势，因此已经成为治理土壤重金属污染热门方法之一。Cd 超富集植物如宝山堇菜、忍冬、龙葵等，由于生物量小、修复效率较低、修复时间长等缺陷难以满足生产需要。最近，提出利用高生物量植物尤其是能源植物来治理土壤镉污染，如柳枝稷、芦竹、杂交狼尾草等。但它们生产乙醇利用的是纤维素，成本较高，因而应用于生产实际的不多。Metwali 等比较了高粱、玉米、小麦对 Cd 和 Cu 的耐受性，结果表明高粱耐受性最强，吸收 Cd 量也最多。余海波等对能源植物甜高粱、甘蔗、香根草、盐肤木在复合重金属污染稻田进行种植示范，甜高粱的乙醇生产量是甘蔗的 2 倍。由此可知，高粱修复重金属镉污染土壤的效益在各类粮食作物和能源作物中都具有优势。籍贵苏等以未受重金属污染的土壤作对照，研究高粱成熟期重金属的吸收特性，认为高粱吸收转移存在显著的品种间差异。Angelova 等研究结果表明 4 种类型高粱品系营养和生殖器官中重金属的积累有很大的差异。甜高粱具有庞大的根系，对土壤中重金属有很强的吸收作用，其茎秆富含糖汁，是生产乙醇燃料的原料，而且不进入食物链，因此，甜高粱被认为是土壤重金属修复最理想的植物之一。但也有研究认为，甜高粱作为非超富集植物，吸收的镉主要积累在根部，只有少量被转移到地上部分。

　　大多数研究工作者对高粱吸收累积重金属能力的探索集中在苗期以及成熟期，然而在不同生育期高粱吸收重金属的规律报道较少。为此，本研究通过测定 2 个甜高粱品种和 2 个生物质高粱品种在苗期、拔节期、抽穗期、灌浆期和成熟期植株和各部位镉的含量和积累量，分析不同类型、不同品种和环境对镉吸收积累动态变化，旨在探寻利用高粱修复镉污染土壤的最佳方法，为快速高效修复土壤重金属镉污染提供理论依据和经验。

1. 材料与方法

1.1 供试材料

用于本实验的 4 个高粱品系为 N31G2174（V1）、N31H2358（V2）、N4264（V3）和 N5D61（V4），其中 V1 和 V2 为甜高粱，V3 和 V4 为生物质高粱。种子为普通育种材料，由湖南隆平高科耕地修复技术有限公司提供。

1.2 试验设计

田间试验于 2016 年在湖南农业大学浏阳综合教学实验基地（27°51′N，113°10′E）和湘阴农科所（28°30′N，112°30′E）进行，在高粱种植前取土样测定可知浏阳和湘阴供试土壤的镉含量分别为 0.46 mg·kg⁻¹ 和 0.70 mg·kg⁻¹，土壤基本理化性质如表 16–1 所示。试验采用随机区组设计，小区面积 40 m²，3 次重复。6 月中旬采用穴直播，挖沟起垄栽培，种植密度为 3.75 万株·公顷⁻²，拔节期中耕培土一次，并且搭配施用尿素 300 kg·hm⁻²，10 月下旬收获。根据当地传统栽培管理技术进行田间管理和病虫害防治。

表 16–1　　　　　　　　　　土壤基本理化性质

地点	有机质 / g·kg⁻¹	全氮 / g·kg⁻¹	全磷 / g·kg⁻¹	全钾 / g·kg⁻¹	碱解氮 / mg·kg⁻¹	速效磷 / mg·kg⁻¹	速效钾 / mg·kg⁻¹
浏阳	29.58	1.21	0.59	6.38	114.29	18.54	82.55
湘阴	28.61	2.62	0.51	14.97	121.07	9.84	143.57

1.3 测定内容和方法

为检测重金属在高粱各个生育期积累的动态变化，对湖南农业大学浏阳综合教学试验基地的样品按照 5 个生育期，即苗期、拔节期、抽穗期、灌浆期、成熟期分别取样。为进一步比较品种和环境对成熟期高粱重金属含量和重金属积累量的影响，湘阴农科所试验点仅在成熟期取样。

1.3.1 干物质积累量

各生育期取样时在每个小区选取 3 株具有代表性（依平均株高、茎粗）的高粱，带根整株取回，用清水将根部泥土洗干净后，苗期、拔节期、抽穗期和灌浆期分成根、秸秆（包括叶片）和穗 3 部分，成熟期为比较秆的不同部位对重金属吸收能力的差异，再将秆分为 3 部分，分别为秆下（基部至 10 cm）、秆中和秆上（10 cm 至植株秆的顶部一分为二）。105℃烘箱杀青 30 min 后，在 80℃下烘干至恒重，用百分之一天平测定干物质量。

1.3.2 重金属含量

将测干物质量后的植株样品粉碎装于塑料袋保存备用。测定时从袋中准确称取 0.2000 ± 0.0050 g 样品于消化瓶中，加入混酸（高氯酸:硝酸=1:4），放置过夜后，于微波消解炉上消解完全（瓶中白烟冒尽），用 2% 的稀硝酸将消解好的样品定容到容量瓶中，滤膜过滤到离心管中待测。使用安捷伦 7700X 型电感耦合等离子体质谱仪（ICP–MS）测定镉含量。重金属含量表示单位干物质中重金属的浓度，植株重金属积累量计算公式为：

重金属积累量 = 植株或器官重金属含量 × 植株或器官干物质量

重金属转运系数和富集系数的计算公式为：

转运系数 = 地上部或地上部各器官的含量 / 根的含量

富集系数 = 各器官或植物体中含量 / 土壤中含量

1.4 数据处理

采用 Excel 2016 处理数据和图表制作，SAS 9.4 版本对数据进行多重比较。

2. 结果与分析

2.1 不同类型高粱品种干物质量的动态变化

由表 16–2 可知，甜高粱根的干物质量随着生育期的延长呈逐步增加的趋势，而生物质高粱灌浆期根的干物质量高于成熟期。抽穗后不同品种间，生物质高粱 V3 根部干物质量相对较高，甜高粱 V2 相对较低，在灌浆期和成熟期两品种差异达显著水平。

全株干物质量抽穗前各品种间无显著性差异，抽穗后生物质高粱 V3

显著高于其他供试品种。不同类型高粱间，生物质高粱全株干物质量在各生育期大于甜高粱，例如在成熟期生物质高粱均值为 34.14 t·hm^{-2}，甜高粱均值为 11.2 t·hm^{-2}，两者相差 3 倍多。各类型高粱品种全株干物质积累量随着生育期的延长呈逐步增加的趋势，灌浆期和成熟期间增长幅度较小，其余生育期间较大，在成熟期达到最高，生物质高粱品种 V4 成熟期略低于灌浆期。地上部分干物质量在不同生育期各类型品种间的变化规律和全株干物质量变化规律一致。

表 16-2　不同生育期各类型高粱品种在植株和器官中的干物质量　单位：t·hm^{-2}

部位	品种	生育期				
		苗期	拔节期	抽穗期	灌浆期	成熟期
根	V1	0.002 a	0.60 a	1.09 b	1.28 b	1.42 b
	V2	0.002 a	0.31 b	0.81 b	0.69 c	0.98 c
	V3	0.003 a	0.32 b	2.20 a	2.80 a	1.81 a
	V4	0.003 a	0.30 b	0.93 b	1.23 b	1.17 bc
地上部	V1	0.02 a	4.27 a	8.15 b	10.34 b	10.53 b
	V2	0.020 a	4.19 a	8.35 b	9.10 b	9.46 b
	V3	0.032 a	3.66 a	15.09 a	14.10 a	19.38 a
	V4	0.027 a	3.92 a	11.11 b	12.21 a	11.80 b
全株	V1	0.022 a	4.87 a	9.24 b	11.62 b	11.95 b
	V2	0.022 a	4.51 a	9.17 b	9.79 b	10.45 b
	V3	0.035 a	3.98 a	17.29 a	19.33 a	21.17 a
	V4	0.030 a	4.21 a	12.04 b	13.44 b	12.97 b

注：同一生育期不同字母者表示品种间在 0.05 水平上差异显著，下同。

2.2 品种和环境对成熟期高粱镉含量的影响

方差分析结果表明，品种和环境对成熟期高粱根部镉含量及地上部镉含量的影响并不完全一致（表 16-3）。成熟期高粱根部的镉含量在品种间差异不显著，而在 2 个试验点间则达到极显著水平，表明根部的镉含量主要受土壤的影响。高粱地上部镉含量在品种间存在极显著差异，同时土壤以及基因型和土壤的互作也达到显著水平，说明品种和土壤环境对高粱地上部分镉含量都有显著影响。同样地，全株高粱镉总吸收量也受品种和土壤的显著影响。

表 16–3　　　　　　　　　　成熟期高粱镉含量方差分析表

差异	根	地上部	总量
品种	0.17/1.77	0.51/10.53**	0.37/6.78**
地点	10.94/113.88**	0.66/13.50 **	1.68/30.83**
品种 × 地点	0.07/0.75	0.40/8.31**	0.35/6.39**
误差	0.1	0.05	0.05

注："/"前数字为均方；"/"后数字为 P 值；* 为 $P<0.05$；** 为 $P<0.01$。

2.3 成熟期不同地点间各高粱品种镉含量的差异比较

由表 16–4 可知，湘阴试验点高粱不同器官及植株的镉含量都比浏阳试验点的高，尤其是根部的镉含量相差较大，为 $1\sim1.5$ mg·kg^{-1}，生物质高粱 V4 地上部和全株镉含量在两试验点间相差也较大。

表 16–4　　　　成熟期不同地点间各高粱品种的镉含量　　　　单位：mg·kg^{-1}

地点	品种	根	地上部	总量
浏阳	V1	2.25 a	0.77 b	0.98 a
	V2	2.24 a	0.74 b	0.88 a
	V3	2.50 a	0.82 a	0.97 a
	V4	1.97 b	0.85 a	0.96 a
湘阴	V1	3.35 a	0.90 b	1.22 b
	V2	3.73 a	0.89 b	1.21 b
	V3	3.74 a	0.78 b	1.26 b
	V4	3.54 a	1.95 a	2.20 a

在湘阴试验点，生物质高粱 V4 地上部镉含量显著高于其余供试品种，全株总镉含量也遵循此规律，说明 V4 吸收镉能力较其他 3 个品种强。根部镉含量高于地上部的镉含量，在甜高粱和 V3 间两者相差大约 3 倍，而 V4 间相差倍数为 1.5。

在浏阳试验点不同类型品种间，V4 根部镉含量在供试品种中最低，生物质高粱地上部对镉的吸收量显著高于甜高粱，从全株总镉含量来看，4 个供试品种间的差异无统计学意义。

2.4 不同类型高粱品种镉含量和镉积累量的动态变化

2.4.1 不同类型高粱品种在植株和器官中镉含量的动态变化

依表 16–5 所示，就 4 个品种而言，生物质高粱（V4 和 V3）在多个生长阶段地上部分镉含量要高于甜高粱（V1 和 V2），2 个生物质高粱间，V3 在抽穗期及抽穗期之前，地上部分镉含量显著高于 V4，抽穗期之后两者无显著性差异。在不同生育期间，甜高粱 V2 地上部分镉含量在参试品种中最低，成熟期之前差异达显著水平，而成熟期无显著性差异。生物质高粱 V4 在拔节期的镉含量为 1.15 mg·kg^{-1}，和灌浆期镉含量无差异，高于抽穗期和成熟期。不同生育期间地上部分镉含量的比较，苗期显著高于其他生长阶段，在苗期后的 4 个生育期间，甜高粱成熟期最高，生物质高粱灌浆期为 1.02~1.06 mg·kg^{-1}，高于成熟期（0.82~0.85 mg·kg^{-1}）。

每个高粱品种根系镉含量大约是地上部分的 2 倍，并且在不同生育期间的变化趋势基本一致。苗期根系镉含量在整个生育期里最高，拔节期迅速下降，然后逐步略有回升，成熟期为 1.97~2.50 mg·kg^{-1}，在苗期后的生育期中最高。各个时期 4 个品种间根系镉含量也存在显著差异。

各生育期全株镉含量是依据各器官干物质量计算出来的加权平均含量。甜高粱在成熟期 Cd 含量范围是 0.88~0.98 mg·kg^{-1}，为最高，在灌浆期是 0.52~0.80 mg·kg^{-1}，V1 在这两个生育期不存在显著性差异，V2 存在显著性差异。生物质高粱灌浆期 Cd 含量为 1.13~1.15 mg·kg^{-1}，高于成熟期，但两者差异不显著。不同类型品种在各生长阶段全株镉含量变化规律同地上部分镉含量变化规律。

穗是地上部分器官的一部分，穗对镉的吸收能力相对于其他器官较弱。成熟期各品种穗部镉含量为 0.10~0.21 mg·kg^{-1}，较抽穗期和灌浆期高。茎叶两器官对镉的吸收总量在抽穗期、灌浆期和成熟期都显著高于穗部镉吸收量，可见穗对镉的吸收量较其他器官具有明显劣势。

表 16–5　不同生育期各类型高粱品种在植株和器官中的镉含量　单位：mg·kg^{-1}

部位	品种	生育期				
		苗期	拔节期	抽穗期	灌浆期	成熟期
根	V1	9.24 a	1.20 d	1.80 a	1.97 a	2.25 b
	V2	5.05 b	1.33 c	1.22 b	1.96 a	2.24 b
	V3	8.35 a	1.58 b	1.70 a	1.47 c	2.50 a
	V4	7.75 a	1.74 a	1.79 a	1.83 b	1.97 c
地上部	V1	3.91 ab	0.61 bc	0.67 b	0.78 b	0.77 b
	V2	2.48 c	0.56 c	0.37 c	0.41 c	0.74 b
	V3	3.68 b	0.65 b	0.69 b	1.06 a	0.82 a
	V4	4.94 a	1.15 a	0.96 a	1.02 a	0.85 a
全株	V1	4.41 ab	0.68 b	0.78 a	0.80 b	1.14 a
	V2	2.78 b	0.67 b	0.43 b	0.52 c	0.88 a
	V3	4.11 ab	0.73 b	0.81 a	1.15 a	0.95 a
	V4	5.13 a	1.19 a	0.97 a	1.13 a	0.95 a
茎叶	V1	3.91 ab	0.61 bc	0.71 b	0.77b	0.91 b
	V2	2.48 c	0.56 c	0.40 c	0.48c	0.86 b
	V3	3.68 b	0.65 b	0.71 b	1.30a	0.90 b
	V4	4.94 a	1.15 a	1.03 a	1.32a	1.02 a
穗	V1	–	–	0.07 a	0.05 b	0.10 b
	V2	–	–	0.04 b	0.04 b	0.11 b
	V3	–	–	0.04 b	0.09 a	0.11 b
	V4	–	–	0.04 b	0.07 ab	0.21 a

2.4.2 成熟期不同部位间镉含量的差异比较

图 16–1 显示，V4 秆下镉含量比根部高，但无显著性差异，相反其余 3 个品种根部镉含量显著高于秆下。除 V1 秆下与秆中镉含量无显著性差异外，其余品种秆下镉含量显著高于秆中。V2 和 V3 秆的 3 部分镉含量大小排列顺序为秆下＞秆中＞秆上，且各部位间差异达显著水平，V4 秆上镉含量高于秆中，V1 秆中高于秆下，但差异性未达到显著性水平。除 V4 秆上镉含量显著高于穗外，其余供试品种在两部位间无显著性差异。

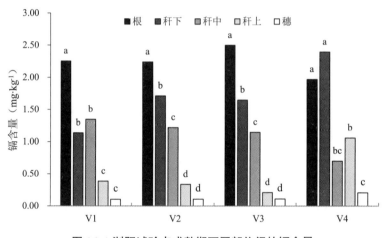

图 16–1 浏阳试验点成熟期不同部位间的镉含量

如图 16–2 所示，甜高粱（V1 和 V2）和生物质高粱 V3 在不同部位比较趋势为根＞秆下＞秆中＞秆上＞穗，根部和秆的 3 部位（秆下、秆中、秆上）四者间都有显著性差异，秆上部镉含量和穗部镉含量无显著性差异，由此可知，随着高粱的生长，高粱由下而上各器官镉含量逐渐递减，对镉的吸收能力减弱。生物质高粱 V4 秆的 3 部位镉含量大小排列顺序为秆下＜秆中＜秆上，秆上部镉含量显著高于穗部含量，这与其他 3 个品种趋势相反，可见生物质高粱由根部向上转运镉的能力较强。

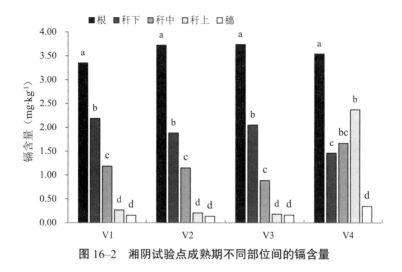

图 16-2　湘阴试验点成熟期不同部位间的镉含量

2.4.3 不同生育期间各高粱品种镉积累量的差异比较

如图 16-3A 所示，甜高粱（V1 和 V2）和生物质高粱 V3 地上部分镉积累量随着植株生长逐渐增加，到成熟期达到最高值，V1 和 V3 地上部镉积累量在灌浆期和成熟期间无显著差异，V2 成熟期显著高于灌浆期，而 V4 灌浆期显著高于成熟期。生物质高粱 V3 和 V4 地上部分在成熟期和灌浆期镉积累量分别为 15.81 g·hm^{-2} 和 12.49 g·hm^{-2}，高于甜高粱 V1 和 V2。

从图 16-3B 可知，随着高粱的生长，根部镉积累量呈逐步增加的趋势，除生物质高粱 V3 灌浆期显著高于成熟期外，其他 3 个品种均在成熟阶段达到最高值。生物质高粱灌浆期地上部分镉积累量是根系的 3.5 倍以上，成熟期则为 2 倍。

根据表 16-2 和表 16-5 可知，4 个高粱品种的干物质积累量存在差异，重金属含量和干物质积累量共同决定着全株重金属积累量的大小，两者都起着至关重要的作用。从图 16-3C 可知，生物质高粱 V3 和 V4 灌浆期全株镉积累量都在全生育期中最高，为 22.22 g·hm^{-2} 和 14.77 g·hm^{-2}，甜高粱 V1 和 V2 成熟期最高，为 12.87 g·hm^{-2} 和 9.18 g·hm^{-2}。

2.5 不同高粱品种对镉的转运能力

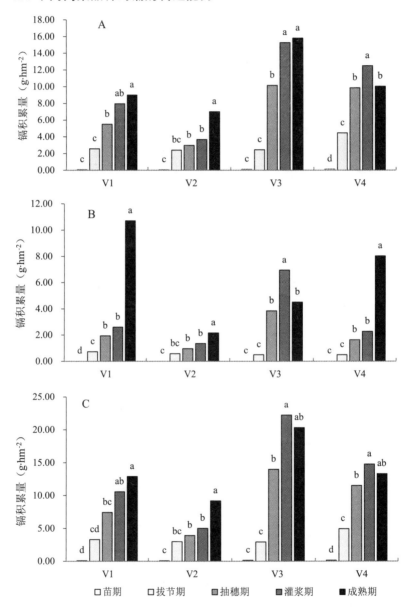

注：A、B 和 C 分别表示地上部分、根系和全株。

图 16-3   不同生育期各高粱品种在植株和器官的镉积累量

转运系数是反映植物体本身或不同部位转移重金属能力大小的指标，值越大表示植物从根部向地上器官运转重金属能力越强。从表 16-6 和表 16-7 可知，灌浆期甜高粱地上部转运系数均 <0.5，生物质高粱均 <1，说明生物质高粱转运镉的能力强于甜高粱，成熟期也有同样的规律，尤其是生物质高粱 V4 转运系数显著高于甜高粱，不同的是供试品种转运系数均是 <0.5，可见生物质高粱转运镉的能力相较灌浆期在成熟期有所下降。

表 16-6　　　　　　　　浏阳灌浆期各高粱品种在不同部位的转运系数

类型	品种	部位	
		地上部	穗
甜高粱	V1	0.27 c	0.03 b
	V2	0.21 c	0.02 b
生物质高粱	V3	0.74 a	0.06 a
	V4	0.60 b	0.04 b

秆的 3 部位转运系数高低顺序为秆下 > 秆中 > 秆上，并且差异较大，秆上的转运系数为 0.15~0.46，相较秆中较低，穗部转运系数 0.04~0.10，秆中和秆上分别是其的 10 倍和 3 倍左右，可见穗部转运镉的能力相对于地上部其他器官极弱，秆上也相对较弱。

由表 16-7 可知，生物质高粱 V4 地上部对镉的转运系数显著高于其他供试品种。秆的 3 部位对镉的转运能力表现为秆下 > 秆中 > 秆上，并且三者有显著性差异。穗部对镉的转运系数为 0.04~0.09，秆上为 0.05~0.16，两部位无明显差异。由表 16-6 和表 16-7 可知，甜高粱和生物质高粱 V3 在浏阳试验点地上部对镉的转运系数高于湘阴试验点的，生物质高粱 V4 则相反，湘阴试验点的高于浏阳试验点的。

2.6 不同类型高粱品种对镉的富集能力

由表 16-8 可知，地下部（根部）镉的富集系数显著高于地上部，在灌浆期和成熟期都有此规律。灌浆期镉的富集系数在品种间差异显著，V3 根部对镉的富集能力弱于其他 3 个品种，生物质高粱地上部对镉的富集能

表 16-7　　　　　　不同试验点成熟期各高粱品种在不同部位的转运系数

地点	品种	部位				
		地上部	穗	秆下	秆中	秆上
浏阳	V1	0.34 b	0.05 b	0.50 b	0.60 a	0.17 b
	V2	0.33 b	0.05 b	0.77 b	0.55 a	0.15 b
	V3	0.33 b	0.04 b	0.67 b	0.47 ab	0.09 b
	V4	0.43 a	0.10 a	1.40 a	0.35 b	0.30 a
湘阴	V1	0.26 b	0.05 b	0.65 a	0.36 ab	0.08 b
	V2	0.23 b	0.04 b	0.50 a	0.31 ab	0.06 b
	V3	0.21 b	0.04 b	0.55 a	0.24 b	0.05 b
	V4	0.55 a	0.09 a	0.42 a	0.48 a	0.16 a

表 16-8　　　　　　　　　不同生育期各高粱品种的富集系数

生育期	品种	部位				
		根	地上部	全株	茎叶	穗
灌浆期	V1	4.28 a	1.68 b	1.97 b	1.68 b	0.11 b
	V2	4.26 a	0.89 c	1.13 c	1.04 c	0.10 b
	V3	3.21 b	2.29 a	2.52 a	2.82 a	0.21 a
	V4	3.96 a	2.22 a	2.38 a	2.87 a	0.15 ab
成熟期	V1	4.90 a	1.70 a	2.12 a	1.97 a	0.23 b
	V2	4.87 a	1.61 a	1.92 b	1.87 b	0.23 b
	V3	5.43 a	1.78 a	2.10 a	1.97 b	0.24 b
	V4	4.29 a	1.85 a	2.09 a	2.21 a	0.45 a

力显著强于甜高粱，两个甜高粱中，V2 富集镉的能力相对 V1 较弱。成熟期各品种地下部与地上部对镉的富集能力差异较小，但总体而言，生物质高粱要强于甜高粱。全株富集系数均 >1，说明供试品种用于修复镉超标土壤是可行的。灌浆期各品种全株对镉的富集能力强弱同地上部的，从成熟期全株镉的富集系数来看，甜高粱 V2 富集镉的能力相对较弱。

两个生育阶段不同部位镉的富集系数大小排序都为根 > 茎叶 > 穗，且差异显著，可见生殖器官富集镉的能力相对于营养器官较弱。灌浆期穗部镉的富集系数为 0.10~0.21，成熟期为 0.23~0.45，富集系数均 <0.5，同为地上部器官的茎叶富集系数 >1。

3. 讨论

甜高粱具有茎秆含糖量高、生长周期短、抗逆性强、适种范围广等优势，在浏阳试验点利用其修复镉污染土壤，茎秆和籽粒生产燃料乙醇和燃烧发电，镉可从灰烬中加以回收，因此种植甜高粱是兼顾生态和经济效益的修复镉污染方法。有研究对 96 个甜高粱品系进行了筛选，发现不同品系对镉的耐受、吸收和转运能力具有很大差异。根据筛选结果，研究人员以镉转运能力强和弱的两个甜高粱品系 H18 和 L69（镉转运系数相差 4 倍）为材料，针对影响甜高粱吸收和转运镉的关键因素开展研究。研究结果表明，H18 通过共质体途径吸收的镉显著高于 L69，且其根的内皮层中质外体屏障较 L69 更弱，木质部汁液中镉的含量也更高。因此，即使是甜高粱对镉的吸收和转移也不相同。本研究发现，两种类型高粱对镉的吸收能力具有差异，但差异程度不大，生物质高粱对镉的吸收量总体高于甜高粱，但甜高粱吸收镉的能力也不弱，例如，不管是根部，还是秆和穗部的镉含量，甜高粱和生物质高粱 V3 相比并无显著性差异。在各品种间，生物质高粱 V3 对镉的吸收能力强于其他品种，例如，不管是根部，还是秆和穗部的镉含量都显著高于其他供试品种。各高粱品种间，V4 转运系数显著高于其他 3 个供试品种。由此可见，生物质高粱 V4 转运镉的能力较其他品种更强。本研究表明，苗期地上和地下部分镉含量均要比成熟期高 4 倍左右，但由于苗期生物学产量很低，因此仅利用苗期对土壤进行重金属污染修复意义不大。

我国南方 14 个省（区、市）农业经济在国民经济中占有重要的战略地位，其中一个重要原因是作物熟制多为一年两熟至一年三熟，但是耕地资源有限，因此，缩短作物生育期，充分利用温光热资源，提高耕地复种指数，对于南方农业经济的发展意义巨大。本试验高粱生育期大致为 140 天，灌浆期和成熟期相差 30 天左右，提前收割可以有效地缓解季节紧张。南方地区是甜高粱发展潜在区，甜高粱可用作粮食作物、糖料作物、饲料作物、能源作物，用于生产燃料乙醇优势更为明显。本试验中高粱在灌浆期和成熟期生物量差异不显著，在成熟期生物量达到最高，但由于倒伏问题也不利于收获。本试验表明在灌浆期地上部镉积累量和成熟期相比并未出现明显差异，甚至生物质高粱在灌浆期地上部镉积累量还高于成熟期，例如，生物质高粱 V4 在两个生育期间有显著性差异，从全株镉积累量来看，2 个生物质高粱灌浆期都比成熟期高，但甜高粱 V2 成熟期地上部以及全株镉积累量都显著高于灌浆期，而甜高粱 V1 无显著性差异，由此可知，从高粱吸附镉有效性的角度而言，生物质高粱灌浆期是镉积累高峰期，可在灌浆期收获，而甜高粱依不同品种而异，在灌浆期也是可行的，但成熟期收获效果更好。

在生长过程中，生物质高粱株高可达 4~5 m，生物量显著高于甜高粱，因此生物质高粱镉积累量高于甜高粱。通过各种栽培措施提高生物学产量对于高粱积累重金属能力的提升意义非凡。如通过以下方式，邓林比较了超积累作物单作，高粱（玉米）单作和超积累作物与玉米间作对镉锌污染土壤去除效率，结果显示超积累作物与玉米间作修复效果更好。马淑敏等发现甜高粱栽培中加蚯蚓处理，不仅能提高生物量，而且体内总镉和有效镉的量也有所增加，促进了对 Cd 的吸收量。在灌浆期，生物质高粱 V3 和 V4 地上部分镉积累量均值为 14 g·hm^{-2}，为甜高粱 V1 和 V2 的 2~4 倍；而对于根系镉积累量而言，各个品种间动态变化和差异类似。因此，从高粱吸附镉有效性的角度而言，本实验发现生物质高粱明显要比甜高粱有效，尤其是在灌浆期生物质高粱优势更明显。综合上述因素，生物质高粱用于修复重金属污染土壤的效率要比甜高粱高。从重金属污染修复的角度考虑，高生物学产量的生物质高粱是最佳选择，尤其是在灌浆期适时收获地上部分。

本研究表明，镉在高粱植株内的分配表现为根＞秆＞穗，这与前人研究结果一致。根系镉含量大约是地上部分的 2 倍，秆下 10 cm 处镉含量较高，但与根部相比仍有显著性差异，可见根吸收储存镉的能力之强。Soudek 和 Jia 等研究表明，甜高粱作为一种非超富集植物，吸收的镉多储存于根中，限制了其从污染土壤中提取镉的能力。本研究表明，根部对镉的富集系数显著高于地上部，大致为地上部的 2 倍。可见，本研究和上述结论保持一致性。由于地上部生物量显著高于根部生物量，因而从镉积累量来看，根部和地上部差距大，但在成熟期这种差距有所减少，如生物质高粱 V4 在成熟期根部镉积累量为 8.03 g·hm^{-2}，地上部为 10.04 g·hm^{-2}。加上根部镉积累量，全株镉积累量不仅较地上部镉积累量有所提高，连变化趋势也有明显改变。本试验种植高粱采用起垄栽培，植株在成熟期可连根拔出。因此，如果条件允许，在收获高粱时建议根部也应拔出带出污染地，这样修复效果更佳。高粱基部至秆下 10 cm 处镉含量显著高于秆中和秆上部，与根部镉含量相比虽说有一定差距，但在某些品种间无显著性差异，秆下基部至 10 cm 处对镉的吸收转运能力都较高，在只收获地上部植株时，留桩高度尽可能低，最好是齐地收割。收获后的植株秸秆可用作能源生产工业酒精，避免因体内重金属难以处理而造成二次污染，尽量不用于粮食生产。

　　本研究表明，在浏阳试验点，甜高粱（V1 和 V2）和生物质高粱 V3 秆上镉含量显著低于秆中镉含量，秆上镉含量和穗部镉含量无显著性差异，而生物质高粱秆上部镉含量显著高于穗部镉含量，究其原因可能是由于 V4 向上转运镉的能力较其他品种强，在湘阴试验点种植的各高粱品种同样有上述规律，由此可知高粱秆上部镉含量较低，证实了高粱秆上部用于其他用途的可能性。建议甜高粱收获秆上部用于饲料或制糖，生物质高粱秆上部也可收获作青饲，但注意要选转运镉能力弱的品种，这样可实现效益的最大化。高粱是世界第五大谷类作物，在中国的栽培历史悠久，适应性强，具有光合效率高、生物量大等生物学特性。其用途广，可食用、饲用、帚用，还可用于酿造业、制糖业、能源业。甜高粱是粒用高粱的一个变种，具备高粱的优势特性，广泛用于生产清洁能源、饲料以及制糖。在能源作物中，因转化乙醇效率高，粗放栽培但产量好，产后处置得当等优点，已然成为公认最具潜质的修复镉污染土壤的理想生物材料。甜高粱产业虽在生物质能源产业中，甚至在修复重金属污染土壤中前景美好，但需注意以下问题：一是需选合适品种。本研究生物质高粱即使生物产量高，但由于植株过高发生了倒伏，不利于后期的收获。因此，可选育抗倒伏，高生物量，高密，高吸收重金属的品种。二是提高机械化程度。目前，高粱的播种收获还完全靠人工，而我国农村劳动力短缺，再加上高粱修复重金属污染土壤需高生物量的品种等问题，因此难以满足生产需求。杜志宏等表示实现机械化必要条件是种子和农业机械，史红梅等在此基础上提出配套栽培措施应围绕机械化制定。达到以上要求，甜高粱产业将成为能源业的支柱产业。

本研究表明，在灌浆期茎叶镉含量是穗部镉含量的10倍以上，成熟期也达到5~9倍，秆上转运能力较弱，穗部与之相比还有一定的差异，甜高粱秆上转运系数是穗部的3倍左右，灌浆期茎叶的富集系数是穗部富集系数的10倍以上，成熟期也在5~8倍之间，可见穗部储存转运富集镉能力极弱，用于修复土壤镉污染的高粱籽粒仍可用于食品加工，不会危害人类健康。

4. 结论

在两种不同类型的高粱间，对重金属吸收能力差异不明显，重金属积累量受植株吸收能力和生物量影响，生物质高粱的修复效率要高于甜高粱。生物质高粱 V3 可作为修复重金属污染土壤的理想材料。建议高粱连根拔除带离农田，在只收获地上部植株时，留桩高度尽可能低，最好是齐地收割。不同生育期植株积累重金属量各异，提前收获可提高耕地复种指数，有助于高粱产业和农业经济的发展。本研究论证了高粱提前收获的可能性，并且对修复效率影响不大。基于资源利用最大化原则，在修复镉污染为主的土壤中种植的高粱秆上部和穗部可分开收获用于其他用途。

参考文献

[1] 刘小诗，李莲芳，曾希柏，等 . 典型农业土壤重金属的累积特征与源解析 [J]. 核农学报 , 2014, 28(07): 1288–1297.

[2] MURATOVA A, LYUBUN Y, GERMAN K, et al. Effect of cadmium stress and inoculation with a heavy–metal–resistant bacterium on the growth and enzyme activity of Sorghum bicolor[J]. Environmental Science & Pollution Research International, 2015, 22 (20): 16098–16109.

[3] 郭笃发 . 环境中铅和镉的来源及其对人和动物的危害 [J]. 环境科学进展 , 1994(03): 71–76.

[4] WANG Y C, QIAO M, LIU Y X, et al. Health risk assessment of heavy metals in soils and vegetables from wastewater irrigated area, Beijing–Tianjin city cluster, China[J]. Journal of Environmental Sciences, 2012, 24(04): 690–698.

[5] BASHIR H, QURESHI M I, IBRAHIM M M, et al. Chloroplast and photosystems: Impact of cadmium and iron deficiency[J]. Photosynthetica, 2015, 53: 321–335.

[6] 王晓娟，王文斌，杨龙，等 . 重金属镉 (Cd) 在植物体内的转运途径及其调控机制 [J]. 生态学报 , 2015, 35(23): 7921–7929.

[7] 郑黎明，袁静 . 重金属污染土壤植物修复技术及其强化措施 [J]. 环境科技 , 2017, 01: 75–78.

[8] 夏立江，华珞，李向东 . 重金属污染生物修复机制及研究进展 [J]. 核农学报 , 1998(01): 60–65.

[9] 安婧，宫晓双，魏树和 . 重金属污染土壤超积累植物修复关键技术的发展 [J]. 生态学杂志 , 2015, 11: 3261–3270.

[10] 张军，陈功锡，杨兵，等 . 宝山堇菜多金属吸收特征和耐性策略 [J]. 生态环境学报 , 2011, 20(Z1): 1133–1137.

[11] 刘周莉，何兴元，陈玮 . 忍冬—— 一种新发现的镉超富集植物 [J]. 生态环境学报 , 2013(04): 666–670.

[12] SUN YB, ZHOU QX, WANG L, et al. The Influence of different growth stages and dosage of EDTA on Cd uptake and accumulation in Cd–hyperaccumulator(*Solanum nigrum* L.)[J]. Bulletin of Environmental Contamination and Toxicology, 2009, 82: 348–353.

[13] 聂亚平，王晓维，万进荣，等 . 几种重金属 (Pb、Zn、Cd、Cu) 的超富集植物种类及增强植物修复措施研究进展 [J]. 生态科学 , 2016, 02: 174–182.

[14] 刘长浩，娄来清，郭涛，等.柳枝稷和坚尼草的耐镉性初步研究 [J]. 草业学报，2015, 24(11): 100–108.

[15] ZHANG X F, ZHANG X H, GAO B, et al. Effect of cadmium on growth, photosynthesis, mineral nutrition and metal accumulation of an energy crop, king grass (*Pennisetum americanum* × P. purpureum)[J]. Biomass and Bioenergy, 2014, 67: 179–187.

[16] 侯新村，范希峰，武菊英，等.草本能源植物修复重金属污染土壤的潜力 [J]. 中国草地学报，2012, 34(01): 59–64, 76.

[17] 贾伟涛，吕素莲，冯娟娟，等.利用能源植物治理土壤重金属污染 [J]. 中国生物工程杂志，2015, 35(01): 88–95.

[18] METWALI M R, GOWAYED S M H, MOSLEH Y Y, et al. Evaluation of Toxic Effect of Copper and Cadmium on Growth, Physiological Traits and Protein Profile of Wheat (*Triticum aestivium* L.), Maize (*Zea mays* L.) and sorghum (*Sorghum bicolor* L.) [J]. World Applied Sciences Journal, 2013, 21(3) : 301–314.

[19] 余海波，宋静，骆永明，等.典型重金属污染农田能源植物示范种植研究 [J]. 环境监测管理与技术，2011, 23(03): 71–76.

[20] 籍贵苏，严永路，吕芃，等.不同高粱种质对污染土壤中重金属吸收的研究 [J]. 中国生态农业学报，2014, 22(02): 185–192.

[21] ANGELOVA V R, IVANOVA R V, DELIBALTOVA V A, et al. Use of sorghum crops for in situ phytoremediation of polluted soils [J]. Journal of Agricultural Science and Technology, 2011(5) : 693–702.

[22] 祁剑英，杜天庆，薛建福.能源作物甜高粱和玉米对土壤重金属的富集比较 [J/OL]. 玉米科学：1–7[2018–01–08].

[23] TIAN Y L, ZHANG H Y, GUO W, et al. Morphological responses, biomass yield, and bioenergy potential of sweet sorghum cultivated in cadmium–contaminated soil for biofuel[J]. International Journal of Green Energy, 2015, 12: 577–584.

[24] JIA W T, LV S L, FENG J, et al. Morphophysiological characteristic analysis demonstrated the potential of sweet sorghum [*Sorghum bicolor*(L.) Moench] in the phytoremediation of cadmium–contaminated soils[J]. Environmental science and pollution research international, 2016, 23 (18) : 1–9.

[25] 姚天月，王丹，李泽华，等.8 种花卉植物对土壤中铀富集特性研究 [J]. 环境科学与技术，2016, 39(02): 24–30.

[26] 吐尔逊·吐尔洪，再吐尼古丽·库尔班，叶凯.重金属 Cd 和 Pb 在甜高粱幼苗体内

的积累特性研究 [J]. 中国农学通报 , 2013, 03: 80–85.

[27] 魏树和 , 周启星 , 刘睿 . 重金属污染土壤修复中杂草资源的利用 [J]. 自然资源学报 , 2005(03): 432–440.

[28] 张丽敏 , 刘智全 , 陈冰嫣 , 等 . 我国能源甜高粱育种现状及应用前景 [J]. 中国农业大学学报 , 2012, 17(06): 76–82.

[29] FENG J, JIA W T, LV S L, et al. Comparative transcriptome combined with morpho–physiological analyses revealed key factors for differential cadmium accumulation in two contrasting sweet sorghum genotypes[J]. Plant Biotechnol, 2017, 16(2): 558–571.

[30] 邓林 . 锌镉污染土壤的田间植物连续修复研究 [D]. 贵阳 : 贵州大学 , 2015.

[31] 马淑敏 , 孙振钧 , 王冲 . 蚯蚓 – 甜高粱复合系统对土壤镉污染的修复作用及机理初探 [J]. 农业环境科学学报 , 2008, 01: 133–138.

[32] 秦华 , 贺前锋 , 刘代欢 , 等 . 重金属铅镉对甜高粱生长的影响及其积累特性研究 [J]. 中国农学通报 , 2018, 34(13): 119–125.

[33] 杨泉 , 王学华 , 敖和军 , 等 . 不同种植密度高粱对耕地重金属污染的修复效果 [J]. 湖南农业大学学报 (自然科学版), 2018, 44(03): 234–239.

[34] SOUDEK P, NEJEDLY J, PARICI L, et al. The Sorghum Plants Utilization For Accumulation of Heavy Metals[C]. CBEES. Proceedings of 2013 3rd International Conference on Energy and Environmental Science (ICEES 2013), CBEES, 2013: 6.

[35] JIA W T, MIAO F, LV S L, et al. Identification for the capability of Cd–tolerance, accumulation and translocation of 96 sorghum genotypes[J]. Ecotoxicology and Environmental Safety, 2017, 145 : 391.

[36] 王艳秋 , 朱翠云 , 卢峰 , 等 . 甜高粱的用途及其发展前景 [J]. 杂粮作物 , 2004(01): 55–56.

[37] 唐玉花 , 王晢玮 , 刘乃新 . 甜高粱重金属污染研究回顾 [J]. 中国糖料 , 2017, 39(04): 53–56.

[38] 张烁 , 张海波 , 董伟军 . 高粱的主要用途与发展前景 [J]. 农业与技术 , 2014, 34(07): 111.

[39] 杜志宏 , 张福耀 , 平俊爱 , 等 . 高粱产业机械化发展探讨 [J]. 现代农业科技 , 2014(24): 87–88.

[40] 史红梅 , 宋旭东 , 李爱军 , 等 . 高粱产业化生产如何与现代农业机械相结合 [J]. 山西农业科学 , 2012, 40(04): 307–309, 356.

第17章　农艺综合调控措施在稻田镉污染治理上的应用及机理研究

1. 前言

目前，稻米 Cd 污染控制技术主要有以下三个方面：一是选育抗 Cd 的水稻品种，筛选一些抗 Cd 积累的水稻品种或利用基因工程技术培育出 Cd 耐性强的广谱有效性品种；二是改变耕作制度，改善水分管理技术，即通过深耕、客土覆盖等方法或利用田间水分农艺调控措施来阻控水稻吸收积累 Cd；三是土壤改良剂的施用，通过添加含某些性质的改良剂（如生物炭及生物炭改性材料、硅肥、磷酸盐、黏土矿物等）进行离子交换、吸附、沉淀等钝化作用，改变重金属在土壤中的存在形式，降低土壤中重金属离子的可移动性及生物有效性，从而降低重金属污染物对环境土壤及作物的毒性，达到修复治理污染土壤及降低作物重金属含量的目的。

1.1 抗 Cd 水稻品种的筛选

重金属抗性水稻品种的筛选工作一直是研究的重点。找到抗 Cd 积累的水稻品种或利用基因工程技术培育出重金属耐性强的广谱有效品种，是解决水稻重金属污染问题的最佳方式。

徐燕玲、蔡秋玲等选取 84 个水稻品种（包含常规稻，两系杂交稻和三系杂交稻，其中均有超级稻）以及上坝镉污染水稻土为材料，在镉（Cd）中轻度污染农田上进行原位小区试验，试验得出以下结论：筛选、培育适合在中轻度污染区种植的高产低 Cd 水稻品种是可行的。在种植过程中控制茎的吸收与转运将对保障粮食安全生产具有重要意义。

1.2 稻田水分管理技术

21 世纪以来，田间水分农艺调控措施对阻控水稻吸收积累 Cd 的研究亦成为研究热门。水分管理措施能够调节土壤环境的氧化还原电位是水稻缓解土壤 Cd 胁迫的重要原因之一，铁和硫是影响土壤氧化还原电位的重要因素，水稻根表铁膜主要由铁锰氧化物胶膜形成，该胶膜是一种两性胶体，其化学行为和生物有效性能够通过吸附和共沉淀等作用影响土壤中的重金属，进而减少根系对有毒有害金属离子的吸收，维持正常生长。胡坤等采用盆栽试验在 3 种水分管理模式（晒田、湿润灌溉和淹水环境）下种植水稻，研究结果显示，晒田水稻产量最高，其次为淹水，湿润灌溉效果最不明显。淹水处理模式较湿润灌溉能更显著降低水稻籽粒中的镉含量，并且还明显抑制了镉从秸秆向籽粒的转移，而湿润灌溉方式促进了 Cd 从秸秆向籽粒的转移。淹水后土壤处于强还原状态，SO_4^{2-} 被还原成 S^{2-}，S^{2-} 与 Cd 生成 CdS 沉淀，降低了 Cd 的生物有效性。陈喆等在已筛选出的施硅方式（基施和叶面喷施相结合）基础上，选择典型单一镉污染稻田土壤，并结合 2 种稻田水分管理方式，研究不同水肥管理方式对常规早稻和杂交晚稻的 3 个生育期内各部位中 Cd 含量及成熟期生物量的影响。实验设计 4 个处理：不施硅肥 + 常规间歇淹水措施、不施硅肥 + 全生育期淹水措施、2 种硅肥配施 + 常规间歇淹水措施、2 种硅肥配施 + 全生育期淹水措施，结果表明 2 种硅肥配施 + 全生育期淹水措施可作为一种有效的稻米镉污染控制技术。因此，在镉污染土壤上，水稻应尽量使用全生育期淹水的水分管理模式减少镉的生物有效性。

1.3 土壤改良剂的施用

施用生石灰是现在降低土壤 pH 值的最常用的方法。周波等研究表明，在水稻不同生育期施加生石灰均可显著提高土壤 pH 值，降低土壤有效态镉及根系镉含量，同时显著降低糙米镉含量。沈欣等研究表明，施用生石灰能使土壤的 pH 值提高 0.05~0.9 个单位。有研究表明，pH 值是生物炭的重要化学属性之一，对土壤重金属的迁移有重要作用。生物炭不仅能够直接吸附土壤中的重金属离子，也能通过影响土壤 pH 等理化性质改变重金属形态。郎家庆等通过在水稻田中施用土壤改良剂后发现，土壤改良剂可显著改变土壤的 pH 值和 CEC；促进水稻生长发育，表现为株高、穗数、穗粒数、千粒重均有明显增加；提高水稻产量，增产率在 7.1% 以上。综上所述，土壤改良剂的使用能通过提高土壤 pH 值，降低土壤有效镉含量等方面降低糙米中的镉含量，是镉污染防治与修复中不可或缺的一种农艺措施。

2. 材料与方法

2.1 试验材料

试验于 2015—2016 年在湖南省镉污染地区进行定位试验。根据湖南省的稻田每 150 亩一个试验点的加密普查结果，在湖南省共选取 194 丘镉污染稻田进行小区试验，每个点种植双季稻。具体分布如下图：

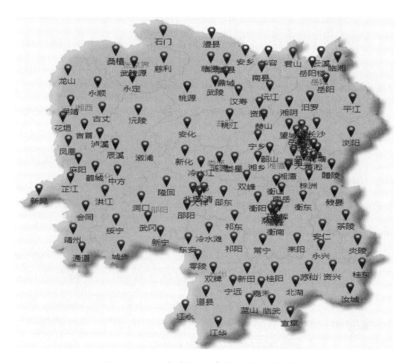

图 17–1　湖南省镉污染地区定位试验图

试验材料：镉低积累品种，生石灰。

镉低积累品种从湖南省《应急性镉低积累水稻品种指导目录》中选取适合当地气候条件的早稻或晚稻品种。

应急性镉低积累水稻品种指导目录

品种类型	品种类型	选育单位（第一完成单位）	审定编号
早稻	株两优 176	怀化市农业科技研究所	XS045-2002
	欣荣优 123	金色农华科技有限公司	湘审稻 2015003
	株两优 929	湖南省水稻研究所	湘审稻 2015006
晚稻	深优 9586	清华大学深圳研究生院	湘审稻 2011031
	隆香优 130	袁隆平农业高科技有限公司	湘审稻 2013019
	深优 9559	湖南省袁氏种业高科技有限公司	湘审稻 2015031C
	两优 396	湖南农业大学	国审稻 2010014

2.2 试验方法

2.2.1 小区设计及处理方法

试验采用随机区组设计，设置两个处理，分别是 CK 和 VIP 综合处理，3 次重复。

CK 处理采用当地品种（非镉低积累品种），不采取任何降镉措施，按当地的栽培习惯进行管理。VIP 处理选用适合当地气候条件的低镉品种（Varieties），生育期内进行优化水分管理（Irrigation），施用生石灰综合处理来提高土壤 pH 值。

生石灰施用方法：早稻在移栽前 20 天一次性撒施，晚稻在分蘖末期（约移栽后 1 个月）一次性撒施，施用量为 50 kg/ 亩。

优化水分管理：全生育期保持田间有水层，直到收割前 7 天左右自然晒干，在抽穗前后 20 天内保证田间有 3 cm 水层。

2.2.2 样品的采集与处理

在 2015 年早稻处理前取耕作层土壤鲜样 1 kg，即基础土壤样品。在早稻和晚稻成熟期各取耕作层土壤样品 1 kg，即成熟期土壤样品。将土壤样品带回湖南农业大学分成等量的两份，一份自然阴干，备用；另一份及时测定其 pH 值。分别在早稻和晚稻成熟期取成熟期稻谷样品，带回湖南农业大学用砻谷机打成糙米，烘干备用。

2.2.3 糙米镉含量的测定方法

将糙米用小型高速粉碎机进行粉碎后过 100 目筛，用万分之一的天平（AUX120，日本岛津）精确称取 0.5000 ± 0.0002 g 糙米粉末样品于 75 mL 高温消煮管中，并用移液管小心移入 10 mL 混合酸（优级纯硝酸:优级纯高氯酸 =4∶1），盖上弯颈小漏斗后插入消解孔中放置过夜，使植物样品在室温下进行消化分解。次日，打开通风橱排风系统，并将消解仪（ED36，美国 Labtech）的温度调至 95℃，消解仪温度达到 95℃后恒温保持 10 min。之后升温到 120℃，使酸回流并保持 30 min。再次升温到 170℃，保持 1 h，彻底将植物样品消解，消解管内没有植物样品粉末出现。最后将消解仪升温至 190℃，赶酸至溶液 3~5 mL，且溶液澄清并透明表示消解完毕，从消解仪上取下消解管，室温条件下待消解液冷却后，用超纯水定容至 25 mL 的容量瓶内，并最后过滤至干净的 50 mL 聚乙烯瓶中，保存待测。为保证数据的准确性，试验过程中每组样品重复测定 3 次。

2.2.4 基础土壤全镉含量测定方法

将阴干后的基础土壤用研钵研磨后过 80 目筛，用万分之一电子天平（FA1004）精确称取制备好的土壤样品 0.5000 ± 0.0002 g，倒置于 75 mL 的高温消煮管中，做好标记，每个消煮管放入一颗小玻璃珠，之后配制王水（GR 级 HNO_3∶GR 级 HCl=1∶3），用移液管小心移取 5 mL 王水，逐渐滴入消煮管中，同时沿着消煮管边缘冲刷残留样品至管底，盖上弯颈漏斗，将消解管放置于消解孔（ED36，美国 Labetech，可调温度的电热消解仪）中，静置过夜。第二日，首先打开通风橱开关，然后将消解仪温度升至到 90℃，保持 1 h；之后再升温至 150℃，保持 1 h；暂时关闭消解仪，等消解管中样品激烈反应后拿出，置于通风处冷却后除去漏斗；向消解管内再用移液管加入 5 mL $HClO_4$，并按顺序盖上弯颈漏斗后升温至 190℃，保持 2 h 后取掉漏斗；最后将消解仪升温至 220℃，保持约 3 h，样品消解成近于白色米糊状。取出消煮管，待冷却后，用超纯水冲洗消煮管，定容至 25 mL 容量瓶中，再过滤到干净的 50 mL 的白色塑料广口瓶中保存、待测。每个样品重复 3 次，消解时，每台消解仪做 1 个土壤成分分析标准物质 [GBW–07405（GSS–5）] 和 1 个空白对照处理，消解完成后的样品用 ICP–OES（美国 PE8300）测定其重金属的浓度，未能及时检测的样品应放入冰箱中冷藏保存，并及时检测。

2.2.5　成熟期土壤有效态镉含量的测定方法

将阴干后的成熟期土壤用研钵研磨后过 80 目筛，称取 1.000 g 样品于 50 mL 聚丙烯离心管中，加入 0.11 mol/L HAC 提取液 40 mL，室温环境下连续振荡 16 h（转速为 250 r/min，并保证离心管内水土混合物处于悬浮状态），然后取出离心管离心分离（转速 4000 r/min，20 min），最后过滤，上层清液置于聚乙烯瓶中，保存于 4℃冰箱中待测，用 ICP–OES（美国 PE8300）测定其有效态镉的浓度。

2.2.6　土壤 pH 值的测定

多取些去离子水加热烧开几分钟后，去除里面的 CO_2，用保鲜膜盖住待水冷却到常温，称取 10.0 ± 0.1 g 土壤样品，置于 50 mL 的烧杯中，采用比为 2.5∶1 的水土比，加入制备好的去离子水 25 mL 于烧杯中，用恒温震荡器震荡 30 min，再静置 30 min，然后采用 FJA–6 型氧化还原电位（ORP）去极化法全自动测定仪测定。每个样品测定 3 次。

2.2.7　土壤阳离子交换量和有机质含量的测定方法

土壤阳离子交换量的测定采用乙酸铵交换法进行测定，有机质含量采用重铬酸钾氧化滴定法。这两项指标送往湖南省分析测试中心进行测定。

2.2.8　糙米镉富集系数计算方法

糙米镉富集系数 =（糙米镉含量 / 土壤全镉含量）× 100%

2.2.9　不同土壤条件下的分区方法

湖南省镉污染地区分类标准见表 17–1。

表 17–1　　　　　　　　　　　湖南省镉污染地区分类标准

分类标准	分类依据	类别
土壤全镉含量 （Scd）	Scd<0.3mg/kg	轻微污染区
	0.3 ≤ Scd < 0.6mg/kg	轻度污染区
	0.6 ≤ Scd < 0.9mg/kg	中度污染区
	Scd ≥ 0.9mg/kg	重度污染区
土壤 pH 值	pH<5.5	酸性地区
	5.5 ≤ pH<6.5	微酸地区
	6.5 ≤ pH<7.5	中性地区
	pH ≥ 7.5	碱性地区
土壤阳离子交换量 （CEC）	CEC < 7.5 cmol/kg	一级
	7.5 ≤ CEC < 10 cmol/kg	二级
	10 ≤ CEC <12.5 cmol/kg	三级
	CEC ≥ 12.5 cmol/kg	四级
土壤有机质含量 （OM）	OM < 20 g/kg	D 级
	20 ≤ OM< 40 g/kg	C 级
	40 ≤ OM< 60 g/kg	B 级
	OM ≥ 60 g/kg	A 级

2.2.10 数据处理

用 Microsoft Excel 2016 软件和 SPSS Statistics 21 软件进行数据分析与图表制作。

3. 结果与分析

3.1 不同土壤条件下 VIP 处理对水稻糙米镉含量的影响

3.1.1 VIP 处理对不同土壤全镉含量条件下糙米镉含量的影响

由表 17–2 可以看出，在轻微污染地区，采用 VIP 技术，2015 — 2016 年早稻和晚稻的米镉含量分别为 0.065 mg/kg、0.085 mg/kg、0.085 mg/kg、0.145 mg/kg，比 CK 降低了 41.14%、50.75%、19.55%、10.40%，其中 2015 年早稻和晚稻均达到了 1% 的极显著水平。在轻度污染地区，使用 VIP 降镉技术处理后，2015—2016 年早稻和晚稻的米镉含量分别为 0.076 mg/kg、0.142 mg/kg、0.146 mg/kg、0.188 mg/kg，比 CK 降低了 43.85%、44.04%、

19.73%、17.22%，其中 2015 年早稻和晚稻达到了 1% 的极显著水平。在中度污染地区，经过 VIP 处理后，2015—2016 年四个季别的米镉含量分别为 0.123 mg/kg、0.197 mg/kg、0.126 mg/kg、0.261 mg/kg，比 CK 降低了44.17%、48.64%、13.26%、7.32%，其中 2015 年早稻和晚稻达到了 5% 的显著水平。在重度污染地区，使用 VIP 降镉技术处理后，2015—2016 年早稻和晚稻的米镉含量分别为 0.170 mg/kg、0.302 mg/kg、0.185 mg/kg、0.412 mg/kg，比 CK 降低了 41.07%、36.67%、48.86%、24.13%，其中2016 年早稻达到了 1% 的极显著水平。

表 17–2　不同污染等级地区 VIP 处理对糙米镉及土壤有效镉含量的影响

| 污染地区等级 | 季别 | 糙米镉含量 | | | 土壤有效镉含量 | | |
| | | 对照 | VIP | | 对照 | VIP | |
		均值 /mg/kg	均值 /mg/kg	降低幅度 /%	均值 /mg/kg	均值 /mg/kg	降低幅度 /%
轻微污染区	2015 年早稻	0.111	0.065	41.141**	0.176	0.169	4.193
	2015 年晚稻	0.173	0.085	50.756**	0.157	0.148	5.638
	2016 年早稻	0.106	0.085	19.552	0.206	0.224	−8.634
	2016 年晚稻	0.162	0.145	10.401	0.193	0.192	0.768
轻度污染区	2015 年早稻	0.135	0.076	43.851**	0.299	0.291	2.832
	2015 年晚稻	0.253	0.142	44.043**	0.263	0.249	5.379
	2016 年早稻	0.182	0.146	19.738	0.320	0.330	−3.166
	2016 年晚稻	0.227	0.188	17.225	0.241	0.244	−1.403
中度污染区	2015 年早稻	0.221	0.123	44.176*	0.463	0.442	4.509
	2015 年晚稻	0.384	0.197	48.641**	0.405	0.392	3.003
	2016 年早稻	0.146	0.126	13.262	0.490	0.486	0.783
	2016 年晚稻	0.281	0.261	7.328	0.357	0.326	8.688
重度污染区	2015 年早稻	0.295	0.17	41.077	1.016	0.932	8.309**
	2015 年晚稻	0.477	0.302	36.675	0.956	0.851	10.957**
	2016 年早稻	0.361	0.185	48.864**	0.863	0.823	4.689
	2016 年晚稻	0.543	0.412	24.134	0.615	0.598	2.774

注：* 和 ** 分别代表 VIP 处理下糙米镉或土壤有效镉含量比对照处理的降低幅度达显著性（$P<0.05$）和极显著性差异（$P<0.01$），下同。

3.1.2 不同土壤酸碱度地区 VIP 处理对糙米镉含量的影响

由表 17–3 可以看出，在酸性地区，采用 VIP 技术，2015 — 2016 年早稻和晚稻的米镉含量分别为 0.144 mg/kg、0.263 mg/kg、0.251 mg/kg、0.366 mg/kg，比 CK 降低了 36.10%、37.59%、25.10%、12.28%，其中 2015 年早稻和晚稻达到了 1% 的极显著水平，2016 年早稻达到 5% 的显著水平。在微酸性地区，使用 VIP 降镉技术处理后，2015—2016 年早稻和晚稻的米镉含量分别为 0.100 mg/kg、0.172 mg/kg、0.115 mg/kg、0.212 mg/kg，比 CK 降低了 55.52%、47.44%、34.63%、20.48%，其中 2015 年早稻和晚

表 17–3　不同土壤酸碱度地区 VIP 处理对糙米镉和土壤有效镉含量的影响

土壤酸碱度等级	季别	糙米镉含量			土壤有效镉含量		
		对照	VIP		对照	VIP	
		均值 /mg/kg	均值 /mg/kg	降低幅度 /%	均值 /mg/kg	均值 /mg/kg	降低幅度 /%
酸性地区	2015 年早稻	0.225	0.144	36.097**	0.627	0.572	8.756*
	2015 年晚稻	0.422	0.263	37.594**	0.598	0.534	10.759*
	2016 年早稻	0.335	0.251	25.104*	0.560	0.620	−10.782
	2016 年晚稻	0.417	0.366	12.228	0.43	0.431	−0.168
微酸性地区	2015 年早稻	0.225	0.100	55.528**	0.342	0.321	6.005
	2015 年晚稻	0.327	0.172	47.442**	0.302	0.277	8.161
	2016 年早稻	0.176	0.115	34.633	0.386	0.402	−4.017
	2016 年晚稻	0.267	0.212	20.484	0.290	0.279	3.696
中性地区	2015 年早稻	0.066	0.039	41.455*	0.444	0.474	−6.941
	2015 年晚稻	0.048	0.029	38.196	0.387	0.385	0.725
	2016 年早稻	0.063	0.065	−3.111	0.238	0.24	−0.775
	2016 年晚稻	0.104	0.118	−14.243	0.218	0.214	1.992
碱性地区	2015 年早稻	0.033	0.026	22.321	0.457	0.443	3.053
	2015 年晚稻	0.028	0.026	6.536	0.428	0.427	0.198
	2016 年早稻	0.043	0.037	14.706	0.49	0.327	33.291**
	2016 年晚稻	0.077	0.053	30.861	0.277	0.278	−0.390

稻达到了 1% 的极显著水平。在中性地区，经过 VIP 处理后，2015—2016 年四个季别的米镉含量分别为 0.039 mg/kg、0.029 mg/kg、0.065 mg/kg、0.118 mg/kg，2015 年两季比 CK 分别降低了 41.46%、38.20%，其中 2015 年早稻达到了 1% 的极显著水平。在碱性地区，使用 VIP 降镉技术处理后，2015—2016 年早稻和晚稻的米镉含量分别为 0.026 mg/kg、0.026 mg/kg、0.037 mg/kg、0.053mg/kg，比 CK 降 低 了 22.32%、6.54%、14.71%、30.86%，碱性地区在 VIP 处理后糙米镉含量与 CK 的差异均未达到显著水平。

3.1.3 不同土壤阳离子交换量条件下 VIP 处理对糙米镉含量的影响

由表 17–4 可以看出，在土壤缓冲能力为一级的地区，对照处理中糙米镉含量最高的是 2016 年晚稻，为 0.464 mg/kg，最低的为 2015 年早稻，为 0.137 mg/kg。各季别 VIP 处理下糙米镉含量最高的为 2016 年晚稻，达到了 0.217 mg/kg，最低的季别为 2015 年早稻，为 0.091 mg/kg。VIP 处理下各季别相对于对照的糙米镉含量在 2015 年晚稻和 2016 年晚稻与对照处理达到了极显著差异水平，在 2016 年早稻达到了显著差异水平。在 CEC 为二级的地区，对照处理中糙米镉含量最高的季别是 2016 年晚稻，为 0.164 mg/kg，最低的为 2016 年早稻，仅为 0.088 mg/kg。各季别 VIP 处理下糙米镉含量最高的为 2016 年晚稻，达到了 0.176 mg/kg，最低的季别为 2015 年早稻，仅为 0.059 mg/kg。在 2015 年晚稻试验中，VIP 处理相对于对照的糙米镉含量降低幅度达到了极显著差异，降幅为 47.98%。在土壤缓冲能力较好的三级地区，对照处理中糙米镉含量最高的是 2015 年晚稻，为 0.320 mg/kg，最低的季别为 2015 年早稻，为 0.178 mg/kg。VIP 综合处理下镉糙米含量最低的是 2015 年早稻，为 0.103 mg/kg。VIP 综合处理下糙米镉含量的降低达到显著水平的是 2015 年晚稻，降低幅度达到了 37.19%，其他季别均未达到显著水平。而在土壤缓冲能力最好的四级地区，对照处理中糙米镉含量最高的是 2015 年晚稻，为 0.513 mg/kg，最低的为 2015 年早稻，为 0.279 mg/kg。各季别 VIP 处理下糙米镉含量最高的为 2015 年晚稻，达到了 0.294 mg/kg，最低的季别为 2016 年早稻，仅为 0.144 mg/kg。在 2016 年早稻 VIP 处理的糙米镉含量与对照有极显著差异，其降低幅度达到了 54.05%。

表 17-4 不同土壤阳离子交换量条件下 VIP 处理对糙米镉及土壤有效镉含量的影响

土壤阳离子交换量等级	季别	糙米镉含量			土壤有效镉含量		
		对照	VIP		对照	VIP	
		均值 /mg/kg	均值 /mg/kg	降低幅度 /%	均值 /mg/kg	均值 /mg/kg	降低幅度 /%
一级	2015 年早稻	0.137	0.091	33.876	0.347	0.312	10.002*
	2015 年晚稻	0.235	0.092	61.265**	0.274	0.272	1.063
	2016 年早稻	0.246	0.129	47.629*	0.373	0.373	0.001
	2016 年晚稻	0.464	0.217	53.125**	0.300	0.285	4.903
二级	2015 年早稻	0.099	0.059	39.772*	0.346	0.347	−0.347
	2015 年晚稻	0.139	0.072	47.976**	0.304	0.298	1.874
	2016 年早稻	0.088	0.098	−12.247	0.309	0.328	−6.166
	2016 年晚稻	0.164	0.176	−7.399	0.215	0.218	−1.162
三级	2015 年早稻	0.178	0.103	42.281	0.502	0.456	9.255*
	2015 年晚稻	0.320	0.201	37.191*	0.472	0.412	12.583
	2016 年早稻	0.201	0.163	18.918	0.446	0.424	4.882
	2016 年晚稻	0.254	0.239	5.954	0.329	0.314	4.562
四级	2015 年早稻	0.279	0.158	43.39	0.439	0.432	1.662
	2015 年晚稻	0.513	0.294	42.615	0.424	0.407	4.011
	2016 年早稻	0.313	0.144	54.049**	0.626	0.667	−6.624
	2016 年晚稻	0.387	0.28	27.662	0.457	0.463	−1.262

3.1.4 不同土壤有机质含量条件下 VIP 处理对糙米镉含量的影响

由表 17-5 可以看出,就 D 级地区而言,对照处理中糙米镉含量最高的是 2016 年晚稻,其镉含量为 0.672 mg/kg,最低的为 2015 年早稻,仅为 0.114 mg/kg。各季别 VIP 处理下糙米镉含量最高的为 2016 年晚稻,达到了 0.397 mg/kg,最低的季别为 2015 年早稻,仅为 0.072 mg/kg。VIP 处理下各季别相对于对照的糙米镉含量均有不同程度的降低,2016 年早稻和晚稻以及 2015 年晚稻的降低幅度分别达到了 53.46%、40.85% 和 58.91%,均与对照的糙米镉含量达到了极显著水平。在有机质含量为 C 级的地区,对

表 17–5　不同土壤有机质含量条件下 VIP 处理对糙米及土壤有效镉含量的影响

土壤有机质含量等级	季别	糙米镉含量			土壤有效镉含量		
		对照	VIP		对照	VIP	
		均值 / mg/kg	均值 / mg/kg	降低幅度 / %	均值 / mg/kg	均值 / mg/kg	降低幅度 / %
D 级	2015 年早稻	0.114	0.072	36.618	0.214	0.237	−10.699
	2015 年晚稻	0.177	0.073	58.914**	0.200	0.177	11.116
	2016 年早稻	0.411	0.191	53.458**	0.535	0.517	3.395
	2016 年晚稻	0.672	0.397	40.854**	0.336	0.338	−0.715
C 级	2015 年早稻	0.172	0.101	41.328	0.409	0.37	9.559
	2015 年晚稻	0.313	0.175	43.983**	0.372	0.326	12.48
	2016 年早稻	0.221	0.162	26.660*	0.446	0.457	−2.601
	2016 年晚稻	0.248	0.227	8.364	0.306	0.304	0.764
B 级	2015 年早稻	0.200	0.111	44.715*	0.457	0.440	3.733
	2015 年晚稻	0.339	0.196	42.173**	0.424	0.404	4.688
	2016 年早稻	0.168	0.119	28.919	0.422	0.457	−8.412
	2016 年晚稻	0.282	0.226	19.717	0.341	0.322	5.427
A 级	2015 年早稻	0.056	0.035	37.425	0.627	0.618	1.481
	2015 年晚稻	0.070	0.047	32.931	0.533	0.549	−2.987
	2016 年早稻	0.065	0.050	23.923	0.539	0.372	30.948**
	2016 年晚稻	0.213	0.163	23.475	0.336	0.324	3.408

照处理中糙米镉含量最高的季别是 2015 年晚稻，镉含量为 0.313 mg/kg，最低的为 2015 年早稻，仅为 0.172 mg/kg。各季别 VIP 处理下糙米镉含量最高的为 2016 年晚稻，达到了 0.227 mg/kg，最低的季别为 2015 年早稻，仅为 0.101 mg/kg。2015 年晚稻的降低幅度达到了 43.98%，与对照的糙米镉含量达到了极显著水平，2016 年早稻的降低水平达到了显著性水平。而在 B 级地区，对照处理中糙米镉含量最高的是 2015 年晚稻，为 0.339 mg/kg。VIP 综合处理下糙米镉含量最低的是 2015 年早稻，糙米镉含量为 0.111 mg/kg。VIP 综合处理下糙米镉含量的降低达到极显著水平的是 2015 年晚稻，降低幅度达到了 42.17%，有显著性水平差异的是 2015 年早稻，

降低幅度为 44.72%。对于有机质含量最丰富的 A 级地区而言，对照处理中糙米镉含量最高的是 2016 年晚稻，其镉含量为 0.213 mg/kg，最低的为 2015 年早稻，为 0.056 mg/kg。各季别 VIP 处理下糙米镉含量最高的为 2016 年晚稻，达到了 0.163 mg/kg，最低的季别为 2015 年早稻，仅为 0.035 mg/kg。

3.2 不同土壤环境下 VIP 处理对成熟期土壤有效镉的影响

VIP 处理在轻微、轻度、中度、重度这四个污染等级地区中，对有效镉含量降低效果具有极显著性水平差异的是重度污染地区，有效镉降低幅度最大达到 8.039% 和 10.957%（表 17–2）。对于不同土壤酸碱度地区而言，VIP 处理在酸性和碱性地区的降镉效果最显著，在酸性地区，2015 年早稻和晚稻的降镉效果达到显著性差异水平，土壤有效镉的含量分别由 0.627 mg/kg 降至 0.572 mg/kg，0.598 mg/kg 降至 0.534 mg/kg，降幅分别达到 8.576% 和 10.579%。在碱性地区的 2016 年早稻，VIP 对土壤有效镉的降低效果达到极显著差异水平，降幅达到了 33.291%（表 17–3）。在不同土壤阳离子交换量的地区，VIP 处理对土壤有效镉的降低效果普遍不显著，仅对一级和三级地区的 2015 年早稻土壤有效镉含量产生了显著性降低效果，降幅分别达到 10.002% 和 9.255%（表 17–4）。通过对土壤有机质含量进行分级后发现，综合降镉技术能对有机质含量最高的 A 级地区的土壤有效镉产生极显著的降低效果，使该地区的 2016 年早稻土壤有效镉降低了 30.948%（表 17–5）。

3.3 综合降镉技术（VIP）对不同土壤环境下土壤 pH 值的影响

由图 17–2 可以得出，在不同土壤环境下，VIP 处理都能使土壤 pH 值得到不同程度的升高。在不同污染程度地区，VIP 处理分别能使土壤 pH 值最大提高 0.216（轻微污染地区）、0.168（轻度污染地区）、0.209（中度污染地区）、0.304（重度污染地区）。在重度污染地区，VIP 处理的土壤 pH 值在 2015—2016 年度间提高了 0.243，而对照处理在两年中仅提高了 0.055，VIP 处理对重度污染地区土壤 pH 值的提高最显著。在不同土壤酸碱度地区，综合降镉技术能使酸性地区土壤 pH 值最大提高了 0.203，在微酸性地区最大提高了 0.223，在中性地区最大提高了 0.264，在碱性地区 pH 值最大提高了 0.149。对于年度之间的变化而言，在酸性地区，2016 年晚稻对照处理的 pH 值相对于 2015 年早稻提高了 0.490，而 VIP 处理则提高了 0.616，其他地区相对于对照的 pH 值升高量都比酸性地区小。在不同土壤酸碱度地区，VIP 处理在酸性地区能使土壤 pH 值得到最大限度的降低。对不同土壤阳离子交换量的各地区而言，土壤 pH 值呈现出随着阳离子交换量的升高而降低的趋势。由此可知，在土壤阳离子交换量为四级的地区，VIP 处理对土壤 pH 值的影响最大，且能使该地区的 pH 值最大提高 0.249。通过对土壤不同有机质含量的分级后发现，VIP 处理在有机质含量最低的 D 级地区对土壤 pH 值的提高达到显著性水平。

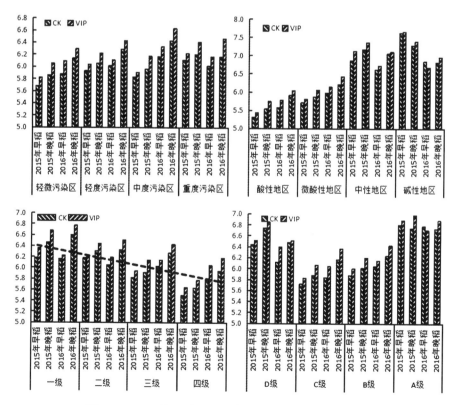

图 17-2　VIP 处理对不同土壤环境下土壤 pH 值的影响

3.4 综合降镉措施对不同土壤环境下阳离子交换量的影响

由图 17–3 可知，VIP 处理在不同土壤环境下并不能使土壤阳离子交换量产生显著的影响，所以米镉含量的降低并不是由于阳离子交换量的变化引起的。

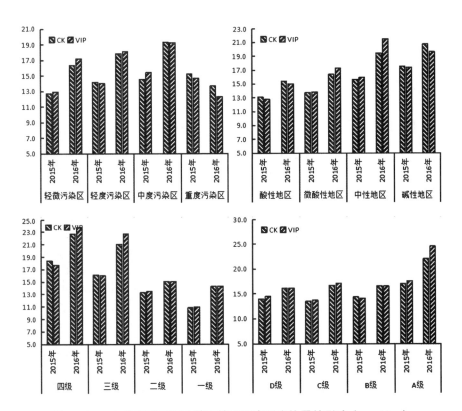

图 17–3　VIP 处理对不同土壤环境下阳离子交换量的影响（cmol/kg）

3.5 综合降镉措施对不同土壤环境下有机质含量的影响

在不同土壤环境下，VIP 处理在 2015 年对有机质的含量影响不大，连续处理两年后，碱性地区、CEC 为四级的地区有机质含量开始有所增加，分别升高了 9.62 g/kg、5.01 g/kg，其他地区无显著差异。说明经过连续两年的 VIP 处理能使 pH 值较大的碱性地区和土壤缓冲能力较好的四级地区的土壤有机质含量有所增加。为更深入地探究有机质含量与米镉富集系数的关系，计算不同有机质含量条件下 VIP 处理与对照处理之间的米镉富集系数的差值，如图 17–5 所示，在有机质含量最低的 D 级地区，随着 VIP 处理时间的增长，VIP 处理与对照处理之间的米镉富集系数的差值就越大，说明在有机质含量最低的地区，VIP 处理对米镉富集系数的降低效果越显著。

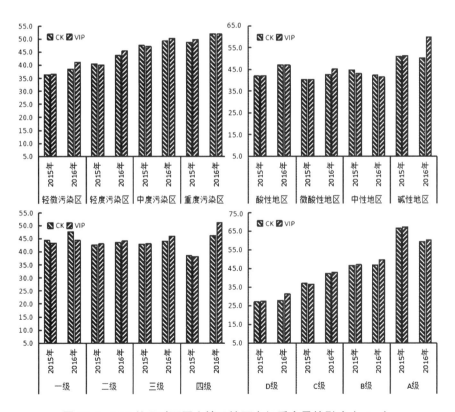

图 17–4　VIP 处理对不同土壤环境下有机质含量的影响（g/kg）

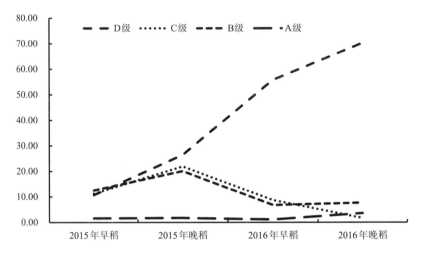

图 17-5　不同有机质含量下 VIP 与对照处理米镉富集系数差值

4. 结论与讨论

4.1 VIP 处理对不同土壤环境下糙米镉含量的影响

VIP 处理能不同程度地降低不同土壤环境下糙米镉的含量，在不同污染程度地区，VIP 对重度污染地区的降镉效果最为显著，降低幅度最高达到 48.86%。由此可见水稻米镉含量受土壤全镉含量影响较大，土壤全镉含量越高，米镉含量越高，在重度污染地区对米镉含量的影响尤为显著，与周静等研究结果相似。而在不同土壤酸碱度地区，综合降镉措施对酸性和微酸性地区的降镉效果最显著，米镉最大降幅达到了 55.53%。由此可见，VIP 降镉技术能降低土壤 pH 值，且在土壤酸性越大的情况下能发挥最好的效果，与易亚科等研究结果类似。在不同土壤阳离子交换量条件下，VIP 处理在 CEC 含量最低的一级地区降镉效果最好，降幅达到 61.265%。在有机质含量最低的 D 及地区，VIP 处理的效果也达到极显著水平。由此可见，综合降镉技术（VIP）在不同土壤环境下的降镉效果有所不同，土壤有效镉含量越高，降镉效果越显著，可能是由于采用镉低积累品种在重度污染区能发挥最大的作用。而在酸性和微酸性地区降镉效果最显著，可能是由于施用生石灰能显著提高酸性地区土壤的 pH 值。在阳离子交换量最低的一级地区米镉降幅达到最大，说明在 VIP 处理下 CEC 在土壤镉的形态变化上起到关键作用。在 CEC 含量较低的地区，VIP 处理能有效地降低土壤有效镉含量，原因可能是 CEC 越低，土壤缓冲能力越弱，在综合降镉技术处理下，土壤的 pH 值更容易得到提高，从而可以有效降低土壤中有效态镉的含量。

4.2 VIP 处理对不同土壤环境下土壤有效镉含量的影响

VIP 处理在轻微、轻度、中度、重度这四个污染等级地区中，对土壤有效镉含量降低效果具有极显著性水平差异的是重度污染区，有效镉降低幅度最大达到 8.309% 和 10.957%。对于不同土壤酸碱度地区而言，VIP 处理对土壤有效镉的降低效果不稳定，在 2015 年两季中有效镉得到了稳定且显著的降低，但是在 2016 年，土壤有效镉变化出现异常，可能是由于 2016 年的气候条件等因素引起的。在不同土壤阳离子交换量的地区，VIP 处理对一级和三级地区的 2015 年早稻土壤有效镉含量产生了显著性降低效果，降幅分别达到 10.002% 和 9.255%。通过对土壤有机质含量进行分级后发现，综合降镉技术能对有机质含量最高的 A 级地区的土壤有效镉产生极显著的降低效果，使该地区的 2016 年早稻土壤有效镉降低了 30.948%。

4.3 VIP 处理对不同土壤环境下土壤 pH 值的影响

在不同土壤环境下，VIP 处理都能使土壤 pH 值得到不同程度的升高。就处理间的 pH 值变化而言，在不同污染程度地区，VIP 处理在重度污染区使土壤 pH 值提高了 0.304，pH 值在 2015—2016 年度间升高了 0.243，而对照处理在两年中仅提高了 0.055，就不同污染程度地区而言，VIP 处理对重度污染地区土壤 pH 值的提高最显著。在不同土壤酸碱度地区，综合降镉技术能使酸性地区土壤 pH 值最大升高了 0.203，在微酸性地区能最大提高 0.223，在中性地区最大提高了 0.264，碱性地区 pH 值最大提高了 0.149。对于年度之间的变化而言，在酸性地区，2016 年晚稻对照处理的 pH 值相对于 2015 年早稻提高了 0.490，而 VIP 处理则提高了 0.616，其他地区相对于对照的 pH 值升高量都比酸性地区小。在不同土壤酸碱度地区，VIP 处理在酸性地区能使土壤 pH 值得到最大限度的提高。对不同土壤阳离子交换量的各地区而言，土壤 pH 值呈现出随着阳离子交换量的升高而降低的趋势，根据以上同样的分析方法，可知在土壤阳离子交换量为四级的地区，VIP 处理对土壤 pH 值的影响最大，且能使该地区的 pH 值最大提高 0.249。通过对土壤不同有机质含量的分级后发现，VIP 处理在有机质含量最低的 D 级地区对土壤 pH 值的提高最显著。

4.4 镉污染地区糙米镉含量与土壤环境因子的相关性分析

水稻糙米镉含量与土壤环境因子（土壤全镉含量、土壤 pH 值、土壤阳离子交换量、土壤有机质含量）有关。以上环境因子分别和糙米镉含量呈一定的相关关系，且决定系数（R^2）的大小依次为：土壤 pH 值 > 土壤全镉含量 > 土壤阳离子交换量 > 土壤有机质含量。说明在镉污染稻田中，对糙米镉含量影响最大的是土壤 pH 值，与糙米镉呈负相关关系，其次是土壤全镉含量，呈正相关关系。由此可以得出，土壤全镉虽然是评价土壤污染程度的重要指标，但并不是影响糙米镉含量的主要因素。土壤 pH 值对糙米镉含量影响尤其重要，可能是由于 pH 值是影响土壤中无效态镉转化为有效态镉的重要因素，而水稻生育期内根系吸收的镉元素都为有效态镉。

为深入探究土壤环境因子和糙米镉含量的关系，做了 RCd（糙米镉含量）与 SCd（土壤全镉含量）、SpH（成熟期土壤 pH 值）、SCEC（土壤阳离子交换量）的多元回归分析，得出回归方程如下：

早稻：

CK：y=0.598+0.62SCd–0.067SpH–0.005SCEC

VIP：y=0.357+0.053SCd–0.47SpH

晚稻：

CK：y=0.63+0.16SCd–0.07SpH

VIP：y=0.408+0.1SCd–0.05SpH

对于早稻来说，VIP 处理后降低了土壤全镉含量对糙米镉的影响，而提高了 pH 值的相关性。对于晚稻而言，VIP 处理仅降低了土壤全镉相关性，其他因素没有明显的变化。

4.5 VIP 降镉技术对镉污染治理与修复的展望

VIP 降镉技术能对镉污染地区的米镉含量产生较好的降镉效果，但是有一定的地域局限性。在实际生产活动中，应该因地制宜，首先应该考察当地的土壤条件，根据不同的土壤环境选用不同的治理方法。如在重度污染地区应该以升高土壤 pH 值为主，在中轻度污染地区以降低土壤有效镉为主。另外，在实际应用中应该根据不同地区的实际情况进行推广，如在土壤板结较为严重的地区，应该谨慎施用生石灰；在灌溉水较为紧张的地区，以采用低镉品种和施用生石灰为主。

参考文献：

[1] 袁隆平, 武小金, 颜应成, 等. 水稻广谱广亲和系的选育策略 [J]. 中国农业科学, 1997(04): 2–9.

[2] 蔡轩, 龙新宪, 种云霄, 等. 无机 – 有机混合改良剂对酸性重金属复合污染土壤的修复效应 [J]. 环境科学学报, 2015, 35(12): 3991–4002.

[3] 王学锋, 杨艳琴. 土壤 – 植物系统重金属形态分析和生物有效性研究进展 [J]. 化工环保, 2004(01): 24–28.

[4] 徐燕玲, 陈能场, 徐胜光, 等. 低镉累积水稻品种的筛选方法研究——品种与类型 [J]. 农业环境科学学报, 2009, 28(07): 1346–1352.

[5] 蔡秋玲, 林大松, 王果, 等. 不同类型水稻镉富集与转运能力的差异分析 [J]. 农业环境科学学报, 2016, 35(06): 1028–1033.

[6] 何胜德, 林贤青, 朱德峰, 等. 杂交水稻根际供氧对土壤氧化还原电位和产量的影响 [J]. 杂交水稻, 2006(03): 78–80.

[7] 胡坤, 喻华, 冯文强, 等. 不同水分管理方式下 3 种中微量元素肥料对水稻生长和吸收镉的影响 [J]. 西南农业学报, 2010, 23(03): 772–776.

[8] 陈喆, 铁柏清, 雷鸣, 等. 施硅方式对稻米镉阻隔潜力研究 [J]. 环境科学, 2014, 35(07): 2762–2770.

[9] 陈喆, 铁柏清, 刘孝利, 等. 改良 – 农艺综合措施对水稻吸收积累镉的影响 [J]. 农业环境科学学报, 2013, 32(07): 1302–1308.

[10] 陈喆, 张淼, 叶长城, 等. 富硅肥料和水分管理对稻米镉污染阻控效果研究 [J]. 环境科学学报, 2015, 35(12): 4003–4011.

[11] 高云华，周波，李欢欢，等 . 施用生石灰对不同品种水稻镉吸收能力的影响 [J]. 广东农业科学 , 2015, 42(24): 22–25.

[12] 沈欣，朱奇宏，朱捍华，等 . 农艺调控措施对水稻镉积累的影响及其机理研究 [J]. 农业环境科学学报 , 2015, 34(08): 1449–1454.

[13] YAMADA T, SUMITA M, NAKANISHI Y, et al. Heavy–metal pollution and its state in the diatom distribution along with heavy–metal speciation in rivers at the feet of old copper mines, Ishikawa prefecture (The First Papers of Prospective Analytical Chemists) [J]. Bunseki Kagaku, 2004, 53(9): 883–889.

[14] 郎家庆 . 土壤调理剂在水稻土壤上的应用效果初报 [J]. 农业科技与装备 , 2016(11): 16–20.

[15] 周静，杨洋，孟桂元，等 . 不同镉污染土壤下水稻镉富集与转运效率 [J]. 生态学杂志 , 2018, 37(01): 89–94.

[16] 易亚科，周志波，陈光辉 . 土壤酸碱度对水稻生长及稻米镉含量的影响 [J]. 农业环境科学学报 , 2017, 36(03): 428–436.

第18章　水稻镉污染控制综合"4D"技术的理论与技术

稻米是我国人民的主要粮食作物，栽培品种种类较多，但它们在重金属镉吸收与积累上的差异报道较少。目前，中国受到重金属污染的耕地面积占到耕地总面积的1/6，每年因为土壤重金属污染造成的粮食减产达1000万吨，有超过1200万吨的粮食重金属污染超标，造成了重大的经济损失。由乡镇企业发展导致的土壤重金属污染，大大超过土壤环境质量的标准，据报道，目前我国受到镉、铅等重金属污染的耕地面积将近2000万公顷，其中污水灌溉的农田面积已达到330多万公顷、工业"三废"污染的耕地面积已达到1000万公顷。

近年来，很多学者对我国重金属Cd的土壤环境背景值、不同地区的土壤污染情况、土壤重金属污染防治措施等进行了比较系统的研究。土壤重金属Cd的污染通过污染食物链或者污染大气环境进而危害到人畜健康，可引发癌症等重大疾病，还可以导致农田作物的减产或绝收。

因此，通过田间试验，探明不同水稻品种在不同污染程度、环境条件下的差异稳定性，对筛选出低吸收积累重金属Cd的水稻品种，保障水稻食用部分不超过FAO/WHO和国家食品安全标准提供技术支撑。

有毒重金属Cd通过食物链途径进入人体，经其在人体中常年积累将严重危害人类健康。因此，针对湖南省部分农田重金属Cd污染较突出的问题，通过大田试验，探明不同水稻品种吸收与积累重金属Cd的基因型差异与稳定性研究提供参考依据，同时为实现水稻安全生产提供理论依据和技术指导。

1. 材料与方法

1.1 材料与试验设计

收集适合湖南种植的水稻品种 112 个。于 2014—2016 年在衡阳、湘潭和湘阴进行大田试验，作一季晚稻种植。于 5 月 20 日左右播种，秧龄 25 天，每个品种种植 50 穴，3 次重复，随机区组排列；土壤镉含量为 0.67 mg/kg，其他田间管理措施参考当地的水稻高产栽培管理技术。

1.2 取样与测定

当 90% 的谷粒变黄时，分品种分重复采集稻谷和稻草样品，烘干后分别用 ICP–MS 测定糙米和茎叶中的镉含量。数据均采用 Excel 和 SAS9.4 统计软件进行分析。

2. 结果与分析

2.1 不同水稻品种成熟期茎叶和糙米 Cd 含量差异

试验表明不同水稻器官 Cd 含量存在明显差异（表 18–1）。成熟期水稻不同器官 Cd 含量的关系是：茎叶 > 糙米，这与很多研究结果相同。不同品种间茎叶和糙米 Cd 含量范围分别为 1.95~12.20 mg/kg 和 0.19~2.60 mg/kg，不同水稻 Cd 含量在成熟期茎叶和糙米中存在差异，所有水稻品种的茎叶 Cd 含量平均是糙米 Cd 含量的 5.61 倍，其变异系数分别为 34.41% 和 38.52%，表明水稻各器官 Cd 含量存在明显差异，在糙米中重金属含量变化比茎叶要大。

表 18–1　　　　　　水稻各不同器官 Cd 含量分析（湘阴）

	最大值 /（mg/kg）	最小值 /（mg/kg）	平均值 /（mg/kg）	标准差	变异系数 /%
糙米	2.60	0.19	1.31	0.50	38.52
茎叶	12.2	1.95	7.30	2.51	34.41

不同水稻品种成熟期糙米 Cd 含量存在明显差异，其平均值为：1.31 mg/kg，其 Cd 含量最大值是 V197（2.6 mg/kg），较平均值高

98.5%；最小值是 V133（0.19 mg/kg）。糙米 Cd 含量最低的品种为 V133（0.19 mg/kg）；较低的品种有：V143（0.3 mg/kg）和 V165（0.3 mg/kg）；较高吸收 Cd 品种：V197（2.6 mg/kg）、V198（2.3 mg/kg）和 V072（2.4 mg/kg）。其中，仅一个品种（V133）低于国家标准；低于 0.3 mg/kg（欧洲食品卫生标准）有 3 个品种（V133、V165 和 V143）。

不同水稻品种成熟期茎叶 Cd 含量也存在明显差异，其平均值为：7.30 mg/kg，其 Cd 含量最大值是 V107（12.2 mg/kg），较平均值高67.1%；最小值是 V143（1.95 mg/kg）。

由不同器官重金属含量比可以看出，不同水稻品种由茎叶向糙米的迁移率不同，2.14~18.16，其中 V133（茎叶 3.45 mg/kg、糙米 0.2 mg/kg）、V202（茎叶 11.85 mg/kg、糙米 1 mg/kg）和 V061（茎叶 7.45 mg/kg、糙米 0.67 mg/kg）迁移率比较低，分别为 5.8%、8.4% 和 8.9%；品种 V118（茎叶 2.85 mg/kg、糙米 1.33 mg/kg）、V236（茎叶 4.45 mg/kg、糙米 2.07 mg/kg）和 V100（茎叶 5.75 mg/kg、糙米 2.20 mg/kg）迁移率比较高，分别为 46.8%、46.4% 和 38.3%。

由水稻不同器官重金属含量比得出不同水稻品种糙米中低吸收与积累重金属 Cd 的机理：①由水稻茎叶向糙米的迁移率低所致，如 V133（茎叶 3.45 mg/kg、糙米 0.2 mg/kg）和 V202（茎叶 11.85 mg/kg、糙米 1.00 mg/kg）；②水稻品种本身遗传基因上的差异，表现为茎叶吸收重金属 Cd 低，导致糙米中的 Cd 含量低，如 V143（茎叶 1.95 mg/kg、糙米 0.3 mg/kg）和 V162（茎叶 2.90 mg/kg、糙米 0.5 mg/kg）。在水稻成熟期，不同器官 Cd 浓度相关性较差。

大量试验研究结果表明，对于同一品种来说，水稻不同器官茎叶和糙米的镉含量随土壤镉浓度的升高而上升，茎叶和糙米间的镉含量存在相关性。但本试验结果表明，对于不同品种，在同一浓度下，水稻茎叶、糙米间的镉含量相关性很差，尽管镉在水稻各器官的分配依然呈现茎叶 > 糙米。这说明镉在水稻同器官中的分配比例会因水稻品种不同存在显著差异。镉在水稻不同器官中的分配与水稻品种和栽培管理措施紧密相关。因此，可

稻田重金属镉污染农艺修复治理理论与技术

以通过品种筛选来获得稻米中镉低吸收与积累品种以及通过栽培管理措施来降低镉在稻米中的分配。

2.2 不同年份下水稻镉积累的差异研究

表 18–2 不同年份下的水稻镉积累量（湘阴）

年份	平均值 / （mg/kg）	最大值 / （mg/kg）	最小值 / （mg/kg）	标准差 / （mg/kg）	变异系数 /%
2015 年	1.31	2.60	0.19	0.51	39
2016 年	0.72	1.38	0.40	0.19	27

试验结果表明：同一地区不同年份间种植的水稻品种之间存在显著差异，其中 2015 年湘阴县 112 个品种均值为 1.31 mg/kg，最大值与最小值之间相差 13.68 倍之高，2016 年湘阴县 112 个品种均值为 0.72 mg/kg，最大值与最小值之间相差仅 3.45 倍。

2.3 不同环境条件下水稻镉积累的差异

水稻品种在不同环境下糙米镉吸收与积累量间存在极显著差异（$P<0.01$）。水稻品种积累镉含量表现为湘阴＞湘潭＞衡阳（表 18–3）。其中三个试点 78 个水稻品种平均值均超过国家标准。品种 V129 镉含量最低为 0.01 mg/kg，种植于衡阳。V227 品种镉含量最高，为 1.36 mg/kg，种植于湘阴。

表 18–3 不同环境条件下的水稻镉积累量 单位：mg/kg

地点	平均值	最大值	最小值
湘阴	0.90	1.36	0.26
湘潭	0.36	0.9	0.1
衡阳	0.27	0.58	0.01

水稻品种在不同环境下镉吸收与积累量间差异显著，其中衡阳试点的糙米镉含量主要集中在 0~0.4 mg/kg，占供试品种的 82%；湘潭试点的糙米

镉含量主要集中在 0.21~0.6 mg/kg，占供试品种的 92.3%；而湘阴试点品种中糙米镉含量主要集中在 0.61~1.20 mg/kg，占供试品种的 83.3%。其糙米镉含量整体趋势表现为湘阴 > 湘潭 > 衡阳。

2.4 水稻稻米 Cd 积累量的表型值分析

从水稻品种在不同试点的镉含量积累量排名表可以看出，不同环境下水稻各品种间的镉含量积累存在显著差异，各品种间的稳定性也存在差异显著。品种相对较稳定的有五个（CV 低于 20.0），分别为 V077、V232、V074、V098 和 V110。品种极不稳定的有四个（CV 高于 100），分别为 V143、V173、V131 和 V156。

2.5 水稻糙米 Cd 吸收与积累量的 AMMI 模型分析

分析结果表明（表 18-4），糙米 Cd 的吸收与积累量在不同品种和环境间都达到了极显著水平（$P<0.01$），基因型与环境互作效应间也存在极显著差异，其效应（SS，平方和）占到总效应（SS，平方和）的 74.05%，其次为基因与环境互作效应和基因型，分别占 17.02% 和 8.93%。

表 18-4　　　　　　　　品比试验结果 AMMI 分析

变异来源	df	SS	MS	F	P.
总 的	701	74.3729	0.1061		
处 理	233	74.3261	0.319	3189.9602	0.0001
基 因	77	6.6381	0.0862	862.0872	0.0001
环 境	2	55.0357	27.5179	275178.5128	0.0001
交互作用	15	2.6523	0.0822	821.5778	0.0001
PCA1	78	8.4984	0.109	1.9934	0.0001
残 差	76	4.154	0.0547		
误 差	468	0.0468	0.0001		

3. 小结

本研究的结果表明，基因型对水稻糙米 Cd 积累量有极显著差异，在现有的品种中有 Cd 积累量低且稳定性高特性的品种，如 V146、V204、

V156 和 V143，这些低 Cd 积累品种，加以推广与利用，可以促进水稻生产由产量型向质量型与效益型转化。本试验研究结果还表明，在 Cd 污染地区通过品种筛选低 Cd 积累品种是一个非常有效的途径，可以较大幅度地降低糙米中 Cd 含量。鉴于目前湖南省大面积土壤重金属污染的现状，在品种选择与品种推广时应充分考虑稻米 Cd 的积累特性，尤其是在污染比较严重的地区进行水稻生产时，要特别注意避免高 Cd 吸收与积累品种的大规模种植生产，尽可能地减少稻米 Cd 积累给人们带来的健康风险。

本研究通过对湖南省湘阴、衡阳和湘潭三个试点稻米重金属污染分析，认为不同的水稻品种，不同的地点，不同地区的稻作类型，水稻中糙米 Cd 的吸收与积累量存在明显差异。通过对水稻品种的筛选，水稻糙米 Cd 积累量的遗传效应和基因与环境互作效应，得出水稻对 Cd 的吸收与积累存在明显的基因型差异，而且基因型 X 环境互作效应也是影响其表现的重要因素。在不同环境条件下加强对水稻 Cd 积累量的筛选鉴定，并且建立相应合理的筛选指标与技术体系，才能在不同环境条件下降低 Cd 含量的过程中筛选出具有较低 Cd 积累量的优良品种。

4. 关于"4D"综合降镉技术的思考

综合来看，影响稻米中镉的积累量的因素很多，如遗传特性、温度、水分、土壤、养分供应等。目前控制稻田的重金属污染主要有以下两个途径，一是通过改变稻田土壤中重金属的存在形态，降低其迁移性和生物有效性，主要有向污染土壤添加活性物质的原位钝化技术、淹水灌溉等。二是从稻田土壤中除去重金属，主要有利用特定生物净化土壤的生物修复技术、化学技术等。但是，这些技术均存在二次污染、效果不稳定、周期长、成本高等问题，而难以规模化应用。这些技术主要应用于土壤的修复治理，而水稻生产是要为人类提供安全的稻米。综合考虑，在大面积的镉污染治理中，采用水分管理、肥料调控等农艺技术措施是最有效、容易推广的技术模式。今后的研究重点应该是以降低稻米（水稻）镉含量为根本出发点，根据水稻对镉的吸收积累规律，寻找突破口，进行系统研究。

本课题组从 2010 年开始，以实现镉污染稻田的安全生产为目标，围绕水分管理、肥料运筹、生态环境、品种特性等方面，开展影响镉在水稻植株体内积累与转运的生理生态机制研究。

4.1 水分管理

在各项技术措施中，进行淹水管理，特别是抽穗以后，对降低米镉含量的作用最大，然而，长期淹水灌溉不利于水稻获得高产，以及可能导致稻田土壤潜育化。为此，通过研究水分管理对水稻吸收与转运镉的机制，以制定既有利于高产，又能有效降低稻米中的镉含量的水分管理技术，是急需解决的问题。本研究选择不同吸镉能力的水稻品种，在大田和盆栽条件下，系统地分析了土壤污染程度、生态环境等因素对淹水灌溉的降镉效应的影响，发现在大面积应用水分管理时，通过优化淹水管理，可以在不降低水稻产量的前提下，又能使米镉含量降低 30% 左右；通过分析水稻关键生育期的镉含量与分布规律，发现淹水管理不仅仅能有效降低稻米中的镉含量，还能降低镉从根系向地上部、茎叶向籽粒中转运的能力，可能的原因是淹水灌溉增加了镉在细胞壁中的比例，抑制了镉的二次分配与转移；根据本项目的主要研究结果而起草的湖南省技术规程《酸性镉污染稻田安全利用技术规程——水分管理技术》，2014—2017 年连续四年在湖南省的 1000 多万亩镉污染稻田中得到了应用，生产出 1000 多万吨合格的稻谷。

4.2 肥料运筹

为探究氮肥种类与用量、分蘖肥和粒肥与水分的耦合作用对土壤和水稻植株镉含量的影响机理，主要研究对土壤镉的有效性、根系吸收特性、营养器官的络合解毒机制与经济器官的防卫机制。为制定适宜的肥水管理模式以提高根系、茎叶等器官对镉的吸附与络合能力，降低转运能力，最终减少镉在籽粒中的积累量提供理论依据和技术支持。

4.3 生态环境

气象因子影响镉在水稻植株体内的积累与转运的机理研究，为探明不同季别间的水稻吸收积累重金属的差异机理，明确早稻与晚稻稻谷污染程度存在较大差异的主要原因，以及气候生态因子对水稻吸收积累重金属的影响及作用机理。

4.4 品种特性

主要研究了湖南省的主要水稻品种的镉吸收积累特性，以及在不同污染程度、土壤 pH、成土母质等条件下的镉污染反应特性，得到了一系列镉吸收积累能力相对较低的品种。

4.5 综合应用

综合集成了"4D"水稻综合降镉技术，为探究"4D"水稻综合降镉技术（减少 Decrease 土壤镉的总量、降低 Drop 土壤镉有效性、抑制 Depress 水稻根系的吸收、阻止 Defend 籽粒的富集）在中度镉污染稻田的应用效果、应用阈值与作用机理。按照"土壤调理—肥水调控—叶鞘阻转—稻草移除—绿肥增效"技术模式进行研究与示范。

第19章　玉米对中度镉污染稻田水稻季节性替代种植效应研究

摘要：为探讨玉米对中度镉污染稻田早稻与晚稻进行季节性替代种植的可行性与安全性。比较3种种植模式（双季稻、春玉米－晚稻、早稻－秋玉米）下的土壤全镉与有效镉动态、作物镉积累与分配特性、作物产量与经济效益等。结果表明：从季节上看三种种植模式在湖南省湘潭地区均是可行的。玉米替代水稻种植，可确保农产品镉含量达到国家质量标准要求。前作玉米对降低次年早稻糙米镉含量作用不大，但前作玉米对降低当年晚稻糙米镉含量有一定效果。2016年春玉米－晚稻模式晚稻糙米镉含量为0.621 mg/kg，较双季稻模式少0.202 mg/kg，降幅为24.54%。晚稻成熟期植株总镉累积量明显高于早稻，但其成熟期空壳、空粒、糙米的镉累积量都低于早稻，2016年各模式下水稻各器官镉累积量随生育进程推进逐渐增大，双季稻模式晚稻镉累积量为46.541 g/hm^2，春玉米－晚稻模式中晚稻镉累积量为28.300 g/hm^2，可见前季玉米有降低晚稻镉积累量的作用。春玉米－晚稻模式玉米籽粒镉含量低，且地上部镉积累移除量较早稻－秋玉米模式多，所以春玉米－晚稻模式替代双季稻模式种植更有利于镉污染稻田的修复和农产品的安全。前作玉米对晚稻成熟期土壤有效镉含量有降低作用，玉米成熟期土壤有效镉含量显著高于水稻成熟期土壤有效镉含量。土壤全镉含量两年来变化不大，但是与种植水稻相比，种植玉米后土壤中全镉含量有显著差异。在中度镉污染稻田上，以春玉米－晚稻和早稻－秋玉米模式获得比双季稻高的经济效益，且玉米籽粒可确保农产品镉含量达到国家质量标准要求；就镉移除量和土壤修复而言，春玉米－晚稻较早稻－秋玉米模式更有优势。

关键词：水稻；玉米；种植模式；镉；产量；镉积累分配；经济效益

前言

土壤作为生态统一的平衡体系，能充分过滤水分，分解废弃物等，在人们生存中占据着十分重要的位置。我国的耕地面积在逐年减少，社会不断发展，工业化污染越来越严重，导致了土壤中重金属数量和种类也越来越多，粮食生产受到严重阻碍。镉不是植物生长的必需元素，镉浓度过高可以严重阻碍植物的生长，植株体内重金属超标，植株就会表现出毒害症状。现今重金属对农田的污染程度加剧的原因有施用农用化肥和污水、污泥灌溉等，造成重大损失。

镉极其容易累积在植株体内，达到一定含量之后就会使植株表现出生长迟缓、植株矮小、根系和地上部的鲜重与干重显著下降、褪绿、光合强度下降、保护性酶发生变化、体内营养元素比例失调等症状。镉对作物的影响一般是通过对土壤中某些物质的改变，以土壤为中间物质来影响作物。我国是世界上最大的稻谷生产国，每年生产的稻谷占世界稻谷生产的重要比重。但是近年由于耕地被重金属污染，粮食生产安全问题越来越严重。现今针对重金属污染的研究很多，其中重金属对水稻的影响研究最多。也有研究表明土壤外源镉对玉米生长的抑制作用主要发生在穗期（50~70 d），并在中后期（70~90 d）有所减弱；镉对作物种子萌发、根系活力、光合作用、细胞代谢产生不利影响。

在镉胁迫环境下，作物表现出不一样的特征，不同水稻品种的每株穗数、每穗总粒数、结实率与千粒重等经济性状会不同程度降低，影响不同生育时期的地上部干物重。镉胁迫下，不同耐性的水稻品种也有不一样的表现特征。在苗期，镉耐性较强的水稻品种要比镉耐性较弱的品种受抑制程度小，但是在镉耐性差不多的水稻品种中糙米镉含量低的品种比糙米镉含量高的品种受害要轻。研究表明作物的种类以及品种间，因为遗传上的不同分配在对土壤重金属镉的吸收积累和在体内的分配上有很大差异。一般在水稻植株体内的镉含量与作物的产量呈正比，所以如何生产出高产、高效、优质低镉的稻米已经成为一大难题。

降低土壤中镉的含量成为现今治理重金属污染的一大问题。总结前人治理农田镉污染的重要技术措施研究成果有：清除土壤中的镉与改变土壤中镉的形态是降低镉进入水稻体内的两种重要途径。从土壤中直接去除的主要方法有：挖掘填埋，植物吸收萃取，土壤淋洗，热处理等。改变镉在土壤中的存在形态主要包括生物修复，改良剂的应用，等等。

本试验在湖南省湘潭县易俗河镇重度污染稻田进行，通过比较 3 种种植模式（双季稻、春玉米 – 晚稻、早稻 – 秋玉米）下的土壤全镉与有效镉动态、作物镉积累与分配特性、作物产量与经济效益等，探讨玉米对中度镉污染稻田早稻与晚稻进行季节性替代种植的可行性、安全性与经济性，以明确典型中度镉污染稻田适宜的替代种植模式，为构建中度镉污染稻田水稻"高产、高效、低镉"生产技术体系奠定基础。

1 材料与方法

1.1 试验材料

早稻品种为陵两优 211，晚稻品种为威优 46，玉米品种为湘农玉 14 号。

1.2 试验地点

试验于湖南省湘潭县易俗河镇进行。供试土壤基本肥力性状：pH 6.11，有机质 26.56 g/kg，全氮 1.55 g/kg，全磷 0.62 g/kg，全钾 4.1 g/kg，碱解氮 205.10 mg/kg，速效磷 66.97 mg/kg，速效钾 46.34 mg/kg，土壤全镉 0.8573 mg/kg。

1.3 试验设计

试验设置 3 种种植模式（双季稻、春玉米 – 晚稻与早稻 – 秋玉米），采用大区定位试验，每区面积为 120 m²，各区设独立进水口和排水口，大区间设置田埂，覆膜防止串水串肥。各种作物种植方法按照当地生产习惯进行，2015 年与 2016 年试验设计一样。

双季稻模式：早稻于 3 月下旬播种，晚稻于 6 月下旬播种；早稻插秧规格为 16.7 cm × 20 cm，晚稻为 20 cm × 20 cm；早晚季水稻施肥一致，即基肥施复合肥 600 kg/hm²，分蘖期追肥尿素（含 N 46%）150 kg/hm²。

春玉米－晚稻模式：3 月 20 日翻耕起垄，垄宽 70 cm，3 月 28 日播种，每垄播种 1 行玉米，株（穴）距 30 cm，每穴 2 粒，3~4 叶期每穴定苗 1 株，每 667 m² 定苗 3200 株。基肥施复合肥（氮磷钾比例为 22∶6∶12）600 kg/hm²，追肥（拔节肥 + 穗肥）施尿素 300 kg/hm²。玉米收获后翻耕土壤，7 月 20 日移栽晚稻，晚稻栽培技术与双季晚稻一致。

早稻－秋玉米模式：早稻栽培技术与双季稻模式一致。早稻收获后，晒田、翻耕、起垄后于 7 月 10 日播种玉米，起垄规格、播种方法、定苗方法、密度、施肥与春玉米相同。

1.4 测定项目与方法

叶面积与干物重：每个区选 3 个点，每点于早、晚稻分蘖盛期、孕穗期、齐穗期、灌浆中期和成熟期分别按单穴平均茎蘖数取 5 蔸水稻，采用长宽积系数法测量叶面积，即叶面积 = 长 × 宽 × 0.75；然后把根、茎、叶、穗分开，放于牛皮纸袋中，105℃ 杀青 30 min，然后 80℃ 烘干至恒重，计算干物质量。

产量及产量构成：水稻成熟期每个大区数连续的 80 蔸，记录有效穗数，计算单穴平均有效穗数，按照平均有效穗数取 15 蔸带回室内（每 5 蔸作一次重复），考察每穗总粒数、每穗实粒数、结实率、千粒重，计算理论产量。同时，每个区收获 100 穴水稻，3 次重复，折算实际产量；玉米田间考察空秆率，玉米单位面积有效穗 = 单位面积株数 × （1– 空秆率）。采收全区玉米果穗，称量、计算单穗鲜重，根据单穗鲜重取 10 个果穗，考察每穗总粒数、千粒重，计算理论产量，其余果穗脱粒晒干后折算实际产量。水稻和玉米成熟收获后秸秆和籽粒全部带出田间。

作物植株镉含量：分根、叶、茎、穗等部位测定作物植株中镉的含量，植株样 80℃ 烘干，粉碎或者磨碎，过 100 目尼龙筛，称取 0.2~0.5 g 至 50 mL 锥形瓶中，放置 2~3 粒玻璃珠于瓶中，加入 8 mL HNO₃ 和 2 mL HClO₄，所用酸均为国药优级纯（GR），瓶口放置弯颈漏斗，过夜至第二天放在 220℃消化板上进行消化 8~12 h，至溶液变澄清且无烟气逸出即达到消化终点，冷却至室温，用超纯水转移至 50 mL 容量瓶中定容，同时添加消煮空白和标准样品进行质量控制，火焰原子吸收光谱法测定。

镉积累量（g/hm²）= 镉含量 × 干物重。

土壤全镉：于水稻各关键生育时期取样测定土壤全镉，称取土样 0.2 g（过 100 目筛）于坩埚中，三次重复，加入 5 mL 硝酸 +2 mL 高氯酸盖盖过夜。第二天开炉前加氢氟酸 4 mL，开炉，设定温度 160℃，加热 40~60 min（从开始加热计算）；180~200℃（190℃）加热 3~4 h；开盖除硅，20~30 min 摇动一次，3~4 次（2 h 左右），加热到剩少量液体时，盖盖；关风机，升温至 220℃左右，加热 4~5 h，此过程摇动一次，效果较好，但不能漏气；开盖、摇动，煮至黏稠状。取下稍冷，用超纯水溶解、洗入 50 mL 容量瓶，坩埚与盖子洗 3 遍以上，定容。摇匀后，过滤到 10 mL 离心管中（最初滤液 5~6 mL 弃去），石墨炉原子吸收光谱仪测定。

土壤有效态镉：于水稻各关键生育时期取样测定有效态镉含量。有效态镉用 0.1 mol/L CaCl₂ 溶液浸提，三次重复。提取条件为：土液比 1∶5、在速度 210 r/min 和 25℃条件下振荡 2 h。石墨炉原子吸收光谱仪测定。

1.5 数据处理

试验数据用 Microsoft Excel 2003 和 SPSS22.0 进行处理。

2. 结果与分析

2.1 不同种植模式产量形成特性

由图 19-1 和图 19-2 可以看出，在 2015 年和 2016 年早稻期间每个时期段 Z1 和 Z3 的增长速率差异不大，因当时大田实验还未进行处理实验，所以 Z1 和 Z3 在 2015 年和 2016 年早稻的干物质积累总量和各器官所占比例差异不大。从 2015 年晚稻期间的干物质积累量动态可以看出（图 19-3），分蘖盛期与孕穗期干物质总量表现 Z1 > Z2，孕穗期之后 Z2 的干物质积累量就一直大于 Z1。在 2015 年晚稻整个生育时期干物质积累速率基本表现为 Z2 > Z1。成熟期 Z2 的稻穗干物质重所占比例大于 Z1。其原因可能为 Z2 模式的春玉米季土质疏松，通气性好，有利于微生物的活性提高，从而有利于晚稻营养吸收。

2016 年早稻干物质积累量，整个生育期 Z3 的干物质积累速率一直都大于 Z1，在成熟期表现更为明显，且稻穗所占比例也表现为 Z3 > Z1。2016 年晚稻各时期干物质总量始终表现为 Z2 > Z1，且稻穗所占比例也以 Z2 较大（图 19-4）。

2015 年与 2016 年比较，主要差别表现在早稻的干物质积累上，即 2016 年 Z3 的干物质重增长速率明显大于 2015 年 Z3 的干物质重增长速率。由此可以得出初步结论：水旱轮作可提高后季水稻的干物质积累，也可以增加稻穗干物质重所占比例。

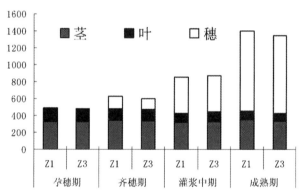

图 19-1　2015 年早稻各时期干物重（g/m²）

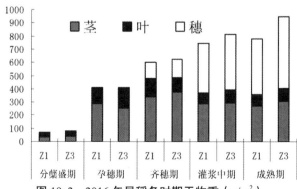

图 19-2　2016 年早稻各时期干物重（g/m²）

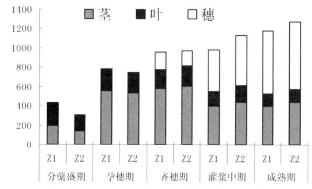

图 19-3　2015 年晚稻各时期干物重（g/m²）

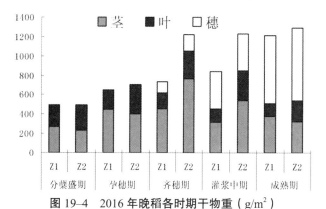

图 19-4　2016 年晚稻各时期干物重（g/m²）

注：Z1 为双季稻模式，Z2 为春玉米 – 晚稻模式，Z3 为早稻 – 秋玉米模式。

由图 19-5 至图 19-8 可以看出，2015 年春玉米成熟期干物质总量小于秋玉米，且籽粒干物重所占比例（即经济系数）也以秋玉米较大（春玉米和秋玉米分别为 57.71% 和 58.75%），可能的原因是春玉米播种较晚，且为了保证晚稻能够完全成熟，春玉米提前收获导致灌浆不完全。2016 年春玉米成熟期干物质总量大于秋玉米，但经济系数以秋玉米较高，且这种现象比 2015 年表现更明显（春玉米和秋玉米分别为 52.96% 和 65.66%）。

2016 年与 2015 年比较，2016 年的春玉米与秋玉米各时期的干物质积累量都低于 2015 年，可能是 2016 年雨水相对较多所致。从图中还可以看出，吐丝期和成熟期玉米棒重所占比例表现 2016 年大于 2015 年。

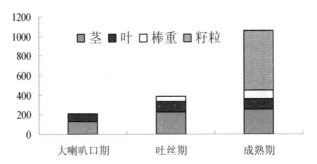

图 19-5 2015 年春玉米各时期干物重（g/m²）

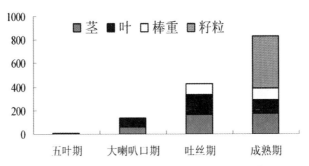

图 19-6 2016 年春玉米各时期干物重（g/m²）

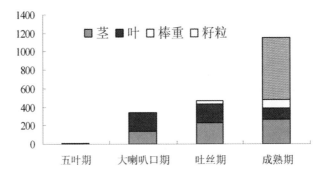

图 19-7 2015 年秋玉米各时期干物重（g/m²）

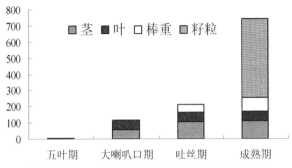

图 19-8　2016 年秋玉米各时期干物重（g/m²）

2.2 不同种植模式产量与产量构成因素

由表 19-1 可见，本试验条件下，2015 年双季稻模式下早稻、晚稻产量分别为 7210.8 kg/hm² 和 7739.4 kg/hm²；早稻 – 秋玉米模式下，早稻产量与双季早稻相当，为 7188.5kg/hm²，秋玉米产量较双季晚稻低 140.8 kg/hm²；春玉米 – 晚稻模式下，春玉米与晚稻产量分别为 6818.0 kg/hm² 和 7181.9 kg/hm²，均低于双季稻。两季作物总产量表现双季稻＞早稻 – 秋玉米＞春玉米 – 晚稻趋势；与双季稻总产量相比，早稻 – 秋玉米两季总产量低 163.1 kg/hm²，降幅为 1.09%，春玉米 – 晚稻两季总产量低 950.3 kg/hm²，降幅为 6.36%，其产量幅度下降的主要原因是春玉米穗粒数和粒重及晚稻每穗实粒数明显下降。

2016 年三种不同种植模式比较，双季稻模式下早稻、晚稻产量分别为 5233.7 kg/hm² 和 6298.3 kg/hm²；早稻 – 秋玉米模式下，早稻产量为 5469.5 kg/hm²，比双季稻模式下的早稻产量高 235.8 kg/hm²，秋玉米产量较双季稻模式下晚稻产量低 541.7 kg/hm²；春玉米 – 晚稻模式下，春玉米与晚稻产量分别为 5395.6 kg/hm² 和 6571.9 kg/hm²，均高于双季稻。两季作物总产量表现春玉米 – 晚稻＞双季稻＞早稻 – 秋玉米趋势；与双季稻总产量相比，春玉米 – 晚稻两季总产量高 435.5 kg/hm²，增幅为 3.78%，早稻 – 秋玉米两季总产量低 305.9 kg/hm²，降幅为 2.65%，其主要原因是 2016 年阴雨天气较多导致早稻每穗实粒数明显下降以及春玉米和秋玉米每穗实粒数下降较多。

2015 年三种种植模式下，两季总产量呈现双季稻＞早稻－秋玉米＞春玉米－晚稻趋势；而 2016 年呈现春玉米－晚稻＞双季稻＞早稻－秋玉米趋势，春玉米－晚稻在产量与产量构成上较双季稻已经初步呈现出一定的优势，但是其在后续年份里是否表现优势还有待研究。

表 19–1　　　　　　　不同种植模式产量与产量构成因素比较

种植模式		作物	有效穗数 （穗 /hm²）	每穗 实粒数	千粒重 （g）	理论产量 （kg/hm²）	实际产量 （kg/hm²）
2015 年	双季稻	早稻	4126984.1	59.5	30.0	7366.7	7210.8
		晚稻	3546099.3	71.6	31.4	7972.5	7739.4
	早稻－秋玉米	早稻	4011544.0	61.6	30.2	7462.8	7188.5
		秋玉米	47232.0	533.5	311.0	7836.7	7598.6
	春玉米－晚稻	春玉米	46992.0	511.3	291.0	6991.9	6818.0
		晚稻	3424329.5	66.4	32.3	7344.2	7181.9
2016 年	双季稻	早稻	3219576.7	63.5	26.7	5460.7	5233.7
		晚稻	2431266.8	91.2	29.7	6580.2	6298.3
	早稻－秋玉米	早稻	3335160.3	65.1	26.5	5758.5	5469.5
		秋玉米	51187.5	383.5	308.7	6059.4	5756.6
	春玉米－晚稻	春玉米	51345.0	373.4	288.7	5535.9	5395.6
		晚稻	2796078.4	84.0	29.4	6897.2	6571.9

注：2015 年春玉米空秆率为 2.10%，秋玉米空秆率为 1.60%；2016 年春玉米空秆率为2.50%，秋玉米空秆率为 2.20%。

2.3 不同种植模式下作物各器官镉含量

2015 年不同种植模式下水稻各时期各器官镉含量见表 19–2。其整体规律是随着生育进程的推进，根、茎、叶、穗等器官镉含量逐渐增大，且器官间一般表现为根＞茎＞叶＞穗的趋势，早、晚稻表现一致。至成熟期，早稻糙米镉含量在 0.34 mg/kg 左右，不同种植模式间差异较小，但均明显高于晚稻糙米镉含量；晚稻糙米镉含量在 0.22~0.25 mg/kg，以双季晚稻较高（0.244 mg/kg），春玉米－晚稻较低（0.231 mg/kg）。可见，2015 年试验条件下，前作玉米对降低晚稻糙米镉含量有一定效果。

表 19-2　　　　2015 年不同种植模式下水稻各时期各器官镉含量　　　单位：mg/kg

时期	部位	早稻		晚稻	
		双季稻	早稻 – 秋玉米	双季稻	春玉米 – 晚稻
分蘖盛期	根			3.194	2.792
	茎			0.321	0.289
	叶			0.181	0.164
孕穗期	根	3.080	3.016	4.131	3.499
	茎	0.234	0.215	0.368	0.318
	叶	0.225	0.208	0.201	0.186
齐穗期	根	3.480	3.392	4.688	3.964
	茎	0.457	0.441	0.422	0.382
	叶	0.415	0.390	0.310	0.319
	穗	0.237	0.219	0.130	0.119
灌浆期	根	4.486	4.326	5.688	4.838
	茎	0.815	0.791	0.770	0.723
	叶	0.539	0.527	0.633	0.593
	穗	0.333	0.314	0.170	0.168
成熟期	根	8.022	7.414	6.809	6.197
	茎	3.575	3.263	5.132	4.536
	叶	1.038	0.997	1.085	0.976
	枝梗	0.520	0.496	0.661	0.657
	空壳	0.537	0.514	0.327	0.302
	空粒	0.530	0.517	0.431	0.402
	糙米	0.344	0.332	0.244	0.231
	精米			0.212	0.201
	糠层			0.310	0.288

2016 年不同种植模式下水稻各时期各器官镉含量见表 19-3。根、茎、叶、穗等器官镉含量整体变化规律与 2015 年一致，即随着生育进程推进表现

逐渐增大趋势，器官间也表现为根＞茎＞叶＞穗的趋势。至成熟期，早稻糙米镉含量在 0.42 mg/kg 左右，不同种植模式间比较，双季稻与早稻 – 秋玉米模式中的早稻糙米中镉含量相当；不同模式下的晚稻糙米镉含量差异显著，其中双季稻模式下的晚稻镉含量较高（0.823 mg/kg），春玉米 – 晚稻较低（0.621 mg/kg），较双季晚稻降低 24.54%。可见，2016 年试验条件下，前作玉米对降低早稻糙米镉含量作用不大，但前作玉米对降低晚稻糙米镉含量有一定效果。

表 19–3　　2016 年不同种植模式中水稻各时期各器官镉含量　　单位：mg/kg

时期	部位	早稻		晚稻	
		双季稻	早稻 – 秋玉米	双季稻	春玉米 – 晚稻
分蘖盛期	根	2.410	1.683	5.969	2.073
	茎	0.273	0.259	0.404	0.331
	叶	0.177	0.149	0.146	0.138
孕穗期	根	4.510	4.955	9.274	3.773
	茎	0.325	0.290	2.315	1.115
	叶	0.183	0.155	0.216	0.182
齐穗期	根	6.284	5.686	9.558	4.496
	茎	0.395	0.499	0.901	0.427
	叶	0.292	0.277	0.411	0.386
	穗	0.113	0.098	0.760	0.549
灌浆期	根	6.666	8.216	11.713	6.609
	茎	0.611	0.789	3.513	1.609
	叶	0.332	0.243	0.575	0.365
	穗	0.175	0.133	1.334	0.638
成熟期	根	7.088	10.81	19.893	15.538
	茎	4.474	4.540	9.950	6.226
	叶	0.526	0.616	1.686	1.348
	枝梗	0.259	0.328	1.303	0.990

续表

时期	部位	早稻		晚稻	
		双季稻	早稻 – 秋玉米	双季稻	春玉米 – 晚稻
成熟期	空壳	0.387	0.424	1.209	0.515
	空粒	0.168	0.296	2.962	1.530
	糙米	0.426	0.429	0.823	0.621
	精米	0.366	0.361	0.775	0.463
	糠层	0.608	0.611	1.442	0.827

综合 2015—2016 两年结果可见：前作玉米对降低早稻糙米镉含量作用不大，但前作玉米对降低晚稻糙米镉含量有一定效果。

2015 年与 2016 年早稻 – 秋玉米和春玉米 – 晚稻中玉米各时期各器官的镉含量见表 19–4。由表可见，玉米各器官镉含量呈现根＞茎＞叶＞穗的规律，时期间比较发现，玉米各器官镉含量最高的是苗期（五叶期），随生育进程推进，各器官镉含量均呈下降趋势。同时发现，2015 年春玉米各器官镉含量明显高于秋玉米，2016 年前两时期规律类似，但吐丝期以后又以秋玉米略高。具体原因有待进一步验证和分析。在成熟期，两年两种种植模式下玉米籽粒镉含量在 0.036~0.081 mg/kg。可见，镉污染稻田种植玉米可解决农产品（籽粒）镉含量超标的问题。

2.4 不同种植模式作物镉吸收积累量

2015 年不同种植模式下水稻不同器官镉积累量见表 19–5。由表可见，各模式下水稻各器官镉积累量随生育进程推进而逐渐增大。成熟期，双季稻、早稻 – 秋玉米模式中的早稻镉积累量分别为 18.248 mg/hm² 和 15.465 mg/hm²，双季稻和春玉米 – 晚稻模式中的晚稻镉积累量分别为 23.790 mg/hm² 和 23.349 mg/hm²。可见晚稻和早稻相比较，晚稻成熟期植株的总镉积累量明显高于早稻，但是比较成熟期的各器官镉积累量发现，晚稻空壳、空粒、糙米的镉累积量都低于早稻，可见晚稻植株镉积累量的增大主要由于营养器官镉积累量增大。

表 19-4　2015 年与 2016 年早稻 - 秋玉米和春玉米 - 晚稻中玉米各时期
各器官的镉含量　　　　　　　　　单位：mg/kg

	2015 年春玉米	2016 年春玉米	2015 年秋玉米	2016 年秋玉米
五叶期				
根		7.3742	3.2822	6.1293
茎		2.2301	1.3678	2.0541
叶		2.0359	1.6011	1.7814
大喇叭口期				
根	7.1562	5.4091	2.8385	5.2269
茎	2.0423	1.9096	1.3258	1.7586
叶	1.0160	1.7159	0.9426	1.3115
吐丝期				
根	6.3523	3.8099	2.4379	4.0759
茎	1.6846	1.3199	1.3180	1.4180
叶	0.9415	1.1507	0.4761	1.2288
棒子	0.0025	0.0025	0.0025	0.0025
成熟期				
根	5.2754	3.0011	2.4081	3.9324
茎	0.9565	0.9410	1.3289	1.2945
叶	0.9012	0.8232	0.4573	0.9731
棒子	0.0025	0.0025	0.0025	0.0025
籽粒	0.0357	0.0713	0.0372	0.0810

2016 年不同种植模式下水稻不同器官镉积累量见表 19-6。由表可见，各模式下水稻各器官镉积累量随生育进程推进逐渐增大。成熟期，双季稻、早稻 - 秋玉米模式中的早稻镉积累量分别为 14.758 g/hm² 和 16.751 g/hm²，双季稻和春玉米 - 晚稻模式中的晚稻镉累积量分别为 46.541 g/hm² 和 28.300 g/hm²。

表 19–5　　　　2015 年不同种植模式中水稻不同器官镉积累量　　　单位：g/hm^2

处理	早稻		晚稻	
	双季稻	早稻 – 秋玉米	双季稻	春玉米 – 晚稻
分蘖盛期				
茎			0.639	0.403
叶			0.421	0.268
孕穗期				
茎	0.762	0.703	2.049	1.713
叶	0.361	0.323	0.457	0.391
齐穗期				
茎	1.584	1.500	2.462	2.304
叶	0.569	0.519	0.598	0.675
穗	0.351	0.282	0.242	0.191
灌浆期				
茎	2.575	2.578	3.116	3.162
叶	0.615	0.630	0.934	1.028
穗	1.417	1.357	0.732	0.876
成熟期				
茎	12.559	11.055	20.684	19.873
叶	1.082	0.912	1.341	1.337
枝梗	0.197	0.152	0.200	0.195
空壳	1.151	0.818	0.331	0.390
空粒	0.910	0.985	0.217	0.296
糙米	2.349	1.543	1.017	1.258
合计	18.248	15.465	23.790	23.349

　　2016 年早稻成熟期相比较，早稻 – 秋玉米模式中早稻各器官的镉积累量大于双季稻早稻，总积累量高于双季稻早稻 13.50%；2016 年晚稻成熟期相比较与早稻完全相反，春玉米 – 晚稻模式中晚稻各器官的镉积累量小

于双季稻晚稻。总积累量低于双季稻晚稻39.19%。同为晚稻，春玉米－晚稻模式下的晚稻镉累积量较双季稻模式下的晚稻镉积累量小很多，可见，2016年前季玉米有降低晚稻镉积累量的作用。同时由表可见，晚稻镉积累量明显高于早稻，可能是由于2016年大田试验周边增加许多化工厂，导致外源镉含量增加。综合两年结果可见，当年前季玉米有降低晚稻镉积累量的作用。

表 19–6　　　2016年不同种植模式中水稻不同器官镉积累量　　　单位：g/hm²

时期	部位	早稻		晚稻	
		双季稻	早稻－秋玉米	双季稻	春玉米－晚稻
分蘖盛期	茎	0.088	0.101	1.099	0.762
	叶	0.061	0.060	0.322	0.361
孕穗期	茎	0.929	0.744	4.051	1.716
	叶	0.231	0.235	0.433	0.547
齐穗期	茎	1.347	1.877	10.575	8.558
	叶	0.402	0.304	0.672	1.105
	穗	0.141	0.136	0.844	0.912
灌浆期	茎	1.748	2.347	11.085	8.753
	叶	0.282	0.230	0.787	1.108
	穗	0.651	0.558	5.258	2.420
成熟期	茎	12.271	13.837	37.332	20.462
	叶	0.433	0.625	2.293	2.843
	枝梗	0.035	0.049	0.379	0.333
	空壳	0.220	0.287	1.569	0.678
	空粒	0.068	0.116	0.686	0.581
	糙米	1.731	1.837	4.282	3.403
	合计	14.758	16.751	46.541	28.300

2015年与2016年早稻－秋玉米和春玉米－晚稻中玉米各时期各器官的镉积累量见表19–7。由表可见，玉米各器官镉积累量表现茎＞叶＞穗

的趋势；至成熟期，2015 年春玉米和秋玉米镉积累量分别为 3.595 g/hm² 和 4.314 g/hm²，2016 年春玉米和秋玉米镉积累量分别为 2.915 g/hm² 和 2.426 g/hm²。2016 年无论是春玉米还是秋玉米都低于 2015 年，2016 年春玉米镉积累量降幅为 18.92%；秋玉米降幅为 43.76%。综合两年的数据可见，2016 年玉米的镉积累量有所降低，且秋玉米的降幅大于春玉米。据表 19–6 与表 19–7 可看出，玉米镉积累量远低于水稻，仅在 2.9~4.4 g/hm²。

以表 19–6、表 19–7 各种植模式下各作物成熟期镉积累量计算各种植模式作物全年镉积累量（表 19–8），可见双季稻模式作物全年镉积累量最大，其次是春玉米 – 晚稻模式，早稻 – 秋玉米模式最低；同时可见，双季稻与春玉米 – 晚稻模式 2016 年镉积累量明显大于 2015 年，究其原因是 2016 年晚稻镉积累量较 2015 年晚稻镉积累大幅增加所致。

表 19–7　　2015 年与 2016 年早稻 – 秋玉米和春玉米 – 晚稻中玉米各时期各器官的镉积累量　　　　　　单位：g/hm²

时期	部位	2015 年春玉米	2016 年春玉米	2015 年秋玉米	2016 年秋玉米
五叶期	茎		0.059	0.059	0.056
	叶		0.100	0.065	0.065
大喇叭口期	茎	2.636	1.132	1.861	0.983
	叶	0.860	1.392	1.867	0.782
吐丝期	茎	3.914	2.192	3.086	1.468
	叶	0.965	1.933	0.927	0.757
	穗	0.001	0.002	0.001	0.001
成熟期	茎	2.480	1.648	3.502	1.455
	叶	0.895	0.949	0.558	0.576
	棒子	0.002	0.003	0.002	0.002
	籽粒	0.218	0.316	0.252	0.393
	合计	3.595	2.915	4.314	2.426

由表 19–8 同时可见，种植双季稻每年镉移除量较多（42.04~

61.30 g/hm²），但双季稻稻米镉含量明显超过国家标准。如果用春玉米 –
晚稻替代双季稻种植，每年的镉移除量在 26.94~31.21 g/hm²，且春玉米籽
粒镉含量在 0.03~0.07 mg/kg，符合国家安全标准。早稻 – 秋玉米替代双季
稻种植，每年镉移除量在 19.18~19.78 g/hm²，且秋玉米籽粒的镉含量也符
合国家安全标准。综合比较三种不同种植模式，春玉米 – 晚稻可以满足国
家粮食安全标准，如果再配合使用高镉吸收玉米品种，可以达到修复土壤
的目的。

表 19-8 各种植模式下作物全年镉积累量 单位：g/hm²

年份	双季稻	春玉米 – 晚稻	早稻 – 秋玉米
2015	42.0380	26.9443	19.7793
2016	61.2987	31.2149	19.1773

2.5 不同种植模式下作物各生育阶段镉吸收积累量

不同作物不同器官的 Cd 积累量在各生育时间段变化不一致。2015 年
不同种植模式下水稻不同生育时间段的镉积累量见表 19-9。由表可以看出，
2015 年早稻双季稻和早稻 – 秋玉米两种模式下，不同生育阶段的镉积累量
都呈现灌浆中期 – 成熟期＞齐穗期 – 灌浆中期＞孕穗期 – 齐穗期＞移栽 –
孕穗期的趋势。

2015 年双季稻模式下，晚稻不同生育时间段的镉积累量呈现灌浆中期–
成熟期＞移栽 – 孕穗期＞齐穗期 – 灌浆中期＞孕穗期 – 齐穗期的趋势。春
玉米 – 晚稻模式与双季稻模式表现相同的趋势。2015 年不同种植模式下早
稻和晚稻在灌浆中期 – 成熟期时间段镉积累量最多。

2016 年不同作物不同器官的 Cd 积累量在各生育阶段变化也不一致。
2016 年不同种植模式下水稻不同生育时间段的镉积累量见表 19-10。由表
可以看出，2016 年双季稻和早稻 – 秋玉米两种模式下，双季稻模式下早稻
不同生育阶段镉积累量表现出灌浆中期 – 成熟期＞分蘖盛期 – 孕穗期＞齐
穗期 – 灌浆中期＞孕穗期 – 齐穗期＞移栽 – 分蘖盛期的趋势；早稻 – 秋玉
米模式下早稻不同生育阶段镉积累量表现的灌浆中期 – 成熟期＞孕穗期 –

齐穗期＞分蘖盛期－孕穗期＝齐穗期－灌浆中期＞移栽－分蘖盛期的趋势。镉累积量最多和最少的生育阶段分别是灌浆中期－成熟期和移栽－分蘖盛期。

表 19-9　　2015 年不同种植模式中水稻不同生育时间段镉积累量　　单位：g/hm²

时期	部位	早稻		晚稻	
		双季稻	早稻－秋玉米	双季稻	春玉米－晚稻
移栽－孕穗期	茎	0.762	0.703	2.049	1.713
	叶	0.361	0.323	0.457	0.391
	合计	1.123	1.026	2.506	2.104
孕穗期－齐穗期	茎	0.822	0.797	0.413	0.591
	叶	0.208	0.196	0.141	0.284
	穗	0.351	0.282	0.242	0.191
	合计	1.381	1.275	0.796	1.066
齐穗期－灌浆中期	茎	0.991	1.078	0.654	0.858
	叶	0.046	0.111	0.336	0.353
	穗	1.066	1.075	0.490	0.685
	合计	2.103	2.264	1.480	1.896
灌浆中期－成熟期	茎	9.984	8.477	17.568	16.711
	叶	0.467	0.282	0.407	0.309
	穗	3.190	2.141	1.033	1.263
	合计	13.641	10.9	19.008	18.283

2016 年双季稻和春玉米－晚稻模式下，双季稻晚稻不同生育阶段镉积累量呈现灌浆中期－成熟期＞孕穗期－齐穗期＞齐穗期－灌浆中期＞分蘖盛期－孕穗期＞移栽－分蘖盛期的趋势，春玉米－晚稻模式下晚稻不同生育阶段镉积累量趋势与双季稻晚稻一致。但是春玉米－晚稻模式在齐穗期－灌浆中期和灌浆中期－成熟期两个阶段的镉积累量明显低于双季晚稻，可见前作玉米对晚稻齐穗期－灌浆中期和灌浆中期－成熟期两个阶段的镉积

累量有降低作用。

综合两年数据可见，不同种植模式下，以灌浆中期－成熟期镉积累量最多，生育前期镉积累量最少。并且与双季稻早稻、晚稻各生育阶段比较可以看出，前作玉米对早稻各生育阶段镉积累量影响不大，但是可使晚稻灌浆中期－成熟期镉积累量有所降低，2016年较2015年明显。

表 19–10　　2016 年不同种植模式中水稻不同生育时期镉积累量　　单位：g/hm²

时期	部位	早稻		晚稻	
		双季稻	早稻－秋玉米	双季稻	春玉米－晚稻
移栽－分蘖盛期	茎	0.088	0.101	1.099	0.762
	叶	0.061	0.060	0.322	0.361
	合计	0.149	0.161	1.421	1.123
分蘖盛期－孕穗期	茎	0.841	0.643	2.952	0.954
	叶	0.170	0.175	0.111	0.186
	合计	1.011	0.818	3.063	1.140
孕穗期－齐穗期	茎	0.418	1.133	6.524	6.842
	叶	0.171	0.069	0.239	0.558
	穗	0.141	0.136	0.844	0.912
	合计	0.73	1.338	7.607	8.312
齐穗期－灌浆中期	茎	0.401	0.470	0.510	0.195
	叶	−0.120	−0.074	0.115	0.003
	穗	0.510	0.422	4.414	1.508
	合计	0.791	0.818	5.039	1.706
灌浆中期－成熟期	茎	10.523	11.490	26.247	11.709
	叶	0.151	0.395	1.506	1.735
	穗	1.403	1.731	1.658	2.575
	合计	12.077	13.616	29.411	16.019

由表 19-11 可以看出，春玉米和秋玉米镉积累量都是生育前期（播种 –
大喇叭口期）较多。由两年的数据可以看出春玉米在不同生育阶段的镉积
累量呈先升高后降低的趋势，但是秋玉米在不同生育阶段的镉积累量呈先
降低后升高的趋势。秋玉米茎和叶的镉积累量为播种 – 大喇叭口期＞大喇
叭口期 – 吐丝期＞吐丝期 – 成熟期，可见秋玉米生育后期主要为穗的镉积
累量较多。在生育后期秋玉米的镉积累量大于春玉米。

表 19-11　2015 年与 2016 年早稻 – 秋玉米和春玉米 – 晚稻中玉米各生育
时间段的镉积累量　　　　　　　　　　　　　　单位：g/hm²

时期	部位	2015 年春玉米	2016 年春玉米	2015 年秋玉米	2016 年秋玉米
播种 – 大喇叭口期	茎	2.636	1.132	1.861	0.983
	叶	0.860	1.392	1.867	0.782
	合计	3.496	2.524	3.728	1.765
大喇叭口期 – 吐丝期	茎	1.278	1.060	1.225	0.485
	叶	0.105	0.541	−0.94	−0.025
	穗	0.001	0.002	0.001	0.001
	合计	1.384	1.603	0.286	0.461
吐丝期 – 成熟期	茎	−1.434	−0.544	0.416	−0.013
	叶	−0.070	−0.984	−0.369	−0.181
	穗	0.219	0.317	0.253	0.394
	合计	−1.285	−1.211	0.300	0.200

2.6 土壤全镉和有效镉含量动态变化

不同种植模式下水稻各时期土壤有效镉含量变化不一致。由表 19-12
可见，2015 年双季稻和早稻 – 秋玉米模式下早稻各时期的土壤有效镉含量
差异不明显。2015 年双季稻模式下晚稻各时期的有效镉含量都低于早稻，
且在成熟期表现春玉米 – 晚稻低于双季稻模式有效镉含量的趋势。

由表 19-12 可见，2016 年双季稻模式下晚稻各时期的土壤有效镉含量
低于早稻，与 2015 年趋势一致。

综合两年数据可见，早稻成熟期土壤有效镉含量在双季稻模式和早稻–秋玉米模式下差距不大。但是双季稻模式和春玉米–晚稻模式相比较，两年春玉米–晚稻模式下晚稻土壤有效镉含量都低于双季稻模式，2015年双季稻和春玉米–晚稻模式下晚稻土壤有效镉含量分别为 0.4726 mg/kg 和 0.4310 mg/kg，春玉米–晚稻模式下晚稻土壤有效镉含量减少 8.802%；2016年双季稻和春玉米–晚稻模式下晚稻土壤有效镉含量分别为 0.4688 mg/kg 和 0.4174 mg/kg，春玉米–晚稻模式下晚稻土壤有效镉含量减少 10.964%。说明前作玉米对晚稻成熟期有效镉含量有降低作用。

表 19–12　　　　不同种植模式水稻各时期土壤中有效镉含量　　　单位：mg/kg

季别	年限 时期	2015年			2016年		
		双季稻	春玉米–晚稻	早稻–秋玉米	双季稻	春玉米–晚稻	早稻–秋玉米
早稻	分蘖盛期	—	—	—	0.6429	—	0.5062
	孕穗期	0.4846	—	0.4928	0.6691	—	0.4885
	齐穗期	0.3870	—	0.4202	0.3833	—	0.6122
	灌浆期	0.4641	—	0.4865	0.5355	—	0.5291
	成熟期	0.5492	—	0.5386	0.4711	—	0.4791
晚稻	分蘖盛期	0.5451	0.5260	—	0.4148	0.3172	—
	孕穗期	0.2108	0.2691	—	0.4931	0.3772	—
	齐穗期	0.4412	0.4868	—	0.3785	0.3395	—
	灌浆期	0.3950	0.4455	—	0.2824	0.2328	—
	成熟期	0.4726	0.4310	—	0.4688	0.4174	—

不同种植模式下玉米各时期土壤中的有效镉含量变化不一致。由表 19–13 可见，春玉米和秋玉米各时期土壤中的有效镉含量，2016年比2015年都要高，两年春玉米成熟期土壤中有效镉含量分别为 0.5145 mg/kg 和 0.5655 mg/kg，2016年涨幅为 9.913%；秋玉米成熟期土壤中有效镉含量分别为 0.6230 mg/kg 和 0.6616 mg/kg，2016年涨幅为 6.20%。

表 19–13　　　　　不同种植模式玉米各时期土壤中有效镉含量　　　单位：mg/kg

处理	时期	2015 年	2016 年
春玉米	大喇叭口期	0.4565	0.6420
	吐丝期	0.5563	0.6628
	成熟期	0.5145	0.5655
秋玉米	大喇叭口期	0.6114	0.6745
	吐丝期	0.6021	0.6120
	成熟期	0.6230	0.6616

由表 19–14 可知，2015 年早季作物成熟期土壤中有效镉含量差异不显著，双季稻模式下最高，为 0.5492 mg/kg，其次是早稻–秋玉米模式，春玉米–晚稻最低，为 0.5145 mg/kg。2015 年在晚季作物成熟期，不同种植模式之间土壤有效镉含量差异显著，最高是早稻–秋玉米，为 0.5655 mg/kg，春玉米–晚稻最低，为 0.4310 mg/kg。

2016 年早季作物中，春玉米成熟期土壤有效镉含量最高，为 0.6230mg/kg，与其他处理差异显著，晚季作物与早季作物相似，也是秋玉米种植后土壤有效镉含量最高（0.6616 mg/kg）。可见，不同种植模式对土壤有效镉有明显影响。

表 19–14　　　　不同种植模式成熟期土壤中有效镉含量比较　　　单位：mg/kg

	2015 年早季	2015 年晚季	2016 年早季	2016 年晚季
双季稻	0.5492a	0.4726b	0.4711b	0.4688b
春玉米 – 晚稻	0.5145a	0.4310c	0.6230a	0.4174b
早稻 – 秋玉米	0.5386a	0.5655a	0.4791b	0.6616a

不同种植模式下不同年份间的土壤全镉含量也不一样。由表 19–15 可知，2015 年春玉米成熟期土壤全镉含量显著高于早稻成熟期土壤全镉含量，而 2015 年晚稻成熟期土壤全镉含量显著高于秋玉米成熟期土壤全镉含量。2016 年双季稻、春玉米 – 晚稻和早稻 – 秋玉米 3 种种植模式下土壤全镉含量差异都显著。同时可见 2016 年春玉米和秋玉米种植之后全镉含量都高

于 2015 年。

表 19–15	不同种植模式成熟期土壤中全镉含量比较			单位：mg/kg
	2015 年早季	2015 年晚季	2016 年早季	2016 年晚季
双季稻	0.9108b	1.1342a	1.3396a	1.0287b
春玉米 – 晚稻	1.1456a	1.1849a	1.2395b	0.9067c
早稻 – 秋玉米	0.9990b	1.0590b	1.1572c	1.1157a

由表 19–16 可看出，2015 年早季作物成熟期，春玉米 – 晚稻模式土壤有效镉占全镉比例显著低于其他两种模式；晚季成熟期三种种植模式间有效镉所占比例存在显著差异；2016 年早季作物成熟期土壤有效镉占全镉比例以春玉米 – 晚稻模式最高，其显著高于双季稻模式。2016 年晚季作物成熟期土壤有效镉占全镉比例以早稻 – 秋玉米模式最高，与另两种种植模式差异显著。可见，种植玉米在一定程度上可以提高土壤有效镉所占比例。

表 19–16	不同种植模式成熟期土壤中有效镉所占比例			单位：%
	2015 年早季	2015 年晚季	2016 年早季	2016 年晚季
双季稻	60.45a	41.67b	35.19b	45.62b
春玉米 – 晚稻	44.89b	36.39c	50.27a	46.02b
早稻 – 秋玉米	53.93a	53.45a	41.41ab	59.30a

3. 小结与讨论

我国人口众多，但农村青壮年劳动力的国度转移导致农业劳动力短缺，同时，我国耕地资源越来越少，如何提高单位面积农作物产出，已成为我国农业发展的主要方向。近年来，国内外学者对农田的肥料效应与养分平衡研究较多，但是对农田产出效果的评价研究较少。湖南湘潭地区气候条件好，光热比较充足，是重要的粮食产区，种植模式大多为双季稻。多熟制种植模式对于稻田经济效益、土地生产率与劳动生产率的提高以及土壤性状改善等方面有很大作用，但不同的种植模式有不同的经济效益。根据各地的条件，选择合适的稻田种植模式，有利于在有限的土地资源上获得尽可能大的效益。

本试验发现，双季稻、春玉米 – 晚稻、早稻 – 秋玉米等种植模式下的水稻、玉米都能在湘潭县易俗河镇完全成熟，不存在季节紧张的问题，且晚季作物一般均在 10 月 20 日左右成熟，因而能充分利用当地温光资源。就三种种植模式的总产量而言，2015 年表现出双季稻＞春玉米 – 晚稻＞早稻 – 秋玉米的趋势，2016 年表现出早稻 – 秋玉米＞双季稻＞春玉米 – 晚稻的趋势。2015 年，春玉米产量较低的原因是为了保证晚稻正常成熟，春玉米收获偏早，导致灌浆不完全，每穗粒数与粒重明显降低；而晚稻产量较低的原因是其移栽期推迟，营养生长期缩短，有效穗数与每穗实粒数明显下降。为了进一步客观比较各种植模式的产量潜力，可以通过采用生育期较短的玉米品种和水稻品种，让两季作物都可充分成熟，以进一步验证春玉米 – 晚稻模式在湘潭地区的适宜性。

在作物生产中，常会出现高产不高效的情况，比如传统的水稻育苗移栽，产量和产值都高但其净收益不是很高。追求利润最大化是在市场经济下作物生产的首要目标。过度依赖人工投入、种植成本偏高、机械化程度低的状况得不到改善，农民的收益就得不到提升。因此，要着重提高产量产值、提高土地和资源利用率、减少生产投入、提倡轻简栽培，以提高农民收益。有研究表明玉米生产正处于规模收益阶段，如若调整玉米的种植模式，玉米的投入产出率有更大的提升空间，耕地的经济效益更为可观。水旱轮作的改土优势需要较长时间来体现。从 2015 年的情况来看，与双季稻模式相比，春玉米 – 晚稻和早稻 – 秋玉米模式产量与纯收入下降幅度不大，但投入人工较少，劳动力所得纯收入较高；从 2016 年来看，早稻 – 秋玉米已经表现出了一定的产量优势，因此，本研究初步认为，从粮食总产量与经济效益来看，春玉米 – 晚稻和早稻 – 秋玉米模式在湘潭地区可以替代双季稻模式。

近年来土壤重金属污染问题，特别是粮食作物重金属镉超标，越来越受到人们的关注。镉属于剧毒重金属，超过一定浓度时对作物生长发育及生理造成严重负面影响，它可以通过食物链累积危害人类健康。镉在水稻植株各器官中分配比例不同，研究发现，镉在各器官之间的分配趋势为根系＞茎叶＞籽粒。本试验研究不同种植模式下不同作物各器官在各时期的镉含量，发现水稻镉积累的整体规律是随着生育进程推进，根、茎、叶、穗等器官镉含量逐渐增大，且一般表现为根＞茎＞叶＞穗，早、晚稻表现一致，本研究同时发现，前作玉米对降低成熟期晚稻糙米镉含量有一定效果（2015年），2016年试验条件下，前作玉米对降低早稻糙米镉含量作用不大，但前作玉米对降低晚稻糙米镉含量有一定效果。对此有待多年定位试验研究。

2015年和2016年玉米各器官镉含量呈现根＞茎＞叶＞穗的规律，各生育时期间比较发现，玉米各器官镉含量最高的是苗期（五叶期），随生育进程推进至成熟期，两年、两种种植模式下玉米籽粒镉含量均在0.036~0.081 mg/kg，达到国家安全标准，此结果与谢运河等对镉污染稻田改种玉米的研究相一致。可见，镉污染稻田种植玉米可解决农产品（籽粒）镉含量超标问题。

不同作物对镉的吸收积累不一样，本试验采取三种不同的种植模式比较作物的镉吸收总量，结果显示，2015年晚稻和早稻相比较，晚稻成熟期植株的总镉积累量明显高于早稻，但是比较成熟期的各器官镉积累量，晚稻空壳、空粒、糙米的镉积累量都低于早稻；2016年春玉米－晚稻模式下的晚稻镉积累量较双季稻模式下的晚稻镉积累量小很多，同时综合两年结果可见，晚稻总镉积累量都要高于早稻，可见前季玉米有降低晚稻镉积累量的作用。前人对于稻田不同种植模式对作物镉吸收积累的研究不多，同时年际间的影响还有待于研究。

2016年春玉米和秋玉米镉积累量都低于2015年玉米的镉积累量，且2016年秋玉米镉积累量降低幅度大于2015年，说明种植秋玉米对于作物的低镉吸收积累更有利。

综合两年数据显示，2015年和2016年双季稻和春玉米－晚稻模式中晚稻各时期的土壤有效镉含量都低于早稻。成熟期土壤有效镉含量比较2015年早季差异不显著，其原因可能是水旱轮作影响暂未显现出来，2015

年晚季和 2016 年早晚季都可以看出，玉米种植成熟期的土壤有效镉含量和同季的水稻种植成熟期的土壤有效镉含量差异显著，且玉米的镉含量大于水稻。春玉米 – 晚稻和早稻 – 秋玉米模式和双季稻模式相比较可以看出，种植玉米会增加土壤有效镉含量，可能是水旱轮作后土壤理化性状及其环境条件发生改变，或者是其共同作用的原因导致。但是也可以看出，春玉米 – 晚稻模式中的晚稻与双季晚稻相比较，土壤中有效镉含量会降低，说明前作玉米对水稻土壤中有效镉含量有一定降低作用，如果配合钝化剂一起使用会降低玉米种植时土壤的有效镉含量，春玉米 – 晚稻和早稻 – 秋玉米模式是完全可以替代双季稻模式的。

从成熟期土壤全镉含量来看，玉米种植之后土壤全镉含量和水稻种植之后的土壤全镉含量差异显著，但是作物种植前后全镉含量变化不大。

从成熟期有效镉含量占土壤中全镉的比例来看，从 2015 年晚季开始，玉米成熟期土壤有效镉所占比例大于同季水稻成熟期土壤有效镉所占比例，且差异显著。综合两年数据可见，玉米和水稻的种植对于土壤的全镉含量影响不大，但是玉米种植对土壤中有效镉含量有所增加，并且会增加土壤有效镉占土壤全镉的比例。

4. 结论

3 种种植模式在湖南省湘潭地区都是可行的。从产量、经济效益等角度来看，早稻 – 秋玉米、春玉米 – 晚稻模式可以替代双季稻模式。玉米替代水稻种植可解决农产品（籽粒）镉含量超标问题。在达到国家安全质量标准的前提下，春玉米 – 晚稻模式较早稻 – 秋玉米模式的镉移除量较多，对土壤有更大的修复作用，所以春玉米 – 晚稻模式替代双季稻种植更有利于土壤修复和保证农产品安全。前作玉米对晚稻成熟期土壤有效镉含量有降低作用。水旱轮作对土壤镉有活化作用。

5. 研究展望

关于稻谷镉超标问题的解决，有人提出"改种"策略，即镉污染稻田不种水稻，而改种其他作物，如玉米、棉花、油菜、苎麻等。但是大米是我国 60% 人口的主食。所以，关于镉污染稻田的有效利用还得以水稻生产为中心。水稻降镉或阻镉是一项系统工程。近几年，人们在稻米的镉污染问题上开展了大量研究，在品种间镉累积差异、低镉品种筛选与选育、水稻镉吸收累积规律等方面取得了一些成果。同时，在水稻降镉栽培技术方面取得了积极进展，如合理施用化肥、改革稻田灌溉模式、调节土壤酸碱度和施用微生物菌剂、叶面喷施拮抗物质等。李富荣等研究过不同种植模式对土壤重金属各形态的影响，结果表明，土壤中镉大多以活性较高的形态存在，可交换态占总量的 46.70%~62.98%，各赋存形态的含量高低顺序为可交换态 > 可还原态 > 可氧化态 > 残渣态。然而，关于水稻降镉或阻镉的种植模式研究还是很少，所以种植模式和耕作制度对水稻镉吸收积累的阻控作用还有待于研究。

目前水稻镉毒害的研究已取得巨大进展，但仍然存在一些疑问，比如镉从水稻根部向地上部的转运、向籽粒的转运等，随着分子生物学技术等相关研究技术的发展，研究深入到分子水平，有助于更直观、准确地分析镉对水稻的吸收、转运和毒害机理。这些技术有望为镉污染的防治提供理论基础和解决方案。在稻田镉污染严重的现状下，探明水稻吸收累积镉的特性和机理、筛选低镉基因型水稻是最有效的解决途径。利用植物修复途径对镉污染土壤进行修复治理，掌握不同基因型水稻吸收镉的特性，配合合理的栽培管理措施，可以有效地减少水稻对镉的吸收累积，降低稻米中的镉含量，从而达到改善生态环境和保障粮食安全的目的。

本试验中，春玉米-晚稻模式产量、产值、纯收入均最低。春玉米-晚稻模式效益较低的主要原因是春玉米和晚稻产量都较低，春玉米产量较低的原因是为了保证晚稻正常成熟，春玉米收获偏早，导致灌浆不完全，每穗粒数与粒重明显降低；而晚稻产量较低的原因是其移栽期推迟 10 d，营养生长期缩短，有效穗数与每穗实粒数明显下降。但本试验发现，春玉米-晚稻模式的纯收入与劳动力比值大于双季稻模式。因此，我们可以通过采用其他方法，例如：采用生育期较短的玉米品种或者其他生育期较短的水稻品种让两季作物都可以完全成熟，来进一步验证春玉米 – 晚稻模式在湘潭地区的适宜性。在本实验中，前作玉米对早稻镉含量和镉累积量影响不大，但是对降低晚稻镉含量和镉累积量有很大作用，如果把早稻品种做晚稻种植是否有相似作用还有待研究。

在本试验初步结果的基础上，我们可围绕南方主要两熟制模式（玉米 – 晚稻、油菜 – 一季稻、早稻 – 玉米、早稻 – 再生稻等）和三熟制模式（稻 – 稻 – 油菜、稻 – 稻 – 紫云英、稻 – 稻 – 黑麦草等）开展试验；我们也可采取全年性的季节性替代种植，例如：春玉米 – 秋玉米，高粱 – 再生高粱等，以客观比较不同种植模式的经济效益，不同作物的镉积累分配特性；同时，在以后的研究中还需引入机械化生产方式，为适度规模化与机械化生产条件下的稻田最佳种植模式选择提供依据。不同种植模式的经济效益和各积累特性比较需要进行多年试验，我们可以开展多年定位试验，挖掘季节潜力和提升种植模式的增产潜力。

参考文献

[1]　赵其国，孙波，张桃林. 土壤质量与持续环境 : I . 土壤质量的定义及评价方法 [J]. 土壤，1997(03): 113–120.

[2]　刘占锋，傅伯杰，刘国华，等. 土壤质量与土壤质量指标及其评价 [J]. 生态学报，2006(03): 901–913.

[3]　赵其国，周生路，吴绍华，等. 中国耕地资源变化及其可持续利用与保护对策 [J]. 土壤学报，2006(04): 662–672.

[4]　刘国胜，童潜明，何长顺，等. 土壤镉污染调查研究 [J]. 四川环境，2004(05): 8–10, 13.

[5]　肖相芬，张经廷，周丽丽，等. 中国水稻重金属镉与铅污染 GAP 栽培控制关键点分析 [J]. 中国农学通报，2009(21): 130–136.

[6]　吴佩桐. 土壤中金属镉污染危害与修复的研究进展 [J]. 科学大众 (科学教育)，2012(07): 174, 176.

[7]　刘侯俊，胡向白，张俊伶，等. 水稻根表铁膜吸附镉及植株吸收镉的动态 [J]. 应用生态学报，2007(02): 425–430.

[8]　赵其国，周炳中，杨浩. 江苏省环境质量与农业安全问题研究 [J]. 土壤，2002(01):

1–8.

[9] 刘春增, 李本银, 吕玉虎, 等. 紫云英还田对土壤肥力、水稻产量及其经济效益的影响 [J]. 河南农业科学, 2011(05): 96–99.

[10] 冉烈, 李会合. 土壤镉污染现状及危害研究进展 [J]. 重庆文理学院学报 (自然科学版), 2011(04): 69–73.

[11] 古力. 谨防 "镉污染" 事件再发生 [J]. 现代职业安全, 2009(11): 119–121.

[12] 李慧. 湖南浏阳镉污染事件的启示 [N]. 光明日报, 2009–08–04(006).

[13] 周泽建, 覃源. 广西龙江镉污染产生原因与治理对策 [J]. 防灾博览, 2012(02): 58–61.

[14] 卢红玲, 肖光辉, 刘青山, 等. 土壤镉污染现状及其治理措施研究进展 [J]. 南方农业学报, 2014(11): 1986–1993.

[15] 袁珊珊, 肖细元, 郭朝晖. 中国镉矿的区域分布及土壤镉污染风险分析 [J]. 环境污染与防治, 2012(06): 51–56, 100.

[16] 张红振, 骆永明, 章海波, 等. 土壤环境质量指导值与标准研究 Ⅴ. 镉在土壤 – 作物系统中的富集规律与农产品质量安全 [J]. 土壤学报, 2010(04): 628–638.

[17] 刘芬. 清水塘地区土壤重金属污染现状及土地利用设想 [J]. 农业环境保护, 1998(4): 162–164.

[18] Liu X M, Song Q J, Tang Y, et al. Hunan health risk assessment of heavy metals in soil–vegetable system: A multi–medium analysis[J]. Science of the Total Environment, 2013: 530–540.

[19] 闵九康. 土壤酶活性及其意义 [M]. 北京 : 中国农业科学院土肥所. 1987: 48–63.

[20] 曾路生, 廖敏, 黄昌勇, 等. 镉污染对水稻土微生物量、酶活性及水稻生理指标的影响 [J]. 应用生态学报, 2005(11): 158–163.

[21] 王新, 周启星. 土壤重金属污染生态过程、效应及修复 [J]. 生态科学, 2004(03): 278–281.

[22] 孟庆峰, 杨劲松, 姚荣江, 等. 单一及复合重金属污染对土壤酶活性的影响 [J]. 生态环境学报, 2012(03): 545–550.

[23] 祁剑英, 杜天庆, 郝建平, 等. 玉米生长苗期与穗期对土壤外源镉的响应 [J]. 山西农业科学, 2016(11): 1627–1632.

[24] 和文祥, 朱铭莪, 张一平. 土壤酶与重金属关系的研究现状 [J]. 土壤与环境, 2000(02): 139–142.

[25] Chen J, Zhu C, Lin D, et al. The effects of Cd on lipid peroxidation, hydrogen peroxide content and antioxidant enzyme activitiesin Cd–sensitive mutant rice seedlings[J]. Plant

Sci, 2007, 87: 49–57.

[26] 李丽君, 郑普山, 谢苏婧 . 镉对玉米种子萌发和生长的影响 [J]. 山西大学学报 (自然科学版), 2001(01): 93–94.

[27] 刘文胜, 周婵, 郭盘江, 等 . 镉对玉米种子萌发及胚生长的影响 [J]. 湖北农业科学, 2010(04): 842–844.

[28] 闫华晓, 赵辉, 高登征, 等 . 镉离子对玉米种子萌发和生长影响的初步研究 [J]. 作物杂志, 2007(05): 25–28.

[29] 李国良 . 重金属镉污染对玉米种子萌发及幼苗生长的影响 [J]. 国土与自然资源研究, 2006(02): 91–92.

[30] 刘建新 . 镉胁迫下玉米幼苗生理生态的变化 [J]. 生态学杂志, 2005(03): 265–268.

[31] 马孟莉, 卢丙越, 苏一兰, 等 . 铜、铅、镉对不同水稻品种种子萌发的影响 [J]. 江苏农业科学, 2015(04): 79–81.

[32] 刘凤枝, 师荣光, 徐亚平, 等 . 耕地土壤重金属污染评价技术研究——以土壤中铅和镉污染为例 [J]. 农业环境科学学报, 2006(02): 422–426.

[33] 刘丽珍, 戎婷婷, 高昆 . 镉对玉米幼苗生长的影响 [J]. 农业与技术, 2016(03): 3–5, 19.

[34] 王琴儿, 曾英, 李丽美 . 镉毒害对水稻生理生态效应的研究进展 [J]. 北方水稻, 2007(04): 12–16.

[35] 田艳芬, 史锟 . 镉对水稻等作物的毒害作用 [J]. 垦殖与稻作, 2003(05): 26–28.

[36] 陈笑 . 水稻镉 (Cd) 毒害及其防治研究进展 [J]. 广东微量元素科学, 2010(07): 1–7.

[37] 曹仕木, 林武 . 镉对草莓的毒害及调控 [J]. 福建热作科技, 2003(01): 7–8.

[38] 秦天才, 阮捷, 王腊娇 . 镉对植物光合作用的影响 [J]. 环境科学与技术, 2000(S1): 33–35, 44.

[39] 熊愈辉, 杨肖娥 . 镉对植物毒害与植物耐镉机理研究进展 [J]. 安徽农业科学, 2006(13): 2969–2971.

[40] 莫文红, 李懋学 . 镉离子对蚕豆根尖细胞分裂的影响 [J]. 植物学通报, 1992(03): 30–34.

[41] 丁园, 宗良纲, 徐晓炎, 等 . 镉污染对水稻不同生育期生长和品质的影响 [J]. 生态环境学报, 2009(01): 183–186.

[42] 程旺大, 姚海根, 张国平, 等 . 镉胁迫对水稻生长和营养代谢的影响 [J]. 中国农业科学, 2005(03): 528–537.

[43] 邵华伟, 葛春辉, 马彦茹, 等 . 施入城市生活垃圾堆肥对玉米植株重金属分布及土壤养分的影响 [J]. 农业资源与环境学报, 2013(06): 58–63.

[44] 曹莹，黄瑞冬，李建东，等．铅和镉复合胁迫下玉米对镉吸收特性 [J]. 生态学杂志，2006(11): 1425–1427.

[45] 吴启堂，王广寿，谭秀芳，等．不同水稻、菜心品种和化肥形态对作物吸收累积镉的影响 [J]. 华南农业大学学报，1994(04): 1–6.

[46] 任继凯，陈清朗，陈灵芝，等．土壤镉污染与作物 [J]. 植物生态学与地植物学丛刊，1982(02): 131–141.

[47] 唐年鑫，沈金雄，邓小玉，等．应用同位素 ~(115m)Cd 研究水稻对镉的吸收与分布 [J]. 核农学通报，1993(02): 77–79.

[48] 柯庆明，林文雄，梁康迳，等．镉胁迫对不同水稻基因型生长的影响源与环境科学 [J]. 中国农学通报，2008(03): 338–340.

[49] 张敬锁，李花粉．不同土层镉污染状况对水稻吸收镉的影响 [J]. 农业环境保护，2002 (03): 221–224.

[50] 宗良纲，徐晓炎．水稻对土壤中镉的吸收及其调控措施 [J]. 生态学杂志，2004 (03): 120–123.

[51] 张浩，王济，郝萌萌，等．土壤 – 植物系统中镉的研究进展 [J]. 安徽农业科学，2009 (07): 3210–3215.

[52] 杜彩艳，段宗颜，曾民，等．田间条件下不同组配钝化剂对玉米 (Zea mays) 吸收 Cd、As 和 Pb 影响研究 [J]. 生态环境学报，2015(10): 1731–1738.

[53] 梁鸿光．减灾必读 [M]. 北京：地震出版社，1990: 1–25.

[54] 李冰．成都平原农田土壤镉污染成因与阻控技术研究 [D]. 咸阳：西北农林科技大学，2014.

[55] Chao Dai–yin, Patrycja Baraniecka, John Danku, et al. Variation insulfur and selenium accumulation is controlled by naturally occurring isoforms of the key sulfur assimilation enzyme adenosine 59–phosphosulfate reductase2 across the arabidopsis species range[J]. Plant Physiology, 2014, 166: 1593–1608.

[56] 李冰，王昌全，谭婷，等．成都平原土壤重金属区域分布特征及其污染评价 [J]. 核农学报，2009(02): 308–315.

[57] 刘学军．冬小麦 – 夏玉米轮作中的氮素平衡与损失途径 [A]. 中国土壤学会、中国植物营养与肥料学会、中国作物学会、中国园艺学会、中国地理学会、中国环境学会、中国化工学会．《氮素循环与农业和环境》专辑——氮素循环与农业和环境学术讨论会论文集[C]. 中国土壤学会、中国植物营养与肥料学会、中国作物学会、中国园艺学会、中国地理学会、中国环境学会、中国化工学会，2001: 10.

[58] 王朝辉，刘学军，巨晓棠，等．北方冬小麦 / 夏玉米轮作体系土壤氨挥发的原位测

定 [J]. 生态学报 , 2002(03): 359–365.

[59] Raun W R, Johnson G V. Soil–plant buffing of inorganic nitrogen incontinuous winter wheat[J]. Agricultural Journal, 1995, 87: 827–834.

[60] Johnson G V, Raun E R. Nitrate leaching in continuous winter wheat: use of concept to account for fertilizer nitrogen[J]. Journal Production Agriculture, 1995, 8(4): 486–491.

[61] 许建新 , 魏由庆 , 高峻岭 , 等 . 不同种植制度对土壤养分及经济效益的影响 [J]. 土壤肥料 , 1995(05): 17–20.

[62] 刘玉华 , 张立峰 . 不同作物种植方式产出效果的定量评价 [J]. 中国农业科学 , 2005(04): 709–713.

[63] 王德仁 , 陈苇 , 江涛 , 等 . 长江中游及分洪区种植结构调整与减灾避灾种植制度研究 [J]. 中国农学通报 , 2000(04): 1–8.

[64] 卞新民 , 冯金侠 . 多元多熟种植制度复种指数计算方法探讨 [J]. 南京农业大学学报 , 1999(01): 14–18.

[65] 张兴怀 , 黎进明 , 周精华 . 水田作物不同种植制度与栽培模式生产效益浅析 [J]. 南方农业 , 2013(11): 26–27.

[66] 傅寿仲 . 双低油菜核心竞争力研究——油菜栽培及其成本效益分析 [J]. 中国油料作物学报 , 2004(03): 101–105.

[67] 张春雷 , 李俊 , 余利平 , 等 . 油菜不同栽培方式的投入产出比较研究 [J]. 中国油料作物学报 , 2010(01): 57–64, 70.

[68] 王东 , 陈英 , 路正 , 等 . 玉米种植制度调整下的耕地经济效益评价及其影响因素分析——以定西市鲁家沟镇太平村为例 [J]. 干旱区资源与环境 , 2016(05): 41–46.

[69] 李坤权 , 刘建国 , 陆小龙 . 水稻不同品种对镉吸收及分配的差异 [J]. 农业环境科学学报 , 2003(05): 529–532.

[70] 谢运河 , 纪雄辉 , 彭华 . 镉污染稻田改制玉米的农产品质量安全研究 [J]. 农业现代化研究 , 2014(05): 658–662.

[71] 徐爱春 , 陈益泰 . 镉污染土壤根际环境的调节与植物修复研究进展 [J]. 中国土壤与肥料 , 2007(02): 1–6.

第20章 土壤耕作方式对镉污染稻田水稻产量与镉积累分配的影响

摘要： 为了比较不同土壤耕作方式（免耕、耕作、旋耕）对中国南方镉污染稻田水稻产量和镉积累分配的影响，探究镉污染稻田双季稻最优土壤耕作方式，2015—2018年，早、晚稻分别以陵两优211与威优46为供试品种，在湖南省湘潭县易俗河镇中度镉污染稻田开展定位试验，比较研究了双季免耕（G1）、双季翻耕（G2）、双季旋耕（G3）、早旋晚免（G4）和早翻晚免（G5）等5种土壤耕作方式下的土壤特性、双季稻产量构成与镉积累分配情况。结果表明：翻耕最利于水稻的分蘖和有效穗的形成，保持了较高的叶面积指数和SPAD值，从而利于进行光合作用与物质积累。免耕处理和旋耕处理无效分蘖较多，免耕处理分蘖在达到峰值后下降最快，早旋晚免处理对水稻分蘖的抑制作用最为明显。随着耕作年限的延长，G4和G5处理的早稻根系镉含量较高，2017年显著高于G2、G3处理，2018年显著高于其他各处理，根镉含量分别为20.44 mg/kg与21.91 mg/kg。G2和G3处理镉由根向茎叶的转移能力明显强于G5和G4处理。水稻向穗部转运镉最快的时期为灌浆中期至成熟期。说明免耕能抑制镉向糙米的转移，而旋耕最有利于糙米的镉积累。4年合计，G2处理镉移除量较大，共移除了120.14 g/hm^2，G1处理次之，共移除了111.8 g/hm^2。土壤pH、有效镉含量影响水稻产量和镉积累分配，主要是通过影响水稻根部镉含量进而影响水稻地上部农艺性状和生理特性，最终减少有效穗数，降低干物质重和产量。

综上所述，从稻田镉移除与控制稻米镉含量的角度出发，双季免耕是最好的耕作方式；综合考虑轻简省工、保证双季稻产量、控制稻米镉含量，早翻晚免处理是镉污染双季稻区的较佳选择。

关键词：镉污染；双季稻；土壤耕作方式；产量；镉积累分配

1. 前言

水稻是我国最重要的粮食作物之一，水稻生产在保障我国乃至世界粮食安全中具有举足轻重的作用。然而，随着我国社会经济的发展，稻田重金属污染问题日益严重，粮食生产安全受到了严重威胁。

因此，如何保证水稻安全生产值得关注。就水稻镉污染防控，前人已开展大量研究，但目前从土壤耕作措施角度开展的双季稻镉污染防控技术研究较少，而其机理研究更少，因此，拟在湖南省湘潭县镉污染稻田上开展大田定位试验，通过研究不同土壤耕作方式对双季稻田土壤镉含量变化以及对双季稻镉积累分配特性的影响，探讨其影响机制，为实现中度镉污染稻田水稻安全生产奠定基础。

采用农艺措施降低作物对重金属的吸收积累具有成本低，操作简单，避免二次污染等特点。李鹏等研究表明，淹水显著地减少土壤中有效态镉的含量，全生育期灌水显著降低水稻籽粒 Cd 的含量，这与纪雄辉等的研究结果相同，这可能是由于淹水状态下，Eh 较低，降低了镉从土壤到水稻的迁移。沈欣等研究显示，全生育期淹水灌溉虽然不能直接降低稻米中的镉含量，但其与土壤 pH 值提高有显著交互作用，并认为 pH 是影响土壤中镉形态变化及水稻地上部分镉积累量降低的原因。

众多研究认为稻米中的镉含量一般与 pH 成反比，大量的研究已经证实，施加石灰能够提高土壤 pH，降低土壤提取态的镉含量，达到钝化土壤的效果。陈喆等通过在水稻孕穗末期施用生石灰，并在水稻生育后期淹水灌溉两种农艺措施，显著降低了土壤中有效镉的含量，并且使糙米中的镉含量达到了国家食用标准（< 0.2 mg/kg），并且显著增加了水稻产量。有许多研究亦表明施用硅肥可以起到阻控土壤重金属的作用。高子翔等的

研究表明，施用硅肥可以提升水稻各生育期的土壤 pH 值，从而降低土壤 Cd 的生物有效性。陈喆等研究表明，施用硅肥和淹水处理相结合对阻控镉污染效果显著，且显著增产，可适用于轻中度污染稻田的修复。

稻田不同耕作方式也可以影响到土壤对 Cd 的吸收。但目前对于此方面研究较少。常同举等在不同耕作方式对紫色水稻土壤重金属含量的实验中发现，各处理土壤镉含量随耕作方式的变化不显著，镉总量随着土层的加深而显著降低，而各处理土壤中镉的有效态含量随土层的加深均呈显著降低的趋势。水稻镉各部位含量高低依次为根＞茎叶＞糙米。各耕作处理水稻根部镉含量差异不显著，茎叶中的镉含量因耕作方式不同差异显著，糙米中的镉含量则以免耕冬水最高，水旱轮作最低，且达到显著差异水平。不同耕作方式对镉在茎叶 - 糙米的迁移能力有很大影响，水旱轮作下镉的迁移系数远低于其他处理。崔孝强等研究结果表明，土壤镉有效量与有机质含量呈极显著相关关系，垄作免耕和厢作免耕使耕作层有效态镉含量提高，且随着土层深度增加而递减，所有免耕处理的有效镉含量均显著高于翻耕。

汤文光等在不同耕作方式与秸秆还田试验中发现，耕作措施主要影响 0~10 cm 耕层土壤性状，长期翻耕和旋耕的土壤中的镉含量显著偏高，水稻植株的地上部分富集镉的能力相对较低；长期免耕则促进了水稻地上部分富集镉的能力，这增强了土壤对于镉的消解能力，土壤养分含量相对较低，水稻植株地上部分富集镉能力较强，但长期免耕秸秆还田的糙米镉含量显著低于长期旋耕秸秆还田，且与长期翻耕秸秆还田无显著差异。这与常同举的结果不同，土壤镉含量的差异可能是测量土层的深度不同或是耕作方式的处理不同导致的，而糙米中镉含量则可能是由于两者所选的水稻品种不同导致的，也由此可以看出耕作方式对稻田镉有效性与水稻各器官镉积累与分配的影响十分复杂，有必要进行更深入的研究。

本试验在湖南省湘潭县易俗河镇镉污染稻田进行，在已经开展 2 年定位试验的基础上，进一步研究不同土壤耕作方式对土壤镉有效性和水稻镉积累分配特性的影响，重点研究不同耕作方式对稻田不同土层镉有效性的影响及其与水稻镉积累分配的关系，明确长期不同土壤耕作方式对水稻镉积累分配的影响，为实现中度镉污染稻田水稻安全生产提供理论与技术支撑。

2. 材料与方法

2.1 供试材料

早稻品种为陵两优 211，2017 年于 3 月 22 日播种，4 月 22 日左右移栽；2018 年于 3 月 24 日播种，4 月 24 日移栽。插秧密度 16.7 cm × 20 cm，每蔸 3 根苗。施肥方案按照当地施肥习惯施用：基肥 600 kg/hm²，分蘖初期追肥尿素 150 kg/hm²。基肥为复混肥料，N、P_2O_5、K_2O 比例为 22：6：12，尿素含氮 46.4%。

晚稻品种威优 46，2017 年于 6 月 13 日播种，7 月 10 日左右移栽；2018 年于 6 月 12 日播种，7 月 11 日移栽。插秧密度 20 cm × 20 cm，每蔸 3 根苗。施肥方案按照当地施肥习惯施用：基肥 600 kg/hm²，分蘖初期追施尿素 150 kg/hm²，孕穗期追施钾肥 120 kg/hm²。基肥为复混肥料，N、P_2O_5、K_2O 比例为 22：6：12，尿素含氮 46.4%，钾肥为 KCl，含 K_2O 55%。

供试土壤 pH 6.12，有机质 30.82 g/kg，全氮 1.70 g/kg，全磷 0.77 g/kg，全钾 8.47 g/kg，碱解氮 163.4 mg/kg，有效磷 39.60 mg/kg，速效钾 298.60 mg/kg。全 Cd 和有效镉分别为 0.9133 mg/kg 和 0.4327 mg/kg。

2.2 试验地点

试验地点在湖南省湘潭县易俗河镇镉污染稻田进行，生理及化学指标在湖南农业大学作物生理与分子生物学教育部重点实验室进行。

2.3 试验设计

试验采取随机区组大区设计，全田分五大块，设 5 个处理，面积均为 115m²，不设重复，分别为：G1 双季免耕、G2 双季翻耕、G3 双季旋耕、G4 早旋晚免（早季旋耕晚季免耕）和 G5 早翻晚免（早季翻耕晚季免耕）。每个处理均有独立的排水口与进水口，处理之间有田垄隔开并覆盖薄膜。

2.4 测定项目与方法

2.4.1 水稻产量形成特性

茎蘖动态及生育时期：在大田随机选取 3 个固定点，每个点数 10 蔸，于返青期记录每蔸基本苗数，之后每 5 d 数茎蘖数，齐穗后每 7 d 数茎蘖数，记录茎蘖动态。观察记录水稻分蘖盛期、孕穗期、齐穗期、灌浆中期、成熟期等生育时期的具体日期。

农艺性状：于水稻各生育时期取水稻植株样，测量叶面积、株高、穗长、干物重。

株高：植株茎、叶的最顶端与地表之间的距离即为株高。

叶面积：用叶面积仪测量。

穗长：穗最顶端与穗颈节之间的距离即为穗长。

干物重：根、茎、叶（穗）放置于烘箱中 105℃杀青 30 min，80℃烘干至恒重，称重记录。

实际测产：水稻成熟后随机选取 3 个点，每个点割 80 蔸，脱粒后去除空粒及杂草，称重记录。

理论测产：水稻成熟后每区数 100 蔸，记录平均有效穗数，然后再按照平均有效穗数取 5 蔸（重复三次），带回实验室考种，记录千粒重、每穗实粒数、每穗总粒数、结实率，最后根据每穗总粒数 × 结实率 × 粒重计算理论产量。

2.4.2 水稻生理特性

SPAD 值：于孕穗期、齐穗期、齐穗后两周（灌浆中期），用 SPAD–502 测定水稻剑叶的 SPAD 值，测量 10 片，取平均值，每个处理重复三次。

根系活力：于各生育时期在大田中用伤流法测定根系活力。

2.4.3 水稻穗镉积累特性

水稻穗镉积累特性：将取回的穗洗净，成熟期谷分为谷壳、枝梗、空粒、糙米，放入烘箱 105℃杀青 30 min，80℃烘干至恒重。同时，每处理收稻谷 1 kg，晒干，储藏 3 个月后，碾米，分成谷壳、米糠、精米等 3 部分。以上材料烘干后粉碎备用。采用硝酸 – 高氯酸高温消解方法，每处理重复 3 次，使用石墨炉检测消化液中镉含量。

2.4.4 土壤镉含量及理化性质

土壤 pH：于早、晚稻的各生育时期用五点取样法取 0~10 cm，10~20 cm 土样，自然风干后过 20 目筛备用，用 pH 计（哈希 H160NP 便携式 pH 计）测定，水土比 5∶1，每处理重复 3 次。

土壤有机质：于早、晚稻的各生育时期用五点取样法取 0~10 cm，10~20 cm 土样，自然风干后过 10 目筛备用。参考《土壤农化分析（鲍士旦版）》，用重铬酸钾容量法 – 外加热法测定土壤有机质。

土壤有效态镉含量：于早稻耕作施肥前，早、晚稻的各生育时期用五点取样法取 0~10 cm，10~20 cm 土样，自然风干后过 10 目筛备用。以 DTPA 为提取剂，称取 5.00 g，置于 100 mL 三角瓶中，准确加入 25.00 mL DTPA 提取剂，25 ± 2℃振荡 2 h，过滤，最初 5~6 mL 滤液弃去，再滤下的滤液用石墨炉测定有效态镉含量。每处理重复 3 次。

所有的试验数据均采用 Excel 2013 和 SPSS 22.0 统计软件进行分析。

3. 结果与分析

3.1 不同土壤耕作方式对水稻农艺性状、生理特性的影响

3.1.1 不同土壤耕作方式对水稻茎蘖动态的影响

由图 20–1 可知，2017 年早稻从分蘖开始到分蘖盛期，表现为 G5 ＞ G3 ＞ G4 ＞ G2 ＞ G1 的趋势。在 5 月 28 日，早稻各处理达到最高分蘖值。在生育后期，以 G4、G5 处理分蘖下降最为明显。2017 年晚稻 G2、G3 处理分蘖在全生育期处于较高水平，G4 处理分蘖水平较低。在 8 月 14 日左右，各处理分蘖数达到最大值，随后 G1 处理迅速下降，其他各处理下降趋势差距不大。

2018 年早稻分蘖以 G2 处理在全生育期内保持较高水平的趋势，明显高于其他各处理。G4 处理依旧保持较低的分蘖水平，可见早旋晚免处理分蘖受到了较明显的抑制。在 5 月 23 日下午左右，各处理分蘖数达到峰值，随后以 G5 处理的下降幅度最大。2018 年晚稻全生育期分蘖水平表现为 G3 ＞ G5 ＞ G2 ＞ G1 ＞ G4 的趋势，可见免耕能抑制水稻分蘖和成穗。

综合两年的结果来看，翻耕最利于水稻的分蘖和有效穗的形成，免耕处理无效分蘖较多，在达到峰值后下降迅速，对水稻分蘖有抑制的作用，且以早旋晚免处理的抑制作用最为明显。

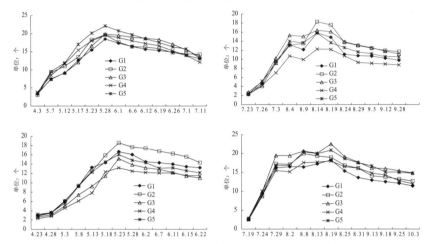

图 20-1　土壤耕作方式对 2017 年早稻（上左）、晚稻（上右）与
2018 年早稻（下左）、晚稻（下右）茎蘖动态的影响

3.1.2 不同土壤耕作方式对水稻叶面积动态变化的影响

如图 20-2 所示，2017 年早稻齐穗期出现叶面积高峰。孕穗期叶面积指数以 G2 处理最大，G1、G4 处理最小。齐穗期表现出 G3 > G2 > G5 > G1 > G4 的趋势，G3 处理比 G1 处理高出 37.64%。2017 年晚稻叶面积高峰出现在孕穗期；孕穗期至齐穗期，G1 处理的叶面积下降明显。齐穗期以 G5 处理最高，但齐穗期至灌浆中期，G5 处理的叶面积下降迅速。G2、G3 处理在全生育期内都保持了较高的叶面积水平。

2018 年早稻齐穗期出现叶面积高峰。G1 处理在齐穗期叶面积最高，但随之下降迅速，表现出早衰的趋势。G4 处理在全生育期叶面积指数最低。G2 处理在全生育期内都保持了较高的叶面积水平，齐穗两周后与其他各处理相比，分别高出 62.92%、34.79%、68.50%、14.80%。G5 处理在生育后期叶面积下降速率最慢。这说明了翻耕处理利于生育后期叶面积的保持。2018 年晚稻叶面积高峰出现在孕穗期，以 G2 处理最高，G1 处理最低。

全生育期叶面积均以 G2 处理最高、G1 处理最低。

综合两年的情况来看，双季翻耕在全生育期内有利于水稻保持较高水平的叶面积指数。免耕处理对水稻叶面积有明显的抑制作用（图 20–2）。

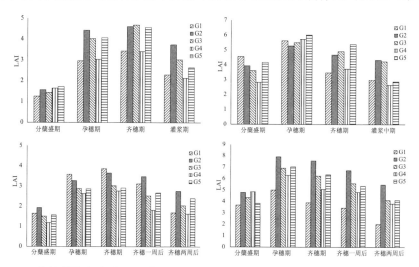

图 20–2　土壤耕作方式对 2017 年早稻（上左）、晚稻（上右）与 2018 年早稻（下左）、晚稻（下右）叶面积指数动态变化的影响

3.1.3　不同土壤耕作方式对水稻叶片 SPAD 值动态变化的影响

由表 20–1 可知，不同耕作方式下，2017 年早稻相对叶绿素含量孕穗期 G1 处理显著大于其他各处理，但灌浆中期显著低于其他各处理。免耕模式下，水稻相对叶绿素含量呈现快速增高再下降的趋势，其他处理各生育时期均无显著差异。晚稻相对叶绿素含量孕穗期以 G1、G2 显著大于 G4、G5，其他各生育时期各处理间无显著差异。

2018 年早稻相对叶绿素含量孕穗期 G1、G4 处理显著大于其他各处理，齐穗期 G5 处理最低且与其他处理差异显著，灌浆中期 G3、G4、G5 处理显著低于 G1、G2 处理。各处理孕穗期至齐穗期均呈现增长的趋势，齐穗后均呈现降低的趋势。晚稻相对叶绿素含量孕穗期以 G1 显著低于其他各处理，齐穗期各处理间无显著差异，灌浆中期以 G1 处理显著低于 G4、G5处理，其他各处理之间无差异。其他生育时期各处理间无显著差异。

表 20–1 不同土壤耕作方式对水稻叶片 SPAD 值动态变化的影响

年度	处理	孕穗期	齐穗期	灌浆中期
	早稻			
	G1	33.3a	37.83a	28.7b
	G2	30.66b	34.3a	30.9a
	G3	29.25b	37.3a	34.3a
	G4	30.73b	38.27a	33.13a
2017 年	G5	29.89b	38.27a	32.2a
	晚稻			
	G1	38.26a	39.87a	41.1a
	G2	39.36a	41.8a	41.37a
	G3	36.7ab	41.23a	40.8a
	G4	33.87b	42.37a	39.37a
	G5	34.7b	41.33a	42.83a
	早稻			
	G1	38.52a	40.27a	39.1a
	G2	35.53b	40.12a	39.87a
	G3	35.58b	41.13a	34.93b
	G4	36.99a	38.72a	35.07b
2018 年	G5	33.21b	36.76b	34.4b
	晚稻			
	G1	37.96a	40.5a	38.33b
	G2	34.26a	39.7a	38.7ab
	G3	37.66a	41.67a	38.7ab
	G4	37.16a	40.1a	40a
	G5	38.52a	40.27a	39.1a

注：方差分析分年度、季别进行。同列数据不同小写字母表示同年度同季别水稻不同处理间差异显著（$P < 0.05$）。下同。

3.1.4 不同土壤耕作方式对水稻根系伤流量的影响

由表 20–2 可知，2018 年早稻分蘖盛期根系伤流量以 G5 处理最高且显著高于其他各处理，G2、G3 处理最低，G3 处理显著低于其他各处理。孕穗期以 G2、G3 处理最低且显著低于 G1 处理。齐穗期以 G4、G5 处理最高，以 G2 处理最低，且差异显著。齐穗两周后以 G2 处理最低，以 G4、G5 处理最高且差异显著。

晚稻分蘖盛期以 G4 处理最低、G5 处理最高，且差异显著。孕穗期以 G1 处理最低，G2 处理最高，且差异显著。齐穗期各处理之间无显著差异。齐穗两周后水稻根系伤流量 G4 > G2 > G5 > G3 > G1，以 G1、G3 处理显著低于其他处理。

综上，早稻 G2 翻耕处理和 G3 旋耕处理根系活力水平最低，G5 早翻晚免处理根系活力水平最高，G1 处理呈现迅速增高又降低的趋势。G4、G5 处理在生育后期均保持了较高的根系活力水平，而 G1、G2、G3 处理均在孕穗期出现峰值后逐渐降低。

晚稻各处理的根系伤流量峰值出现在齐穗期，齐穗两周后显著降低，以 G1 处理降低最为明显。而 G2、G5 处理全生育期均处于较高水平。

表 20–2　　　　　不同土壤耕作方式对水稻根系伤流量的影响　　　　单位：g

季别	处理	分蘖盛期	孕穗期	齐穗期	齐穗两周后
2018 年早稻	G1	10.82b	21.16a	13.38bc	12.12bc
	G2	9.23bc	17.87b	10.88c	9.78c
	G3	7.32c	17.65b	17.58ab	14.32b
	G4	12.16b	18.74ab	19.66a	18.88a
	G5	15.48a	18.31ab	19.36a	19.12a
2018 年晚稻	G1	14.51b	16.48c	29.70a	15.21b
	G2	16.52bc	23.91a	28.36a	20.12a
	G3	15.43c	21.58ab	28.44a	15.58b
	G4	13.41b	18.99bc	29.83a	20.31a
	G5	18.21a	20.09abc	28.94a	17.71ab

3.1.5 不同土壤耕作方式对水稻干物质量动态变化的影响

由图 20–3 可以看出，2017 年早稻成熟期干物质积累以 G2、G3 最高，齐穗期到灌浆中期，积累速率为 G2 > G3 > G1 > G5 > G4，灌浆中期到成熟期，积累速率以 G4 > G5 > G1 > G2 > G3。晚稻干物质积累以 G5、G4 最高，其他各处理相差不大，孕穗期到齐穗期，G5 和 G1 处理的干物质增长缓慢，齐穗期到灌浆中期，G4、G1 处理干物质增长缓慢，灌浆中期到成熟期，G5、G4、G1 处理迅速增长。从本年度整体的情况来看，双季翻耕和双季旋耕的灌浆速率要快于其他处理，体现在孕穗期到齐穗期干物质增长速率高于其他各处理，而灌浆中期到成熟期低于其他处理。

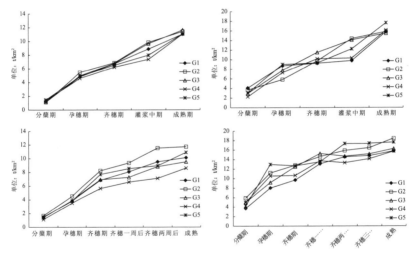

图 20–3　土壤耕作方式对 2017 年早稻（上左）、晚稻（上右）与 2018 年早稻（下左）、
晚稻（下右）干物质量动态变化的影响

2018 年早稻成熟期干物质积累以 G2、G5 最高，说明早季翻耕利于增加水稻地上部干物质重积累。G1 在齐穗后一周至齐穗后两周增长速率达到最高，但至成熟期略有下降，这可能说明了免耕处理在生育后期积累干物质的能力弱于其他处理。早稻积累速率为 G2 > G5 > G1 > G3 > G4。晚稻干物质积累以 G2、G5 最高，其他各处理相差不大，孕穗期到齐穗期，

干物质重略有下降，可能与本年度该时节持续的小雨低温有关。齐穗至齐穗一周后以 G3、G4 处理增长速率最快，齐穗一周至齐穗两周，G5 处理增长速率最快。齐穗三周至成熟期，G2 处理增长速率最快，其他处理稍稍次之。

从两年的试验结果来看，免耕和早旋晚免均抑制了水稻干物质重积累。双季翻耕和早翻晚免有利于水稻干物质重的积累，且双季翻耕明显加快了灌浆速率。

3.2 不同土壤耕作方式对水稻产量及产量构成的影响

由表 20-3 可知，2017 年早稻产量为 G3（双季旋耕）最高，其余依次为 G2（双季翻耕）＞ G4（早旋晚免）＞ G1（双季免耕）＞ G5（早翻晚免），但除 G2、G3 显著高于其他各处理外，其他三个处理间差异不显著。晚稻则以 G5 处理最高，显著大于其他各处理，分别比 G1、G2、G3、G4 增产 16.64%、17.48%、14.03%、12.75%，其他各处理间无显著差异。早晚稻产量表现出明显差异，这可能是由于在生长早期，湖南连降大雨导致各处理受到不同程度的影响，免耕处理或因为土壤紧密，受到淹水的影响较小从而表现出产量优势。双季总产表现为 G3（11.77 t/hm²）＞ G2（11.59 t/hm²）＞ G5（11.56 t/hm²）＞ G4（10.92 t/hm²）＞ G1（10.63 t/hm²）。

产量构成因素比较中，早稻有效穗数呈现 G2 ＞ G3 ＞ G1 ＞ G5 ＞ G4 的趋势，晚稻呈现 G5 ＞ G3 ＞ G1 ＞ G2 ＞ G4 的趋势，早晚稻除 G4 处理均为最低以外，其他各处理趋势相反。早稻穗数高但每穗粒数低、结实率低，这都可能是在早稻灌浆时期至晚稻分蘖期的暴雨所致。早稻结实率以 G2 显著高于其他各处理，每穗粒数 G2、G3、G4 处理没有差异，以 G3 处理最高，千粒重各处理没有差异。晚稻每穗粒数以 G4 最高且差异显著，其他各处理没有差异，千粒重及结实率都没有差异。

2018 年早稻产量为 G5（早翻晚免）最高，其余依次为 G2（双季翻耕）＞ G4（早旋晚免）＞ G3（双季旋耕）＞ G1（双季免耕），G5 处理显著高于其他处理。晚稻也以 G5 处理最高，显著大于其他各处理，分别比 G1、G2、G3、G4 增产 5.77%、4.26%、6.8%、7.6%，其他各处理间无显著差异。双季总产为 G5（13.35 t/hm²）＞ G2（13.25 t/hm²）＞ G3

稻田重金属镉污染农艺修复治理理论与技术

（12.96 t/hm²）＞ G4（12.24 t/hm²）＞ G1（12.19 t/hm²）。这说明了双季免耕耕作方式产量比较低，而早翻晚免耕耕作方式可以显著增加总产。

表 20–3 　　　　不同土壤耕作方式对水稻产量及产量构成的影响

年度	处理	穗长 / cm	有效穗数 / （×10⁴/hm²）	每穗 粒数	结实率 / %	千粒重 / g	理论产量 / （kg/hm²）	实际产量 / （kg/hm²）
2015年	早稻							
	G1	19.13a	286.89	102a	74.12b	26.68a	5801.0b	—
	G2	19.18a	305.29	101a	81.02a	25.83b	6435.9a	—
	G3	18.06b	303.93	89b	83.20a	26.21ab	5924.7ab	—
	G4	18.60ab	299.9	98a	74.90b	26.61a	5880.2ab	—
	G5	19.04a	313.56	99a	77.02b	26.12ab	6235.5ab	—
	晚稻							
	G1	22.26a	319.79	91b	76.58b	32.59a	7240.2b	—
	G2	22.25a	339.94	96a	78.28a	31.87b	8108.8a	—
	G3	21.49a	324.86	87c	77.65ab	31.01d	6846.8c	—
	G4	21.94a	315.5	91b	77.02ab	31.62c	7017.0bc	—
	G5	21.57a	316.33	93ab	76.98ab	31.88b	7248.9b	—
2016年	早稻							
	G1	18.85a	384.91	77b	56.59a	26.63a	4717.17b	4598.23b
	G2	19.47a	393.46	87a	59.11a	26.53ab	5179.54a	5160.45a
	G3	19.41a	353.95	92a	57.75a	26.17c	5116.54a	5122.35ab
	G4	19.70a	360.61	93a	58.05a	26.26bc	5119.64a	5037.92ab
	G5	19.79a	358.19	93a	58.27a	26.27bc	5219.86a	5179.10a
	晚稻							
	G1	22.93a	257.66	108c	86.94a	30.42a	7330.59bc	6610.10bc
	G2	23.79a	265.76	122a	84.38b	29.47b	8066.07a	7269.95a
	G3	23.83a	242.68	124a	82.45c	29.10c	7210.01c	6510.27c
	G4	23.71a	255.59	118ab	86.22ab	29.53b	7704.02ab	7013.39ab
	G5	24.08a	268.43	114bc	85.41ab	29.85b	7775.20ab	7014.22ab

续表

年度	处理	穗长 / cm	有效穗数 （×10⁴/hm²）	每穗 粒数	结实率 / %	千粒重 / g	理论产量 / （kg/hm²）	实际产量 / （kg/hm²）
2017年	早稻							
	G1	19.00a	400.19b	66.31b	69.00b	27.08a	4930b	4710b
	G2	17.72a	439.49a	71.83ab	71.67a	27.83a	6240a	5710a
	G3	17.88a	405.16b	80.78a	67.66b	27.49a	6090a	5730a
	G4	16.95a	342.75c	79.09a	68.67b	28.07a	5070b	4810b
	G5	17.92a	397.31b	67.4b	65.67c	27.47a	4830b	4660b
	晚稻							
	G1	22.28a	258.85a	105.49b	78.70a	28.99a	6210b	5670b
	G2	22.25a	250.56a	112.59b	80.53a	28.84a	6560b	5870b
	G3	23.20a	263.16a	108.76b	79.40a	29.35a	6670b	6040ab
	G4	23.65a	228.99b	127.59a	80.59a	29.25a	6880a	6210ab
	G5	22.65a	264.11a	112.30b	80.54a	29.25a	6990a	6490a
2018年	早稻							
	G1	18.52a	313.08bc	80.85b	77.95a	28.54a	5600b	5140c
	G2	18.31a	284.32c	96.21a	76.75a	28.36a	5900ab	5610b
	G3	17.89a	347.42b	62.91c	81.64a	29.12a	5240c	5170c
	G4	17.56a	275.30cd	85.18b	78.63a	29.30a	5700b	5250c
	G5	17.34a	404.78a	68.40c	78.29a	29.25a	6340a	6020a
	晚稻							
	G1	23.12a	284.74bc	94.89b	85a	30.57a	7080b	6930b
	G2	22.18a	313.52a	88.17b	85a	30.66a	7140b	7030b
	G3	22.56a	267.98cd	101.57ab	87a	30.42a	7240ab	6860b
	G4	21.58a	252.67d	112.14a	86a	30.28a	7350ab	6810b
	G5	22.26a	293.48ab	99.50ab	86a	30.35a	7660a	7330a

产量构成因素比较中，早稻有效穗数呈现 G5 ＞ G3 ＞ G1 ＞ G2 ＞ G4 的趋势，晚稻呈现 G2 ＞ G5 ＞ G1 ＞ G3 ＞ G4 的趋势，可见早旋晚免耕

作方式不利于有效穗的生长，而早翻晚免耕作方式则能促进水稻产生有效穗。早晚稻结实率各处理之间无显著差异。早稻每穗粒数以 G2、G3 显著高于 G4、G5 处理，晚稻以 G4 处理显著高于 G1、G2 处理，其他处理之间无显著差异。早晚稻千粒重之间各处理均无显著差异，这可能说明了耕作方式不影响千粒重。

综合四年的数据来看，G2 处理最利于有效穗生长，G4 处理有效穗生长情况最差，说明双季翻耕耕作方式可以促进有效穗生长，而早旋晚免耕作方式不利于有效穗生长；每穗粒数以 G1 处理最低，而这四年结实率和千粒重其实差异并不大，2015 年的数据与后面三年数据有些许不同，可能是当年的环境条件和人为处理的差异导致的。从三年的实际产量来看，G5 处理的产量比较高，但是 2017 年的早稻产量 G5 处理最低，应该是大雨等环境因素影响了产量，总的来说早翻晚免耕作方式最利于增产。

3.3 不同土壤耕作方式下水稻植株各器官镉含量及动态变化

3.3.1 不同土壤耕作方式对水稻根镉含量的影响

由表 20-4 可知，2017 年早稻根镉含量变化 G2、G3、G4 处理总体呈现出先升高后降低的趋势。G1、G5 处理根镉含量随时期推移而提高，在成熟期达到最大，分别为 9.98 mg/kg 与 8.22 mg/kg。晚稻根镉含量随生育期推进基本呈现出递增的趋势，在成熟期达到最大，但各处理间无显著差异，以 G4 处理最高，为 31.17 mg/kg。

2018 年早稻各处理根镉含量基本都呈现先上升再下降后又上升的趋势。G4、G5 处理根镉含量最高，分别为 20.44 mg/kg 与 21.91 mg/kg。G2 处理最低，仅为 3.47 mg/kg。晚稻根镉含量变化规律不明显，各处理在成熟期达到最大值。成熟期以 G1 处理显著大于其他各处理，其他各处理之间无显著差异。

综合四年数据来看，成熟期的根镉含量是水稻生育期内最高的时期，此时水稻根系发育完全，吸收和滞留镉的能力达到最大，根镉含量达到最大。在水稻的全生育期根镉含量是不断变化的，但是在成熟期之前的根镉含量峰值是不一致的，这说明在成熟期之前，环境条件对根镉含量的影响比水稻本身发育的情况要大。

表 20-4　　　　　不同土壤耕作方式对水稻根镉含量的影响　　　　单位：mg/kg

年度	季别	时期	处理				
			G1	G2	G3	G4	G5
2015 年	早稻						
		分蘖盛期	—	—	—	—	—
		孕穗期	11.1968b	11.4314b	14.3082a	14.4465a	11.4274b
		齐穗期	13.8405a	6.8757c	11.0023b	11.1219b	7.0565c
		灌浆中期	7.8453c	10.6680b	13.8486a	13.7460a	10.1288b
		成熟期	17.7884a	10.4925c	13.1867b	13.0490b	10.1465c
	晚稻						
		分蘖盛期	2.2452b	3.3528a	2.0708b	3.2493a	1.0269c
		孕穗期	3.863c	3.1449d	3.7777c	6.5206a	5.1241b
		齐穗期	6.6747a	2.5244d	3.3739c	4.8617b	3.9372c
		灌浆中期	4.7186a	1.167c	1.0014c	1.8266b	4.7124a
		成熟期	9.4209a	3.4445d	6.2222c	4.5881d	7.7435b
2016 年	早稻						
		分蘖盛期	4.1467a	2.0433b	2.0933b	2.5317b	2.1867b
		孕穗期	4.2217b	2.7883c	2.9200c	5.6950a	4.8300b
		齐穗期	7.0907a	3.0440b	2.7480b	3.0760b	3.2560b
		灌浆中期	9.4000a	8.0747b	3.8773d	4.1733d	5.1920c
		成熟期	8.4053a	4.7347c	6.0760b	6.7560b	4.7693c
	晚稻						
		分蘖盛期	13.8867a	3.7633c	3.8033c	4.1150c	5.9950b
		孕穗期	6.6217b	2.3650c	5.8733b	7.7933a	6.4283b
		齐穗期	15.0850a	4.5117d	10.5700b	10.3200b	8.9267c
		灌浆中期	5.1900cd	4.4667d	5.5233c	8.7400a	7.6700b
		成熟期	22.5067a	17.2100b	14.7667c	15.2500bc	17.2767b
2017 年	早稻						
		分蘖盛期	1.92b	2.75b	2.84b	4.52a	2.43b

续表

年度	季别	时期	处理				
			G1	G2	G3	G4	G5
2017年		孕穗期	4.92d	8.82b	11.34a	7.05c	5.11d
		齐穗期	5.53c	5.10c	5.07c	9.06a	7.72b
		灌浆中期	7.17b	4.89c	4.87c	8.16a	7.93a
		成熟期	9.98a	5.64c	5.36c	7.69b	8.22a
	晚稻						
		分蘖盛期	9.16a	2.79e	3.89d	6.94b	6.08c
		孕穗期	14.14a	4.78bc	2.62d	5.52b	3.35cd
		齐穗期	10.22a	5.57c	7.52b	8.57ab	8.54ab
		灌浆中期	16.91b	14.95c	14.95bc	18.93a	17.69d
		成熟期	27.90a	27.25a	27.11a	31.17a	27.02a
2018年	早稻						
		分蘖盛期	5.08a	4.67a	6.14a	5a	5.75a
		孕穗期	7.36d	4.49e	9.02c	10.36b	12.13a
		齐穗期	4.2b	7.07a	4.81b	6.34a	2.89c
		齐穗一周后	3.39b	4.05b	4.24b	4.37b	8.68a
		齐穗两周后	4.88bc	3.43c	2.59c	18.22a	7.38b
		成熟期	10.24b	3.47d	7.08c	20.44a	21.97a
	晚稻						
		分蘖盛期	2.48c	1.71d	3.16b	5.02a	2.76bc
		孕穗期	3.24a	1.52c	1.76c	1.35c	2.72b
		齐穗期	1.93b	2.21a	1.69b	1.65b	1.62c
		齐穗一周后	6.54a	2.95b	2.92b	1.33c	0.75c
		齐穗两周后	2.92b	1.86c	3.8a	1.77c	3.62ab
		齐穗三周后	8.14a	4.72b	4.98b	5.32b	5.12b
		成熟期	19.89a	9.42b	10.53b	10.32b	10.2b

注：方差分析分生育时期进行，小写字母表示同行数据达5%差异显著水平，下同。

3.3.2 不同土壤耕作方式对水稻茎镉含量的影响

由表 20–5 可知，2017 年早稻茎镉含量孕穗期以 G1 较低。齐穗期以 G3 处理显著高于其他各处理；灌浆中期以 G5 处理显著高于其他各处理，增幅以 G5 处理最大，G2、G3 不增反减；成熟期以 G4、G5 处理最高，且与其他各处理之间差异显著，灌浆中期到成熟期增幅以 G4 处理最大，G1 处理次之。晚稻茎镉含量孕穗期以 G4、G5 含量较高，G1、G3 含量较低，且差异达到显著水平；齐穗期以 G4 处理显著高于其他各处理，灌浆中期以 G3 处理最高，G5 处理最低，且差异达到显著水平；齐穗期至灌浆中期，镉含量增幅最大的为 G3 处理，G4 处理次之，G5 处理增幅最小；成熟期茎镉含量各处理之间没有差异，灌浆中期至成熟期以 G5 处理增幅最大，G1 处理次之，G4 处理增幅最小。

表 20–5　　　　　　　不同土壤耕作方式对水稻茎镉含量的影响　　　　单位：mg/kg

年度	季别	时期	处理				
			G1	G2	G3	G4	G5
2015 年	早稻						
		分蘖盛期	—	—	—	—	—
		孕穗期	0.2524a	0.1600ab	0.2563a	0.2391ab	0.1501b
		齐穗期	0.2207a	0.2710a	0.2528a	0.3012a	0.2472a
		灌浆中期	0.5355a	0.5021ab	0.3712bc	0.3451c	0.4657ab
		成熟期	2.0549ab	1.9110b	2.3250a	2.2370a	1.8975b
	晚稻						
		分蘖盛期	0.2046ab	0.3661a	0.2387ab	0.268ab	0.1578b
		孕穗期	0.2307ab	0.1157b	0.2979a	0.2298ab	0.1819ab
		齐穗期	0.1871ab	0.2375a	0.1751ab	0.1075b	0.1909ab
		灌浆中期	0.4081ab	0.3734ab	0.3388b	0.4294ab	0.5123a
		成熟期	1.4618b	1.3085bc	1.5906ab	1.1068c	1.7925a
2016 年	早稻						
		分蘖盛期	0.4013ab	0.4160a	0.2627b	0.3513ab	0.4307a

续表1

年度	季别	时期	处理				
			G1	G2	G3	G4	G5
2016年		孕穗期	0.2767a	0.0833b	0.2180a	0.2320a	0.1020b
		齐穗期	0.2927a	0.1247b	0.3107a	0.2913a	0.1387b
		灌浆中期	1.0580a	0.9407ab	0.6287c	0.6967c	0.8760b
		成熟期	3.1600a	2.9473a	3.2160a	3.1873a	2.9873a
	晚稻						
		分蘖盛期	0.2013b	0.1933b	0.2787ab	0.3167a	0.2387ab
		孕穗期	0.1600b	0.1233b	0.2907a	0.1707b	0.2673a
		齐穗期	0.4313c	0.4487bc	0.6747a	0.7320a	0.6480ab
		灌浆中期	0.5983c	0.6050c	0.8387b	1.1130a	0.8597b
		成熟期	6.0793b	10.2100a	9.9607a	5.5593b	6.5800b
2017年	早稻						
		分蘖盛期	0.03a	0.02b	0.02b	0.03a	0.02b
		孕穗期	0.15bc	0.23abc	0.32a	0.24ab	0.20bc
		齐穗期	0.19b	0.21b	0.42a	0.20b	0.21b
		灌浆中期	0.24b	0.18c	0.17c	0.26b	0.42a
		成熟期	1.57a	1.38b	1.12b	1.92a	1.91a
	晚稻						
		分蘖盛期	0.16c	0.16c	0.21bc	0.62a	0.28b
		孕穗期	0.82c	1.21b	0.73c	1.42a	1.47a
		齐穗期	1.10b	1.12b	1.05b	1.45a	1.08b
		灌浆中期	3.52b	3.68b	5.66a	5.45a	2.02c
		成熟期	8.25a	7.95a	7.95a	6.69a	7.06a
2018年	早稻						
		分蘖盛期	0.18c	0.32b	0.33b	0.37ab	0.42a
		孕穗期	0.15d	0.20c	0.13d	0.39b	0.45a
		齐穗期	0.12c	0.24a	0.21ab	0.19ab	0.17bc

续表2

年度	季别	时期	处理				
			G1	G2	G3	G4	G5
2018年		齐穗一周后	0.18c	0.21c	0.16c	0.41a	0.29b
		齐穗两周后	0.28b	0.27b	0.38b	0.92a	0.78a
		成熟期	1.28b	0.84b	1.31b	2.59a	2.63a
	晚稻						
		分蘖盛期	0.10c	0.15b	0.22a	0.26a	0.18b
		孕穗期	0.13b	0.17a	0.11b	0.14b	0.12b
		齐穗期	0.15b	0.11c	0.35a	0.11c	0.12c
		齐穗一周后	0.36b	0.31b	0.42a	0.25c	0.19c
		齐穗两周后	0.73bc	0.49bc	1.51a	0.91b	0.27c
		齐穗三周后	1.79b	0.6c	2.27a	1.63b	2.5a
		成熟期	8.98a	6.21b	4.3c	3.41d	3.16d

2018年早稻分蘖盛期至齐穗期，所有处理基本都呈现出下降的趋势。齐穗一周后，G1、G2、G3处理茎镉含量显著低于G5处理，而G4处理显著高于G5处理，为0.41 mg/kg。齐穗两周后，趋势不变，G4处理最高，为0.92 mg/kg，G5处理次之，为0.78 mg/kg。成熟期各处理均显著增长，说明齐穗两周后至成熟期是茎吸镉的关键时期，G2最小为0.84 mg/kg，G4处理和G5处理分别达到了2.59 mg/kg、2.63 mg/kg，显著高于G1、G2和G3处理。晚稻分蘖盛期至齐穗期各处理增长缓慢。齐穗期至齐穗三周后，均以G3处理最高。齐穗三周至成熟期，G1处理增幅最大，成熟期达到了8.98 mg/kg，显著高于其他各处理。成熟期各处理间趋势呈现为G1 > G2 > G3 > G4 > G5。

综合四年结果来看，水稻茎部分的镉含量在不断变化，其中早稻以G4、G5处理茎镉含量较高，晚稻以G1处理较高。植株茎在灌浆期以前镉含量积累速率较慢，在生育后期尤其是齐穗两周后（灌浆中期）至成熟期迅速增长，在成熟期达到峰值。四年成熟期数据显示，除了2015年晚稻的茎镉含量比早稻略低一点，其他三年晚稻的茎镉含量都比早稻高许多。

3.3.3 不同土壤耕作方式对水稻叶镉含量的影响

由表20–6可知，早稻叶镉含量孕穗期至齐穗期各处理之间无显著差异。灌浆中期以 G2 处理显著高于 G1 处理，G1 处理显著高于 G3、G4、G5 处理。齐穗期至灌浆中期 G3、G4、G5 处理均呈减小的趋势。成熟期各处理呈下降趋势，这应当是当年的暴雨导致的，以 G1 处理减小的幅度最大。

表 20–6　　　　不同土壤耕作方式对水稻叶镉含量的影响　　　　单位：mg/kg

年度	季别	时期	处理				
			G1	G2	G3	G4	G5
2015 年	早稻						
		分蘖盛期	—	—	—	—	—
		孕穗期	0.2389a	0.2267a	0.1444a	0.1773a	0.2176a
		齐穗期	0.4448ab	0.4814a	0.4385ab	0.4177b	0.4756a
		灌浆中期	0.3777b	0.6300a	0.4456b	0.4869b	0.6711a
		成熟期	0.7307a	0.6327ab	0.4591c	0.5035bc	0.6877a
	晚稻						
		分蘖盛期	0.1191c	0.2395a	0.1598bc	0.1464bc	0.2035ab
		孕穗期	0.1924b	0.2484a	0.2333a	0.1957a	0.2266a
		齐穗期	0.328a	0.3021ab	0.2507c	0.2675bc	0.2408c
		灌浆中期	0.6814b	0.5335c	0.4272d	0.4866cd	0.779a
		成熟期	1.1289a	0.9829b	1.0541ab	0.8225c	0.9185bc
2016 年	早稻						
		分蘖盛期	0.1567a	0.1560a	0.1415a	0.1402a	0.1584a
		孕穗期	0.1485a	0.1563a	0.1757a	0.1812a	0.1469a
		齐穗期	0.2115a	0.1933a	0.1413b	0.1144b	0.1606ab
		灌浆中期	0.2804ab	0.3213a	0.2555b	0.2710b	0.2713b
		成熟期	0.5253b	0.6729ab	0.9189a	0.8329a	0.6644ab
	晚稻						

续表 1

年度	季别	时期	处理				
			G1	G2	G3	G4	G5
2016 年		分蘖盛期	0.1805a	0.1910a	0.2072a	0.1885a	0.1904a
		孕穗期	0.2785a	0.2753a	0.2575a	0.2723a	0.3027a
		齐穗期	0.3831a	0.3189b	0.3514ab	0.3417ab	0.3442ab
		灌浆中期	0.5909a	0.5042b	0.4473bc	0.4553bc	0.4007c
		成熟期	1.0201c	1.0897bc	1.8665a	1.2675b	1.1425bc
2017 年	早稻						
		分蘖盛期	0.08bc	0.06bc	0.05c	0.11a	0.13ab
		孕穗期	0.15a	0.13a	0.13a	0.15a	0.13a
		齐穗期	0.20a	0.24a	0.22a	0.23a	0.19a
		灌浆中期	0.25b	0.30a	0.20c	0.22c	0.17c
		成熟期	0.11c	0.20a	0.21a	0.14c	0.17b
	晚稻						
		分蘖盛期	0.09c	0.12bc	0.10c	0.22a	0.14b
		孕穗期	0.12c	0.18b	0.15c	0.28a	0.21b
		齐穗期	0.22b	0.18b	0.17b	0.49a	0.18b
		灌浆中期	0.65bc	0.51cd	0.70a	0.79a	0.41d
		成熟期	0.88b	0.92a	1.03a	0.88b	0.64c
2018 年	早稻						
		分蘖盛期	0.12b	0.11b	0.13b	0.25a	0.16b
		孕穗期	0.12b	0.12b	0.09b	0.22a	0.14b
		齐穗期	0.12b	0.14b	0.14b	0.22a	0.15b
		齐穗一周后	0.17a	0.14ab	0.14ab	0.16a	0.12b
		齐穗两周后	0.11c	0.16a	0.09d	0.12b	0.17a
		成熟期	0.21b	0.13b	0.25b	0.61a	0.51a
	晚稻						
		分蘖盛期	0.07d	0.07d	0.14a	0.12b	0.10c

续表 2

年度	季别	时期	处理				
			G1	G2	G3	G4	G5
2018 年		孕穗期	0.12a	0.11a	0.12a	0.11a	0.11a
		齐穗期	0.09c	0.10b	0.12a	0.11b	0.09c
		齐穗一周后	0.11b	0.12b	0.11b	0.13b	0.16a
		齐穗两周后	0.12a	0.12a	0.11a	0.12a	0.12a
		齐穗三周后	—	—	—	—	—
		成熟期	0.98a	0.76bc	0.84ab	0.79abc	0.63c

2017 年晚稻叶镉含量分蘖盛期至齐穗期以 G4 处理显著高于其他各处理。灌浆中期以 G3 最高，G5 最低，且差异显著。齐穗期至灌浆中期以 G3 处理增幅最大，G5 处理增幅最小。成熟期各个处理之间没有差异，灌浆中期至成熟期以 G2 处理增幅最大，G4 处理增幅最小。

2018 年早稻分蘖盛期至齐穗期均以 G4 处理最高，显著高于其他处理，其他处理之间差异不显著。齐穗一周后，G1 处理增长迅速，G5 处理则呈下降趋势。齐穗两周后，G1、G3 处理均显著下降，G5 处理显著上升。成熟期 G4、G5 处理增长迅速，达到了 0.61 mg/kg、0.51 mg/kg。

2018 年晚稻分蘖盛期以 G3 处理最高，G1、G2 处理最低且差异显著。孕穗期各处理无显著差异。齐穗期呈现出 G3 > G4 > G2 > G1 > G5 的趋势。齐穗一周后以 G5 处理最高且显著高于其他各处理。齐穗两周后各处理差异不显著，均在 0.12 mg/kg 左右。成熟期叶镉含量迅速增加，最高为 G1 处理，达到了 0.98 mg/kg；G3 处理次之，为 0.84 mg/kg；G5 处理最低，为 0.63 mg/kg，且与其他各处理差异显著。

综合四年的数据来看，成熟期是水稻叶镉含量的最高时期，生育前期叶镉含量变化不大，生育后期尤其是灌浆期至成熟期的增幅最大，这与根部和茎部镉含量变化的趋势是一致的，但是叶镉含量也有不同之处，首先其增幅比根部与茎部小许多，其次有部分水稻在成熟期后叶镉含量会降低，其中 2017 年的早稻表现最为明显,处理 G1、G2、G4 都有镉含量降低的现象。

3.3.4 不同土壤耕作方式对水稻穗镉含量的影响

由表 20–7 可知,2015 年、2016 年早、晚稻齐穗至灌浆中期穗部镉含量逐渐增加。2015 年、2016 年的早稻 G1 处理齐穗期的穗镉含量显著高于其他处理。

表 20–7　　　　不同土壤耕作方式对水稻穗镉含量的影响　　　　单位:mg/kg

年度	季别	时期	处理				
			G1	G2	G3	G4	G5
2015 年	早稻						
		齐穗期	0.0848a	0.0612b	0.0584b	0.0597b	0.0632b
		灌浆中期	0.0975b	0.1634a	0.1331ab	0.1389ab	0.1632a
	晚稻						
		齐穗期	0.1192a	0.0848a	0.0954a	0.0950a	0.0815a
		灌浆中期	0.1514a	0.1071b	0.1200b	0.1282ab	0.1276ab
2016 年	早稻						
		齐穗期	0.1739a	0.0791b	0.0781b	0.0633b	0.0771b
		灌浆中期	0.1886a	0.1626a	0.1291a	0.1344a	0.1431a
	晚稻						
		齐穗期	0.2939c	0.4816b	0.2341c	0.6309ab	0.6893a
		灌浆中期	0.2747c	0.2934bc	0.3330b	0.4788a	0.4313a
2017 年	早稻						
		齐穗期	0.1480a	0.1251b	0.1309b	0.1483a	0.1458a
		灌浆中期	0.1645b	0.1588b	0.1508b	0.1735b	0.3123a
		成熟期	0.1099d	0.1317c	0.1415b	0.1402b	0.2057a
	晚稻						
		齐穗期	0.3240d	0.6091ab	0.6495a	0.5431bc	0.4907c
		灌浆中期	0.6430c	0.4923d	1.0146b	1.1820a	0.4032d
		成熟期	0.8314a	0.8213a	0.7889b	0.8472a	0.8521a

续表

年度	季别	时期	处理				
			G1	G2	G3	G4	G5
2018 年	早稻						
		齐穗期	0.1649a	0.1328b	0.1259b	0.0634c	0.1629a
		齐穗一周后	0.0355c	0.0845b	0.0495c	0.1187a	0.1103ab
		齐穗两周后	0.0338d	0.0353d	0.0521c	0.2027a	0.1115b
		成熟期	0.0898	0.0996	0.1287	0.2543	0.2353
	晚稻						
		齐穗期	0.1159b	0.1001c	0.2393a	0.0607d	0.0623d
		齐穗一周后	0.0778b	0.0799ab	0.0681c	0.0559d	0.0847a
		齐穗两周后	0.0878d	0.105c	0.1913a	0.1513b	0.1221c
		齐穗三周后	0.3902a	0.1937d	0.3521a	0.3324b	0.2822c
		成熟期	1.2628a	0.8314b	1.2701a	1.0291ab	0.5251c

2017 年早稻齐穗至灌浆中期穗部镉含量逐渐增加，以 G5 处理灌浆中期显著高于其他各处理，早稻成熟期穗部镉含量明显下降，这可能是由于暴雨所致，以 G5 处理最高，G1、G2 处理最低，且差异显著。晚稻齐穗期至灌浆中期 G3、G4 处理显著高于其他各处理，以 G5 处理最低，晚稻成熟期各处理之间差异不显著。

2018 年早稻穗镉含量 G1、G2、G3 处理在齐穗期达到最大值。G4、G5 处理在成熟期达到最大值。除齐穗期，G4、G5 处理的穗镉含量水平都显著高于其他各处理。尤其是成熟期，G4 处理分别较 G1、G2、G3、G5 处理高出 183.18%、155.32%、97.59%、8.07%。晚稻穗镉含量最高值出现在成熟期，以 G3 处理最高，达到了 1.2701 mg/kg，G1 处理次之，为 1.2628 mg/kg。齐穗期至齐穗一周后，除 G5 处理外各处理均有小幅下降。齐穗一周后至齐穗两周后，以 G3 处理上升幅度最大，且显著高于其他各处理。齐穗两周后至成熟期，以 G1 处理上升幅度最大，G5 处理最小，且 G5 处理在成熟期穗镉含量最小，为 0.5251 mg/kg。

3.4 不同土壤耕作方式下水稻成熟期穗各部位与籽粒各部位镉含量的影响

由表 20–8 可知，2015 年早稻镉含量趋势表现为枝梗＞空粒＞谷壳＞糙米，而晚稻为枝梗＞空粒＞谷壳＞糠层＞精米。

2016 年早稻镉含量趋势表现为枝梗＞糠层＞空粒＞谷壳＞糙米＞精米。而晚稻为枝梗＞空粒＞糠层＞谷壳＞糙米＞精米。

表 20–8　不同土壤耕作方式对水稻成熟期穗与籽粒各部位镉含量的影响　单位：mg/kg

年度	处理	枝梗	空粒	谷壳	糙米	糠层	精米
2015 年	早稻						
	G1	0.5684a	0.3743a	0.1773ab	0.1998a	—	—
	G2	0.4701ab	0.3202ab	0.1860ab	0.1527a	—	—
	G3	0.4016b	0.2582b	0.1601b	0.1686a	—	—
	G4	0.4163b	0.2674b	0.1688ab	0.1564a	—	—
	G5	0.4915ab	0.3181ab	0.2204a	0.1690a	—	—
	晚稻						
	G1	0.4920bc	0.4458a	0.2688a	—	0.1990b	0.1763bc
	G2	0.4914bc	0.4042a	0.2778a	—	0.1831b	0.1577c
	G3	0.5317b	0.3486ab	0.2689a	—	0.1954b	0.1721bc
	G4	0.4301c	0.2930b	0.2902a	—	0.2264ab	0.2107a
	G5	0.6264a	0.4125a	0.2770a	—	0.2765a	0.1948ab
2016 年	早稻						
	G1	0.6004cd	0.3662abc	0.3292b	0.2399b	0.5299c	0.1921ab
	G2	0.6713b	0.4845a	0.3466b	0.2626ab	0.6672ab	0.1883ab
	G3	0.7834a	0.4451ab	0.3812a	0.2727a	0.6718ab	0.2059a
	G4	0.6099bc	0.2885c	0.3546ab	0.2091b	0.7234a	0.1713b
	G5	0.5364d	0.3293bc	0.3833a	0.2167b	0.6119c	0.1600b
	晚稻						
	G1	2.5173a	1.0853b	0.6362a	0.4482c	0.6422c	0.4258b

续表

年度	处理	枝梗	空粒	谷壳	糙米	糠层	精米
	G2	2.562a	1.2560b	0.6043ab	0.6978a	0.8411b	0.6381a
	G3	2.9607a	1.7213a	0.6057ab	0.6993a	1.0449a	0.6394a
	G4	2.2913a	1.2773b	0.5249b	0.5999b	0.8445b	0.5741a
	G5	2.2567a	1.2713b	0.5097b	0.5809b	0.6481c	0.5706a
2017年	早稻						
	G1	0.1679c	0.1249c	0.1172a	0.0880d	0.08488d	0.0608c
	G2	0.2309b	0.1633b	0.1211a	0.1085c	0.1271c	0.08667b
	G3	0.1332c	0.1720b	0.1321a	0.1265b	0.1050cd	0.0771cb
	G4	0.0640c	0.1202c	0.1121a	0.1831a	0.2314a	0.1420a
	G5	0.4335a	0.2994a	0.1231a	0.1702a	0.1693b	0.1380a
	晚稻						
	G1	3.0867a	1.7920a	0.9286a	0.7253a	1.4853c	0.6640a
	G2	3.2480a	1.7526ab	1.0027a	0.7513a	1.6627c	0.6813a
	G3	3.0560a	1.9820a	1.0387a	0.7847a	2.1427b	0.6653a
	G4	2.8901a	1.3920c	0.9327a	0.7547a	0.938d	0.6687a
	G5	3.0433a	1.5120bc	0.9013a	0.7311a	2.7467a	0.5407b
2018年	早稻						
	G1	0.2104b	0.1472b	0.1514b	0.0715d	0.1406d	0.0669c
	G2	0.2160b	0.1634b	0.1111c	0.1123c	0.2075c	0.1101b
	G3	0.2348b	0.1996b	0.1569b	0.1376c	0.2845b	0.1199b
	G4	0.7388a	0.5851a	0.1863b	0.2671a	0.3042a	0.1870b
	G5	0.8406a	0.5845a	0.2258a	0.2097b	0.3394a	0.2007a
	晚稻						
	G1	3.8447a	1.1447a	0.7599a	0.5036a	0.6373b	0.4684a
	G2	2.4533b	0.7813b	0.6524b	0.5071a	0.6712ab	0.4724a
	G3	3.6193a	1.1738a	0.6011bc	0.5138a	0.7146a	0.4605a
	G4	2.32b	1.0933a	0.6137bc	0.4669a	0.6467ab	0.4459a
	G5	1.3915c	0.4831c	0.5349d	0.4919a	0.6352b	0.4518a

2017 年早稻镉含量趋势表现为枝梗＞空粒＞谷壳＞糠层＞糙米＞精米。枝梗、空粒镉含量以 G5 最高且显著大于其他各处理。谷壳镉含量各处理没有太大差异。糙米镉含量以 G4 ＞ G5 ＞ G3 ＞ G2 ＞ G1，且 G4、G5 显著高于其他各处理，精米镉含量以 G4 ＞ G5 ＞ G2 ＞ G3 ＞ G1，且 G4、G5 显著高于其他各处理，糠层镉含量以 G4 最高，且显著高于其他各处理。糙米镉含量所有处理均未超过国家食品镉含量标准。

2017 年晚稻镉含量较早稻差异巨大，可能的原因是当地工厂下半年开工排放了较高含量的污染物。枝梗镉含量各处理之间没有差异。空粒镉含量趋势表现为 G3 ＞ G1 ＞ G2 ＞ G5 ＞ G4，且 G1、G2、G3 处理显著高于 G4、G5 处理。谷壳镉含量各处理之间差异不大。糙米镉含量各处理之间差异不显著，以 G3 处理最高，为 0.7847 mg/kg，G1 处理最低，为 0.7253 mg/kg。精米镉含量以 G5 最低，且与其他处理差异显著，为 0.5407 mg/kg。

2018 年早稻穗与籽粒各部位镉含量趋势表现为枝梗＞糠层＞空粒＞谷壳＞糙米＞精米。枝梗镉含量以 G4、G5 处理最高，分别达到了 0.7388 mg/kg 和 0.8406 mg/kg，显著高于 G1、G2、G3 处理，这与根、茎、叶的镉含量表现趋势一致。空粒以 G4、G5 处理最高，分别达到了 0.5851 mg/kg 和 0.5845 mg/kg，显著高于 G1、G2、G3 处理，同样与根、茎、叶的趋势一致。谷壳镉含量以 G5 处理最高，比其他处理分别高出 49.14%、103.24%、43.91%、21.20%。糙米镉含量趋势为 G4 ＞ G5 ＞ G3 ＞ G2 ＞ G1，这与 2017 年早稻糙米镉含量趋势基本一致。即早稻以 G1 免耕处理的糙米镉含量最低，以 G4、G5 处理的糙米镉含量最高，且显著高于其他各处理。糠层镉含量以 G1 处理最低，且与其他各处理差异显著，以 G4、G5 处理镉含量最高，且与 G1、G2、G3 处理差异显著。精米镉含量与糙米镉含量基本一致。

2018 年晚稻穗与籽粒各部位镉含量趋势表现为枝梗＞空粒＞糠层＞谷壳＞糙米＞精米。枝梗镉含量以 G1、G3 处理最高，且与其他各处理差异显著。其中 G1 处理达到了 3.8447 mg/kg，比最低的 G5 处理高出了 176.29%。空粒镉含量 G1、G3 和 G4 处理之间没有太大差异，三个处理显著高于 G2 和 G5 处理，以 G5 处理最低，为 0.4831 mg/kg，比最高的 G3 处理相差 41.15%。谷壳镉含量以 G1 处理最高，且显著大于其他各处理，以 G5 处理最低，且显著低于其他各处理，两者相差 42.06%。糙米镉含量各处理间差异不显著，以 G3 处理最高，为 0.5138 mg/kg，以 G4 处理最低，为 0.4669 mg/kg，均严重超标。糠层镉含量趋势表现为 G3 > G2 > G4 > G1 > G5。其中 G3 处理显著高于 G1 和 G5 处理。分别高出 12.12% 和 12.5%。精米镉含量各处理差异不显著，以 G2 最高，G4 最低。

3.5 不同土壤耕作方式下水稻各时期穗镉累积量的影响

由表 20–9 可知，2017 年早稻齐穗期穗镉累积量以 G3 显著高于其他各处理，以 G5 处理最低。齐穗期至灌浆中期以 G5 处理增幅最大。灌浆中期以 G2 和 G3 处理显著低于其他各处理，以 G5 处理最高，成熟期以 G5 处理显著高于其他各处理，以 G1 处理显著低于其他各处理。晚稻齐穗期、灌浆中期均以 G3 处理最高，且显著高于其他各处理。齐穗期、灌浆中期趋势为 G3 > G4 > G2 > G1 > G5，成熟期以 G4、G5 处理显著高于 G1、G2、G3 处理。

表 20–9　　不同土壤耕作方式对水稻各时期穗镉累积量的影响　单位：g/hm^2

年度	季别	时期	G1	G2	G3	G4	G5
2017 年	早稻						
		齐穗期	0.1910b	0.1939b	0.2926a	0.1805b	0.1632b
		灌浆中期	0.6963b	0.6723c	0.6384c	0.7344b	1.3221a
		成熟期	0.8426d	1.0344b	1.1566b	0.9437c	1.5557a
	晚稻						
		齐穗期	0.9118c	0.9883c	1.7328a	1.5290b	0.8526c
		灌浆中期	2.9608bc	3.4386b	6.5788a	6.2120a	2.2441c
		成熟期	7.4425b	7.6127ab	7.4729b	8.6781a	7.9732a
2018 年	早稻						
		齐穗期	0.2516a	0.2543a	0.1739b	0.0883c	0.2276a
		齐穗一周后	0.1099b	0.2905a	0.1166b	0.3298a	0.3078a

续表

年度	季别	时期	G1	G2	G3	G4	G5
		齐穗两周后	0.1775d	0.2219c	0.2275c	0.7332a	0.4049b
		成熟期	0.7062d	0.8792c	0.8845c	1.6005b	1.9016a
	晚稻						
		齐穗期	0.1772b	0.1596b	0.4073a	0.0849c	0.0881c
		齐穗一周后	0.3955b	0.4086b	0.3923b	0.3063c	0.4684a
		齐穗两周后	0.5509d	0.8056c	1.3476a	0.9951b	0.8117c
		齐穗三周后	2.7712a	1.5194d	2.5532b	2.3225c	2.5065b
		成熟期	7.027a	5.756bc	6.3578ab	6.0779abc	4.9651c

2018 年早稻齐穗期穗镉积累量以 G2 处理最高，为 0.2543 g/hm^2，齐穗一周后，G1、G3 处理均大幅度下降，G2、G4、G5 处理升高，以 G4 处理增幅最大。齐穗两周后，除 G2 处理稍稍下降以外，其他各处理均有一定程度的升高，以 G4 处理增幅最大，增加了 0.4034 g/hm^2。成熟期穗镉积累量各处理都达到了最高值，以 G4、G5 处理最高，分别为 1.6005 g/hm^2 和 1.9016 g/hm^2，且显著高于其他三个处理。以 G1 处理最低，且与其他各处理差异显著。

2018 年晚稻穗镉累积量基本呈现出随生育时期的推进而增加的趋势，其中齐穗期以 G3 处理最高，且显著高于其他各处理。齐穗一周后，G3 处理基本未变，其他处理均有显著增长，以 G5 处理增幅最大。齐穗两周后，G3 处理迅速增长，达到 1.3476 g/hm^2，显著高于其他各处理，且增幅最大。齐穗三周后，G1 处理显著增长，增幅较其他各处理最大，穗镉的总累积量也最高，且显著高于其他各处理。G2 处理增幅最小，为 1.5194 g/hm^2，显著低于其他各处理。成熟期穗镉积累量以 G1 处理最高，G5 处理最低。G1 处理显著高于 G2 和 G5 处理。

3.6 不同土壤耕作方式对水稻成熟期植株各部位镉累积量的影响

由表 20–10 可知，水稻的镉主要是累积在茎中，其次是叶、糙米。

2015 年早稻茎镉含量 G3 最高，晚稻是 G5；2016 年早稻茎镉含量 G5 最高，晚稻是 G2。2015 年早晚稻以及 2016 年早稻的地上部的镉积累量以 G5 最高；2015 年早晚稻的地上部的镉累积量以 G4 最低。

由表 20-11 可知，2017 年、2018 年早晚稻成熟期植株各部位的镉积累量的趋势是茎＞穗＞叶。2018 年早稻茎、叶、穗的镉含量均表现为 G5 ＞ G4 ＞ G3 ＞ G2 ＞ G1。2017 年、2018 年早稻的地上部的镉累积量以 G5 最高。

表 20-10　　2015 年、2016 年不同土壤耕作方式对水稻成熟期植株各部位镉累积量的影响　　　　　　　　　单位：g/hm^2

年度	处理	项目								
		茎	叶	枝梗	空粒	谷壳	糠层	精米	糙米	地上部
2015 年	早稻									
	G1	5.5716a	0.9358ab	0.1870a	0.3419a	0.0829a	—	—	0.8695a	7.9886a
	G2	5.3477a	1.0484a	0.1615a	0.2723ab	0.1026a	—	—	0.7741a	7.7066a
	G3	6.1175a	0.6515b	0.1566a	0.1965b	0.0973a	—	—	0.7323a	7.9516a
	G4	5.6954a	0.7873ab	0.1512a	0.2241b	0.1333a	—	—	0.7152a	7.7065a
	G5	5.7592a	1.1148a	0.1702a	0.2663ab	0.1405a	—	—	0.7733a	8.2243a
	晚稻									
	G1	6.0138ab	1.3562a	0.1536a	0.2916a	0.3192a	0.1422a	0.7665a	—	9.0431a
	G2	6.1733ab	1.3669a	0.1637a	0.2950a	0.3849a	0.1404a	0.7699a	—	9.2942a
	G3	5.9331ab	1.3452a	0.1446a	0.2587a	0.3022a	0.1286a	0.7123a	—	8.8247ab
	G4	4.4429b	0.8852b	0.1258a	0.1860a	0.3434a	0.1440a	0.8947a	—	7.0219b
	G5	7.6503a	1.1499a	0.1706a	0.1973a	0.3350a	0.1777a	0.8619a	—	10.5426a
2016 年	早稻									
	G1	6.5004a	0.5549b	0.1809bc	0.3324ab	0.3172c	0.2401b	0.5238ab	—	8.6497a
	G2	6.0759a	0.7180ab	0.2193ab	0.4404a	0.3617bc	0.3560a	0.5422ab	—	8.7134a
	G3	6.3117a	0.9377a	0.2332a	0.4079ab	0.4203a	0.3278a	0.5991a	—	9.2376a

续表

2016年	G4	6.3735a	0.9007a	0.2026abc	0.2734b	0.3841ab	0.3560a	0.5137ab	—	9.0041a
	G5	6.9437a	0.7129ab	0.1783c	0.3166ab	0.4209a	0.2592b	0.4725b	—	9.3041a
晚稻										
	G1	6.3823b	0.4387b	0.7706a	0.1983b	0.8579a	—	—	2.2522c	10.9000b
	G2	12.6442a	0.7015a	0.8989a	0.2797b	0.8245a	—	—	3.8892a	19.2379a
	G3	10.8689a	0.7785a	0.9985a	0.5249a	0.7818a	—	—	3.4048ab	17.3573a
	G4	5.8401b	0.6451a	0.7617a	0.3022b	0.7234a	—	—	3.1993ab	11.4717b
	G5	6.2770b	0.6361a	0.7678a	0.2975b	0.7494a	—	—	3.0588b	11.7866b

表 20–11　　2017 年、2018 年不同土壤耕作方式对水稻成熟期植株各部位镉累积量的影响　单位：g/hm^2

年度	处理	早稻				晚稻				两季
		茎	叶	穗	地上部	茎	叶	穗	地上部	总移除
2017年	G1	4.89b	0.07c	0.42d	5.37c	38.49b	0.78a	6.47b	45.74c	51.12c
	G2	4.70b	0.10a	0.57c	5.37c	48.52a	0.85a	6.72b	56.09a	61.46a
	G3	3.73c	0.08b	0.65b	4.46c	43.61b	0.75a	6.46b	50.82b	55.27ab
	G4	5.64a	0.06c	0.64b	6.35b	34.50c	0.71a	7.71a	42.92c	49.27c
	G5	6.64a	0.08b	0.92a	7.64a	36.86c	0.67a	6.94a	44.48c	52.13b
2018年	G1	1.83c	0.04b	0.71d	2.58d	49.80a	1.28a	7.03a	58.10a	60.68a
	G2	1.99c	0.04b	0.88c	2.91d	49.30a	0.71ab	5.76bc	55.77a	58.68a
	G3	2.78b	0.05b	0.88c	3.71c	26.66b	0.49b	6.36ab	33.51b	37.22b
	G4	4.26a	0.18a	1.60b	6.04b	19.03b	0.70ab	6.09abc	25.82b	31.86b
	G5	5.46a	0.19a	1.90a	7.55a	22.17b	0.69ab	4.97c	27.83b	35.38b

3.7 不同土壤耕作方式对稻田土壤有效镉含量的影响

2015 年、2016 年 G1 处理的稻田土壤有效镉含量均最高。

2017 年土壤分为 0~10 cm、10~20 cm 上下两层，分别测量有效镉含量。由表 20-12 可知，随土壤深度增加，有效镉含量明显降低，且以 G1 处理的下降幅度最大。除晚稻孕穗期、灌浆中期下层土壤 G1 处理稍次于其他处理外，全年份上下两层土壤均以 G1 处理最高，且 G1 处理 0~10 cm 土层早晚稻均显著高于其他各处理。此外，G5 处理在晚季 0~10 cm 土层有效镉含量明显提高，成熟期达到了 0.7399 mg/kg，仅次于 G1 处理。

表 20-12　　　　土壤耕作方式对稻田土壤有效镉含量的影响　　　单位：mg/kg

年度	处理	分蘖盛期	孕穗期	齐穗期	灌浆中期	成熟期
2015 年	早稻					
	G1	—	0.3652a	0.6425a	0.2968b	0.4373a
	G2	—	0.2858ab	0.4095b	0.3622ab	0.3889ab
	G3	—	0.2806b	0.3151b	0.3832ab	0.2986c
	G4	—	0.2937ab	0.3213b	0.4384a	0.3344bc
	G5	—	0.2680b	0.3957b	0.3334ab	0.3524bc
	晚稻					
	G1	0.4354a	0.5404a	0.4297b	0.4851a	0.3427a
	G2	0.3338b	0.2190b	0.5347a	0.4729a	0.2559b
	G3	0.2643cd	0.2050b	0.2191c	0.2484b	0.3181ab
	G4	0.2531d	0.2223b	0.2305c	0.282b	0.3507a
	G5	0.2966c	0.1114c	0.2167c	0.3136b	0.2545b
2016 年	早稻					
	G1	0.5886a	0.6049a	0.6137a	0.6494a	0.5112a
	G2	0.5638a	0.5929a	0.4788b	0.587ab	0.3376b
	G3	0.4339b	0.3438c	0.5111b	0.4144c	0.2665c
	G4	0.3826b	0.478b	0.4936b	0.4037c	0.2881c
	G5	0.4076b	0.4442b	0.4225c	0.5107b	0.4835a
	晚稻					
	G1	0.3724b	0.1432b	0.7791a	0.2938a	0.3309a

续表 1

年度	处理	分蘖盛期	孕穗期	齐穗期	灌浆中期	成熟期
	G2	0.4208ab	0.1315b	0.4002b	0.2265ab	0.3260a
	G3	0.3924b	0.1140b	0.2846c	0.1586b	0.2586b
	G4	0.2482c	0.1399b	0.2144c	0.1906b	0.2008c
	G5	0.4525a	0.2132a	0.2463c	0.2255ab	0.1854c
2017 年	早稻					
0~10cm	G1	0.748a	0.8537a	0.8301a	0.492a	0.5645a
	G2	0.5323b	0.227c	0.5112b	0.1338c	0.3747b
	G3	0.394c	0.3358c	0.3968c	0.1312c	0.392b
	G4	0.3657c	0.4807b	0.5367b	0.1151c	0.3123b
	G5	0.3557c	0.2773c	0.5727b	0.2112b	0.4018b
10~20cm	G1	0.4155a	0.3458a	0.4608a	0.1767a	0.102a
	G2	0.373b	0.2972b	0.2075c	0.0473b	0.0697a
	G3	0.2743c	0.1633c	0.1623c	0.079b	0.0512a
	G4	0.1915d	0.2068c	0.2075c	0.0465b	0.0945a
	G5	0.178d	0.0985d	0.3462b	0.0571b	0.0712a
	晚稻					
0~10cm	G1	0.7647a	0.8059a	0.8608a	0.9525a	0.9721a
	G2	0.3811b	0.5457b	0.2959d	0.6138c	0.6249c
	G3	0.374b	0.4748c	0.6719b	0.6237c	0.6148c
	G4	0.3198bc	0.5714b	0.4205c	0.4305d	0.2997d
	G5	0.218c	0.5281b	0.3683cd	0.7043b	0.7399b
10~20cm	G1	0.1982a	0.2608ab	0.4075a	0.2708ab	0.4058a
	G2	0.0748c	0.1855d	0.1917d	0.2828a	0.2962b
	G3	0.0913c	0.2368bc	0.2497c	0.2632b	0.3771a
	G4	0.1258b	0.2222c	0.1734d	0.1789d	0.2436b
	G5	0.0709c	0.2757a	0.2766b	0.2431c	0.3548a

续表 2

年度	处理	分蘖盛期	孕穗期	齐穗期	灌浆中期	成熟期
2018 年	早稻					
0~10cm	G1	0.7346a	0.749a	0.7056a	0.5788a	0.9313a
	G2	0.4088bc	0.4276c	0.47035c	0.5411a	0.5918c
	G3	0.387c	0.5855b	0.5021bc	0.4085c	0.6283c
	G4	0.4539b	0.31665d	0.4612c	0.4731b	0.5502c
	G5	0.3336d	0.2741d	0.5673b	0.5804a	0.7509b
10~20cm	G1	0.3199a	0.2318b	0.3194a	0.2464a	0.3741a
	G2	0.2555b	0.3a	0.2285c	0.2338a	0.1796d
	G3	0.229c	0.1951c	0.213c	0.172b	0.1426e
	G4	0.15275d	0.1314d	0.27785b	0.1701b	0.208c
	G5	0.08335e	0.1915c	0.1726d	0.1116c	0.2972b
	晚稻					
0~10cm	G1	0.6156a	0.8614a	0.8258a	0.7597a	0.8752a
	G2	0.2979d	0.5308b	0.5922b	0.357c	0.517b
	G3	0.4512c	0.3639c	0.5903b	0.3928c	0.5004b
	G4	0.5652b	0.432c	0.4517c	0.3797c	0.5353b
	G5	0.5486b	0.3942c	0.6428b	0.5944b	0.5709b
10~20cm	G1	0.2407a	0.1622a	0.3664a	0.2948a	0.3429a
	G2	0.1203cd	0.1373b	0.0959d	0.0958c	0.2527b
	G3	0.1099d	0.0951cd	0.1135d	0.0805c	0.0939c
	G4	0.1346bc	0.0972c	0.1545c	0.1327b	0.1248c
	G5	0.1478b	0.0756d	0.3295b	0.1479b	0.1633c

注：G1 为双季免耕，G2 为双季翻耕、G3 为双季旋耕、G4 为早旋晚免、G5 为早翻晚免；方差分析分生育时期进行，小写字母表示同列数据达 5% 显著差异水平，下同。

　　早稻灌浆中期至成熟期有效镉明显降低，这与当年此时节连续暴雨淹水有关。早稻 10~20 cm 土层成熟期无显著差异。晚稻 10~20 cm 土层成熟期 G1、G3、G5 处理间无显著差异，均显著高于 G2、G4 处理。

2018 年土壤有效镉含量基本与 2017 年表现出同样的趋势，早稻 0~10 cm 土层全生育期以 G1 免耕处理镉含量最高，除灌浆中期外，均与其他各处理差异显著，在成熟期达到了最高值 0.9313 mg/kg。灌浆中期以 G5 处理最高，且显著高于 G2、G3、G4 处理，与 G1 处理差异不显著。G5 处理在分蘖盛期与孕穗期有效镉含量均处于最低水平，齐穗期往后增长迅速，成熟期达到了 0.7509 mg/kg，生育后期有效镉含量水平仅次于 G1 处理。早稻 10~20 cm 耕层土壤有效镉仍以 G1 处理处于最高水平，与 0~10 cm 相比含量降低明显。

2018 年晚稻 0~10 cm 耕层及 10~20 cm 耕层均以 G1 处理处于最高水平，成熟期达到最高，为 0.8752 mg/kg，且与其他各处理差异显著。0~10 cm 耕层其他各处理全生育期内规律不明显。10~20 cm 耕层 G3 处理全生育期平均水平较低。

综合 2017 年、2018 年两年的试验数据来看，G1 处理土壤有效镉含量均为最高，G5 处理较于其他三个处理对有效镉含量的提升亦很明显。这说明了免耕利于增加土壤有效态镉含量。G2 处理 0~10 cm 土层与 G3 处理规律不明显。但除 2017 年晚稻以外，10~20 cm 耕层 G2 处理都明显高于 G3 处理。同时，G3、G4 处理两年的平均水平表现最低，这或许说明了旋耕处理利于降低土壤中的有效镉含量。

3.8 不同土壤耕作方式对 pH 的影响

2017 年土壤 pH 的测定，如图分为上（0~10 cm）、下（10~20 cm）两层。由图 20–4 所示，早稻上层土壤 pH 均明显低于下层土壤。随生育期的推进，下层土壤表现出略微上升的趋势，上层土壤则表现为不稳定且略微下降的趋势。各处理与试验开始时（pH=6.12）相比，下降明显，且以 G1 处理下降最为明显。2017 年晚稻土壤 pH 除 G3 处理上层土壤外，随生育期变化均表现出下降的趋势，以 G1 处理酸化最为明显。下层土壤 pH 同样均稍高于上层土壤。

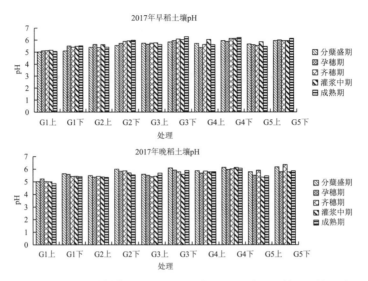

图 20–4　不同土壤耕作方式对 2017 年早稻、晚稻土壤 pH 的影响

2018 年早稻土壤 pH 值较 2017 年整体升高。但同样表现出上层土壤低于下层土壤的趋势。各处理全生育期 pH 变化规律不明显，G1 处理上层仍呈现出了下降的趋势。2018 年晚稻土壤 pH 生育期内有所浮动，相比早稻，G1 处理上层土壤 pH 明显降低，在 5.2 左右浮动，可见免耕处理会使得上层土壤持续酸化。

3.9 不同土壤耕作方式对有机质的影响

图 20–6 为 2018 年各处理有机质随生育期的变化，上下耕层的有机质变化规律基本一致，上下层的土壤有机质含量通常在 10 g/kg 左右，早稻成熟期有机质含量上升明显。晚稻有机质同样表现出上层土壤高于下层土壤的趋势，G1 处理晚稻生育后期有机质含量明显增加。G4 与 G5 处理上下层之间的差异最为明显，在 15 g/kg 左右。

3.10 不同土壤耕作方式对水稻产量与镉积累分配的影响机制分析

3.10.1 土壤理化性质间相关性分析

由表 20–13 所示，2017 年土壤 pH 与有效镉之间存在极显著的相关关系。试验结果显示，上层土壤（0~10 cm，下同）理化性质与下层土壤（10~

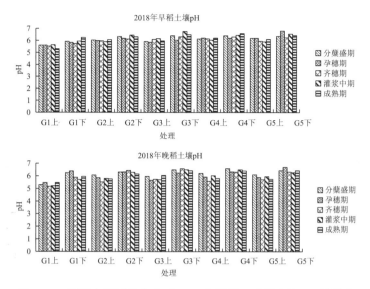

图 20-5　不同土壤耕作方式对 2018 年早稻、晚稻土壤 pH 的影响

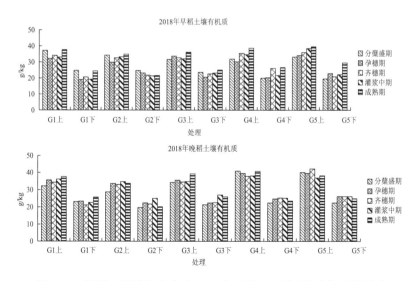

图 20-6　不同土壤耕作方式对 2018 年早稻、晚稻土壤有机质的影响

20 cm，下同）理化性质对应地呈现出极显著的正相关关系。上层土壤有效镉与上层土壤 pH 均呈现负相关关系，且 2017 年早稻成熟期、晚稻齐穗期、晚稻成熟期均达到极显著水平（−0.898、−0.954、−0.795）。这说明了随 pH 的提升，土壤有效镉极显著下降。土壤下层有效镉与下层 pH 均呈负相关关系。但除 2017 年齐穗期以外达到了极显著水平（−0.860），其他三个时期均不显著。

表 20–13 　　　　　　　2017 年土壤理化性质之间的相关性分析

年度	相关系数	有效镉上	pH 上	有效镉下	pH 下
2017 年	有效镉上	1			
早稻	pH 上	−0.346	1		
齐穗期	有效镉下	0.799**	−0.655**	1	
	pH 下	−0.600*	0.918**	−0.860**	1
2017 年	有效镉上	1			
早稻	pH 上	−0.898**	1		
成熟期	有效镉下	0.807**	−0.534*	1	
	pH 下	−0.633*	0.855**	−0.149	1
2017 年	有效镉上	1			
晚稻	pH 上	−0.954**	1		
齐穗期	有效镉下	0.799**	−0.802**	1	
	pH 下	−0.626*	0.661**	−0.462	1
2017 年	有效镉上	1			
晚稻	pH 上	−0.795**	1		
成熟期	有效镉下	0.807**	−0.439	1	
	pH 下	−0.819**	0.802**	−0.488	1

表 20–14 为 2018 年土壤理化性质间的相关关系，除个别季度外，上层土壤理化性质与相对应的下层土壤理化性质均呈极显著正相关关系，这与 2017 年的规律相同，说明了上下两层土壤理化性质的变化趋势是一致的。

表 20–14　2018 年土壤理化性质之间的相关性分析

年度	相关系数	有效镉上	pH 上	有机质上	有效镉下	pH 下	有机质下
2018 年	有效镉上	1					
早稻	pH 上	−0.873**	1				
齐穗期	有机质上	0.165	0.04	1			
	有效镉下	0.277	−0.306	−0.283	1		
	pH 下	−0.798**	0.832**	0.141	−0.435	1	
	有机质下	−0.569*	0.569*	0.188	0.059	0.324	1
2018 年	有效镉上	1					
早稻	pH 上	−0.895**	1				
成熟期	有机质上	−0.025	0.111	1			
	有效镉下	0.869**	−0.697**	−0.148	1		
	pH 下	−0.684**	0.726**	0.513*	−0.536*	1	
	有机质下	0.086	0.27	0.632*	0.292	0.511	1
2018 年	有效镉上	1					
晚稻	pH 上	−0.687**	1				
齐穗期	有机质上	−0.187	0.321	1			
	有效镉下	0.709**	−0.149	0.451	1		
	pH 下	−0.537*	0.854**	0.561*	−0.071	1	
	有机质下	−0.524*	0.657**	0.864**	0.113	0.754**	1
2018 年	有效镉上	1					
晚稻	pH 上	−0.856**	1				
成熟期	有机质上	0.169	0.303	1			
	有效镉下	0.772**	−0.898**	−0.388	1		
	pH 下	−0.658**	0.880**	0.579*	−0.875**	1	
	有机质下	0.388	−0.079	0.775**	−0.165	0.176	1

试验结果显示，上层土壤的有效镉与上层土壤的 pH 呈极显著负相关关系，这与 2017 年的结果一致。但上层土壤有效镉与上层土壤有机质的相关关系均未达到显著水平，这说明上层土壤有机质并未影响到上层土壤的有效镉含量，但下层土壤的有机质在 2018 年早、晚稻齐穗期与上层土壤有效镉呈显著负相关关系（–0.569、–0.524），但成熟期两者不显著。相关原因有待于进一步的试验研究。

上层土壤 pH 与上层土壤有机质关系不显著。但上层土壤有机质与下层土壤 pH 在 2018 年早稻成熟期、晚稻齐穗期及成熟期均呈显著的正相关关系（0.513、0.561、0.579）。下层土壤有机质亦与上层土壤 pH 在 2018 年早稻齐穗期、晚稻齐穗期呈显著正相关关系（0.569、0.657），但成熟期不显著。综上，上层土壤的 pH 和有机质可能与下层土壤的 pH 和有机质有相互影响的趋势，从而影响到了有效镉含量，需要进一步讨论和探究。

3.10.2 土壤理化性质与植株各器官镉含量的相关性分析

由表 20–15 所示，2017 年根部镉含量在成熟期与齐穗期土壤上下层有效镉呈显著正相关关系（0.568、0.543），2017 年晚稻齐穗期，根部镉含量与上下层土壤有效镉呈显著正相关关系（0.655、0.665），同时与土壤上层 pH 呈显著负相关关系（–0.628）。在灌浆中期，与齐穗期土壤下层 pH 呈显著负相关关系（–0.534）。

表 20–15　2017 年土壤理化性质与植株各器官镉含量相关性分析

年度	相关系数	根			茎			叶			穗		
		齐穗期	灌浆中期	成熟期	齐穗期	灌浆中期	成熟期	齐穗期	灌浆中期	成熟期	齐穗期	灌浆中期	成熟期
2017年早稻齐穗期	有效镉上层	–0.003	0.479	0.568*	–0.356	0.320	0.252	–0.267	0.243	–0.162	–0.458	0.076	–0.316
	pH上层	0.281	–0.104	–0.363	0.371	–0.078	0.000	0.199	–0.602*	–0.032	0.604*	0.095	0.452
	有效镉下层	–0.050	0.450	0.543*	–0.359	0.478	0.343	0.291	–0.395	0.170	–0.348	0.350	–0.031
	pH下层	0.402	–0.082	–0.420	0.279	–0.056	0.019	–0.333	0.019	–0.084	0.322	0.091	0.448

续表

年度	相关系数	根			茎			叶			穗		
		齐穗期	灌浆中期	成熟期	齐穗期	灌浆中期	成熟期	齐穗期	灌浆中期	成熟期	齐穗期	灌浆中期	成熟期
2017年早稻成熟期	有效镉上层	-0.428	-0.025	0.210	-0.212	-0.062	0.030	-0.294	0.132	-0.344	0.066	-0.050	-0.344
	pH上层	0.330	-0.124	-0.377	0.283	-0.092	0.005	0.328	-0.438	0.087	0.424	0.045	0.405
	有效镉下层	0.124	0.306	0.464	-0.523*	0.121	0.392	0.077	0.001	-0.028	-0.194	-0.078	-0.300
	pH下层	0.129	-0.238	-0.385	0.481	-0.234	-0.119	0.066	-0.569*	-0.115	0.757**	-0.029	0.333
2017年晚稻齐穗期	有效镉上层	0.655*	0.317	-0.254	-0.263	0.209	0.057	-0.150	0.426	0.229	-0.514*	0.219	-0.499
	pH上层	-0.628**	-0.340	0.418	0.248	-0.169	0.029	0.164	-0.372	-0.128	0.533*	-0.159	0.471
	有效镉下层	0.665*	-0.094	-0.392	-0.438	-0.394	0.065	-0.379	-0.121	0.122	-0.777**	-0.346	-0.191
	pH下层	-0.166	-0.534*	0.455	0.276	-0.343	0.041	0.005	-0.271	-0.072	0.343	-0.140	0.165
2017年晚稻成熟期	有效镉上层	0.453	-0.206	-0.492	-0.578*	-0.525*	0.178	-0.575*	-0.253	0.065	-0.725**	-0.560*	-0.098
	pH上层	-0.351	-0.047	0.390	0.208	0.471	-0.063	0.377	0.434	-0.250	0.642**	0.514	-0.190
	有效镉下层	0.471	-0.329	-0.503	-0.601*	-0.302	0.282	-0.720**	0.086	0.044	-0.388	-0.343	-0.536*
	pH下层	-0.033	0.046	0.419	0.496	0.426	-0.292	0.518*	0.365	-0.084	0.490	0.606*	-0.180

　　2017年齐穗期茎镉含量与 2017 年成熟期有效镉下层呈显著负相关关系（-0.523）。2017年晚稻齐穗期茎镉含量与 2017 年晚稻成熟期土壤上下层有效镉含量呈显著负相关关系（-0.578、-0.601）。2017年晚稻灌浆中期的茎镉含量与晚稻成熟期的有效镉含量呈显著负相关关系（-0.525）。

　　2017年早稻灌浆中期的叶镉含量与 2017 年早稻上层土壤 pH 呈显著负相关关系（-0.602）。晚稻灌浆中期的叶镉含量与早稻成熟期下层 pH

呈显著负相关关系（–0.569）。2017年晚稻齐穗期叶镉含量与2017年晚稻成熟期上下两层土壤有效镉均为负相关，且分别显著（–0.575、–0.720），同时与晚稻下层pH显著正相关（0.518）。

2017年早稻齐穗期穗镉含量与2017年早稻齐穗期上层土壤pH显著正相关（0.604），与早稻成熟期下层土壤pH极显著正相关（0.757）。2017年晚稻齐穗期穗镉含量与晚稻齐穗期上下两层土壤有效镉均呈负相关关系，且分别为显著（–0.514）和极显著（–0.777）关系。同时晚稻成熟期土壤上层有效镉含量与齐穗期穗镉含量显著负相关（–0.725），同时齐穗期穗镉含量与上层土壤pH极显著正相关（0.642）。灌浆中期穗镉含量与成熟期下层土壤pH显著正相关（0.606）。成熟期穗镉含量与成熟期下层土壤有效镉含量显著负相关（–0.536）。

由表20–16可知，2018年的试验结果与2017年有相似也有不同之处。从根系镉含量和土壤有效镉含量来看，2018年晚稻成熟期的根系分别与齐穗期和成熟期上、下层土壤极显著正相关，晚稻成熟期的上层土壤有效镉与根镉含量相关系数达到了0.884，但当年早稻规律不明显。可能是每年每季外界条件的不同所致，但整体上两者呈正相关关系。与之相对应的是土壤pH的变化，在2018年晚稻成熟期根镉含量均与齐穗期、成熟期土壤上、下层pH呈极显著负相关关系（–0.677、–0.683、–0.773、–0.599），这说明pH的变化导致了有效镉的变化，最后有效镉含量直接影响到了根系镉含量的高低。而有机质仅在极个别时期与根系有显著的相关关系，规律不明显。

茎镉含量与土壤有效镉之间在2018年早稻齐穗期多表现为显著的负相关关系，如2018年早稻齐穗期茎镉含量与上层有效镉极显著负相关（–0.757），这与2017年的趋势一致。而2018年晚稻成熟期的茎镉含量则与土壤有效镉含量有显著的正相关关系，与上、下层的相关系数分别为0.783和0.926。其趋势在季节间表现不一致，除了外界环境的改变外，还有可能是土壤耕作方式影响了生育后期根系向地上部转移的能力。2018年，茎镉含量与pH的关系与根镉含量与pH的关系趋势一致，均为极显著的负相关关系。

表 20-16　　　　2018 年土壤理化性质与植株各器官镉含量相关性分析

年度	相关系数	根			茎			叶			穗		
		齐穗期	灌浆中期	成熟期	齐穗期	灌浆中期	成熟期	齐穗期	灌浆中期	成熟期	齐穗期	灌浆中期	成熟期
2018年早稻齐穗期	有效镉上层	-0.139	-0.142	-0.231	-0.757**	-0.140	-0.027	-0.402	0.300	-0.142	0.457	-0.409	-0.312
	pH上层	0.254	0.212	0.435	0.620*	0.035	0.326	0.617*	-0.360	0.392	-0.660**	0.581*	0.556*
	有机质上层	0.247	0.639*	0.636*	-0.451	-0.304	0.846**	0.459	-0.114	0.864**	-0.098	0.601*	0.586*
	有效镉下层	0.48	-0.439	-0.420	-0.046	-0.151	-0.358	0.103	0.294	-0.283	-0.025	-0.118	-0.377
	PH下层	0.199	0.387	0.311	0.547*	-0.027	0.411	0.547*	-0.468	0.443	-0.532*	0.586*	0.622*
	有机质下层	0.497	-0.242	0.402	0.281	-0.074	0.371	0.849*	0.188	0.509	0.935**	0.481	0.540*
2018年早稻成熟期	有效镉上层	-0.228	-0.006	-0.225	-0.768**	-0.389	-0.134	-0.589*	0.273	-0.235	0.679**	-0.534*	-0.372
	pH上层	0.231	0.410	0.311	0.601*	0.548*	0.406	0.616*	-0.457	0.483	-0.549*	0.766*	0.638*
	有机质上层	0.025	0.297	0.384	-0.145	-0.019	0.386	0.082	-0.028	0.287	-0.067	-0.080	0.380
	有效镉下层	-0.123	0.167	0.101	-0.763**	-0.002	0.177	-0.314	0.185	0.106	0.547*	-0.175	-0.045
	PH下层	0.385	0.213	0.314	0.245	0.648*	0.604*	0.755**	-0.166	0.662**	-0.733**	0.552*	0.531*
	有机质下层	0.121	0.563*	0.673*	-0.356	0.521*	0.820**	0.302	-0.338	0.767**	0.019	0.464	0.435
2018年晚稻齐穗期	有效镉上层	0.181	0.404	0.691**	0.019	-0.207	0.705**	0.596*	-0.271	0.475	0.790**	0.683**	0.709**
	pH上层	-0.393	-0.069	-0.677**	-0.296	-0.242	-0.816**	0.073	0.312	-0.725**	-0.407	-0.311	-0.412
	有机质上层	-0.505	0.285	-0.229	-0.314	-0.375	-0.582*	-0.394	0.236	-0.589*	0.029	0.630*	-0.35
	有效镉下层	-0.183	0.344	0.661**	-0.33	-0.414	0.335	0.563*	0.031	0.126	0.606*	-0.154	0.607*
	pH下层	-0.329	0.08	-0.683**	-0.278	-0.357	-0.775**	-0.05	0.243	-0.807**	-0.159	-0.279	-0.145

续表

年度	相关系数	根			茎			叶			穗		
		齐穗期	灌浆中期	成熟期	齐穗期	灌浆中期	成熟期	齐穗期	灌浆中期	成熟期	齐穗期	灌浆中期	成熟期
2018年晚稻成熟期	有机质下层	-0.51	0.073	-0.474	-0.287	-0.24	-0.760**	-0.09	0.306	-0.642**	-0.309	0.798**	-0.214
	有效镉上层	0.063	0.031	0.884**	-0.203	-0.176	0.783**	0.635*	-0.058	0.617*	0.474	0.432	0.837**
	pH上层	-0.369	-0.055	-0.773**	0.274	0.354	-0.845**	0.684**	0.163	-0.44	-0.696**	-0.378	-0.416
	有机质上层	-0.584*	0.251	0.221	0.266	0.419	-0.283	0.097	0.094	0.18	-0.348	0.037	0.197
	有效镉下层	0.386	-0.241	0.667**	-0.409	-0.378	0.926**	0.526*	-0.236	0.464	0.454	-0.455	0.601*
	PH下层	-0.539*	0.044	-0.599*	0.183	0.292	-0.854**	0.476	0.217	-0.422	-0.654**	-0.421	-0.329
	有机质下层	-0.488	0.707**	0.44	0.403	0.384	-0.051	-0.133	-0.145	0.25	0.236	-0.38	0.323

在 2017 年晚季，齐穗期叶镉含量与成熟期的土壤有效镉含量表现出了显著负相关关系，2018 年早季趋势一致，齐穗期叶镉含量与成熟期上层土壤有效镉含量显负相关，且达到了显著水平（-0.589），但在 2018 年晚季，齐穗期叶镉含量与土壤有效镉显著正相关（0.596），成熟期叶镉含量也与土壤有效镉呈正显著相关关系（0.617）。可能在不同土壤耕作方式下，水稻地上部分镉的转移受到多种因素的影响，从而在不同季节表现出明显的差异性。

2017 年穗镉含量与土壤有效镉均表现出明显的负相关关系。2018 年早晚季乃至各时期穗镉含量与土壤之间均有不同的表现趋势，如 2018 年早稻齐穗期穗镉含量与有效镉呈正相关关系，与 pH 呈极显著负相关关系，但到了成熟期，趋势则完全相反。2018 年晚季穗镉含量与有效镉含量表现出正相关关系，且多个时期达到极显著水平，这与当年根、茎、叶的趋势相一致。可能土壤中有效镉的浓度、pH 的强弱等因素都会影响到穗部镉含量，穗镉含量与土壤理化性质间表现出较强的相关性，原因有待于进一步研究。

3.10.3 植株各器官成熟期镉含量与农艺性状、生理特性间的相关性分析

如表 20–17 所示，2017 年早稻成熟期根镉含量与孕穗期、齐穗期、灌浆中期的叶面积极显著负相关。干物质重与根系镉含量、茎镉含量相关性显著，均为负相关，且齐穗期和灌浆中期与茎镉含量极显著负相关（–0.813、–0.925）。

表 20–17　　　　　　　　植株器官镉含量与农艺性状相关性分析

年度	相关系数	叶面积			SPAD			根系伤流			干物质重		
		孕穗期	齐穗期	灌浆中期	孕穗期	齐穗期	灌浆中期	孕穗期	齐穗期	灌浆中期	孕穗期	齐穗期	灌浆中期
2017年早稻成熟	根	-0.710**	-0.719**	-0.722**	0.212	0.28	-0.583*	—	—	—	-0.544*	-0.342	-0.570*
	茎	-0.428	-0.491	-0.632*	0.142	0.026	-0.103	—	—	—	-0.553*	-0.813**	-0.925**
	叶	0.321	0.281	0.374	-0.229	-0.363	-0.033	—	—	—	0.277	0.116	0.114
	穗	0.427	0.488	-0.019	-0.469	0.25	0.359	—	—	—	-0.07	-0.332	-0.408
2017年晚稻成熟	根	0.21	0.27	-0.368	-0.519*	0.305	-0.022	—	—	—	0.033	-0.013	-0.048
	茎	-0.412	0.107	0.234	-0.235	-0.154	0.228	—	—	—	-0.437	-0.095	0.44
	叶	0.011	0.162	0.21	-0.09	0.37	-0.159	—	—	—	-0.292	0.3	0.275
	穗	0.308	-0.33	-0.435	-0.013	0.284	-0.035	—	—	—	-0.285	-0.612*	-0.383
2018年早稻成熟	根	-0.748**	-0.806**	-0.194	-0.642**	-0.854**	-0.769**	-0.17	0.557*	0.594*	-0.780**	-0.477	-0.751**
	茎	-0.647**	-0.712**	-0.293	-0.679**	-0.752**	-0.701**	-0.049	0.512*	0.588*	-0.765**	-0.5	-0.727**
	叶	-0.695**	-0.733**	-0.313	-0.528*	-0.760**	-0.572*	-0.062	0.531*	0.563*	-0.776**	-0.575*	-0.759**
	穗	-0.532*	-0.545*	-0.206	-0.521*	-0.574*	-0.533*	-0.264	0.574*	0.642**	-0.804**	-0.570*	-0.807**
2018年晚稻成熟	根	-0.815**	-0.752**	-0.831**	-0.154	-0.453	-0.517*	-0.532*	0.512	-0.596*	-0.643**	-0.755**	-0.253
	茎	-0.474	-0.389	-0.461	0.056	-0.405	-0.730**	-0.329	0.195	-0.333	-0.672**	-0.662**	-0.314
	叶	-0.595*	-0.555*	-0.556*	-0.311	-0.264	-0.745**	-0.418	0.304	-0.434	-0.819**	-0.635*	-0.601*
	穗	-0.568*	-0.548*	-0.519*	-0.613*	-0.231	-0.774**	-0.346	0.229	-0.513	-0.833**	-0.522*	-0.767**

2017年晚稻孕穗期SPAD与根系镉含量负相关，达到显著水平（–0.519），齐穗期干物质重与穗镉含量显著负相关关系（–0.612）。

2018年孕穗期、齐穗期叶面积与根、茎、叶均极显著负相关，与穗镉含量显著负相关。三个时期的SPAD值均与根、茎、叶镉含量在特定时期有显著和极显著的相关关系。根系伤流量与各器官部位镉含量在齐穗期和灌浆中期均呈显著正相关关系。从干物质重方面，根系镉含量与孕穗期干物质重极显著负相关关系（–0.780），与灌浆中期根镉含量极显著负相关关系（–0.751）。茎镉含量与干物质表现出与根镉含量相同的趋势。叶镉含量与三个时期的干物质重均为负相关关系，且孕穗期和灌浆中期达到了极显著水平，齐穗期达到了显著水平。穗镉含量与干物质重的关系趋势与叶镉含量一致。

2018年晚稻根镉含量与孕穗期、齐穗期、灌浆中期叶面积均极显著负相关关系。叶镉含量和穗镉含量均与三个时期叶面积显著负相关。根、茎、叶、穗镉含量均与灌浆中期的SPAD值显著负相关关系，且茎、叶、穗达到了极显著水平。根系伤流量在晚季仅与根系镉含量在孕穗期和灌浆中期显著负相关，趋势与早季相反。从干物质上来看，孕穗期干物质重与根、茎、叶、穗均呈极显著负相关关系，齐穗期干物质重与根、茎极显著负相关关系，与叶穗显著负相关，灌浆中期干物质重与叶显著负相关关系（–0.601），与穗极显著负相关（–0.767）。

综上来看，植株器官镉含量明显影响了水稻地上部的农艺性状，在镉胁迫条件下，根系极显著地影响了叶面积，从而降低了干物质重。SPAD值在2018年与镉含量相关性明显，说明了随着植株各器官镉含量的提高，叶片光合能力显著下降。根系伤流量在2018年早晚季表现趋势不同，早季根系伤流量与镉含量呈显著的正相关关系，原因可能是水稻根系活力越强，吸收镉的能力就越强。晚季呈负相关的原因可能是当镉胁迫浓度过大时，根系活力相应地也受到了显著的影响。干物质重与植株各器官镉含量存在极明显的负相关关系，这表明了水稻在镉胁迫下，干物质重将会受到明显的抑制。

4. 结论与讨论

4.1 讨论

4.1.1 土壤耕作方式对水稻产量形成特性的影响

4.1.1.1 茎蘖动态

本试验结果表明，翻耕最利于水稻的分蘖和有效穗的形成。免耕处理和旋耕处理无效分蘖较多，免耕处理分蘖在达到峰值后下降迅速，早旋晚免处理对水稻分蘖的抑制作用最为明显。

4.1.1.2 叶面积动态

水稻叶面积指数变化趋势表现为先增加后减少，叶面积高峰通常出现在孕穗期，本试验中早稻高峰期出现在齐穗期，这可能是大田基本达到孕穗期时，还有部分剑叶未完全展出的误差所致。免耕处理在达到高峰以后，下降最为明显，这说明了免耕处理抑制了水稻叶面积的增长，并且表现出了一定的早衰趋势。

4.1.1.3 产量及其构成

合理的土壤耕作方式能够改善土壤的物理、化学和生物学性状，促进根系生长和提高作物产量。本试验结果表明，早季以翻耕处理产量最高，晚季以早翻晚免处理最高。双季总产量第一年以旋耕处理最高，翻耕处理和早翻晚免处理稍稍次之。第二年以双季翻耕处理最高，早翻晚免处理和旋耕处理稍稍次之。而早旋晚免和双季免耕处理的双季总产量均明显低于其他三个处理，以免耕处理减产最为明显。徐一兰等的研究显示，土壤翻耕和土壤旋耕植株干物质总量大且分配合理，利于改善产量构成因素，增加产量，这些与本试验结果一致。本试验结果与谷子寒等的试验有不同之处，即随着耕作年限的增加，双季旋耕处理没有明显的减产现象，双季免耕处理也没有提高千粒重的作用。

本试验结果表明，有效穗数与每穗粒数呈明显的负相关趋势，而有效穗数在各产量因素中与产量的相关性最大，但未达到显著水平。本试验中翻耕处理分蘖较多，有效穗数较高，生育后期叶面积、叶片叶绿素含量及干物质重较高，而免耕处理则趋势相反，徐一兰等的结果也表明翻耕及旋耕的叶面积和植株各器官干物质重均明显高于免耕处理。叶面积、叶绿素、干物质重在本试验中多个时期与产量显著正相关，这或许是翻耕、旋耕产量较高而免耕处理产量较低的原因。

钱银飞等五年的定位试验研究发现，翻耕能提高产量，旋耕和半免耕处理（早稻免耕、晚稻旋耕）次之，免耕处理最低，原因是免耕使有效穗数、每穗粒数、结实率下降。也有研究认为免耕可使作物增产。姚珍等认为，免耕能提高水稻有效穗数，增加水稻产量。有研究认为，稻田免耕一年两季，有利于土壤物理性状的改善和提高表土的养分含量，随着免耕时间的延长（四季以上），土壤开始板结，从而降低了免耕产量。本试验也发现，连续免耕条件下水稻产量下降越来越明显。可见，各地水稻生产必须因地制宜，合理选择土壤耕作方式。

4.1.2 土壤耕作方式对水稻产量形成特性的影响

4.1.2.1 叶片 SPAD 值

水稻 SPAD 值在齐穗期达到峰值，之后递减。免耕处理在齐穗期的 SPAD 值较高，而在灌浆后下降较其他处理更快。翻耕处理在生育后期能有较高的叶面积指数和 SPAD 值，利于其进行光合作用，这可能是翻耕处理高产的原因之一。

翻耕处理的灌浆速率较快，且明显促进了水稻干物质的积累。早翻晚免处理也表现出促进水稻干物质积累的趋势。免耕处理则表现出抑制水稻干物质积累的趋势，尤其是早旋晚免处理的抑制效果最为明显。综上所述，本试验认为，翻耕处理之所以能保持高产，是由于其保持了较高的叶面积指数和 SPAD 值，从而利于进行光合作用，促进了其干物质的积累。

光合生产是水稻产量的源泉，SPAD 值反映光合源数量与叶绿素含量的多少，叶片则是作物进行光合作用、制造光合产物的主要器官。汤军等研究结果表明，与旋耕相比，翻耕对水稻生物质量、产量及产量构成均无显著影响，翻耕降低了抽穗后剑叶的 SPAD 值，这与本试验结果不一致。本试验（2017—2018 年）与谷子寒（2015—2016 年）等的研究结果共同表明，翻耕处理在生育后期仍能保持较高的叶面积系数与叶片 SPAD 值。

4.1.2.2 根系伤流量

本试验结果发现，免耕处理根系伤流量呈现迅速升高后又大幅下降的趋势，早翻晚免处理在全生育期都能保持较高水平的根系活力。有众多研究显示，灌溉方式显著影响水稻的根系活力。如干湿交替灌溉较常规灌溉显著提高了根系活力，曾翔等指出，湿灌有利于植株在生育后期维持较高的根系活力。代家风等的研究显示，不同的灌溉方式对翻免耕的根系伤流量有显著影响，翻耕条件下，浸润灌溉在生育后期根系活力下降迅速，而免耕条件下，多种灌溉方式生育后期都保持了较高的生理活性。这与本试验结果不一致，可能是由采用的灌溉方式不一样所致。

4.1.3 土壤耕作方式对土壤性质的影响

4.1.3.1 土壤有效镉

谷子寒等认为土壤耕作方式对土壤有效镉含量的影响达到极显著水平，即存在主效应。双季免耕土壤有效镉含量明显高于翻耕、旋耕，这与 Düring 等的免耕有效镉高于翻耕的结论一致。翻耕处理土壤有效镉含量表现出高于旋耕处理的趋势。本试验在此基础上得出结论，双季免耕最能促进土壤中镉向有效态转化。翻耕处理高于旋耕处理的原因可能是其促进了 10~20 cm 耕层中镉向有效态的转化。汤文光等研究发现，耕作措施主要影响 0~10 cm 耕层土壤性状，长期免耕使得水稻植株地上部分富集镉能力较强，这与本试验结果一致。但他认为，长期免耕秸秆不还田会使土壤镉含量降低，长期旋耕和翻耕会使土壤镉含量增加。原因可能是汤文光等未测量有效镉含量，只从全镉含量进行分析，且其试验处理和本试验有所区别。

4.1.3.2 土壤 pH 和有机质

本试验进行了 pH 和有机质的测定。0~10 cm 耕层和 10~20 cm 耕层进行比较，pH 和有机质都存在极显著的差异，且上层土壤的有效镉、pH、有机质都各自与对应的下层因素呈极显著正相关关系。崔孝强等认为，土壤有机质对镉有明显活化作用，有机质含量与土壤有效镉含量呈极显著正相关关系，垄作免耕使土壤有机质含量提高是导致土壤有效镉含量提高的重要因素。这与本试验结果不一致，本试验结果中有机质与有效镉含量规律不明显，但pH与有效镉含量呈极显著负相关关系，pH应当是影响土壤有效镉含量的主要因素。前人对pH与土壤有效镉的关系已做了大量的研究，一般认为pH与土壤有效镉呈显著负相关关系，本试验结果与其一致。本试验中，免耕处理土壤酸化严重，这或许是免耕处理土壤有效镉含量较高的主要原因之一。

4.1.4 土壤耕作方式对水稻镉积累分配的影响

4.1.4.1 根镉含量

本试验结果中，双季免耕处理除2018年早季根镉含量低于早翻晚免和早旋晚免处理以外，其他年度都明显高于其他各处理。说明了免耕处理根部易于积累镉，这与谷子寒等的结果一致。2018年早季产生误差的原因可能是当年由于长期免耕，导致土壤板结，无法手插秧，所以打碎了耕层最表面土壤，破坏了免耕处理的土壤结构。

4.1.4.2 茎镉含量

茎镉含量早稻均以早翻晚免处理和早旋晚免处理最高，晚稻均以免耕处理最高。茎镉含量和根镉含量表现出一定的正相关性。茎镉含量在灌浆期以前积累速率较慢，在生育后期尤其是齐穗两周后（灌浆中期）至成熟期迅速增长，在成熟期达到峰值。

4.1.4.3 叶镉含量

叶镉含量除2017年早季以外，均在成熟期达到最高值。2017年成熟期叶镉含量下降明显，当年此时湖南遭遇大暴雨天气，这说明了淹水对镉在茎－叶中的转移有较大的影响。

此外，两年的试验结果发现，早旋晚免处理和早翻晚免处理在早稻成熟期根镉含量明显高于双季翻耕和双季旋耕。这说明了随着耕作年限的延长，早旋晚免处理和早翻晚免处理的根系在早季更容易积累镉，从而相应地也提高了茎和叶中的镉含量。但是，从根－茎叶转移的能力上来看，双季翻耕处理和双季旋耕处理均明显强于早翻晚免处理和早旋晚免处理。本试验发现免耕处理根系更容易吸收镉，且免耕处理最能抑制镉由根向植株各部位转移。常同举等发现免耕处理能降低根 – 茎叶转移的能力，本试验结论与其一致。

4.1.4.4　穗镉含量

本试验深入探究了成熟期穗各部位及糙米的镉含量及积累量，发现镉含量表现枝梗＞空粒＞谷壳，糠层＞糙米＞精米的趋势，这与袁珍贵研究结果一致。

本试验结果发现，水稻向穗部转运镉较快的时期发生在灌浆中期至成熟期，在短时间内穗镉含量迅速增长。

早稻穗镉积累趋势两年表现一致，均为早旋晚免处理和早翻晚免处理较高。早晚稻之间镉含量及表现趋势差异较大，这可能是由于当地下半年工厂开工排放污染物导致土壤镉含量升高，文志琦等研究发现，大气沉降进入水稻叶片的镉会对稻米镉含量产生显著影响。2018 年晚稻早旋晚免和早翻晚免处理对比双季翻耕和双季旋耕处理，镉含量明显降低，这可能说明了免耕处理能抑制镉向穗中转移的能力，而双季免耕处理镉含量较高的原因可能是由于土壤中有效镉含量过高，根系镉含量显著偏高。

从糙米镉含量来看，两年的试验趋势均为双季旋耕处理最高，双季翻耕处理次之，双季免耕处理最低。这说明了旋耕最利于糙米中积累镉，而免耕能抑制糙米吸收镉。

4.1.4.5　镉累积量

从累积量上来看，两年的试验结果显示地上部镉移除量以双季翻耕处理的镉移除量最大，这主要是由于双季翻耕的干物质重较高；双季免耕处理稍次之，这是由于免耕处理茎部镉含量较高。早翻晚免处理在早稻均为最高，但晚稻均较低，这是由于晚稻免耕降低了根系向地上部转移镉的能力。

4.1.5　土壤耕作方式影响水稻产量与镉积累分配的机制分析

袁珍贵等[30] 的试验结果表明土壤镉含量提高会使水稻产量下降，土壤镉含量对水稻产量构成因素的影响有品种间差异，但主要是通过降低有效颖花数、结实率与收获指数影响产量，同时穗镉含量显著受到了土壤镉含量的影响。

本试验发现，土壤 pH 与土壤有效镉含量有明显的负相关性，而土壤有效镉含量与根系镉含量极显著正相关，根系镉含量则与叶面积、SPAD 值等农艺性状显著负相关，叶面积、干物质重则与水稻有效穗数表现出明显的正相关趋势。综上即土壤有效镉含量通过影响植株镉含量，进而影响地上部农艺性状，减少了水稻有效穗数，最终降低了水稻干物质重和产量。此外，土壤有机质对植株镉含量也有一定的影响，但具体的机理还需进一步探究。

本试验中，茎、叶的镉含量与土壤镉含量存在相关性，但因不同季节、不同时期而表现出差异性，原因可能是不同土壤耕作方式下，根系的镉含量向茎、叶中的转移存在差异性，如免耕根系镉含量较高，但却明显抑制了根中的镉元素向茎、叶中转移。在 2018 年早稻时期，茎、叶、穗镉含量与植株地上部农艺性状有显著的负相关关系，这说明了茎、叶、穗中的镉含量也会直接影响水稻的干物质重及产量。

易亚科等的研究显示，精米镉含量与移栽前的土壤有效镉含量极显著相关。本试验中，穗镉含量与某一时期的土壤有效镉含量表现出了显著的相关性，但随季节、时期的变化趋势也发生了变化，可能的原因是土壤有效镉影响水稻穗镉含量存在关键时期，需要进一步探究。

4.2 结论

本研究通过对不同土壤耕作方式对镉污染稻田土壤有效镉和水稻植株镉含量的影响研究，得到一些初步结论如下：

4.2.1 不同土壤耕作方式对水稻农艺性状、生长特性及产量构成的影响

翻耕最利于水稻的分蘖和有效穗的形成，保持了较高的叶面积指数和 SPAD 值，从而利于进行光合作用，促进了其干物质的积累。免耕处理和旋耕处理无效分蘖较多，免耕处理分蘖在达到峰值后下降迅速，早旋晚免处理对水稻分蘖的抑制作用最为明显。

本试验结果发现，免耕处理根系伤流量呈现迅速升高后又大幅下降的

趋势，早翻晚免处理在全生育期都能保持较高水平的根系活力。

双季翻耕、双季旋耕和早翻晚免处理的双季总产量差距不大。而早旋晚免和双季免耕处理的双季总产量均明显低于其他三个处理，以免耕处理减产最为明显。

4.2.2 不同土壤耕作方式对水稻植株镉含量及累积量的影响

随着耕作年限的延长，早旋晚免处理和早翻晚免处理的根系在早季更容易积累镉，但是，从根–茎叶转移的能力上来看，双季翻耕处理和双季旋耕处理均明显强于早翻晚免处理和早旋晚免处理。

免耕处理根系更容易积累镉，但免耕处理最能抑制镉由根向植株各部位转移。

从累积量上来看，两年试验结果显示双季翻耕处理的镉移除量较大，这主要是由于翻耕处理干物质量较高。本试验结果认为，从稻田镉移除及控制稻米中镉含量的角度出发，双季免耕是最好的耕作方式。从轻简省工、控制大米镉含量及保证产量的角度出发，早翻晚免处理效果较好。

4.2.3 不同土壤耕作方式对水稻穗镉含量的影响

本试验结果发现，水稻向穗部转运镉较快的时期发生在灌浆中期至成熟期，在短时间内穗镉含量迅速增长。

从糙米镉含量来看，两年的试验趋势均为双季旋耕处理最高，双季翻耕处理次之，双季免耕处理最低。这说明了旋耕最利于糙米积累镉，而免耕能抑制糙米吸收镉。

4.2.4 不同土壤耕作方式对稻田土壤理化性质的影响

本试验结果表明，pH 是影响土壤有效镉含量的主要因素，两者极显著负相关。双季免耕最能促进土壤中镉向有效态转化。翻耕处理高于旋耕处理的原因可能是其促进了 10~20 cm 耕层中镉向有效态的转化。0~10 cm 土层有效镉含量、pH、有机质均极显著高于 10~20 cm 土层，且 0~10 cm 土层各因素与 10~20 cm 土层对应的各因素极显著正相关。

4.2.5 不同土壤耕作方式对水稻产量及镉积累分配的影响

本试验中，土壤 pH、土壤有效镉等土壤因素影响了植株各器官镉含量特别是根系的镉含量，进而影响了水稻地上部农艺性状，通过减少水稻有效穗数，来降低水稻的干物质重和产量。

4.3 研究展望

为了更深层次地探讨镉污染稻田适宜的土壤耕作方式，保证粮食安全与稻米品质问题，应考虑从以下两个方面进一步研究：

1. 在土壤耕作方式上，继续开展定位试验，增加耕作年限，进一步揭示土壤耕作方式对镉污染稻田水稻镉积累的影响。

2. 进一步探究土壤耕作方式下土壤和水稻间镉含量迁移变化的机理。

参考文献

[1] 唐绍清. 稻米蒸煮和营养品质性状的 QTL 定位 [D]. 杭州：浙江大学，2007.

[2] 赵雄，李福燕，张冬明，等. 水稻土镉污染与水稻镉含量相关性研究 [J]. 农业环境科学学报，2009, 28 (11): 2236–2240.

[3] 肖相芬，张经廷，周丽丽，等. 中国水稻重金属镉与铅污染 GAP 栽培控制关键点分析 [J]. 中国农学通报，2009, 25(21): 130–136.

[4] 李鹏. 水分管理对不同积累特性水稻镉吸收转运的影响研究 [D]. 南京：南京农业大学，2011.

[5] 纪雄辉，梁永超，鲁艳红，等. 污染稻田水分管理对水稻吸收积累镉的影响及其作用机理 [J]. 生态学报，2007, 27(9): 3930–3939.

[6] 沈欣，朱奇宏，朱捍华，等. 农艺调控措施对水稻镉积累的影响及其机理研究 [J]. 农业环境科学学报，2015, 34(8): 1449–1454.

[7] 陈喆，张淼，叶长城，等. 富硅肥料和水分管理对稻米镉污染阻控效果研究 [J]. 环境科学学报，2015, 35(12): 4003–4011.

[8] 高子翔，周航，杨文弢，等. 基施硅肥对土壤镉生物有效性及水稻镉累积效应的影响 [J]. 环境科学，2017, (12): 1–12.

[9] 陈喆，铁柏清，刘孝利，等. 改良－农艺综合措施对水稻吸收积累镉的影响 [J]. 农业环境科学学报，2013, 32(7): 1302–1308.

[10] 常同举，崔孝强，阮震，等. 长期不同耕作方式对紫色水稻土重金属含量及有效性的影响 [J]. 环境科学，2014, 35(6): 2381–2391.

[11] [29] 崔孝强，阮震，刘丹，等. 耕作方式对稻－油轮作系统土壤理化性质及重金属有效性的影响 [J]. 水土保持学报，2012, 26(5): 73–77.

[12] 汤文光, 肖小平, 唐海明, 等. 长期不同耕作与秸秆还田对土壤养分库容及重金属 Cd 的影响 [J]. 应用生态学报, 2015, 01: 168–176.

[13] Huang M, Zou Y, Jiang P, et al. Effect of tillage on soil and crop properties of wet–seeded flooded rice[J]. Field Crops Research, 2012, 129(129): 28–38.

[14] Roger–Estrade J, Anger C, Bertrand M, et al. Tillage and soil ecology: Partners for sustainable agriculture[J]. Soil & Tillage Research, 2010, 111(1): 33–40.

[15] Putte A V D, Govers G, Diels J, et al. Assessing the effect of soil tillage on crop growth: a meta–regression analysis on European crop yields under conservation agriculture. [J]. European Journal of Agronomy, 2010, 33(3): 231–241.

[16] 徐一兰, 刘唐兴, 付爱斌, 等. 不同土壤耕作模式对双季稻植株生物学特性的影响 [J]. 广东农业科学, 2018, 45(1): 1–8.

[17] 谷子寒, 王元元, 帅泽宇, 等. 土壤耕作方式对水稻产量形成特性的影响初探 [J]. 作物研究, 2017, 31(2): 103–109.

[18] 钱银飞, 刘白银, 彭春瑞, 等. 不同耕作方式对南方红壤区双季稻周年产量及土壤性状的影响 [A]. 中国作物学会. 2014 年全国青年作物栽培与生理学术研讨会论文集 [C]. 中国作物学会, 2014. 2.

[19] 姚珍, 黄国勤, 张兆飞, 等. 稻田保护性耕作研究——Ⅱ. 不同耕作方式对水稻产量及生理生态的影响 [J]. 江西农业大学学报, 2007, 29(2): 182–186.

[20] 周春火, 吴建富, 潘晓华, 等. 不同复种方式对水稻产量和土壤肥力的影响 [J]. 植物营养与肥料学报, 2008, 14(3): 496–502.

[21] 唐海明, 肖小平, 逄焕成, 等. 双季稻区不同栽培方式对水稻光合生理特性、粒叶比及产量的影响 [J]. 中国农业大学学报, 2015(4): 48–56.

[22] 汤军, 黄山, 谭雪明, 等. 不同耕作方式对机插双季水稻产量的影响 [J]. 江西农业大学学报, 2014(05): 996–1001.

[23] 谷子寒. 土壤耕作和灌水方式对镉污染稻田水稻镉积累与分配的影响 [D]. 长沙: 湖南农业大学, 2017.

[24] Yang J, Zhang J. Crop management techniques to enhance harvest index in rice[J]. Journal of Experimental Botany, 2010, 61(12): 3177–3189.

[25] 张自常, 徐云姬, 褚光, 等. 不同灌溉方式下的水稻群体质量 [J]. 作物学报, 2011, 37(11): 2011–2019.

[26] 曾翔, 李阳生, 谢小立, 等. 不同灌溉模式对杂交水稻生育后期根系生理特性和剑叶光合特性的影响 [J]. 中国水稻科学, 2003, 17(4): 355–359.

[27] 代家风. 不同耕作、秸秆覆盖及灌溉方式对水稻生长及土壤理化性状的影响 [D].

成都 : 四川农业大学 , 2014.

[28] Düring R A, Hoβ T, Gath S. Depth distribution and bioavailability of pollutants in long–term differently tilled soils[J]. Soil and Tillage Research, 2002, 66(2) : 183–195.

[30] 袁珍贵 , 陈平平 , 郭莉莉 , 等 . 土壤镉含量影响水稻产量与稻穗镉累积分配的品种间差异 [J]. 作物杂志 , 2018(1): 107–112.

[31] 文志琦 , 赵艳玲 , 崔冠男 , 等 . 水稻营养器官镉积累特性对稻米镉含量的影响 [J]. 植物生理学报 , 2015 (08): 1280–1286.

[32] 易亚科 , 周志波 , 陈光辉 . 土壤酸碱度对水稻生长及稻米镉含量的影响 [J]. 农业环境科学学报 , 2017, 36(3): 428–436.